U0276140
站在巨人的肩上
Standing on Shoulders of Giants
TURING
图灵教育
iTuring.cn

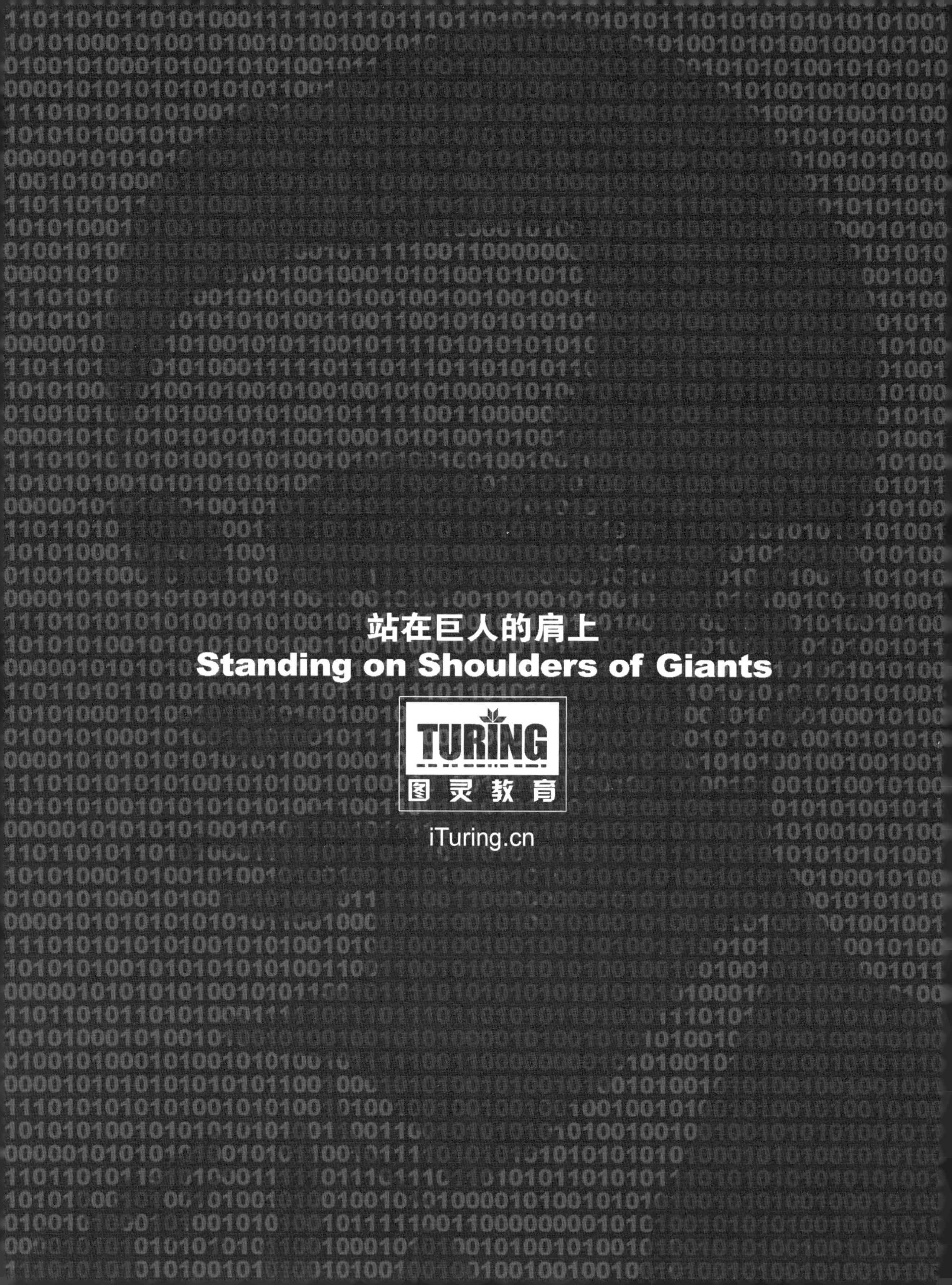
站在巨人的肩上
Standing on Shoulders of Giants
TURING
图灵教育
iTuring.cn

本书的游戏案例

第1章　点击动作游戏/怪物

第2章　拼图游戏/迷你拼图

第3章　吃豆游戏/地牢吞噬者

第4章　3D声音探索游戏 / In the Dark Water

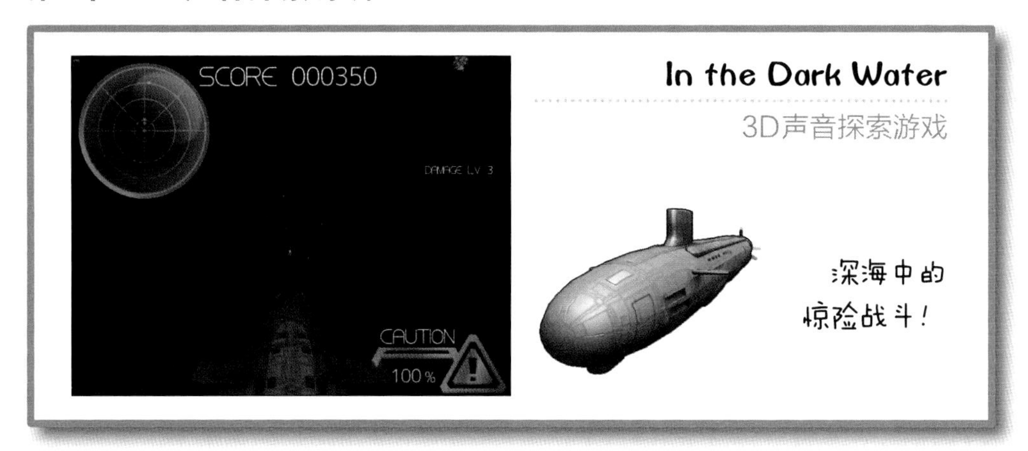

第5章　节奏游戏/摇滚女孩

第6章　全方位滚动射击游戏 / 噬星者

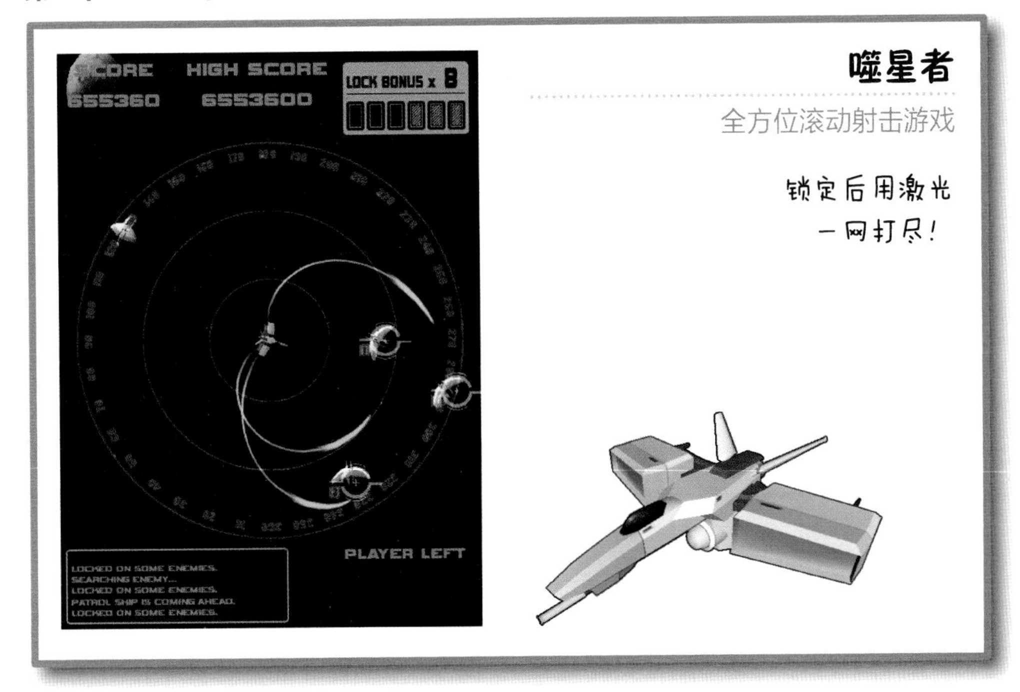

第7章　消除动作解谜游戏 / 吃月亮

第8章　跳跃动作游戏 / 猫跳纸窗

猫跳纸窗

跳跃动作游戏

更换窗户纸的事情
就交给我吧!

第9章　角色扮演游戏 / 村子里的传说

村子里的传说

角色扮演游戏

单画面中的
宏大传说!

第10章　驾驶游戏 / 迷踪赛道

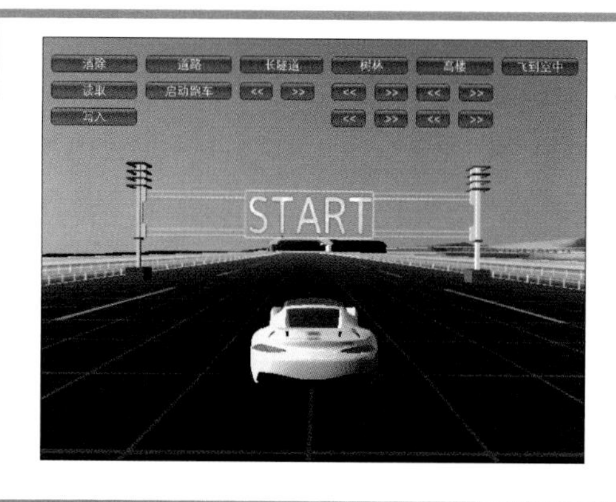

迷踪赛道

驾驶游戏

在自己设计的赛道
上愉快地驾驶!

图灵程序设计丛书

游戏设计与实现

（修订版）

南梦宫一线程序员的开发实例

[日] 加藤政树 著　罗水东 译

人民邮电出版社

北　京

图书在版编目(CIP)数据

Unity游戏设计与实现：南梦宫一线程序员的开发实例 /（日）加藤政树著；罗水东译．--2版（修订本）．-- 北京：人民邮电出版社，2017.3（2018.10重印）

（图灵程序设计丛书）

ISBN 978-7-115-44899-6

Ⅰ．①U… Ⅱ．①加… ②罗… Ⅲ．①游戏程序－程序设计 Ⅳ．①TP317.6

中国版本图书馆CIP数据核字（2017）第030451号

内 容 提 要

本书出自日本知名游戏公司万代南梦宫的资深开发人员之手，面向初级游戏开发人员，通过10个不同类型的游戏实例，展示了真正的游戏设计和实现过程。本书的重点并不在于讲解Unity的各种功能细节，而在于核心玩法的设计和实现思路。每个实例都从一个idea开始，不断丰富，进而自然而然地推出各种概念，引导读者思考必要的数据结构和编程方法。掌握了这些思路，即便换成另外一种引擎，也可以轻松地开发出同类型的游戏。

本书适合具有一定Unity和C#基础的游戏开发者阅读。

◆ 著　　[日]加藤政树

译　　罗水东

责任编辑　杜晓静

执行编辑　刘香娣

责任印制　彭志环

◆ 人民邮电出版社出版发行　　北京市丰台区成寿寺路11号

邮编　100164　　电子邮件　315@ptpress.com.cn

网址　http://www.ptpress.com.cn

北京九州迅驰传媒文化有限公司印刷

◆ 开本：800×1000　1/16

印张：25.25　　彩插：2

字数：540千字　　2017年3月第2版

印数：12 101－12 400册　　2018年10月北京第5次印刷

著作权合同登记号　图字：01-2016-5331号

定价：79.00元

读者服务热线：(010)51095186转600　印装质量热线：(010)81055316

反盗版热线：(010)81055315

广告经营许可证：京东工商广登字20170147号

译者序

大约两年前，在本书第一版问世之际，我曾以译者身份向读者朋友们介绍了此书。光阴荏苒，转眼竟已逾两载。此期间，看它得到了许多读者的肯定与喜爱，我倍感欣慰。尤其每每在一些游戏开发者社群中看到读者围绕书中的案例进行讨论时，心想本书能够抛砖引玉，真是深感荣幸。

然而，随着 Unity 的迅猛发展，自其官方在 GDC2015 大会上正式发布 5.0 版本开始，经数次迭代，当前最新版本已推至 Unity 5.5。而本书第一版中所有示例都是基于 Unity 3.5.7 开发的，从这个角度来看，该版内容在今天多少显得有些“不合时宜”了。

值得高兴的是，作者加藤政树先生在 2016 年采用 Unity 5.3.2 重制了书中的所有游戏，并将原书修订后再次出版。对国内的开发者朋友来说，这些与时俱进的资料，其价值无庸赘述。因此，当图灵的编辑老师邀请我对中文版进行更新时，我虽知班门弄斧但仍欣然应允，想若能为国内的游戏开发事业略尽绵薄之力，实为荣幸之至。

在译者身份之外，我也是一名游戏开发者。身为开发人员，在鉴别专业好书上我是毫不含糊的。首先，它毋需浪费过多笔墨给引擎的类库与函数，毕竟相关知识读者完全可以查阅 Unity 的官方手册和示例；第二，书中应能呈现出作者的思考痕迹与脉络，使读者可以“知其然知其所以然”；第三，书中所传达的经验应当对实际的开发具备指导意义。若似屠龙之技学而无用，岂不悲哉；第四，它最好由经验丰富的一线专家执笔，否则除了纸上谈兵哪还能期待什么干货？

正是基于这几条“私人原则”，我要向未曾读过第一版的朋友们力荐此书。

本书作者是日本知名游戏公司万代南梦宫的资深开发人员。书中设计了 10 个小游戏，覆盖多种类型，包括动作游戏、射击游戏、消除游戏、RPG 游戏等。每个游戏用一章篇幅，每章先提出雏形玩法，再详加分析，将玩法规则具体化之后，进而规划各功能模块，最后落实到相关数据结构的设计和算法的实现，完全符合开发人员的工作流程和思维习惯。相信有过开发经验的读者一定会对此感到熟悉与亲切。

再者，书中介绍的许多处理手法，都是能够直接借鉴并运用到实际游戏开发中的。举例而言，假如你正在处理游戏中“新手引导”的剧情展示或人物对话，那么《村子里的传说》中角色对话的实现和数据结构完全可以借鉴；假如你正在琢磨如何增强第一人称游戏时的玩家代入感，不妨读读《地牢吞噬者》中关于镜头运用的讨论；假如你正打算在游戏中根据玩家的操作来实时生成场景，则可以参考《迷踪赛道》里的相关实现。类似这样的实用技巧，几乎每章都会出现。也正因为作者多年的实战经验，才能做到这般厚积薄发，娓娓道来。

不过，需要说明的是，这并不是一本 Unity 的入门书。书中除了第 0 章对 Unity 的一些重要概念如场景、预设等进行了必要的梳理之外，后续章节中几乎没有介绍 Unity 引擎本身的用法。

确切地说，这是一本讨论如何将 idea“变成”游戏的书，而 Unity 只是达成这一目标的工具，因此为了更好地学习本书内容，需要读者具备一定的 Unity 基础。

相信读者通过这 10 个案例的学习，今后脑海中再度灵感乍现时，完全有可能借助 Unity 这样高效的工具，快速地把游戏原型做出来了。游戏之快乐，很大程度上源自参与，源自创造，不是吗?

当然，本书虽是修订版，但由于译者水平有限，错误仍在所难免，还请读者随时指正。

最后，我要衷心感谢图灵编辑老师的工作与帮助，没有她们的付出，本书不可能与读者见面。感谢热心读者在图灵社区为第一版提出的勘误。同时我还要感谢我的妻子一直给予的支持与关心，谢谢!

真心希望本书能够帮助开发者朋友打造出心中的游戏!

罗水东

2017 年 1 月于大连

前言

❖ 创造你的游戏！

Unity受到游戏业界的关注已经很长时间了，笔者时常听说它被用于游戏公司的产品开发中。另一方面，自Unity为人所知之日起，伴随着它的口号就是“个人也能容易地创作出游戏”。现在使用Unity的个人游戏开发者已达相当数量。

因为周围朋友的强烈推荐，笔者也使用Unity开发了一些有趣的游戏。由于白天上班，因此只能在下班到家至睡觉前这段时间学习Unity。一天大概有一小时，进度比较慢。但即便如此，大概也只花了一个月左右，笔者就掌握了Unity的基本用法，并且完成了几个自己构思的小游戏。

可能有些读者会说：“你作为专业的开发者，做些小游戏当然很容易啦！”其实，如果是出于兴趣创作游戏的话，环境的准备这一环节就足够让人头疼。因为你必须安装各种各样的程序，而且这些程序并不一定全都可以免费获得。

关于这一点，笔者真心感受到了Unity是多么方便，在游戏开发前只需很少的步骤即可安装完成。当然，它还提供了免费版本。Unity的优点有很多，但是笔者认为能够**快速开始游戏开发**才是它最大的魅力。

当然，只会Unity的使用方法是难以开发出游戏的。游戏的构造和玩法规则等细节也需要好好考虑。换句话说，开发人员应当集中精力增加游戏的趣味性。

❖ 本书面向的读者

本书面向的读者对象有：

- 掌握了Unity的使用方法的人
- 具备C#基础知识的人
- 渴望开发出自己的游戏的人

关于Unity的使用方法和C#基础知识，相关的好书有很多，读完这些书再来阅读本书最好不过。

鼠标和触摸屏的输入、角色间的碰撞检测等，在很多游戏程序中都是必需的。由于这些在大部分游戏中都会用到，而且用法也一样，因此我们准备了通用的类库。

但是根据游戏玩法的不同，需要的东西也各不相同，这时就需要游戏开发人员自行创建了。本书就是这样一本讲解如何实现“游戏玩法”的书。

为了方便读者理解，这里举几个书中的例子。

- 跳跃动作：通过按键时长来改变跳跃的高度
- 射击：制导激光的运动
- 拼图游戏：将碎片自然地打乱，随机分散

若想了解更多详情，请读者直接翻阅相关章节。

类似这样，本书将通过 10 个游戏实例来讲解游戏的实现方法。

❖ 游戏实例

本书中的游戏实例，都是南梦宫的员工在业余时间开发的。虽说是业余时间创作的，但是其质量绝不亚于正式的产品。在开始学习之前，建议读者先体验一番。

Unity 的自由度相当高，几乎什么类型的游戏都能够制作。本书也将试着挑战多种题材的游戏。即使作为一册迷你游戏集，内容也是相当丰富的。

❖ 现在就开始吧！

工具和开发环境往往能折射出其主创团队的理念和想法。在使用 Unity 的过程中，我们也能多少体会到“什么是游戏开发中最重要的”。那也许是修正脚本后能**尽快**让游戏运行起来，或者是能够通过检视面板**方便地进行调整**，又或者是能够通过 Facebook 等和**开发者同行交流**……

不过，笔者认为，Unity 的主创团队最想向开发者传递的信息应该还是：

现在就踏上游戏开发的旅程吧！

本书的使用方法

❖ 各章阅读方法

本书每章讲解一个游戏。各章的开头先介绍游戏的玩法。如果对操作方法和游戏规则等游戏玩法不够清楚，请浏览相关部分。

之后是游戏灵感的来源——创意笔记。其中记录了书中的游戏是如何构思的，或许可以作为游戏创作素材的一种参考。

紧接着的“脚本一览”中，记载了游戏中包含的 C# 脚本。有些游戏的脚本数量非常多，这种情况下我们只能选出具有代表性的一部分列出来。另外，“简化数组处理的类”“图片管理”等通用模块没有列出来。

由于本书源代码中关注的重点主要是游戏的逻辑与算法，因此略去了一些错误检测处理的内容。完整的源代码请参考下载资源中的 Unity 工程。

另外，彩页和正文中的插图都是游戏开发阶段时的画面，可能和最终收录在随书下载资料中的版本有细微差别。

❖ 随书下载

本书附带的资料可以从以下网址下载。

http://www.ituring.com.cn/book/1855

解压后的 Chapter0~Chapter10 文件夹中包含了各章小游戏的 Unity 工程。某些章节除了游戏主体外，还提供了试验工程。

❖ 关于脚本以及资源的再发布

- C# 脚本：不论是否用于商业用途，都允许读者自由修改并发布
- 3D 模型、2D 图片、动画、音效：不论是否用于商业用途，也不论是否进行了修改，请不要发布资源素材。即使以编译后的文件形式提供，也请勿在网站上公开。当然用于个人开发学习以及在公司和学校内部进行交流学习的情况下则不受此限制

目录

第4章 3D声音探索游戏——In the Dark Water 159

第8章 跳跃动作游戏——猫跳纸窗 281

第9章 角色扮演游戏——村子里的传说 313

第0章

游戏开发前的准备

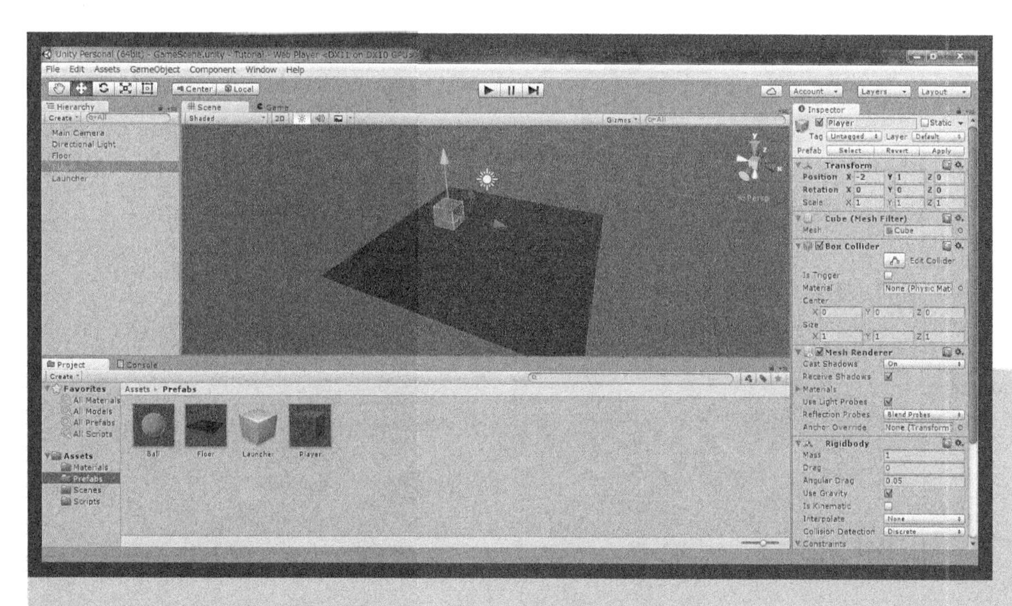

先来复习一下 Unity 的基础知识吧！

0.1 Unity 入门 *Concept*

❖ 0.1.1 概要

本节是为那些缺乏 Unity 使用经验的读者而设立的，这里我们将对 Unity 游戏开发的大致流程以及一些术语进行说明。对具备游戏开发经验的读者来说，Unity 会非常顺利地上手。当然，这期间难免会遇到一些未接触过的新名词，也就是所谓的“Unity 专用术语”，但这并不意味着它们都是完全陌生的概念。如果用我们已经熟悉的其他概念和这些术语进行替换，理解起来就会容易得多。

Unity 的游戏开发，大体可以分为以下 3 个步骤（图 0.1）。

⇧ 图 0.1　Unity 游戏开发的大致步骤

（1）将美术素材和各种逻辑功能整合在一起，创建出角色。

（2）摆放好各个角色，创建出场景。

（3）创建好所有需要的场景。

无论哪款游戏都行，现在请读者先试着回忆一下自己在玩游戏时的情形。

根据经验我们知道，在游戏中，玩家操作的角色以及敌方角色，还有作为游戏舞台的背景等都会显示在画面上。游戏中的那些角色可以通过鼠标或者触屏来操作，也可以根据自己的意志来回移动。另外，背景还会成为阻止物体移动的障碍物。

3D 模型和 2D 图片这些美术素材自身是不能称为“游戏角色”的。只有能够响应玩家操作，以及具备能和其他素材之间进行碰撞检测等功能，才算初步具备角色雏形。

准备好角色和背景之后，就可以开始制作游戏的场景了。

游戏的画面上会显示各种各样的东西，譬如有时显示游戏的主题，有时显示玩家得分这类游戏结果信息。即使在同一款游戏中，画面上显示的内容也是频繁变化的。

综上所述，开发游戏时的这些必备要素，用 Unity 的术语来表达大概是下列几条。

- GameObject/ 游戏对象
- Component/ 组件
- Asset/ 资源
- Scene/ 场景
- Prefab/ 预设

游戏对象是指角色。**组件**是角色的功能，代表了角色“能做的事”。**资源**指美术素材和音频等数据。**场景**则用于放置各个角色，在游戏中负责展现画面。和绘图软件中的“场景”意义大致相同，因此 Unity 中也采用了同样的名称。

最后的**预设**，在 Unity 之外的环境中可能很少听过。然而这并不是什么复杂的概念，只是一种利用复制来创建大量同类角色的手段。

下面我们对这些概念逐个详细说明。

❖ 0.1.2 游戏对象

所谓的**游戏对象**，就是指游戏中出现的各个“东西”。

玩家角色和敌方角色、背景模型、特效、2D 手段显示的得分……甚至可以说，游戏画面上出现的所有东西都是游戏对象（图 0.2）。

除此之外，游戏对象还包括很多没有显示在画面上的物体，摄像机和灯光就是两个典型代表（图 0.3）。

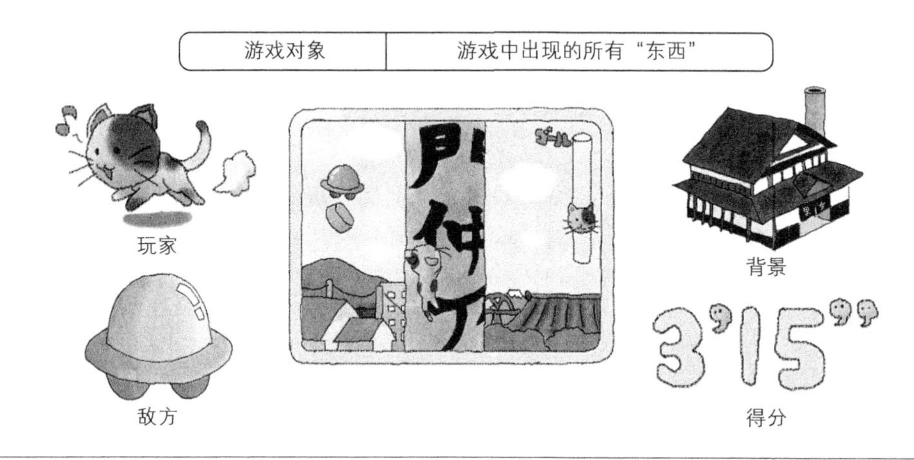

⇧ 图 0.2　**游戏对象**

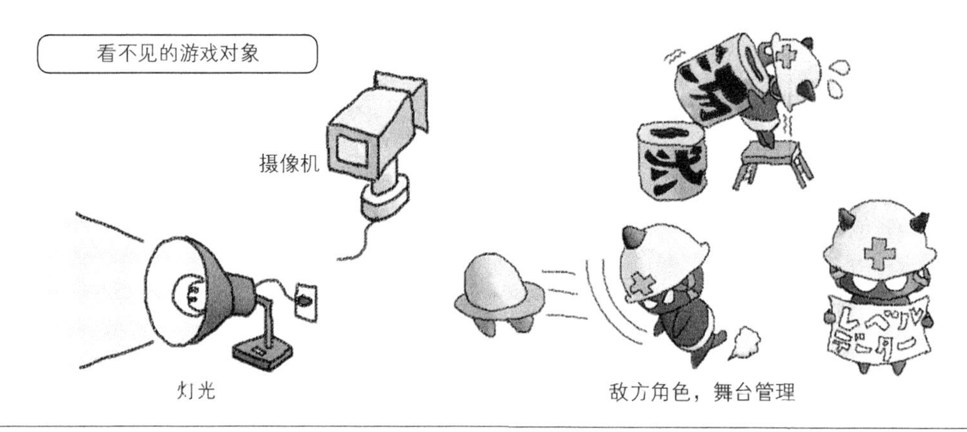

⇧ 图 0.3　**看不见的游戏对象**

摄像机的功能是决定“场景的显示范围以及显示的角度”。摄像机本身并没有必要出现在画面上。就好比在电影和电视剧中，摄影师本人不用出现在荧幕上一样。游戏中的摄像机也是这个道理。

灯光的概念类似于现实中的照明，它用于决定 3D 模型的色泽。

游戏中还有一些游戏对象会根据关卡等级数据来生成敌方角色，这类游戏对象也是不可见的。虽然作为角色生成点的美术素材，诸如“魔法阵”“敌穴”，有时会显示在画面上，但本质上来说它们属于**管理对象**。这类对象“探测到敌人一个个被玩家打倒后，会生成新的敌人”，或者“如果玩家越来越熟练，则逐渐让出现的敌人变强”。简单来说，它们将决定哪种敌人将在何时、何处出现，类似“指挥官”的角色。

假如一款游戏中，敌人都在画面之外生成后进入，那么画面上就没有必要设置生成点的美术素材。但是即便在这种情况下，仍然会有一种游戏对象用来控制敌人登场的时机。

❖ 0.1.3 组件

组件是附加在游戏对象上的各种“功能”。正因为附加了各种组件，游戏对象才得以具备各种各样的功能（图 0.4）。

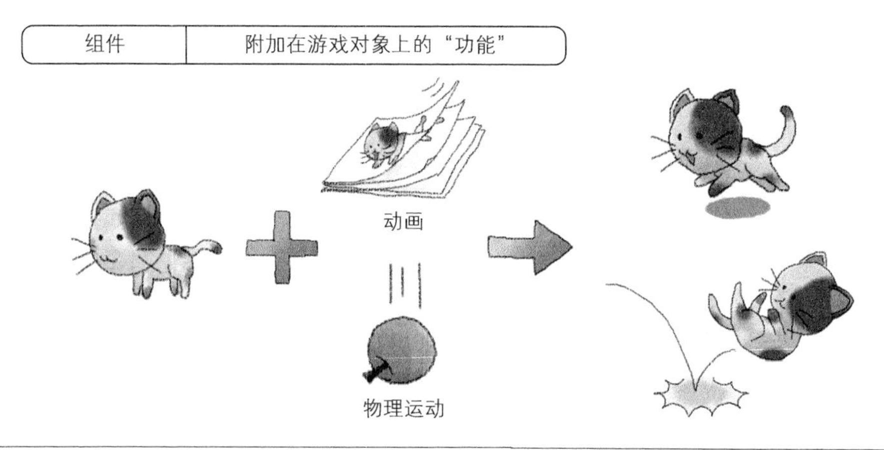

⇧ 图 0.4 组件

如果只是单纯把 3D 模型和 2D 图片摆放好，虽然也能够创建出“类似游戏中的画面”，但光靠这些美术素材是无法组成“角色”的。要成为“角色”，还要求素材能够按玩家的操控运动，能够展现特效和音效，以及对玩家操作产生某种反应等。

所谓的组件，就是用来将这类“响应玩家的操作”“播放动画”等功能和美术素材相结合的载体。

现在我们不妨来看看最原始的游戏对象。前面提到过，Unity 通过向游戏对象添加各种组件来创建角色。那么，一个没有添加过任何组件的游戏对象会是什么样的呢？打个比方，就像一个“什么也做不了的妖怪”（图 0.5）。

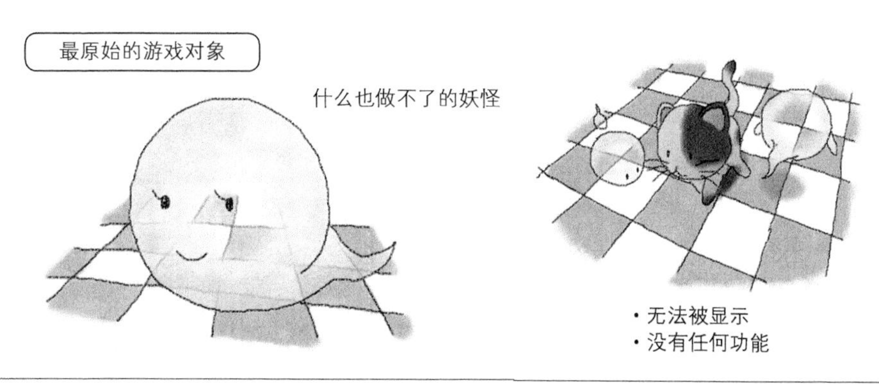

⇧ 图 0.5 最原始的游戏对象

事实上，最原始的游戏对象确实不具备任何功能。即使将它放置在场景中，也不会有任何视觉上的表现，更不会对游戏产生什么变化。

游戏角色这类游戏对象，是通过将组件添加到美术素材上创建的。事实上，能够“把美术素材内容展现在画面上”也是组件的功劳，而非游戏对象与生俱来的功能。如果游戏对象没有添加“显示素材到画面”的组件，就无法在画面上显示什么。只有添加了对应的组件，才会具备相应的功能。

此外，那些能被看见的游戏对象和无法看见的游戏对象之间的区别，仅仅在于是否添加了用于显示的组件。

角色以及背景这类可视的对象，都基于仅添加过“显示素材”的组件的游戏对象。而摄像机和灯光这类没有必要显示的对象，则由最原始的游戏对象创建而来。它们都秉承着**需要什么功能才添加什么组件**这一共同原则（图 0.6）。

需要注意的是，一个游戏对象上允许添加多个组件（图 0.7）。

⇧ 图 0.6　将组件添加到游戏对象上

⇧ 图 0.7　允许添加多个组件

现在我们来分析一下玩家角色需要哪些功能。

游戏中玩家可以操控该角色，因此“显示”功能是理应具备的。同样，动画功能也需要。

读取鼠标和键盘的操作并使角色移动，这属于“玩家操作”功能。接下来，还需要添加防止和敌方角色或背景对象发生重叠嵌套的“碰撞检测”功能。此外，诸如在移动或跳跃时发出“音效”以及产生烟雾等“特效”的功能对于增强游戏的趣味性也是十分重要的。

通过这样简单的梳理我们就已经发现，需要在一个角色上添加大量“功能”。正因为如此，Unity 允许在一个游戏对象上添加多种组件。

下面再来看一个关于组件的例子。

“开始按钮”可以被认为是 2D 图片添加“对鼠标点击和触屏产生反应”的开关组件后的游戏对象（图 0.8）。

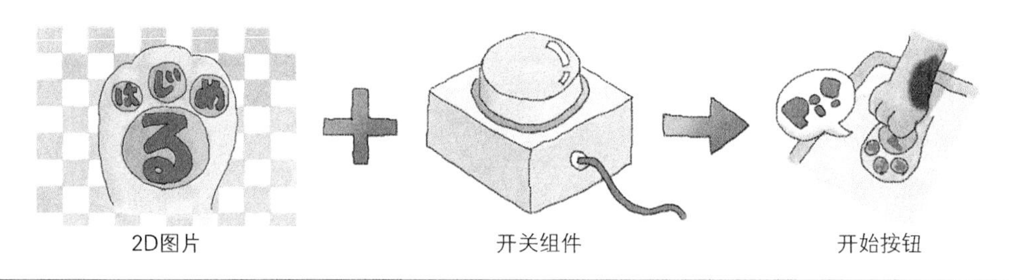

⇧ 图 0.8　给 2D 图片添加开关功能，创建 UI 按钮

和玩家角色对象不同，“开始按钮”这类 UI（User Interface，用户界面）不会在“游戏世界”中登场。即便如此，它仍是通过给美术素材添加功能组件创建出来的游戏对象。

如果说“在游戏中来回穿梭的角色，和这些读取用户操作的 UI 按钮本质上是相同的”，可能很多读者会感到不可思议。但是，允许通过相同的方法来创建出二者正是 Unity 的优点之一。简单地说，它们的创建方法都是“给美术素材添加功能组件”。

请读者想想 2D 中的精灵图片。它能够显示，能够响应触屏以及鼠标点击操作……这些功能和 UI 按钮所具有的功能都是共通的。开发游戏时，像这样从功能着手进行分析是很有帮助的。原本以为截然不同的东西，其实做法却是一样的，这种例子实在太多了。

C# 脚本也是一种组件（图 0.9）。甚至可以说，游戏中用到的大部分组件都是自己编写的 C# 脚本。

敌方角色不受鼠标控制，它的行为是由能自主行动的 AI 组件决定的。通过实现不同的 AI 逻辑，我们可以创建出“只会单纯地追赶玩家”的低智慧角色，或更加聪明的“会预先埋伏在玩家前方”的角色，甚至是“遇到玩家会主动逃开”的怯弱型角色。

对 AI 来说，在行动中体现角色的性格固然很重要，但更重要的是**角色的行为必须符合游戏**

的规则。当根据不同的游戏内容创建不同的东西时，就需要用到“脚本”。当然，只使用一些现成的组件来进行组合也能创建出各种角色，并且如果能自己编写脚本，就能更加自由地定制开发游戏对象。

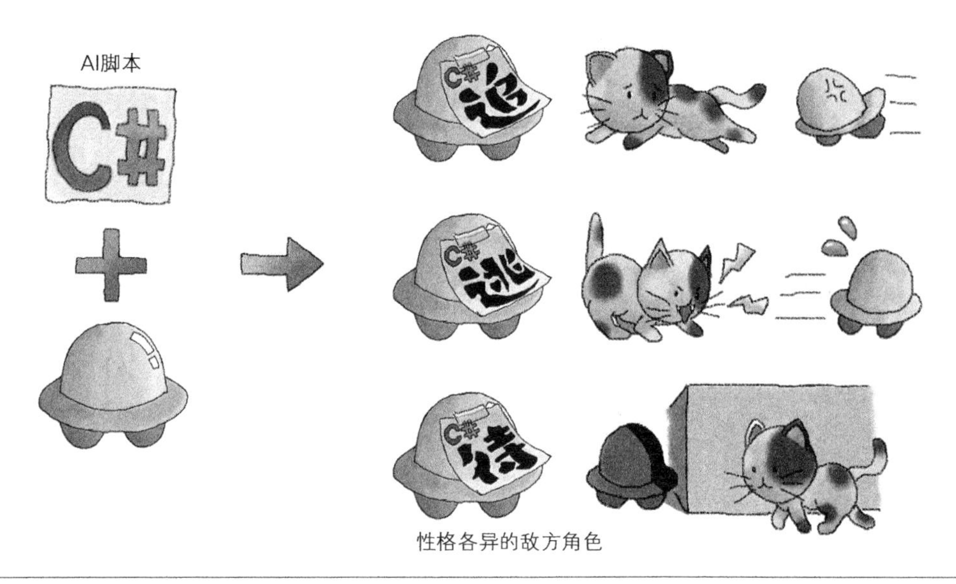

⇧ 图 0.9 **脚本是能够定制的组件**

❖ 0.1.4 资源

资源指的是 3D 模型和 2D 图片这些“数据”（图 0.10）。这一点想必大家都很熟悉。当然，BGM 和音效等“音频数据”也属于资源。

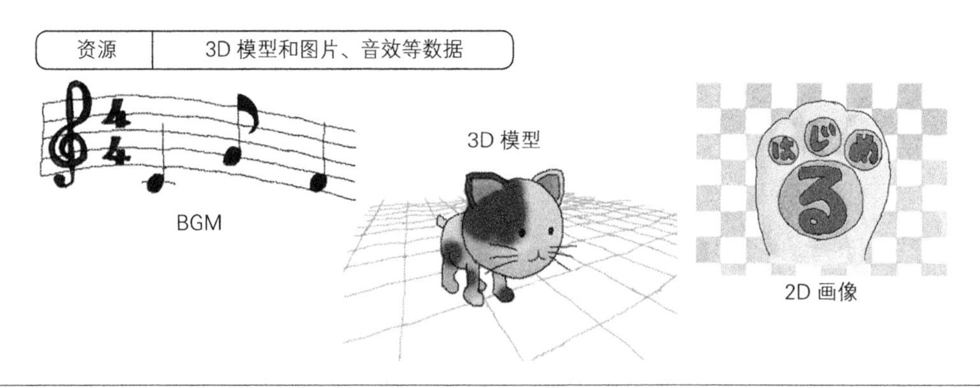

⇧ 图 0.10 **资源**

下面我们将详细说明组件和资源各自的功能以及二者之间的关系。

3D 模型在游戏中无处不在，比如人物和小猫等角色模型、高楼建筑模型、武器或者提包等手持的道具模型，等等。

将这些模型显示到画面上，并非 3D 模型自身持有的功能。说到底，还是**网格渲染器**（mesh renderer）组件的功劳。

但是话说回来，如果仅有网格渲染器，也是无法显示出 3D 模型的。

为了让网格渲染器正常工作，必须指定待显示的数据。打个比方，网格渲染器相当于工具，3D 模型资源的“fbx 文件”相当于设计图。添加网格渲染器组件后的游戏对象的职责，就是对照着设计图组装出模型（图 0.11、图 0.12）。

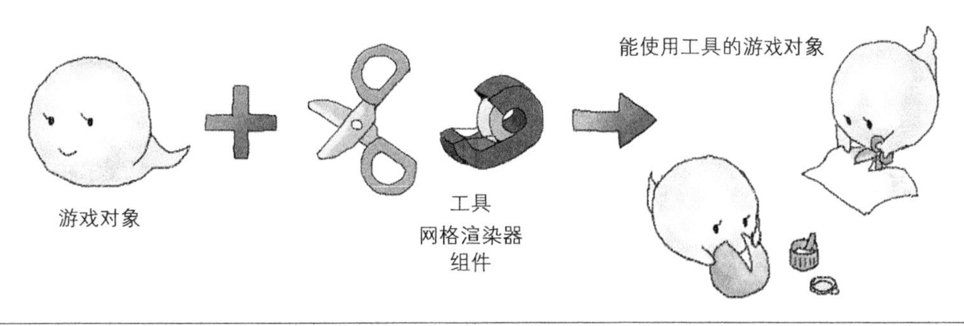

⇧ 图 0.11　添加了“素材显示功能”的游戏对象

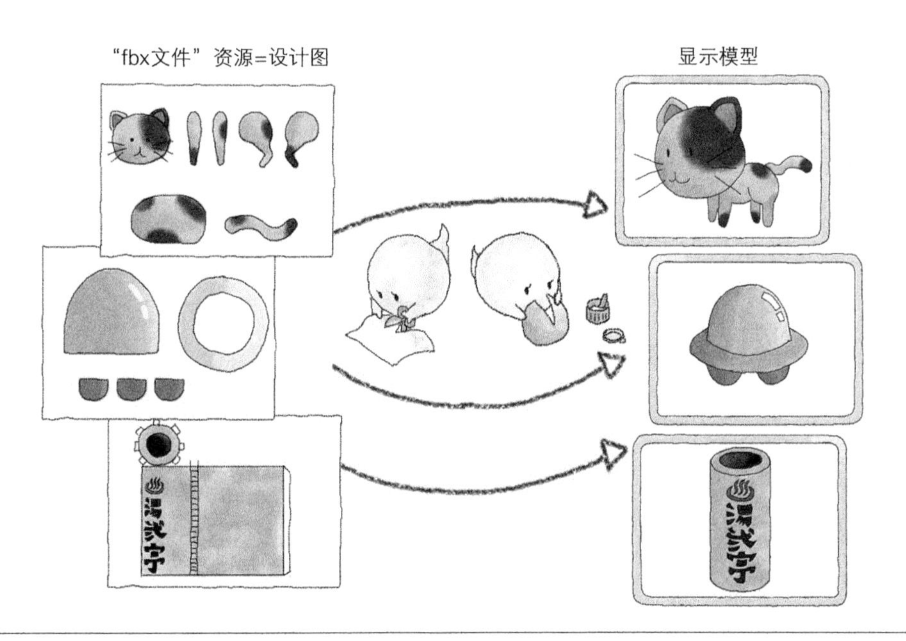

⇧ 图 0.12　显示对应资源的模型

单纯的游戏对象什么也做不了，组件也不过是一个个工具。工具毫无规章地使用，是做不出什么东西来的。只有将作为设计图的“资源”和作为工具的“组件”以及使用工具的“游戏对象”这三者搭配在一起工作，才能将 3D 模型显示在画面上。

处理资源时一定会用到相应的组件，所以它们总是成对使用的。

❖ 0.1.5　流程

在对“场景”进行讲解之前，我们先对**流程**这个概念做简单说明。

在一个游戏中会存在多个“画面”，比如用于表现游戏的主题并允许玩家通过开始按钮进入游戏的“主题画面”，再比如游戏过程中的“游戏画面”，还有用于显示成功失败与得分这些游戏结果的“结果画面”。

这种以“玩家会在这个画面做什么”以及“这个画面能用来干什么”为基准将游戏过程切分出来的“环节”就称为“流程”（图 0.13）。

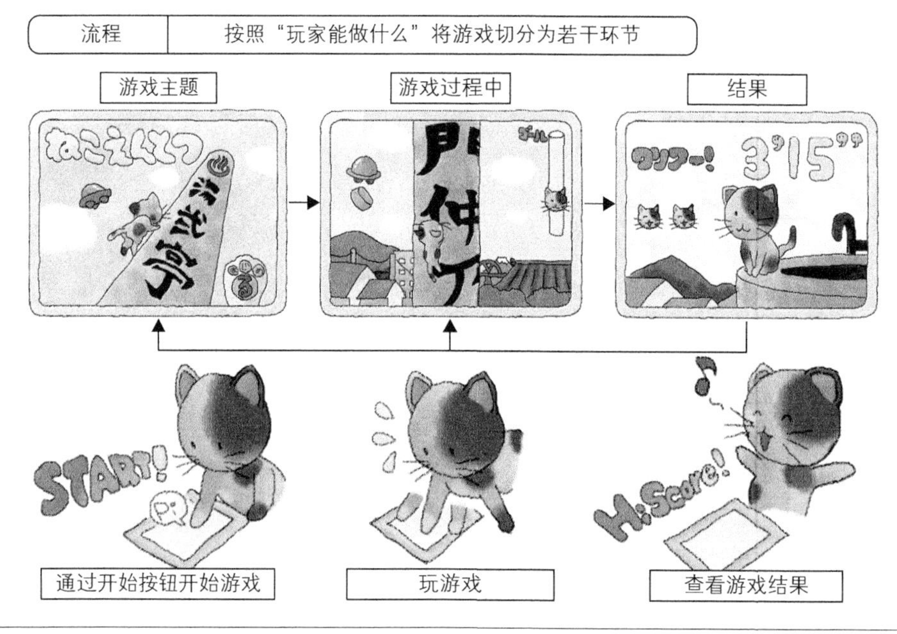

⇧ 图 0.13　流程

在后面的内容中，我们把“游戏画面”“结果画面”这些切分流程的“○○画面”都称为“段落”。接下来要说明的 Unity 场景也是一种以段落为单位来开发游戏的结构。

一般来说，流程中的这些“段落”也叫作“场景”或者“画面”。不过为了避免引起描述上的混乱，我们按下列规则区分。

- 各个流程单元 = 段落
- Unity 的场景功能 = 场景

“主题画面”“游戏画面”中玩家允许执行的操作以及画面上显示的内容都会发生急剧变化。这些都是在游戏开发过程中用来划分“段落”的参考标准。

❖ 0.1.6 场景

下面我们来讨论 Unity 的场景功能。**场景**是游戏中一个个场面或者段落的组成单元。

请读者回忆一下电影拍摄中的布景过程。“主题画面”的布景只不过需要竖立起一块写有游戏主题以及插画的大块面板即可。而“游戏画面”的布景中，就包含了玩家角色和敌方角色以及背景等。电影播放时投影在荧幕上的内容，也就是布景时摆放的内容。对照电影或电视剧的拍摄过程会很容易理解这个概念。这个“拍摄时的布景”体现在 Unity 中就是“场景”(图 0.14)。

⇧ **图 0.14　场景类似于“布景”**

所有的游戏对象都会存在于某个场景中。当场景发生切换时，将删除其包含的所有游戏对象，并在下一个场景中生成新的游戏对象。因此也可以把**场景看作是一个用于容纳游戏对象的箱子**(图 0.15)。

使用 Unity 开发游戏的理论在于，当“必要的游戏对象”完全发生变化时，场景也跟着切换。先将无用的游戏对象全部删除，再到新段落中生成所有必要的游戏对象……这样做未免太麻烦了些。借助于场景，我们可以批量地删除、生成游戏对象，同时还可以防范常见的 bug——“忘记删除已经无用的游戏对象”。

严格来说，场景并不一定非要对应某特定流程段落。即使和流程无关也可以创建场景，甚至还可以合并所有的流程段落做成一个场景。只不过场景经常用于创建流程，所以非常方便。在最初的阶段可以理解成**场景是用于创建流程的某个段落**。

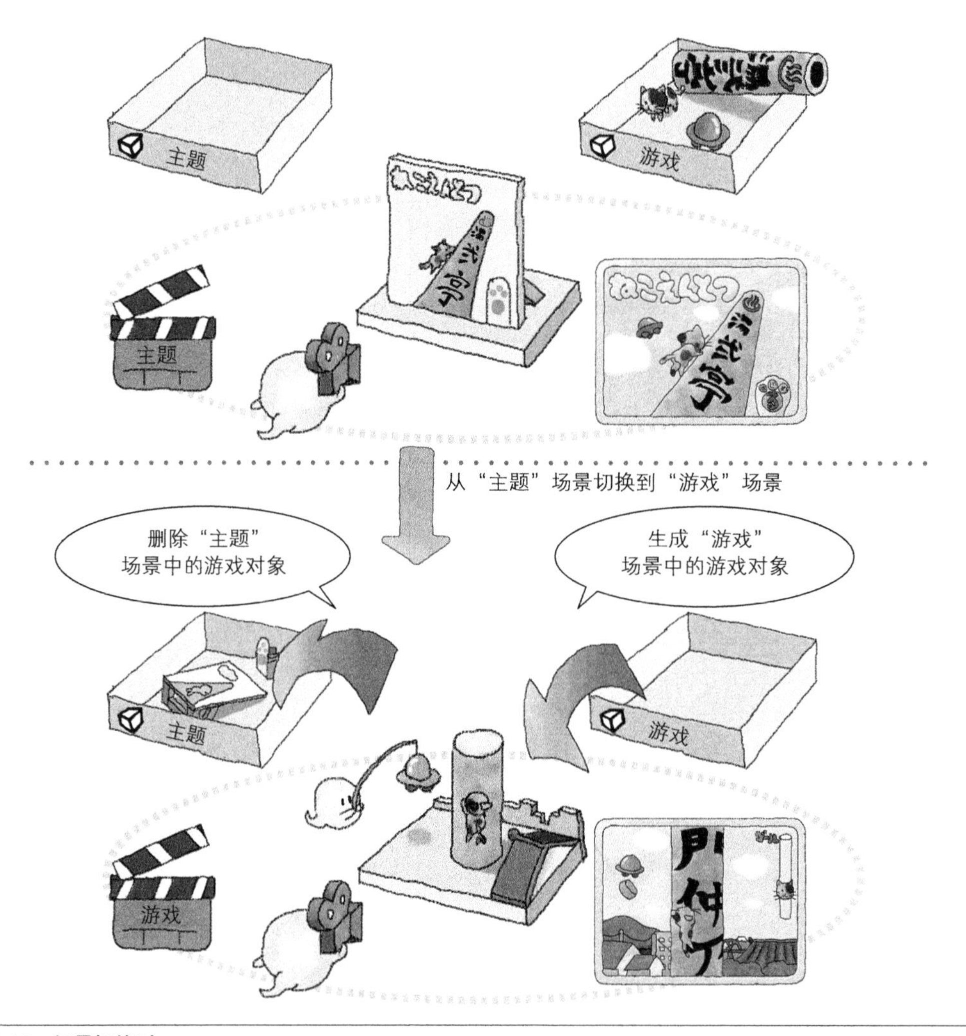

⇧ 图 0.15 场景切换时

Unity5.3 以后版本中的场景

在 Unity5.3 以后的版本中，允许两个以上场景同时运行，这称为**多场景功能**。例如，在图 0.15 中，如果使用了多场景功能，就能够同时生成“主题”场景箱中的游戏对象和“游戏”场景箱中的游戏对象。

不过，基本上还是“一次运行一个场景”。在大多数情况下，只需要一个场景就足够了。一般只有在比较大规模的游戏项目中才有必要用到多场景功能。话说回来，到了能开发那种项目的时候，开发人员对包括场景在内的 Unity 功能也会非常熟悉了。到那时再试着使用多场景功能也不迟。

在最初的学习阶段，建议读者记住下面两条。

- 场景 = 容纳游戏对象的箱子
- 场景用于一个画面的创建

❖ 0.1.7 预设

预设用于复制游戏对象（图 0.16）。

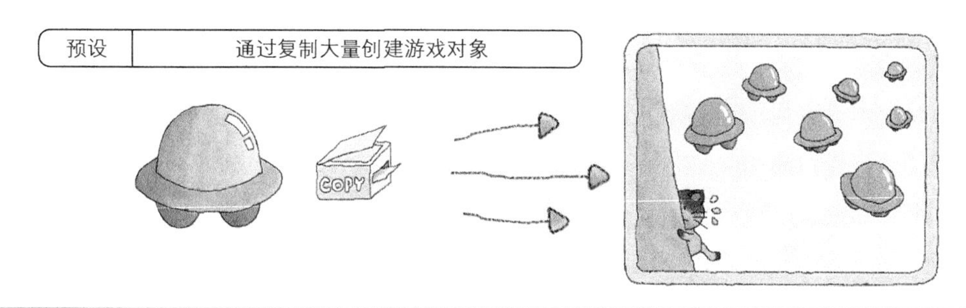

⇧ 图 0.16 预设

当我们需要一次性创建大量相同的角色，或者希望角色在其他场景中也出现时，经常会产生复制游戏对象的需求。如果提前把游戏对象制作成预设，就可以很方便地实现复制。

而且，借助预设，可以在游戏运行时通过脚本来创建游戏对象。用专业一点的话来说，它支持**运行时生成**（图 0.17）。

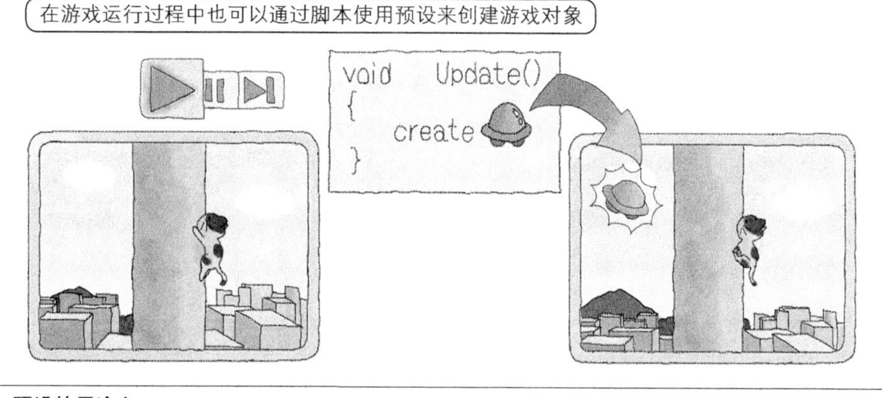

⇧ 图 0.17 预设的用途之二

在卷轴游戏中，随着玩家角色的移动，画面的显示范围也在不停地变化。一些刚开始时看不见的敌方角色会陆续进入显示区域出现在画面上。即使是画面固定的游戏，也经常会有随着时间的推移不停出现新角色和新道具的情况。这些出场的角色都不是在游戏启动之初就配置在场景中的，相反它们只有在必要的时候才会被生成。这主要是出于加快处理速度和节约内存的考虑。这种“在脚本中创建游戏对象”的情况就需要使用到预设。

尽管预设和复制之间有很多相似之处，但事实上二者并不完全相同。和普通的复制相比，预设的优势主要在以下两点。

- 复制后的修改非常简单
- 可以简单地复制到任意场景

下面我们来逐条解释。首先来看看进行“复制后的修改”时的特点。

将角色大量复制后，再对复制生成的对象进行修改是非常繁琐的。必须先将已经复制生成的游戏对象一次性全部删除，然后再重新复制新的游戏对象。这一过程费时费力。

而借助于预设的**复制后的修改也会反映到已复制的游戏对象上**这一功能，这个过程就变得简单多了（图 0.18）。

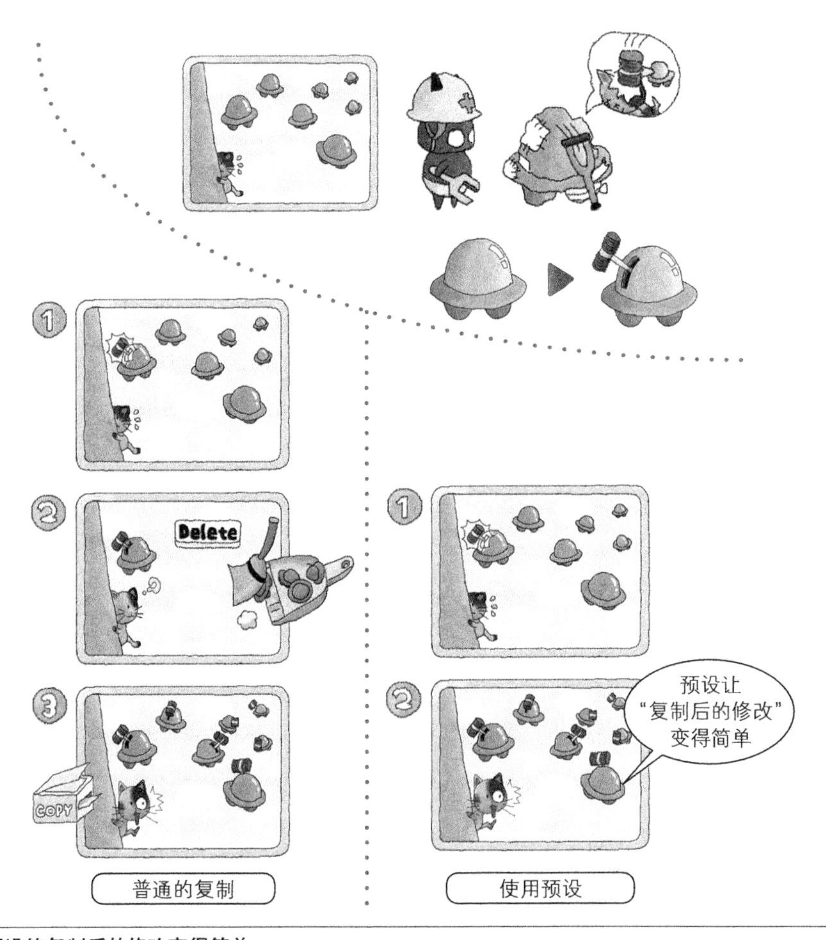

⇧ 图 0.18 预设使复制后的修改变得简单

让我们来看看将游戏对象大量复制后需要进行修改时的情况。通过“普通的复制功能”批量生成游戏对象时，复制的源对象上发生的任何变动，都无法直接反映到那些复制生成的游戏对象上，因此不得不执行下面 3 个步骤。

（1）修改源对象。

（2）将复制生成的游戏对象全部删除。

（3）再次复制修改过的游戏对象。

但是，由于预设具有“源对象的修改可以直接反映到复制生成的游戏对象上”的特性，因此通过使用预设，上述步骤 2 和步骤 3 就可以省略了。

使用预设的好处不仅于此，在“复制生成的游戏对象”上发生的修改，也能直接反映到“源对象”中。当然，这种修改也会传递到其他的复制对象中。结果，所有的游戏对象都会产生相同的变化（图 0.19）。

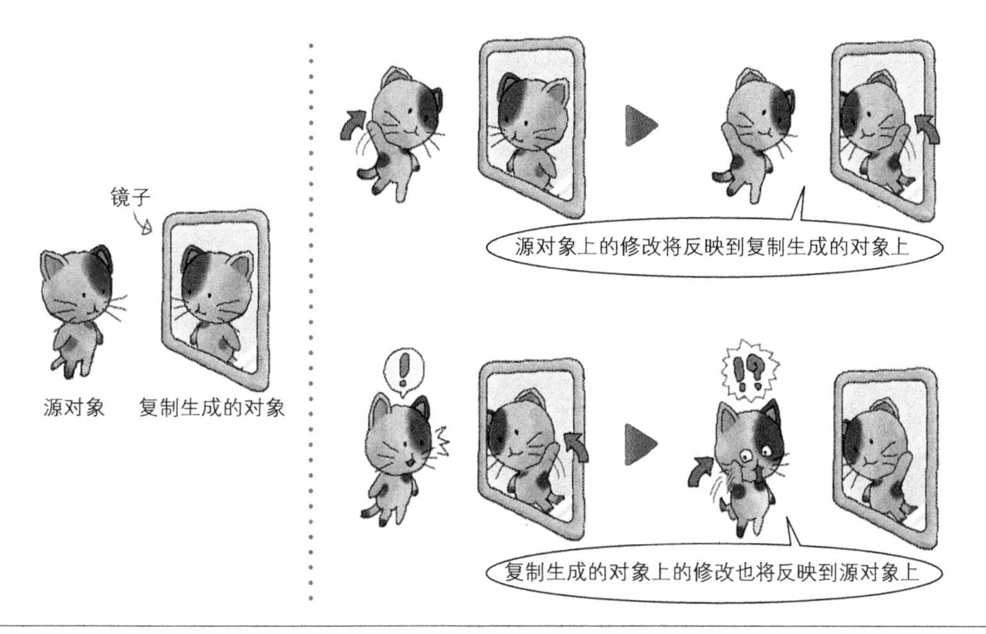

⇧ **图 0.19　借助预设，复制生成的对象上的变化也能反映到源对象上**

针对“应该在哪个游戏对象上进行复制后的修改”的疑问，答案是没有必要区分源对象和复制生成的对象。在众多的游戏对象中，依情况找到最容易修改的对象来完成即可。

此外，预设还具备**可以简单地复制到任意场景**的特性。

前面在对场景进行说明时，我们曾经提到“场景相当于容纳游戏对象的箱子”，反过来则意味着“游戏对象必定存放在某个场景中”。

如果想复制并再利用某个已经创建完成的游戏对象，首先必须找到该游戏对象的存放位置。

当然，如果提前将那些经常用到的对象专门放在某个特定位置，这样找起来会方便得多。一旦需要进行复制，直接到这个位置取出即可。

事实上，预设就相当于这个“常用对象的存放位置”。严谨地说，“位于常用对象的存放位置”的对象就是预设。“常用对象的存放位置”也就是“预设的存放位置”（图 0.20）。被作为预设的游戏对象将会被移动到“预设的存放位置”，以后就可以简单地复制到任意场景中。

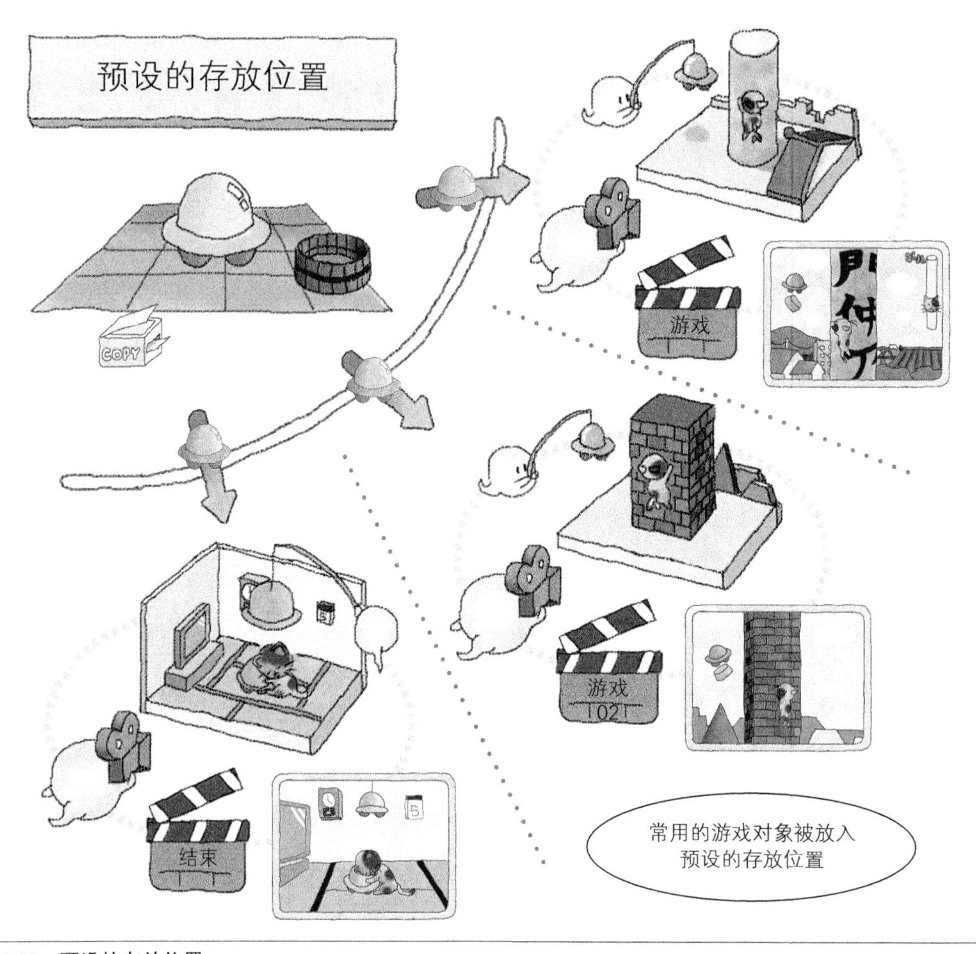

⇧ 图 0.20　预设的存放位置

除去“源对象和复制生成的对象之间可以相互联动”这一特性，预设和普通的游戏对象并没有太大区别。然而，也正是由于这些不起眼的特性，才让 Unity 能够方便地开发游戏，不得不说这是一种伟大的创新。

❖ 0.1.8　小结

关于使用 Unity 开发游戏的流程，我们就介绍到这里。可能对很多读者来说，本节出现了很多新鲜的术语。不过不用太介意，当前只需记住下列几点游戏开发的大致流程即可。

（1）向美术素材添加各种功能，创建出角色。

（2）摆放好各个角色，从而创建出场景。

（3）生成所有需要的场景。

至于每个流程的具体步骤和细节，读者可以根据情况自行深入了解。

美术素材添加了各种功能组件后，就成为角色，从而变得生机勃勃。光是这一点，开发者就一定能体会到开发的乐趣吧？

当前没有必要强行记忆还不理解的内容。随着 Unity 使用经验的增加，读者可以随时回来重新阅读本章内容。

0.2 先来复习一下 Unity 的基础知识吧 *Concept*

为了给第 1 章的实战教程热身，本章主要复习一下 Unity 的基本用法。我们先开发一个简单的小游戏，并通过这个开发实例，来回顾一下 Unity 中游戏开发的步骤。

Unity 功能强大，为防篇幅冗长，本章将重点介绍那些在 Unity 开发中通用的方法与规则。如果各位读者想再复习一下 Unity 的基本用法，或者已经有一阵子没用 Unity 开发过游戏了，不妨亲手实践一下本章的实例教程。

当然，因为本书的主题是小游戏的开发，所以在入门教程中并未涉及太多超出本书主题的内容。如果读者想更深入地了解 Unity 开发的相关内容，请参考 Unity 的官方手册或其他教材。现在有很多这方面的好书。

在 0.5 节中，我们将引入入门教程中没有用到的预设功能，并使用入门教程的项目进行实践。

最后，本章还对 Unity 所支持的两门编程语言 C# 和 JavaScript 作了简单比较。这两门语言各有特色，彼此存在许多不同之处。不过如果读者了解其中一门语言，学习另外一门应该不是什么难事。

书中的游戏实例都是用 C# 开发的。建议仅了解 JavaScript 的读者在学习本书的后续部分之前，先浏览本章的内容。

本章的内容都不算复杂。下面就让我们放松心情，开始游戏开发之旅吧。

❖ 0.2.1 脚本一览

文件	说明
Player.cs	用于控制小方块的运动
Ball.cs	用于控制小球的运动
Launcher.cs	用于控制发射台和小球的发射

❖ 0.2.2　本章小节

- 入门教程（上）——创建项目
- 入门教程（下）——让游戏更有趣
- 关于预设
- C# 和 JavaScript 的对比

❖ 0.2.3　本章开发的小游戏

- 用玩家角色（小方块）把右边飞来的小球弹开
- 点击左键使玩家角色起跳
- 点击右键发射小球

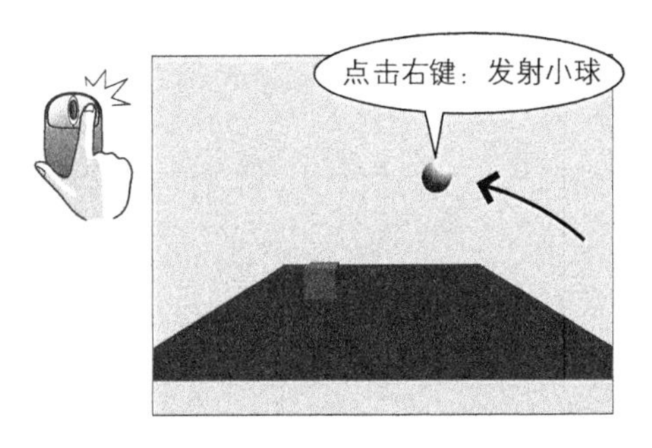

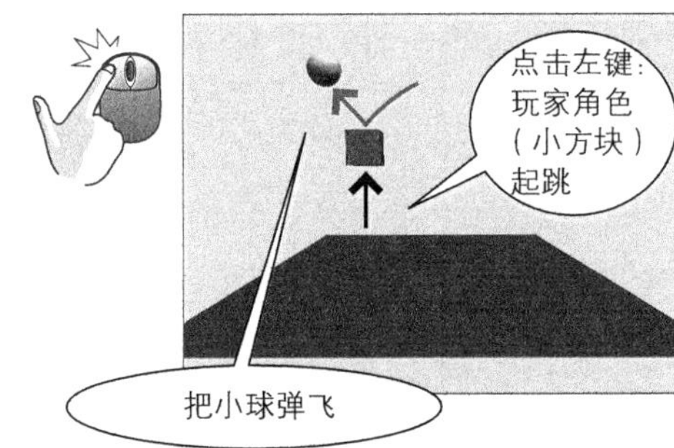

0.3　入门教程（上）——创建项目　*Tips*

❖ 0.3.1　概要

在这篇教程中，我们将试着制作一款仅仅使用玩家角色把小球弹飞的简单小游戏。估计有些读者看到这里可能会想：“这根本不叫游戏吧。”

但是，这种**爽快的操作感**恰恰是动作游戏的趣味所在。说不定我们的这个小游戏，能为读者带来开发新游戏的灵感呢。

如果读者正在学习 Unity，或者正在为游戏创作寻找灵感，那么我们强烈建议你亲手完成这个游戏的制作。只要参照本教程的步骤一步步操作，并不会花费太多的时间。

另外，本教程项目的完整版可以参考随书下载资料中 Chapter0 文件夹下的 Tutorial 文件。建议读者在自己动手开发前先打开该项目运行一下。有了基本的印象后，对于后续的开发与理解会很有帮助。

❖ 0.3.2　创建新项目

首先，让我们为游戏创建一个 Unity 项目吧。

启动 Unity 后将出现一个并列显示 Projects 和 Getting started 的窗口（图 0.21）。点击窗口中央的 New Project 按钮或者右上方的 NEW 文本标签，窗口下半部分内容将发生改变，出现 Project Name 文本框等内容。

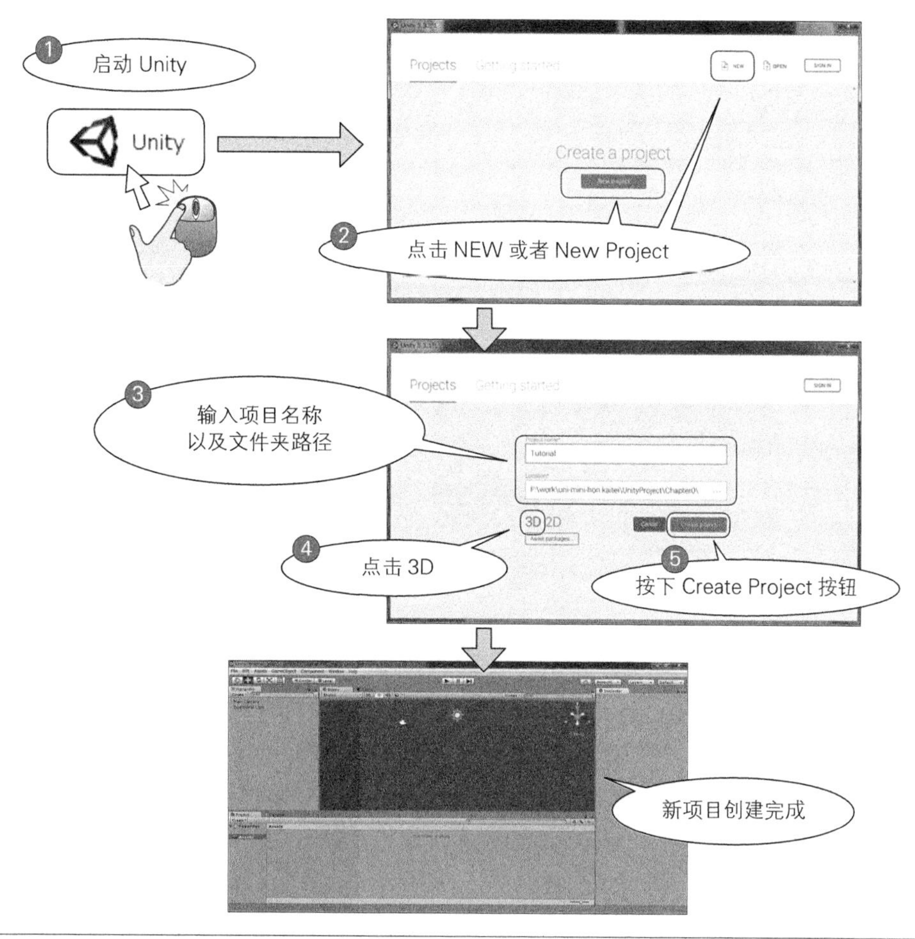

⇧ 图 0.21　创建新项目

如果 Unity 曾经被启动过，窗口中央将不再显示 New Project 按钮，取而代之的是曾经载入过的项目文件列表。这时右上方的 NEW 文本标签依然会显示，可以通过它来创建项目。

在 Project Name 文本框中输入项目文件名，这里我们指定为 Tutorial。

Location 用来指定文件夹的全路径。建议为新项目创建一个专门的文件夹存放。虽然文件夹名称和项目名可以取任意名字，**但是最好不要使用汉字。因为如果路径中包含了汉字，有可**

能导致 Unity 编辑器在保存和读取文件时出错。

3D、2D 方面我们选择 3D。看到 3D 的字样变红就 OK 了。

按下 Asset packages... 按钮将打开用于选择标准资源包的窗口。标准资源包是用来扩充 Unity 功能的数据和脚本。由于这个项目中并不需要使用它们，所以无需选择。

按下 Create Project 按钮后，窗口将关闭，借助 Unity 编辑器主机的窗口创建新的项目。

点击 Scene 标签页，切换到场景视图。

如果视图中没有显示网格，可以点击 Gizmos 图标，然后在下拉菜单中选中 Show Grid 复选框（图 0.22），场景视图中将出现一个高度为 0 的平面网格。

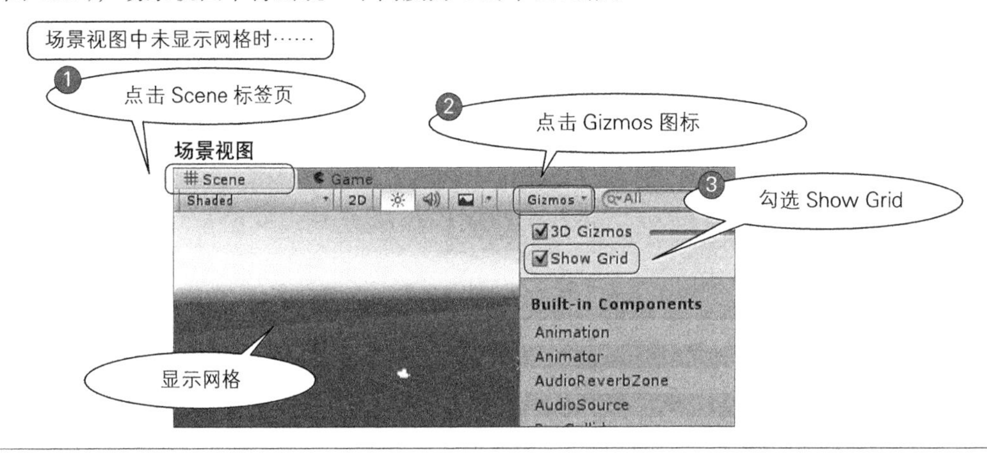

⇧ 图 0.22 显示网格线

❖ 0.3.3 创建地面（创建游戏对象）

我们先创建一个地面对象。在窗口顶部菜单中依次点击 GameObject → 3D Object → Plane。

场景视图中央将出现一个平板状的游戏对象，同时层级视图中也增加了一项 Plane，这就是本次游戏中被用作地面的游戏对象。Plane 一词在英语中表示“平面”的意思。

因摄像机所处位置的不同，读者看到的画面可能会和图 0.23 不一致，请不用在意，后面将进行调整。

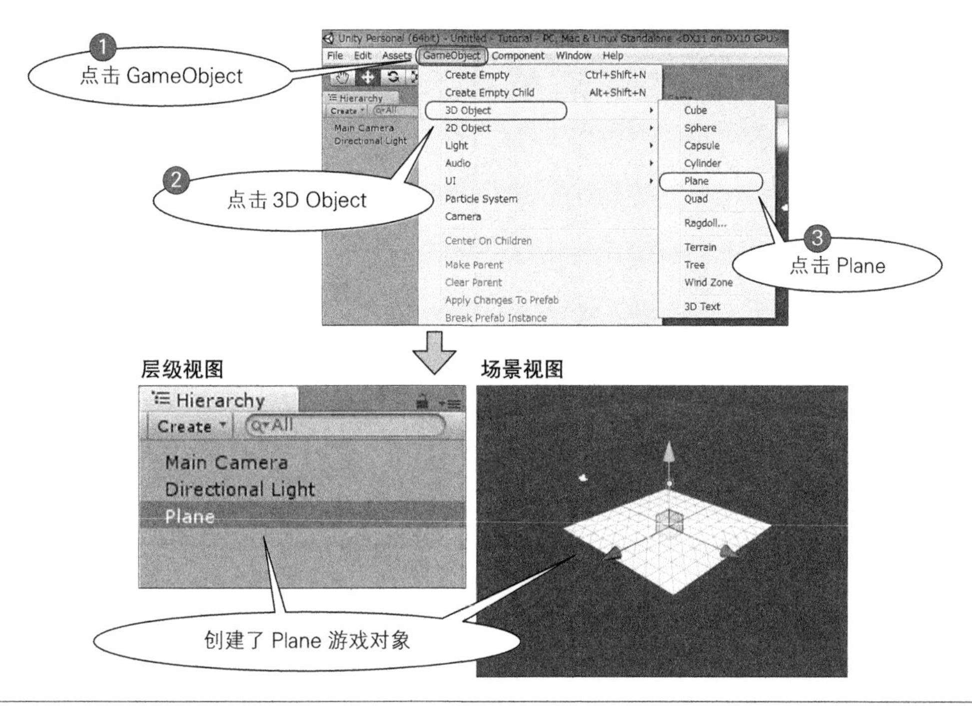

⇧ 图 0.23 创建 Plane 游戏对象

❖ 0.3.4 创建场景，保存项目

下面把目前的工作成果保存一下。

观察 Unity 的标题栏，能发现在 Unity Personal(64bit)-Untitled-Tutorial-PC,Mac & Linux Standalone 这一文本右侧有一个"*"符号。这个"*"符号表示**当前项目文件需要保存**（图 0.24）。保存后该符号就会消失，之后如果又做了什么操作需要重新保存，该符号会再次出现。

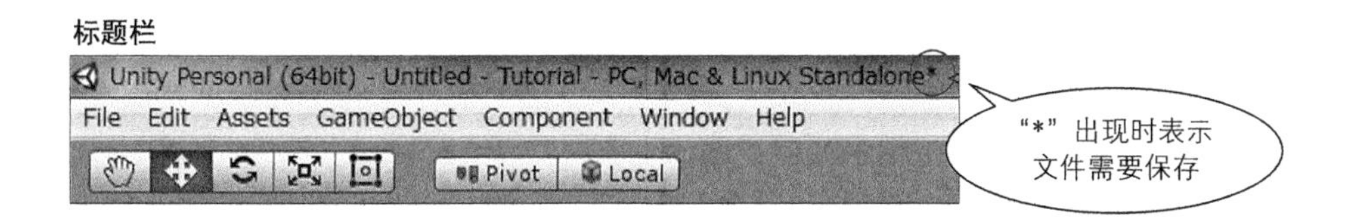

⇧ 图 0.24 "*"表示文件需要保存

其实不仅是 Untiy，我们在使用任何新工具时，一开始都最好了解一下文件的保存方法。如果在未保存数据的情况下关闭了 Unity，那么所有的工作成果都将丢失。虽然在关闭时会弹出"文件未保存"的提示对话框，但是在不经意间将文件强行关闭的情况也经常发生。而且，在出现"操作出现错误，无法撤销"的情况时，如果事先保存过文件，就可以很方便地恢复到以前的状态。

在 Unity 中，为了保存项目，必须创建**场景**。所谓场景，就是例如“主题画面”“游戏中”“排行榜”这样的被用来划分游戏状态的部分（图 0.25）。在这个游戏中，我们只需要创建 1 个场景。

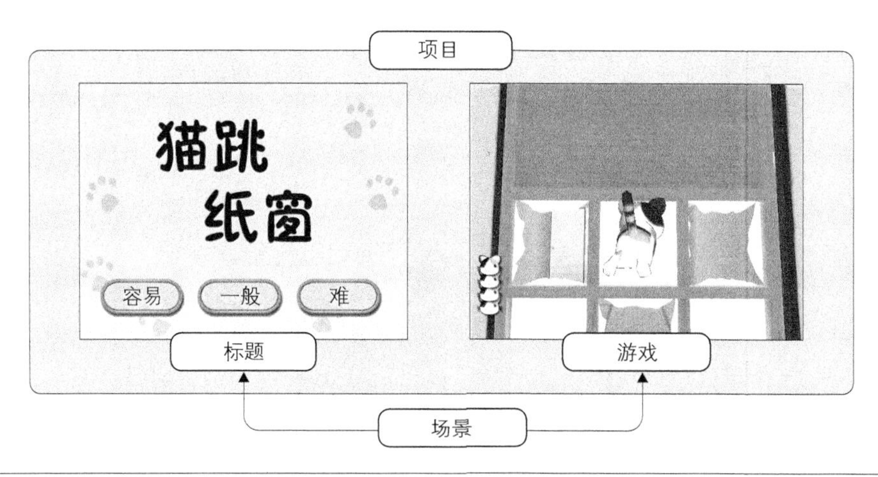

⇧ 图 0.25　项目中的“场景”

在窗口顶部菜单中依次点击 File → Save Scene（图 0.26）。这时会弹出文件保存对话框。在文件名处填入场景的名称，这里我们输入 GameScene。

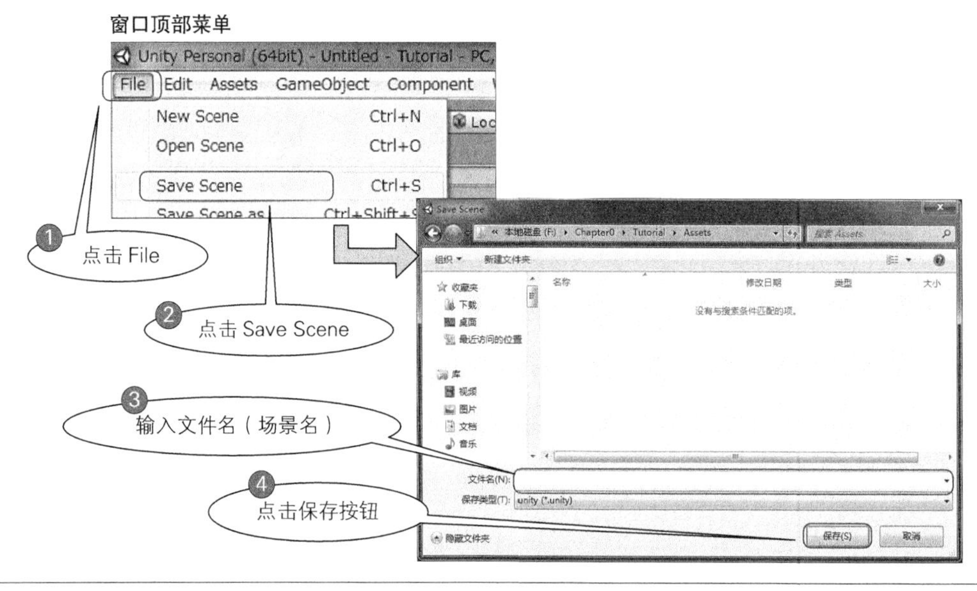

⇧ 图 0.26　保存场景

可以看到标题栏上的“*”符号消失了，这意味着所有的工作成果都已经被保存了。关闭 Unity，再次打开该项目，这时应该和现在的状态是一样的。那么我们就可以放心地进行下一步了。

到目前为止，项目视图中也添加了 GameScene 项（图 0.27）。如果项目视图中无法看见 GameScene 图标，请点击左侧的 Assets 标签。

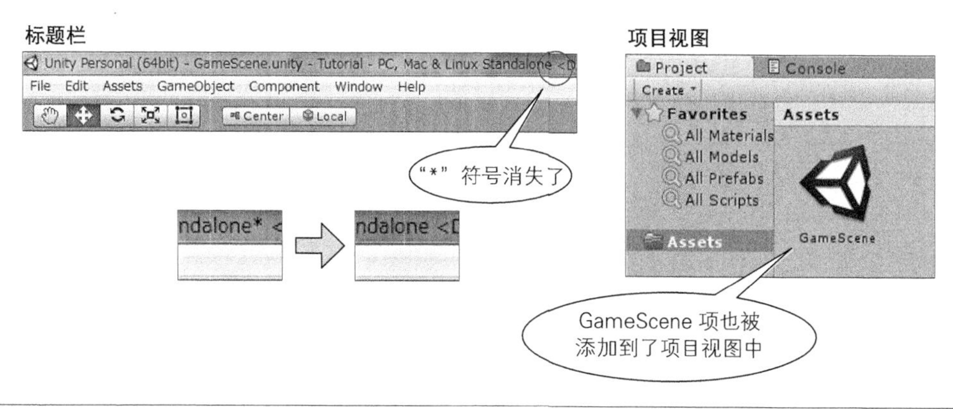

⇧ 图 0.27 添加了 GameScene 项

❖ 0.3.5 调整场景视图的摄像机

我们稍微调整一下摄像机的角度，使之能够从正面视角俯瞰我们刚才创建的地面对象。

首先，按住 Alt 键的同时拖动鼠标左键，摄像机将以地面为中心旋转。而如果按住 Alt 键和 Ctrl 键（苹果 Mac 环境则为 Command 键）的同时拖动鼠标左键，摄像机则将平行移动。滚动鼠标滚轮，画面将向着场景深处前后移动（图 0.28）。

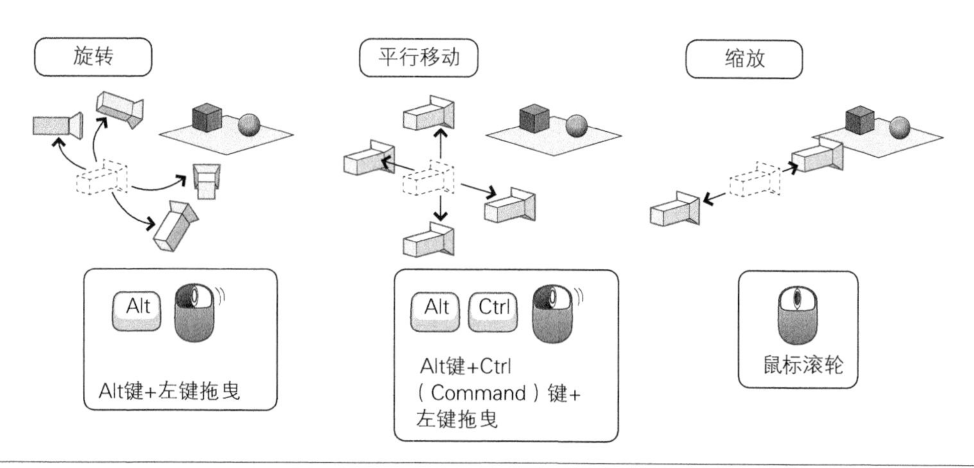

⇧ 图 0.28 场景视图的摄像机操作

请读者参考场景视图右上方的 3D **图标**，并旋转摄像机，使 X 向右，Y 向上，Z 向内（图 0.29）。

在 CG 世界中，这种通过前后移动摄像机来接近或远离被拍摄对象的操作分别叫作**近摄**

(dolly in) 和**远摄** (dolly out)。虽然镜头变焦技术 zoom 也有类似效果，但二者并不是一个概念。请读者注意这一点。

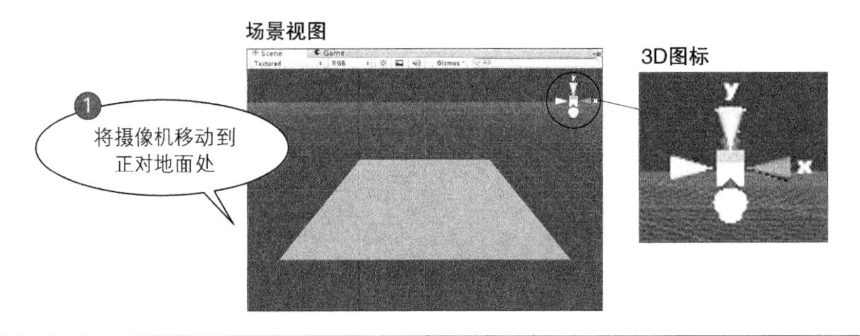

⇧ 图 0.29 将摄像机移动到正对地面处

❖ 0.3.6 创建方块和小球 (创建游戏对象并调整坐标)

创建完地面后，接下来我们将创建代表玩家角色的小方块。在窗口顶部菜单中依次点击 GameObject → 3D Object → Cube，一个叫作 Cube 的游戏对象将被创建在场景视图的中央 (图 0.30)。

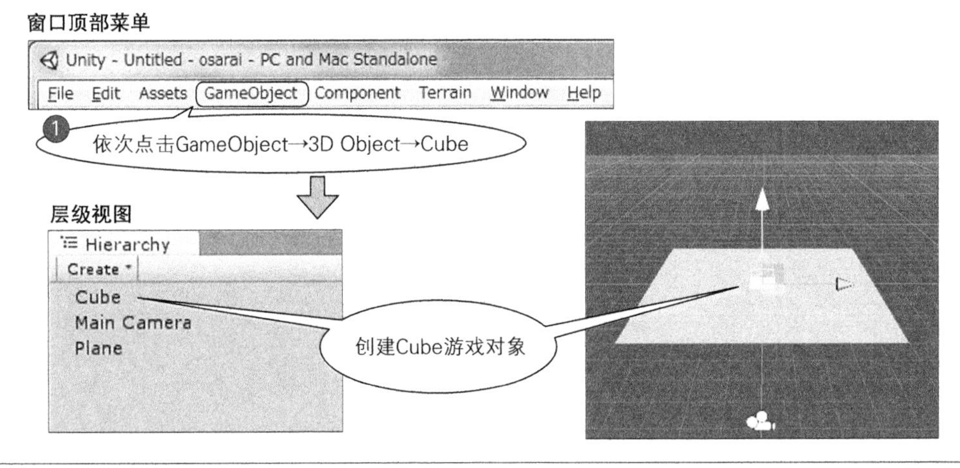

⇧ 图 0.30 创建小方块对象

默认的初始位置会让它看起来像陷在了地面中，我们可以用**移动工具**来调整它的位置。

所谓移动工具，指的是和游戏对象重叠显示的用红、绿、蓝三种箭头组合而成的 Unity 编辑器的 UI。红、绿、蓝的箭头分别代表 X 轴、Y 轴、Z 轴。RGB=XYZ，很好记。因为现在我们想往上移动方块，所以就拖动绿色的箭头，可以看到小方块会随着鼠标光标往上移动 (图 0.31)。

如果小方块上没有显示移动工具，说明小方块没有被选中，或者变换工具（transform tool）未处于“移动”模式。

请点击画面左上方变换工具中左起第 2 个图标。然后点击场景视图中的小方块或者在层级视图中选中 Cube。现在就可以看到小方块上显示了变换工具的 UI（图 0.32）。

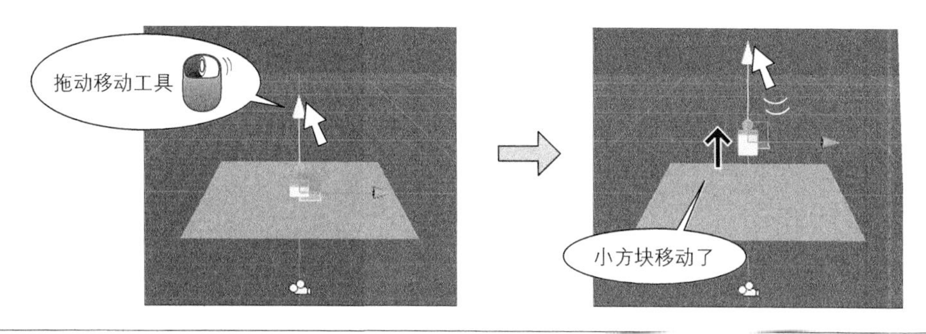

⇧ 图 0.31　移动游戏对象

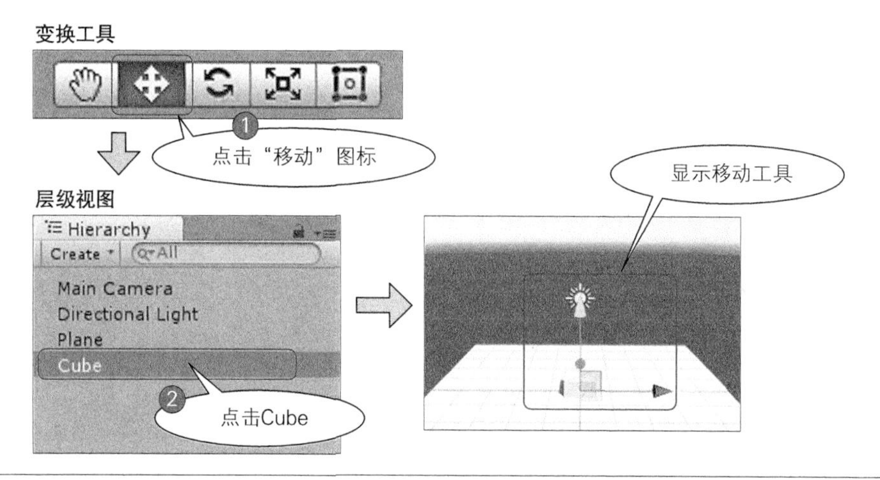

⇧ 图 0.32　显示移动工具

除此之外，我们还要创建一个球体游戏对象。在窗口顶部菜单中依次点击 GameObject → 3D Object → Sphere，然后将它移动到方块右侧的位置（图 0.33）。在英文中，Sphere 表示球体的意思。

接下来再稍稍调整一下小方块的位置。并非只有通过场景视图的移动工具才能改变游戏对象的位置，通过检视面板也可以做到。

首先，在层级视图中选中小方块。把检视面板中 Transform 标签下的 Position 的 X 值由 0 改为 -2，可以看到小方块向左移动了一些（图 0.34）。

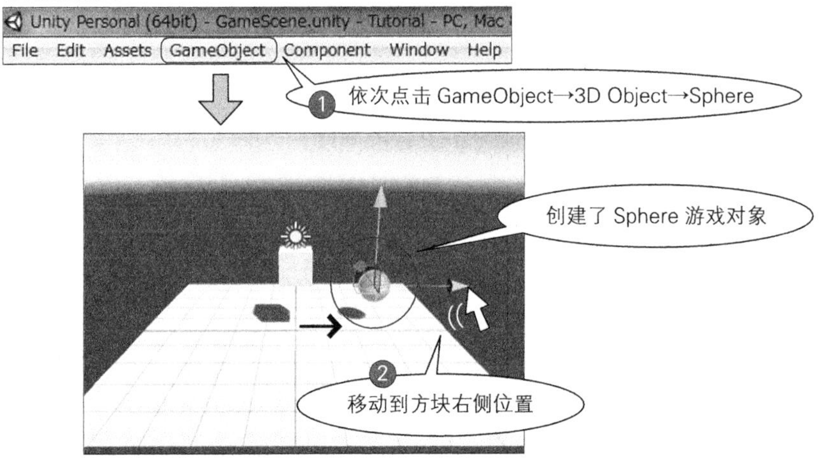

⇧ 图 0.33　创建 Sphere 游戏对象

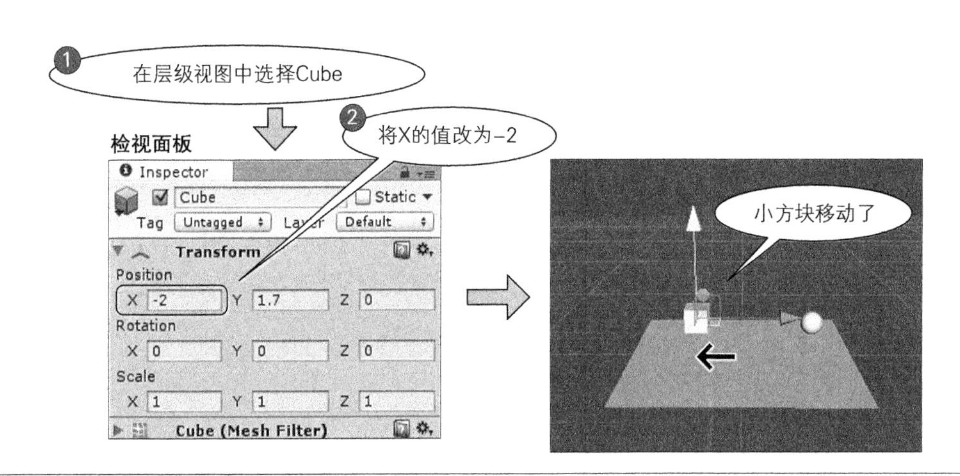

⇧ 图 0.34　通过检视面板移动小方块

如果在检视面板中的 Transform 下看不到 Position 一项，请点击 Transform 旁边的三角形，展开标签页后就可以看到 Transform 组件的各个参数（图 0.35）。

如果是粗略的移动，可以通过在场景视图中拖动对象来完成，而细微的调整则通过检视面板操作比较好。虽然位置坐标和旋转角度这些数值并不要求必须是整数，但适当地舍掉小数部分将会为后面的处理带来方便。

如果一开始创建的地面对象 Plane 不在原点（0.0, 0.0, 0.0），请先将其移动到原点，然后再调整 Cube 和 Sphere 的位置。

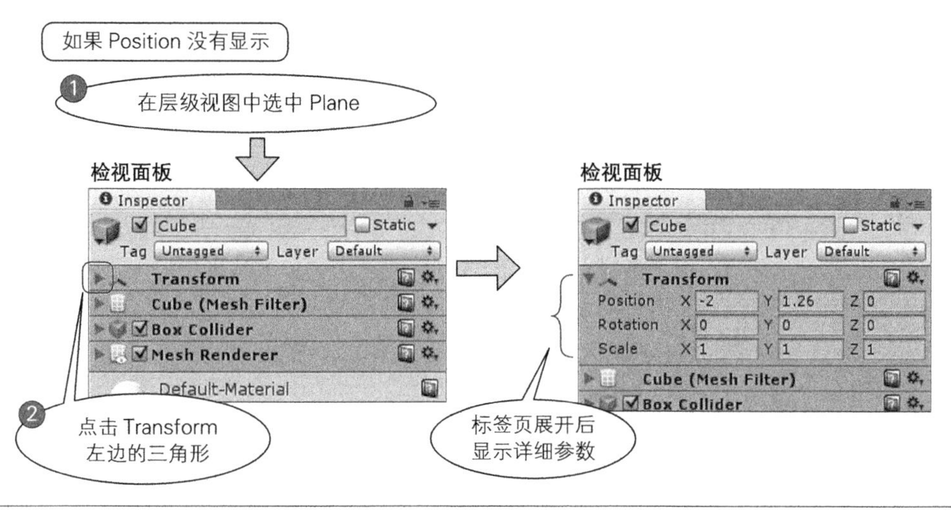

⇧ **图 0.35　让 Position 显示的操作**

❖ 0.3.7　运行游戏

再次保存我们的项目文件。在窗口顶部菜单中依次点击 File → Save Scene，覆盖保存文件。以后也都应该像这样在恰当的时候进行一次保存以防止数据丢失。

完成保存后，让我们把游戏运行起来吧（图 0.36）。首先，请确认游戏视图标签页右上方的 Maximize on Play 图标处于按下状态。然后点击画面上方的播放按钮。播放按钮是指位于工具栏中间的播放控件中最左边的三角形按钮（图 0.18）。

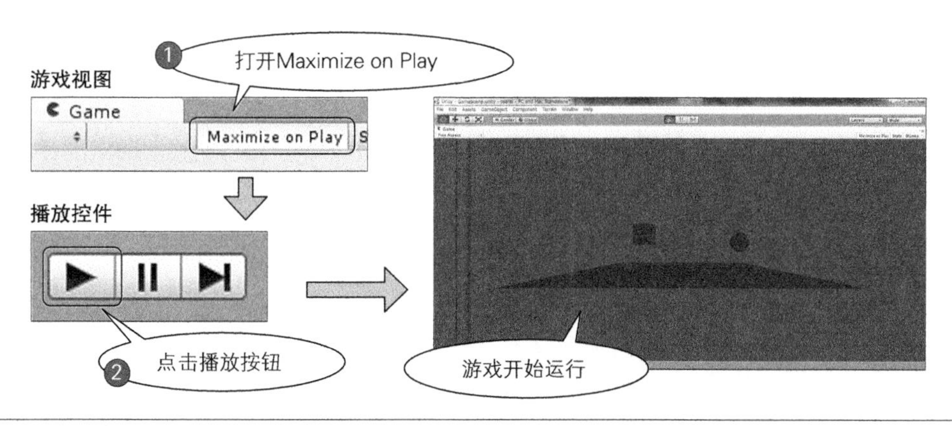

⇧ **图 0.36　执行游戏**

启动游戏后，将自动切换到游戏试图。场景视图中配置好的 3 个游戏对象将显示出来。若希望终止游戏运行，再次点击播放按钮即可。

游戏启动后，**再次进行编辑前请务必先终止游戏运行**。因为在游戏运行时所做的任何改变，都将在游戏停止后恢复原值。为了避免这种无意义的修改，请确保编辑前游戏已停止。

❖ 0.3.8 摄像机的便捷功能

下面我们来了解场景视图中摄像机的便捷功能。

在层级视图中选中 Cube 后，**将鼠标移动到场景视图中**，然后按下 F 键。可以看到摄像机将向 Cube 移动（图 0.37）。记住，选中某游戏对象后再按下 F 键，场景视图中的摄像机将移动到该对象的正面。当需要查看某游戏对象时这个方法会很方便。包括前面提到的通过鼠标调整摄像机的方法，它们在开发游戏的过程中常常会用到，请务必掌握。

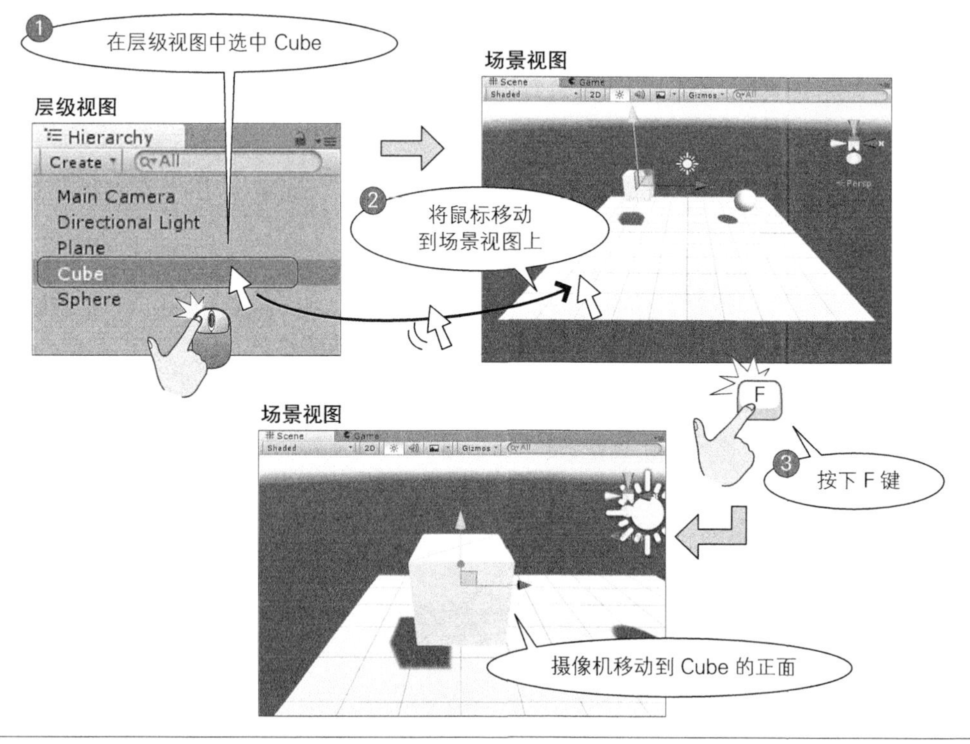

⇧ 图 0.37 使用 F 键移动摄像机

最后我们再次选中 Plane，按下 F 键。适当地前后移动摄像机，直到 3 个对象全部显示在画面内，再继续下面的内容。

❖ 0.3.9 修改游戏对象的名字

像 Cube 和 Sphere 这样，刚创建好的游戏对象都直接使用对象的种类作为名称。下面就让我们把它们改为游戏中的名字。由于 Cube 是玩家操作的角色，我们叫它 Player；Sphere 是玩家要弹飞的球体，我们就叫它 Ball；而作为地面的 Plane，我们叫它 Floor。

点击层级视图中的 Cube。当背景变为蓝色后再次点击。名称文本将变为可编辑状态，把 Cube 改为 Player 后按下回车（图 0.38）。

同理，请把 Sphere 改为 Ball，把 Plane 改为 Floor（图 0.39）。

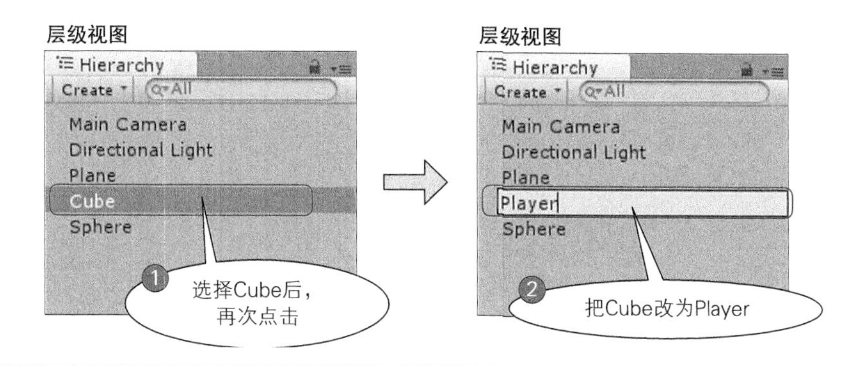

⇧ 图 0.38　把 Cube 的名称改为 Player

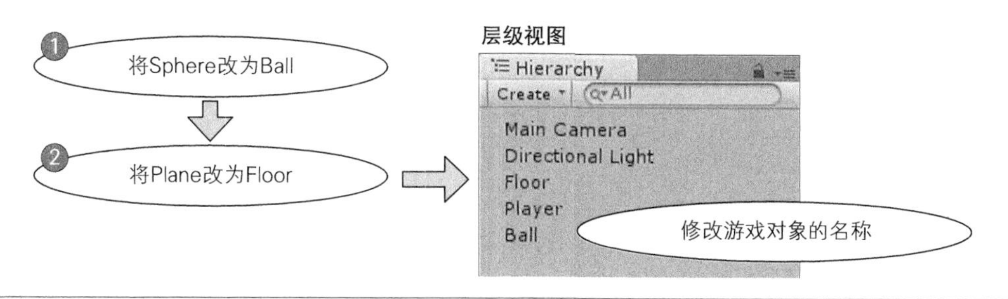

⇧ 图 0.39　对 Sphere、Plane 的名称也做修改

从现在起，我们把 Cube 对象叫作“玩家角色”，把 Sphere 对象叫作“小球”，把 Plane 对象叫作“地面”，都是各自按照它们在游戏中的角色来命名的。

❖ 0.3.10　模拟物理运动（添加 Rigidbody 组件）

下面我们将陆续添加游戏的核心部分。首先是让玩家角色跳起来。为了实现这个效果，需要为游戏对象添加物理运动组件。

在层级视图选中 Player，并在窗口顶部菜单中依次点击 Component → Physics → Rigidbody。这样 Rigidbody 组件就被添加到了玩家角色中，可以在检视面板中看到 Rigidbody（图 0.40）。以后我们也都可以像这样在检视面板中确认那些被添加到游戏对象中的各个组件。

再次运行游戏看看效果如何。这一次玩家角色将快速落下并在撞到地面时停止（图 0.41）。

刚才添加的 Rigidbody 组件主要用于赋予游戏对象物理属性以模拟真实的物理运动。游戏对象在物理运动过程中的速度和受力，必须由开发者通过编程来控制。不过在很多游戏中都被广泛使用的重力属性是个例外，Rigidbody 组件默认提供这方面的支持。

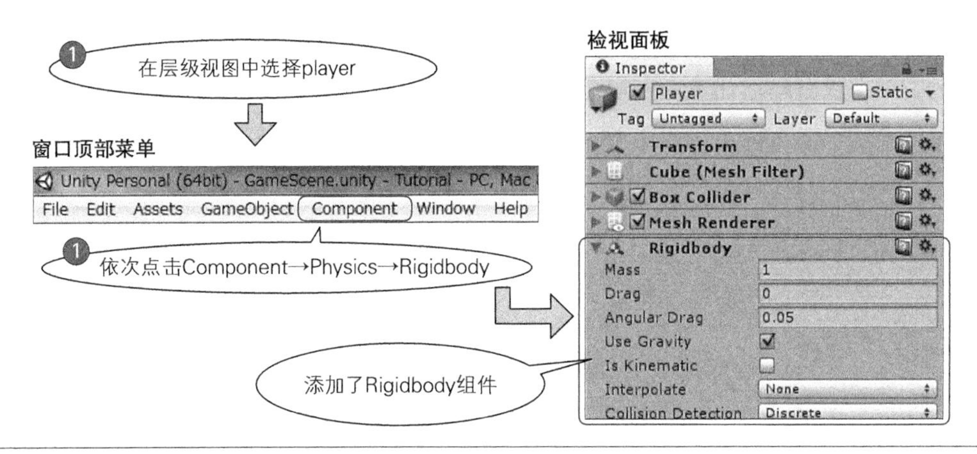

⇧ 图 0.40　添加 Rigidbody 组件

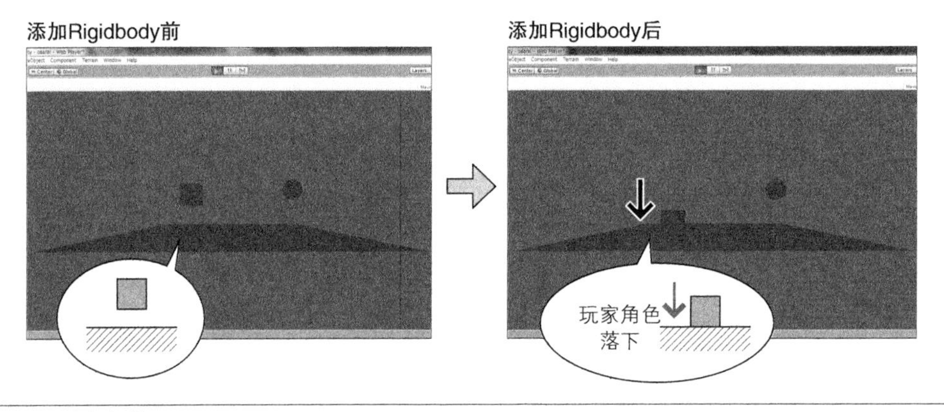

⇧ 图 0.41　玩家角色落下

❖ 0.3.11　让玩家角色跳起来（添加游戏脚本）

下面我们将添加脚本使玩家角色能够跳起来。由于该脚本用于操作玩家角色，所以命名为 Player。

从项目视图的 Create 菜单中选择 C# Script，项目视图右侧的 Assets 栏中将生成一个名为 NewBehaviourScript 的脚本文件。刚创建完成时，脚本处于名称编辑状态。**请在点击确认之前，**将其名字改为 Player（图 0.42）。

如果脚本创建后还未修改名称就点击了鼠标左键，那么可以再次单击该脚本图标，会发现文件名称显示在输入框中，意味着可以再次编辑了（图 0.43）。这种过后再修改脚本名称的做法有一些额外需要注意的事项，后面我们会再做说明。

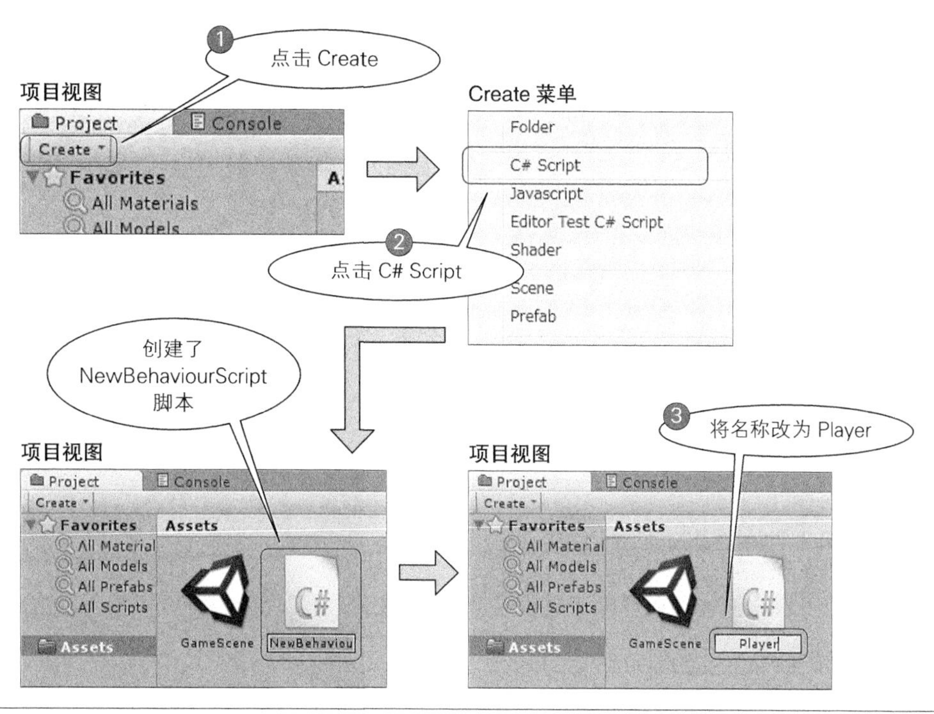

⇧ 图 0.42 添加 Player 脚本

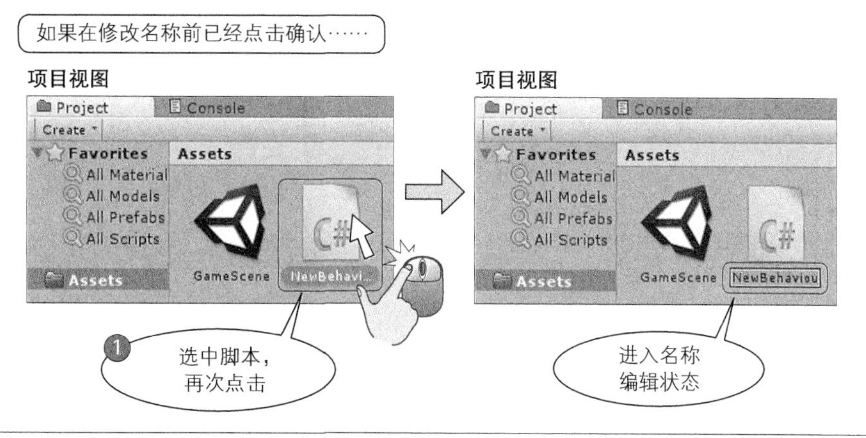

⇧ 图 0.43 修改脚本名称

现在创建的脚本是一个空的脚本，即使运行也不会发生什么。为了能够将它用在游戏中，必须做相应的编辑。

选中 Player 脚本，点击检视面板上的 Open 按钮。这时名为 Mono Develop 的编辑器将会启动，Player.cs 脚本被打开（图 0.44）。

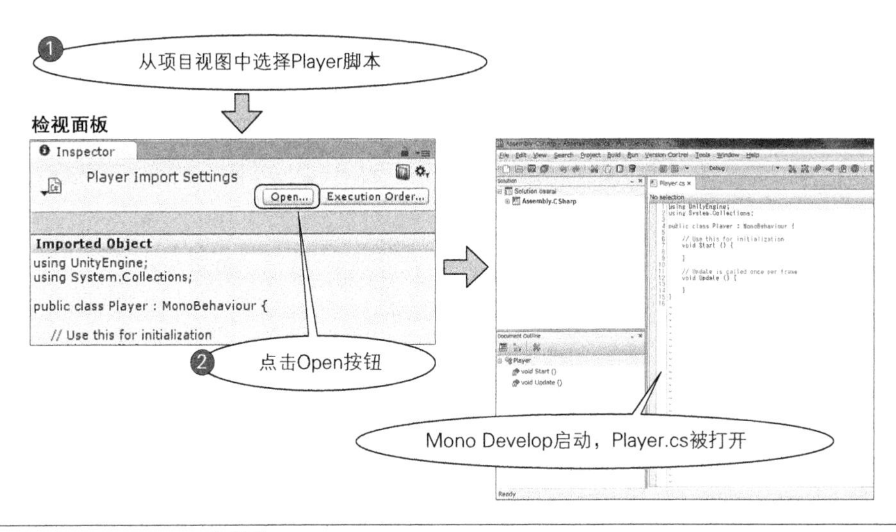

↑ 图 0.44　**启动 Mono Develop 编辑器**

在项目视图中双击脚本项也能够启动 Mono Develop 编辑器。读者可以根据自己的操作习惯选择其中一种方法。

可以看到，创建好的脚本文件中已经包含了若干行代码。这些代码是每个脚本都必需的，为了省去每次输入的麻烦，所以预置在文件中了。

脚本的开头有如下所示的一行代码，请确认 public class 后紧跟着的类名为 Player（图 0.45）。

```
public class Player : MonoBehaviour {
```

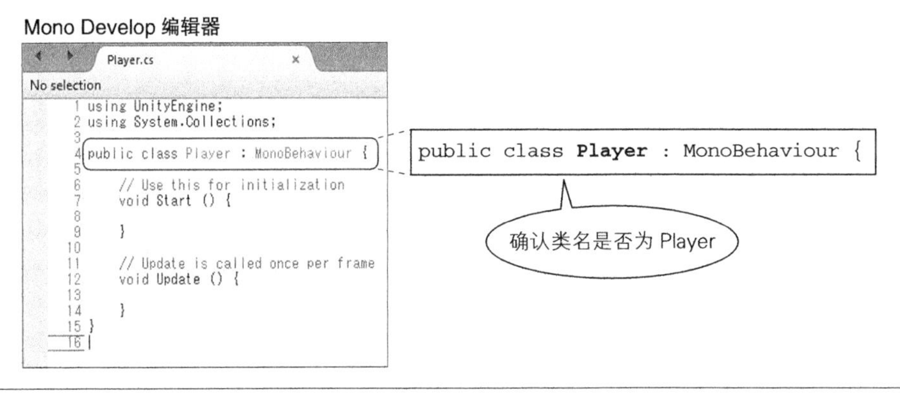

↑ 图 0.45　**检查类名**

Unity 规定 C# 脚本中**类名必须和文件名相同**。

新创建脚本时，类名会自动保持和文件名一致。但如果后续再修改文件名，类名并不会自动发生改变，因此需要自行变更类名。尤其是在创建脚本时没有重命名就直接确定的情况下，要特别注意。此时类名仍将是 NewBehaviourScript。注意不要忘记修改类名。

确认将类名修改为 Player 之后，再按下列代码编辑脚本。新增一个 jump_speed 数据成员，并重写 Update 方法。Start 方法可以暂不做修改。由于篇幅有限，书中略去相关代码。

Player 类（摘要）

```
public class Player : MonoBehaviour {

    protected float jump_speed = 5.0f;          // 起跳时的速度

    void Update ()
    {
        if(Input.GetMouseButtonDown(0)) {       // 点击鼠标左键触发
            this.GetComponent<Rigidbody>().velocity =
                Vector3.up * this.jump_speed;   // 设定向上速度
        }
    }
}
```

在 Mono Develop 中编辑完代码后，必须对其加以保存才能使改动生效。保存文件时只需点击 Mono Develop 窗口顶部菜单中的 File → Save 即可（图 0.46）。

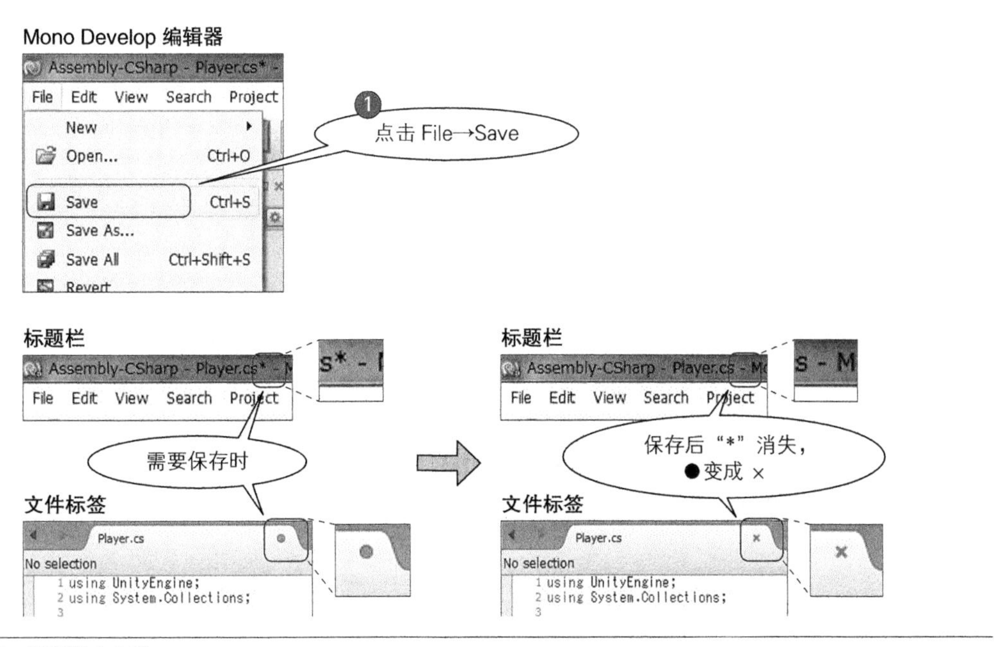

↑图 0.46　保存脚本文件

Save 下方的第二项菜单 Save All 用于一次性保存所有修改过的文件。为了防止当多个文件被修改过时有些被忘记保存，一般情况下我们都推荐使用它来保存项目。

和 Unity 编辑器一样，Mono Develop 中如果有文件需要保存，标题栏的文件名后也将显示“*”符号。而且编辑中的文件标签页右上方的关闭按钮将变成●（圆）。文件被保存后，“*”符号将消失，同时文件标签页的关闭按钮将变回 ×（关闭）。

建议读者在运行游戏前先确认一下所有文件是否都已被保存。

修改好代码后，让我们把新创建的类组件添加到 Player 游戏对象上（图 0.47）。

请从项目视图中将 Player 脚本拖曳到层级视图中的 Player 对象上。这样就可以把 Player 脚本组件添加到玩家角色，现在检视面板中也应该能看见 Player 标签。

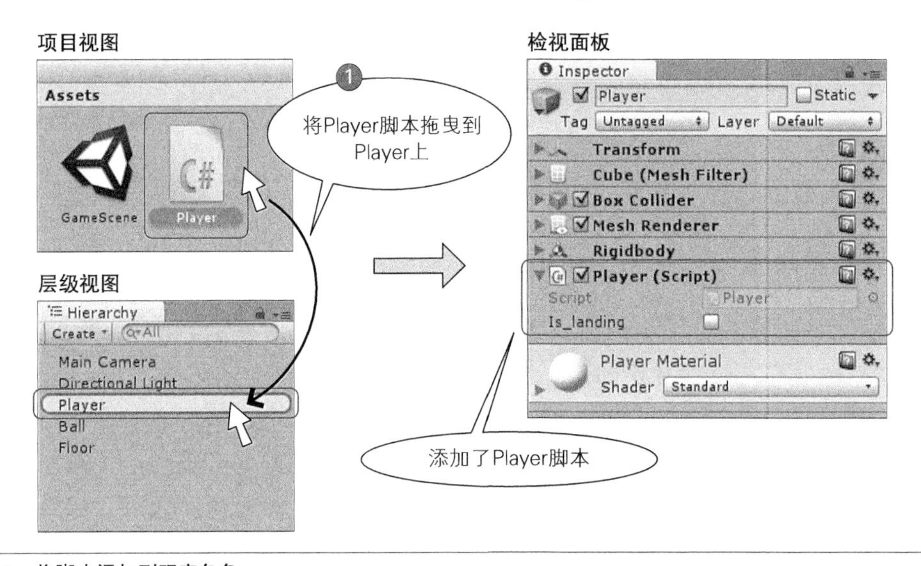

⇧ 图 0.47 将脚本添加到玩家角色

再次启动游戏。点击鼠标左键后，玩家角色将“嘭”地弹起来（图 0.48）。这是因为刚才添加的脚本被执行了的缘故。

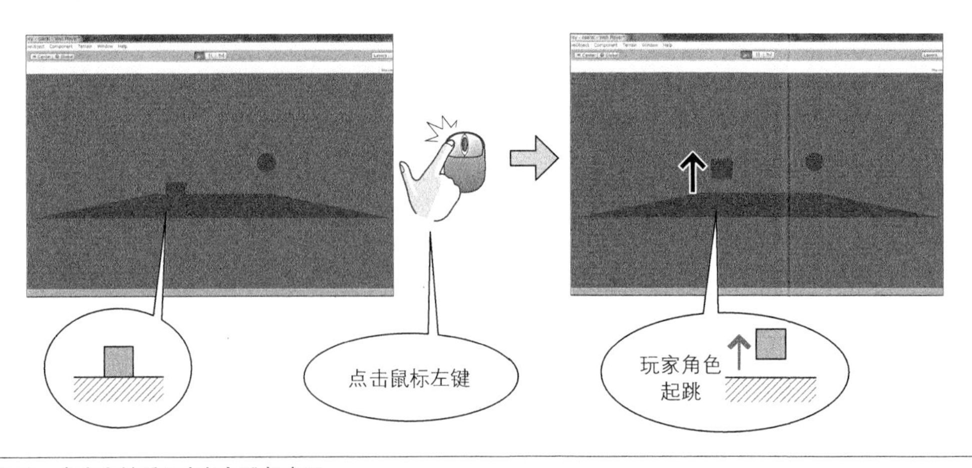

⇧ 图 0.48 点击左键后玩家角色跳起来了

Unity 就是像上述流程这样通过添加和修改游戏脚本来控制游戏对象的各种动作的。

❖ 0.3.12 修改游戏对象的颜色（创建材质）

所有的对象都使用相同的颜色难免会使游戏显得太单调，下面我们就来尝试为游戏对象上色。首先创建**材质**。在项目视图的菜单中依次点击 Create → Material，就可以创建一个叫 New Material 的项。和脚本一样，把它的名字改为 Player Material（图 0.49）。

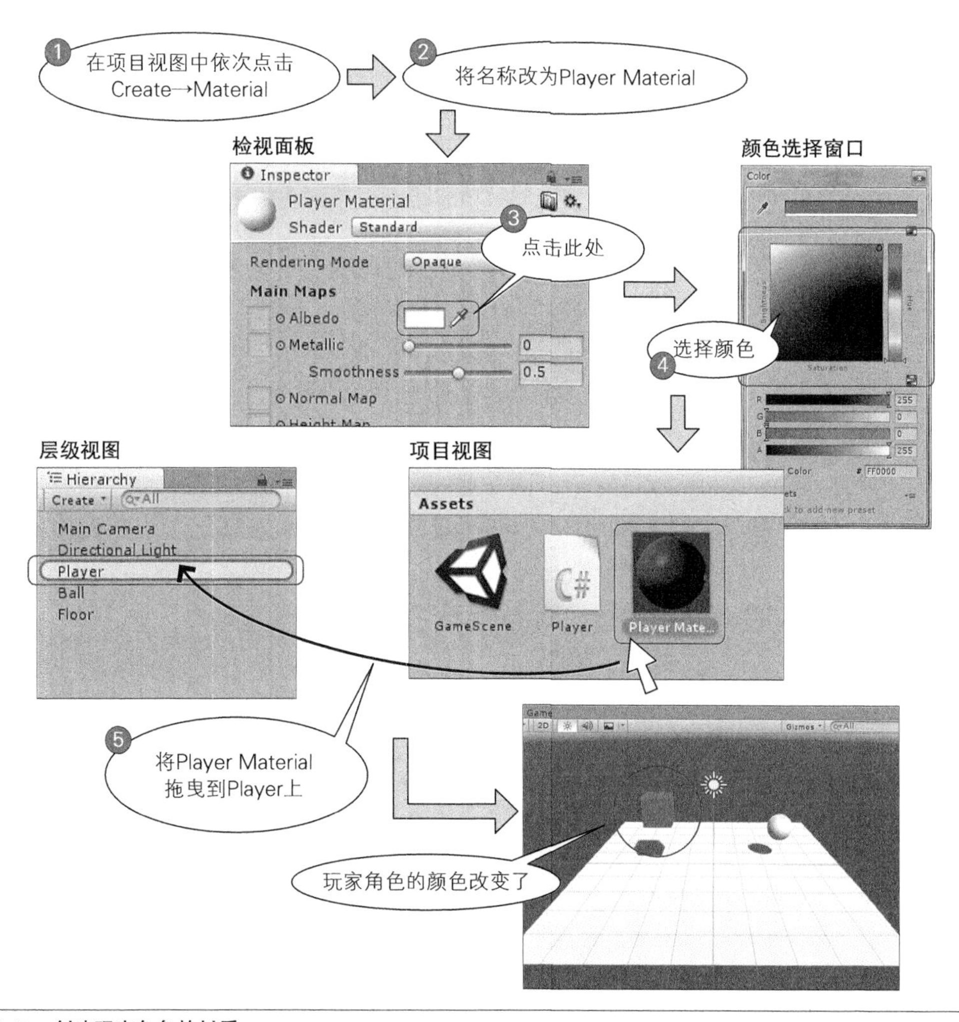

⇧ 图 0.49　创建玩家角色的材质

如果检视面板中未显示 Player Material，请选中项目视图中的 Player Material。在 Albedo 文本右侧有一个吸管的标志和白色的矩形。点击白色矩形，将打开标题为 Color 的色彩选择窗口。

色彩选择窗口内的右侧有调色板，点击其中的红色区域。刚才的白色矩形将立即显示为选中的颜色。选择完颜色后关闭选择窗口。

Albedo 的意思是“素材的颜色”。在一些需要精确表达光线性质的情况下，比如创建 Shader 时，它也被称为“反射率”。现在我们只需记住它表达的是“游戏对象的颜色”即可。

接下来，在项目视图中将 Play Material 拖曳到层级视图中的 Player 上。这意味着把 Play Material 分配给 Player，如此一来，场景视图中的游戏对象 Player 就变成红色了。

采用同样的方式创建绿色的 Ball Material 和蓝色的 Floor Material，并分别将它们分配给 Ball 和 Floor 对象（图 0.50）。将原本白色的游戏对象设置成某种颜色，地面上的玩家角色和小球就容易看见了。即使在使用 Cube 和 Sphere 这类简单形状来表示模型时，也最好通过材质来为它们着色，这样可以很容易地区分出各个对象。

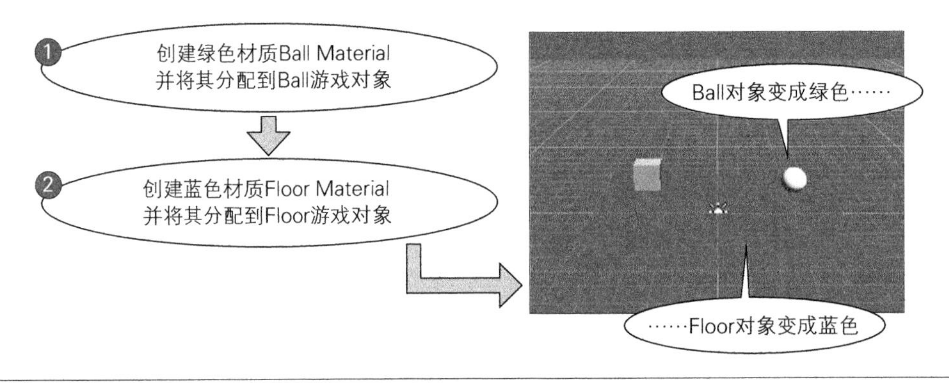

⇧ 图 0.50 创建小球和地面的材质

❖ 0.3.13 调整游戏画面的尺寸（调整播放器设置）

最后，我们来调整游戏画面的尺寸（图 0.51）。

可以看到在 Game 标签左下方有 Free Aspect 文字。点击该处将出现下拉菜单，请选中位于最下方的“+”菜单项，这将打开一个标题为 Add 的小窗口。

在 Width & Height 文字右侧的两个文本输入框中分别填入 640 和 480。确认输入无误后按下 OK 按钮。

关闭 Add 窗口后可以在下拉菜单中看见新增了 640 × 480 项，同时该项左侧显示有被选中的标记。这样，我们就成功地将游戏画面尺寸设置为 640 × 480 像素了。

再次运行游戏，可以看到游戏画面比之前小了一圈（图 0.52）。玩家角色在画面中显示的大小会影响到游戏的难易程度以及玩家的体验。因此从这个角度来说，应该尽量在初期就确定好游戏画面的尺寸。

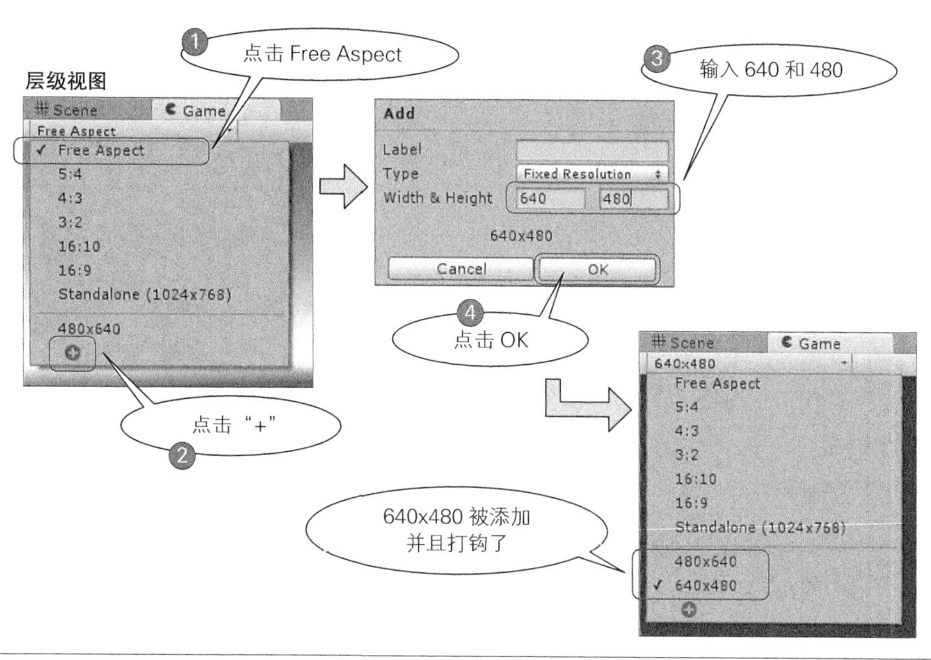

⇧ 图 0.51　调整游戏画面的尺寸

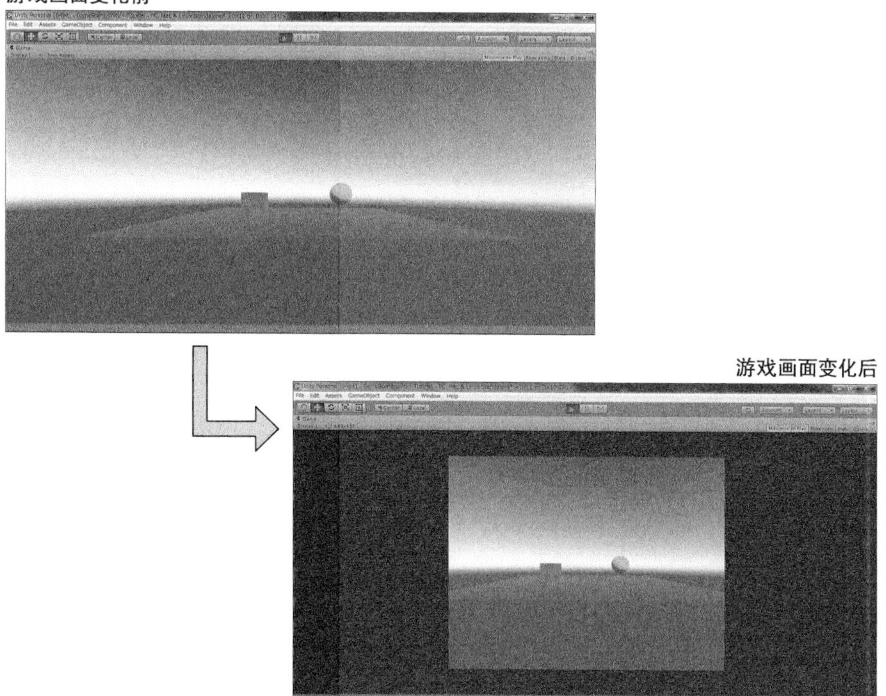

⇧ 图 0.52　游戏画面的尺寸发生变化

不过，这里设定的尺寸毕竟只是游戏在 Unity 编辑中运行时的画面大小。手机或者 PC 网页浏览器等环境中运行时的画面尺寸则需要在别处进行设定。由于本入门教程并不打算生成游戏运行包，所以这里省略该部分说明。如果读者希望将自己开发的游戏进行打包，请查阅 Unity 官方手册等资料。

❖ 0.3.14 小结

按照以往的游戏开发方法，如果不首先编写代码，游戏画面上就不会有任何显示。但是 Unity 却正好相反，允许先配置好小方块和小球这些可见的物体，然后再通过编程来控制它们的动作。从“内在构造（编程）”出发还是从“外观表现（形状）”出发，是 Unity 和传统游戏开发方式的一个很大的区别。

Unity 本身提供了许多常用的标准功能，而在此基础上，开发人员能够通过编写游戏脚本打造出独特的游戏，这是 Unity 的一大亮点。本教程的后半部分将着重介绍如何使用脚本编程来实现一个游戏特有的玩法。

0.4 入门教程（下）——让游戏更有趣 *Tips*

❖ 0.4.1 概要

我们在教程的前半部分中创建了项目，并且创建了玩家角色和小球这些游戏对象，还通过添加脚本实现了小方块的弹跳。虽然功能比较简单，但是可以说它完整地表现了使用 Unity 开发游戏的大体流程。

为了让这个游戏变得更加有模有样，下面让我们再进一步完善玩家角色和小球的动作。

❖ 0.4.2 让小球飞起来（物理运动和速度）

目前小球是静止在空中的，下面我们来尝试使它朝玩家角色飞去。为了令小球能够模拟物理运动，需要添加 Rigidbody 组件（图 0.53）。同时我们还要创建一个叫作 Ball 的脚本。

忘记相关步骤如何操作的读者请回顾 0.3.10 和 0.3.11 这两小节。

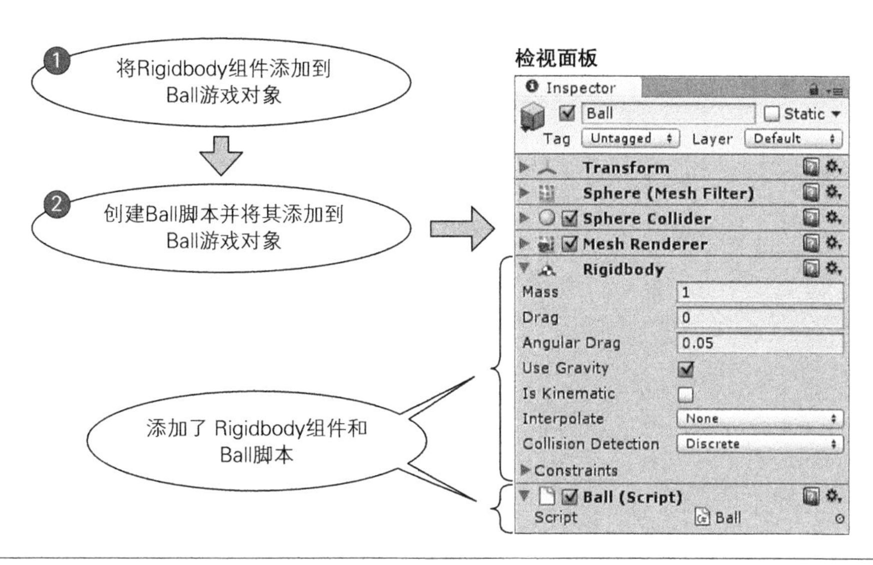

⇧ 图 0.53　将 Rigidbody 组件和脚本添加到小球

添加了 Ball 脚本以后，请对 Start 方法做如下修改。

Ball.Start 方法

```
void Start()
{
    this.GetComponent<Rigidbody>().velocity = new Vector3(-8.0f, 8.0f, 0.0f);
}
```

设置向左上方的速度

游戏开始后，小球将向画面左侧飞去（图 0.54）。

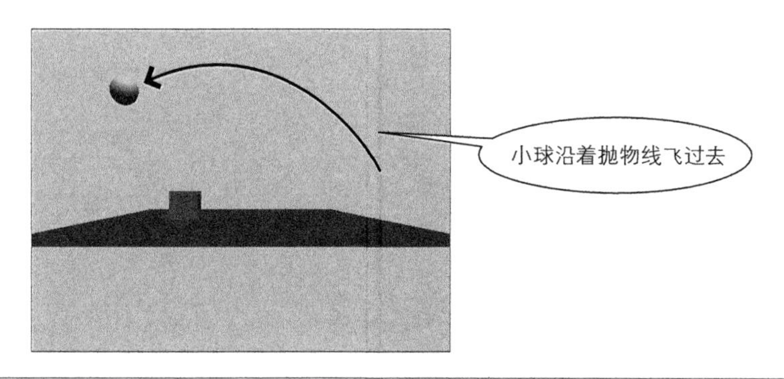

⇧ 图 0.54　小球飞出去了

❖ 0.4.3　创建大量小球（预设游戏对象）

目前游戏仅在开始时生成了一个小球对象，这当然远远不够，另外也不便于小球速度和方块跳跃高度的调整。接下来我们要做的就是，让游戏中可以随时发射出小球。如果小球能够反复发射、跳跃，会便于我们思考下一步做什么。

为了能够随时创建出小球对象，首先需要对小球对象进行**预设**。请将层级视图中的 Ball 项文本拖曳到项目视图中（图 0.55）。

项目视图中将出现 Ball 项。同时，层级视图中的 Ball 项文本将会变为蓝色。

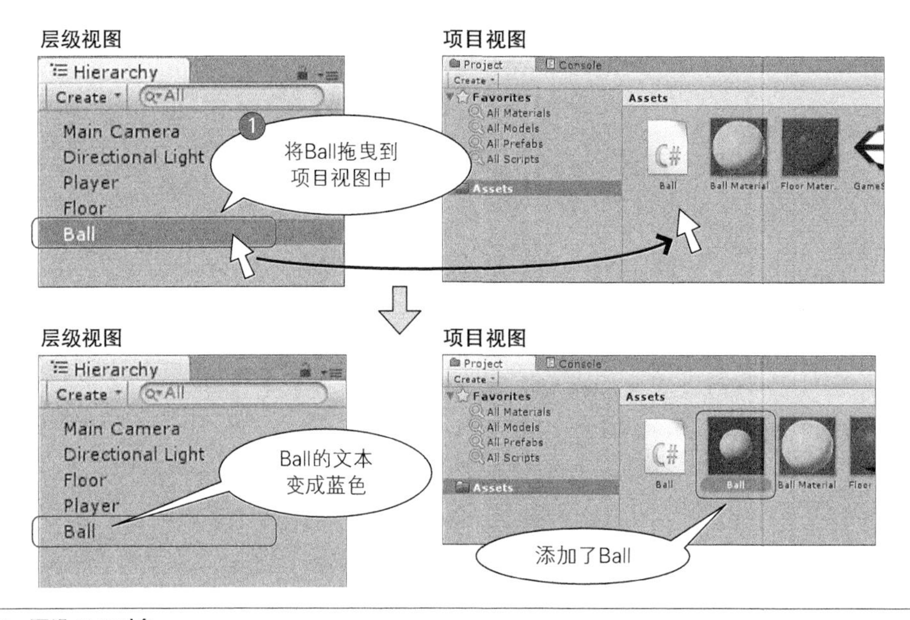

⇧ 图 0.55 预设 Ball 对象

请将项目视图中的 Ball 预设拖曳到场景视图中，可以看到场景中会多出一个小球对象（图 0.56）。

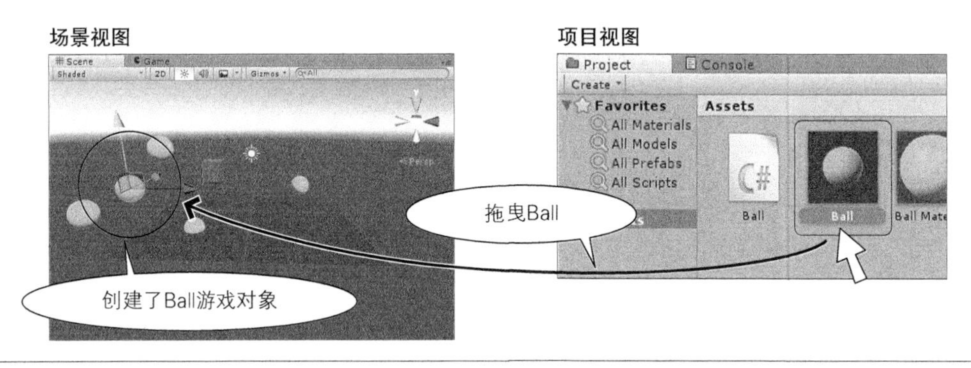

⇧ 图 0.56 从预设创建游戏对象

预设了游戏对象后，我们就能够非常容易地创建出多个同样的物体。从脚本中创建也很简单。预设是 Unity 中**最为重要**的概念之一，请读者务必掌握。

在继续下一步之前，我们先删除所有的小球对象，包括最初创建的小球也可一并删除。有了预设后我们就能够随时创建出小球对象，所以请放心删除。

接下来我们将 Player 和 Floor 游戏对象也做成预设（图 0.57）。

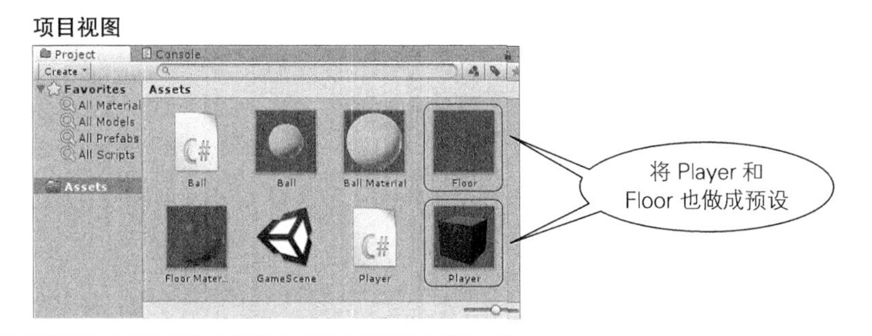

⇧ 图 0.57　将 Player 和 Floor 也做成预设

对于那些在游戏中仅使用一次的游戏对象，并不一定要进行预设。当然如果事先进行了预设，在面临想在测试专用的场景中验证脚本的动作等情况时，将会很方便。预设并不会带来什么副作用，所以如果可能的话最好将游戏对象做成预设。

❖ 0.4.4　整理项目视图

开发进行到这里，项目视图中已经添加了许多项目。在进行下一步开发之前，让我们先用文件夹将这些项目归类整理。在项目视图左上角的菜单中点击 Create → Folder 后，项目视图中将生成一个文件夹，请把名字改为 Prefabs（图 0.58）。

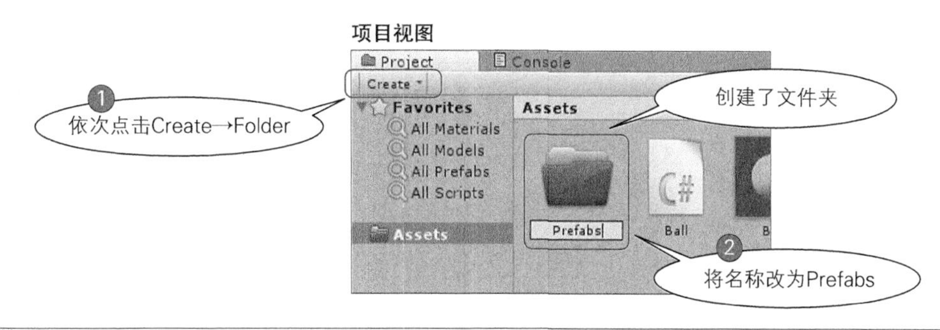

⇧ 图 0.58　创建 Prefabs 文件夹

然后将预设 Ball Prefab 拖曳到 Prefabs 文件夹下（图 0.59）。

Ball 预设的图标消失后，请点击项目视图左侧 Assets 下的 Prefabs 图标。Prefabs 文件夹的内容将显示在项目视图的右侧。可以看到刚才移动的 Ball 预设。接着把 Player 预设和 Floor 预设也移动到 Prefabs 文件夹下。

请采用同样的方式创建 Scenes、Scripts、Materials 文件夹，并把各项目放到相应的文件夹下（图 0.60）。注意在创建前务必先点击项目视图左侧的 Assets 图标以确保当前文件夹回到 Assets。

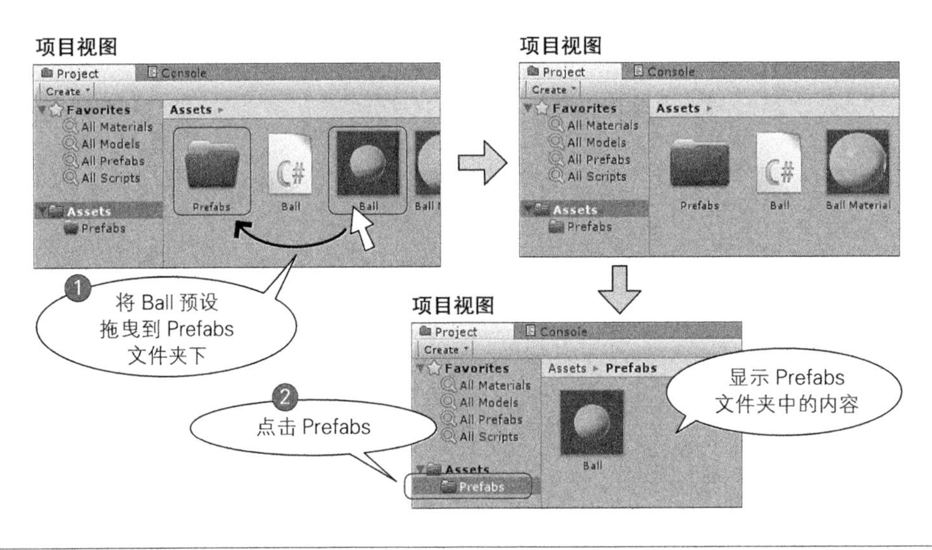

⇧ 图 0.59　将 Ball Prefab 移动到文件夹下

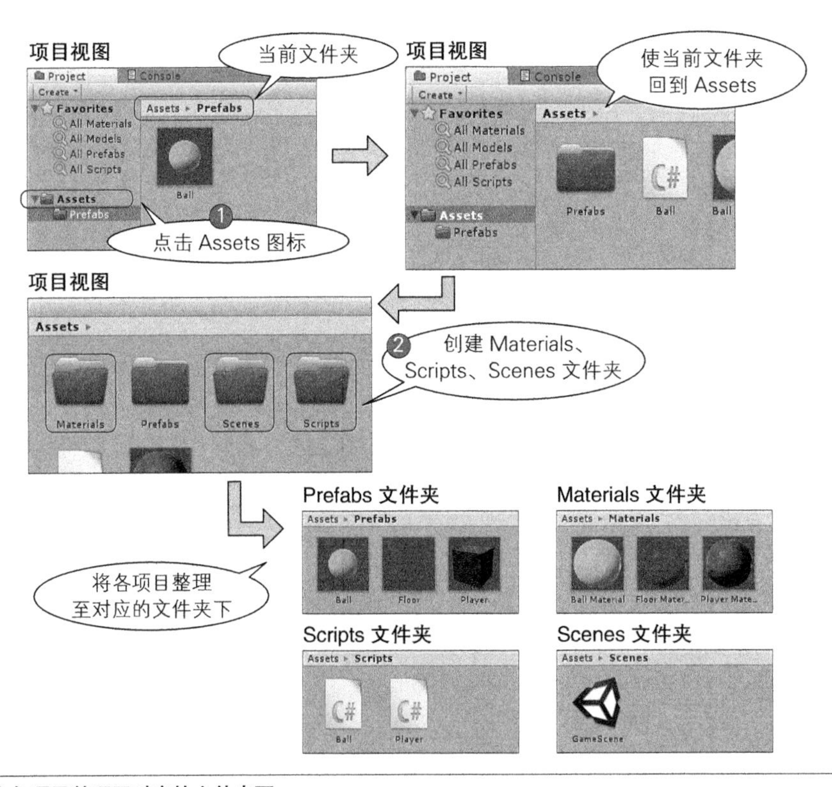

⇧ 图 0.60　将各项目整理至对应的文件夹下

❖ 0.4.5 发射小球（通过脚本创建游戏对象）

接下来，我们将创建用于控制小球发射的游戏对象。在窗口顶部菜单中依次点击 GameObject → Create Empty。由于该游戏对象被用作发射台，因此命名为 Launcher（图 0.61）。

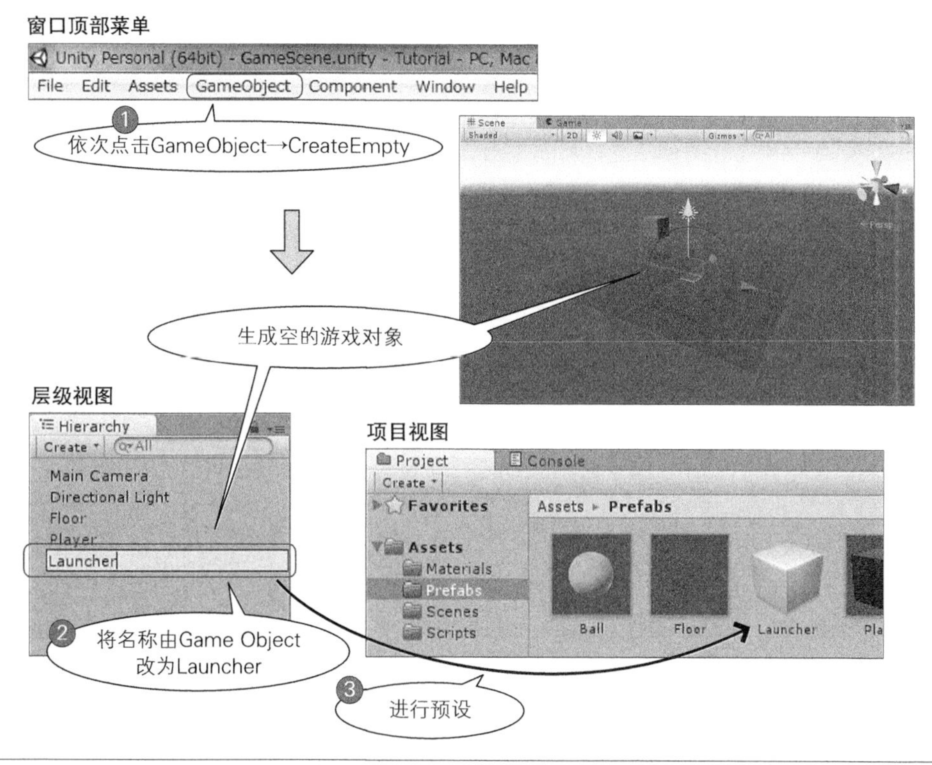

⇧ 图 0.61　创建 Empty 游戏对象

和我们之前创建的那些对象有所不同的是，这是一个未添加任何组件的“原始”的游戏对象。如果有小球发射台一样的 3D 模型的话当然更完美，但这里我们没有准备这样的东西，只是创建了一个基本的游戏对象。Empty 意味着“空”，读者可以把它理解为不含任何功能扩展组件的“基本游戏对象”。

请不要忘记对这个游戏对象进行预设。点击项目视图左侧的 Prefabs 后，拖曳层级视图中的 Launcher 对象。建议读者养成在新创建游戏对象时将其做成预设的习惯。

然后创建 Launcher 脚本，并将其添加到 Launcher 预设中。注意先在项目视图中将当前文件夹切换到 Script，然后在 Scripts 文件夹下创建 Launcher 脚本。

另外，和之前对玩家角色和小球的操作类似，让我们创建脚本并添加到预设中。不过，现在我们将尝试使用另外一种方法。

在项目视图中切换到 Prefabs 文件夹，点击选中 Launcher 预设。此时检视面板上将显示

Launcher 的相关信息，然后点击最下方的 Add Component 按钮（图 0.62）。

在标题为 Component 的下拉菜单中点击最下方的 Scripts 项。点击后菜单将向左滚动，显示出所有创建好的脚本。找到 Launcher 脚本并点击。这样就把该脚本添加到 Launcher 预设中了。

现在我们已经知道在检视面板中也能添加组件。除此之外，还可以使用窗口顶部菜单或者直接拖曳，具体采用哪种方法可以依据个人习惯而定。

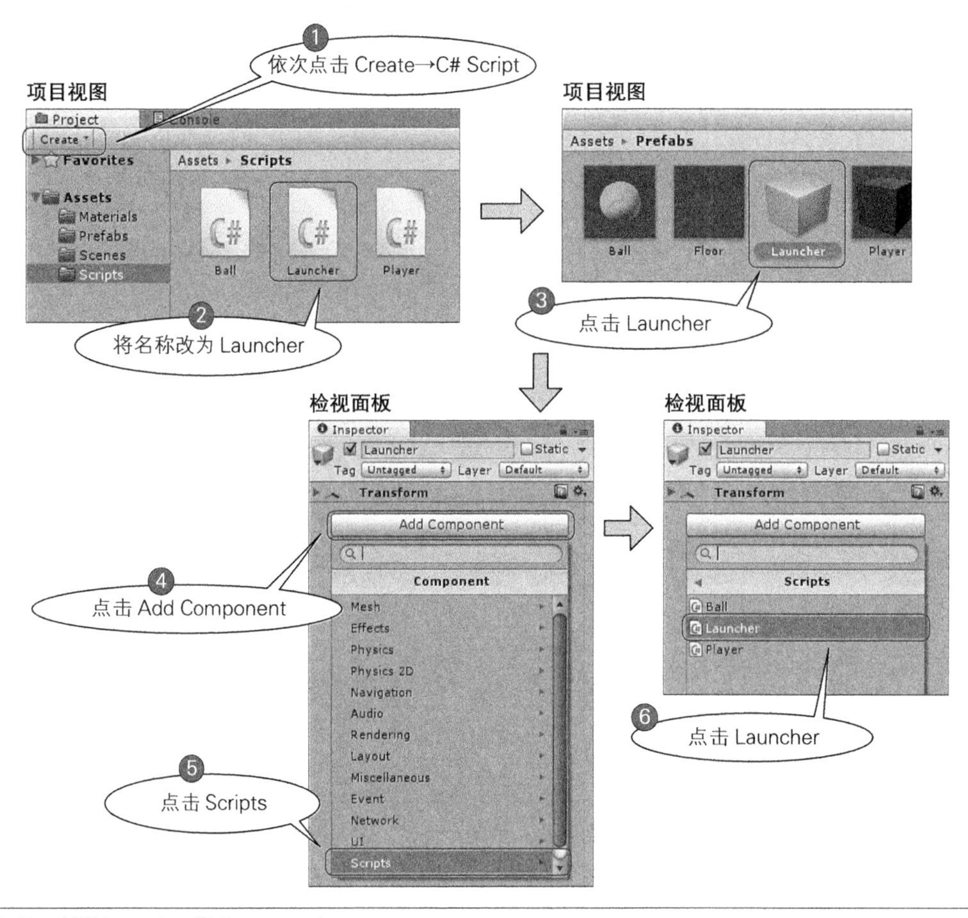

⇧ 图 0.62 创建 Launcher 脚本

接下来请按照如下代码编辑 Launcher 脚本。除了 Update 方法有变动之外，还增加了 ballPrefab 变量。

Instantiate 是通过预设生成游戏对象实例的方法。不过，脚本中并没有对 ballPrefab 变量进行初始化的代码，所以在游戏运行前必须先在检视面板中对 ballPrefab 变量赋予预设对象值（图 0.63）。

Launcher 类（摘要）

```
public class Launcher : MonoBehaviour {
    public GameObject ballPrefab;          ——小球预设

    void Update () {
        if(Input.GetMouseButtonDown(1)) {  ——点击鼠标右键后触发
            Instantiate(this.ballPrefab);  ——创建 ballPrefab 的实例
        }
    }
}
```

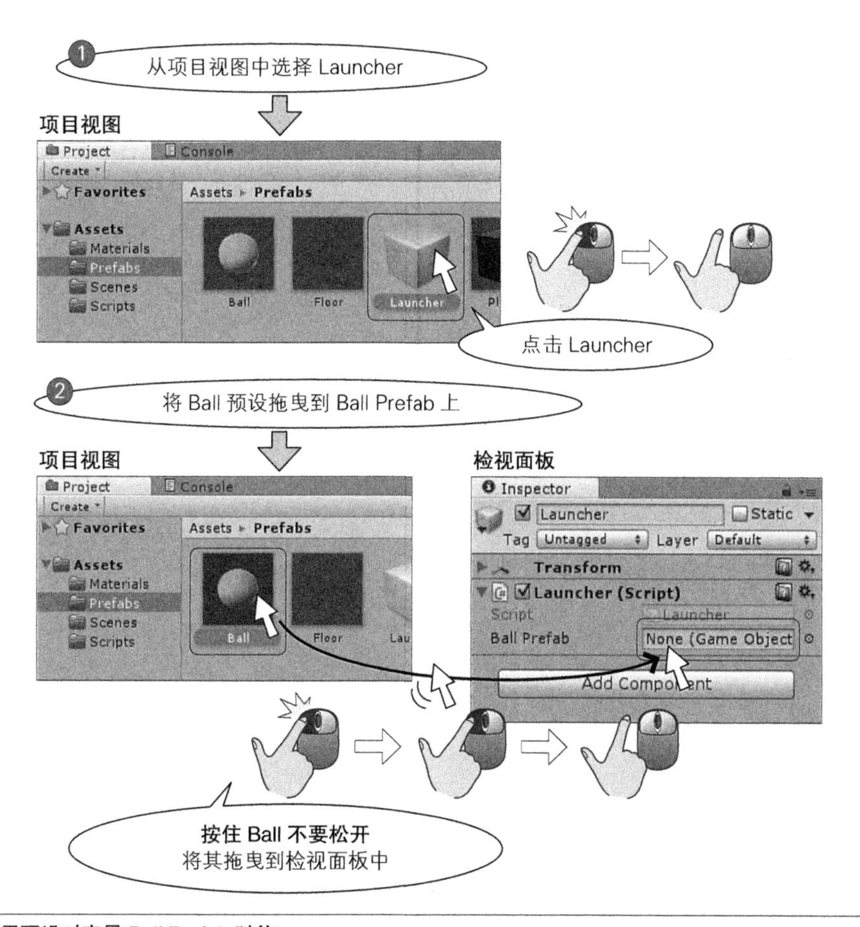

图 0.63 用预设对变量 Ball Prefab 赋值

从项目视图中选择 Launcher 预设。可以看到，在检视面板中的 Launcher(Script) 标签下显示有 Ball Prefab 项。脚本代码中声明的所有 public 成员变量都将在这里列出。

往类中新添加的变量默认表示为 None(GameObject)，意味着该变量还未被赋值。请将项目视图中的 Ball 预设拖曳到这里。

在项目视图中点住 Ball，**不要松开鼠标**，直接将其拖曳到检视面板。如果松开按键，该操作将被理解为"左键点击"，结果 Ball 将被选中，检视面板中显示 Ball 预设的信息（图 0.64）。这种情况下需要重新选中 Launcher 预设。

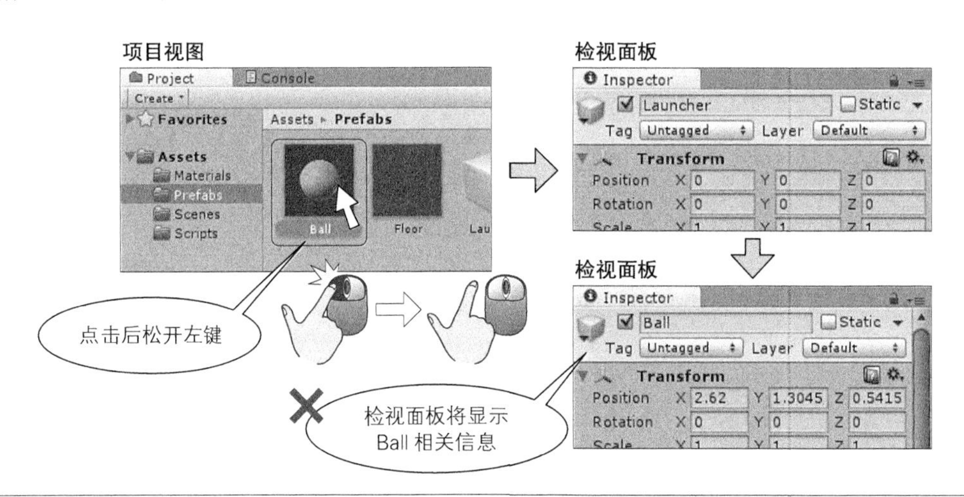

⇧ 图 0.64 如果松开按键……

那么再次运行游戏看看吧。可以发现每次点击鼠标右键的时候，都会射出一个小球（图 0.65）。

这里，为了和预设对象区分开，我们把脚本中通过 Instantiate 方法生成的游戏对象称为**实例**，把产生实例的过程称为**实例化**。

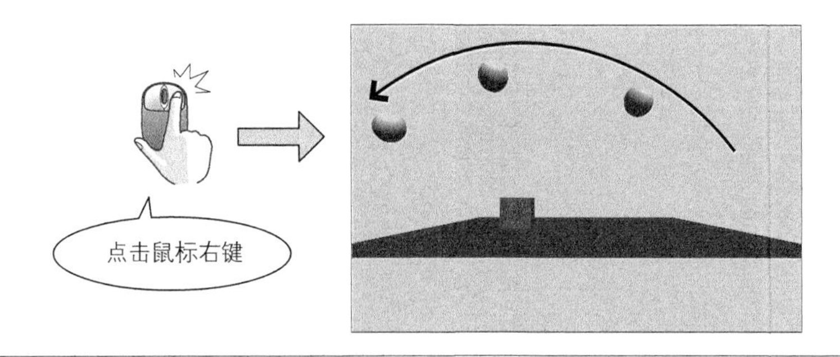

⇧ 图 0.65 点击右键发射小球

❖ 0.4.6 删除画面外的小球（通过脚本删除游戏对象）

我们的游戏现在有一个不足：发射出的小球永远不会消失。首先我们来确认跑出游戏画面之外的游戏对象会一直存在这一事实。

关闭游戏视图右上方的 Maximize on Play 按钮，再次启动游戏。这样一来我们在游戏运行时也能查看层级视图和检视面板（图 0.66）。

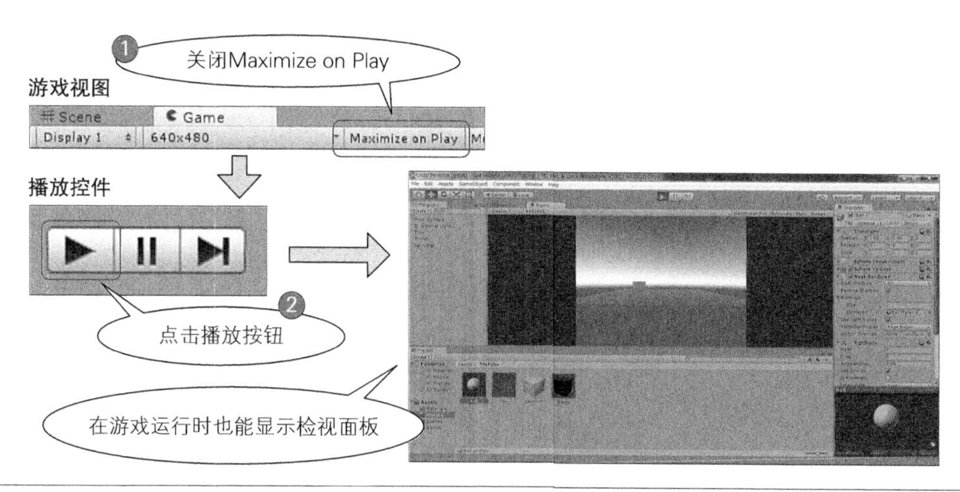

⇧ 图 0.66　在检视面板等可见的同时运行游戏

游戏运行时由脚本动态生成的游戏对象也会被显示在层级视图中。每点击一次鼠标，层级视图中都会增加一个 Ball(Clone) 游戏对象。可见即使小球已经跑出游戏画面之外，这些游戏对象也并未消失（图 0.67）。

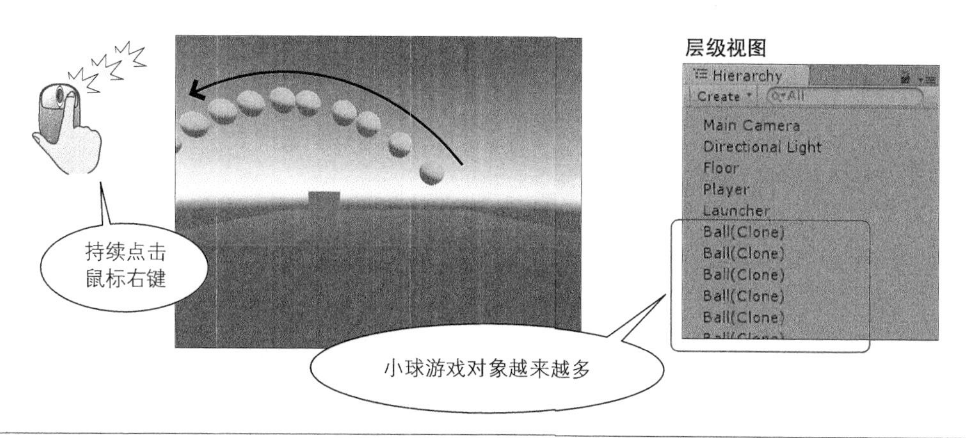

⇧ 图 0.67　小球对象未被删除

跑出画面之外的小球不会再回到画面中，所以完全可以删除。请按照下列代码在脚本 Ball.cs 中添加 OnBecameInvisible 方法。该方法可以被添加到 Ball 类定义范围内的任意位置。

Ball.OnBecameInvisible 方法（摘要）

```
public class Ball : MonoBehaviour {

    （省略其他方法的代码）

    添加：游戏对象跑出画面外时被调用的方法
    void OnBecameInvisible()
    {
        Destroy(this.gameObject);  ———— 删除游戏对象
    }
}
```

OnBecameInvisible 方法是在游戏对象移动到画面之外不再被绘制时被调用的方法。Destroy(this.gameObject) 则是删除游戏对象的方法。请注意，如果把参数设置成 this 的话，删除的就不是游戏对象，而是 Ball 脚本组件。刚开始的时候很容易犯这个错误，所以要引起注意。

再次运行游戏，会发现一旦小球跑出画面之外，层级视图中的 Ball(Clone) 项也就随之消失了（图 0.68）。

在阅读后续的内容之前，请将游戏视图的 Maximize on Play 恢复到开启状态。

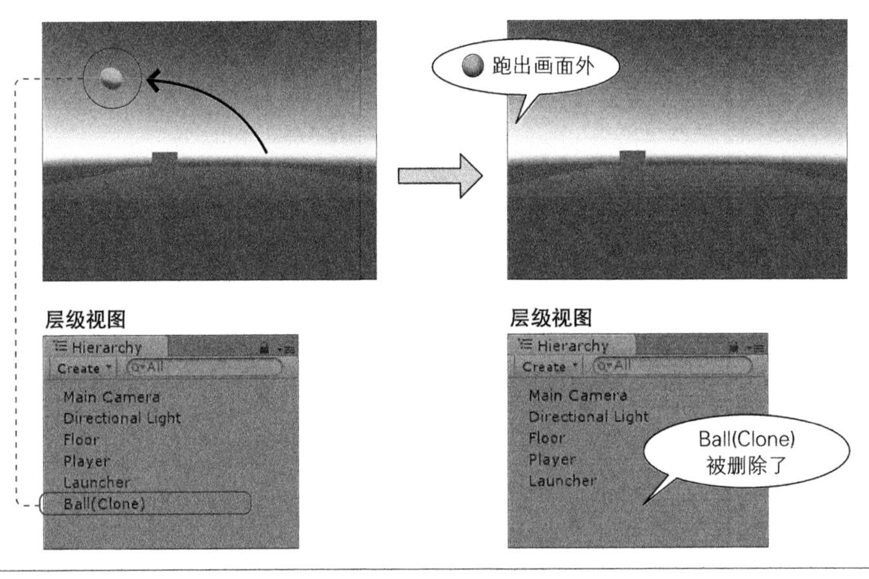

⇧ 图 0.68　删除画面外的小球

❖ 0.4.7　防止玩家角色在空中起跳（发生碰撞时的处理）

由于点击鼠标左键后玩家角色就会起跳，因此在目前的程序中，玩家角色即使在空中也能再次起跳（图 0.69）。但显然我们并不希望它有这样的行为。

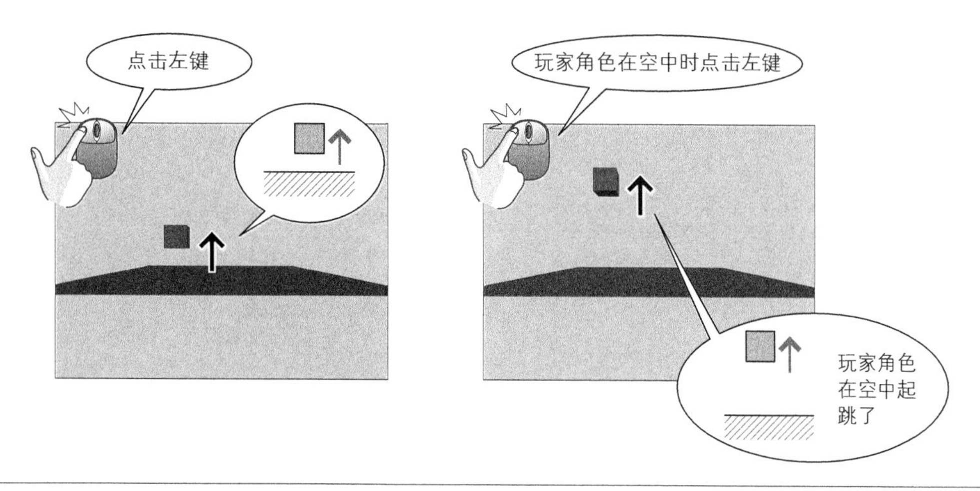

⇧ 图 0.69 玩家角色在空中起跳

为了防止玩家角色在空中再次起跳，我们来添加下列处理。

- 添加着陆标记
- 着陆标记值为 false 时不允许起跳
- 将起跳瞬间的着陆标记设为 false
- 将着陆瞬间的着陆标记设为 true

请按照下列代码修改 Player 脚本。

Player 类

```
public class Player : MonoBehaviour {
    protected float jump_speed = 5.0f;
    public bool is_landing = false;

    void Start()
    {
        this.is_landing = false;
    }

    void Update()
    {
        if(this.is_landing) {
            if(Input.GetMouseButtonDown(0)) {
                this.is_landing = false;
                this.GetComponent<Rigidbody>().velocity =
                    Vector3.up*this.jump_speed;
```

着陆标记

着陆后触发……

将着陆标记设置为 false（未着陆 = 在空中）

```
            }
        }
    }

    添加：和其他游戏对象发生碰撞时调用的方法
    void OnCollisionEnter(Collision collision)
    {
        this.is_landing = true;  ———— 将着陆标记设置为 true（着陆 = 在地面上）
    }
}
```

当一个游戏对象同其他对象发生碰撞时，OnCollisionEnter方法将被调用。这是为了检查玩家角色是否着陆而添加的。在该方法中把着陆标记的值设为true。这样玩家角色就不能在空中再次起跳了。

❖ 0.4.8 禁止玩家角色旋转（抑制旋转）

在某种程度上完成了玩家角色和小球的脚本编程后，让我们来调整各相关参数，以使角色在起跳后能和小球发生碰撞。这里我们可以采用下列值。

- 玩家角色的位置：（–2.0, 1.0, 0.0）
- 玩家角色的起跳速度（Player.cs脚本中jump_speed的值）：8.0
- 小球的位置：（5.0, 2.0, 0.0）
- 小球的初始速度（Ball.cs脚本中使用Start方法设定的值）：（–7.0, 6.0, 0.0）

在层级视图中选择Player，再通过检视面板来改变玩家角色的位置。如果要修改小球的位置，则需先在项目视图中选择Ball预设。由于玩家角色不是预设，直接调整场景中的游戏对象的位置即可，因此可以在**层级视图中选择Player**。

玩家角色的起跳速度和小球的初始速度需通过编辑脚本来修改。注意在修改脚本中的数值时，不要将末尾的f删除。

现在我们来关注一下玩家角色和小球发生碰撞后二者的运动情况。碰撞后的运动也被称为**反向运动**（reaction）。通过实现各种不同的反向运动效果，就能表现出游戏对象的“重量”“硬度”以及对碰撞对象的“冲击能量”等特性。

我们注意到，跳跃中的玩家角色和小球碰撞后会开始旋转（图0.70）。这虽然符合物理规律，但是并不适用于我们这个游戏。下面就让我们来抑制玩家角色旋转。

选择项目视图中的Player。打开检视面板中的Rigidbody标签可以看到Constraints项。点击左边的三角形图标，下面会进一步显示Freeze Position和Freeze Rotation。其中Freeze Position用于将游戏对象的位置坐标固定在某些方向上，Freeze Rotation则用于固定其角度。

由于我们希望玩家角色只上下跳跃而不做左右和前后的移动，因此把 Freeze Position 的“X”“Z”前面的复选框选中。Freeze Rotation 方面则把“X”“Y”“Z”全部选中（图 0.71）。

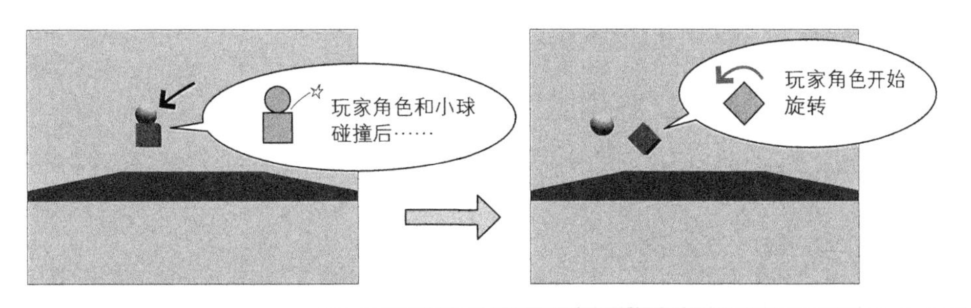

⇧ 图 0.70　碰撞后玩家角色发生旋转

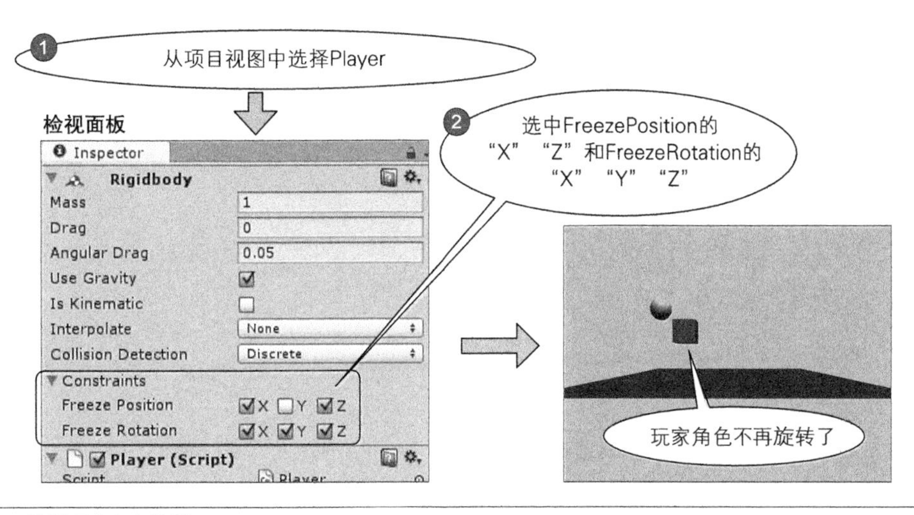

⇧ 图 0.71　抑制玩家角色旋转

❖ 0.4.9　让玩家角色不被弹开（设置重量）

现在玩家角色不会再旋转了。但是碰撞后玩家角色将立即落下，并且小球也不怎么反弹（图 0.72）。

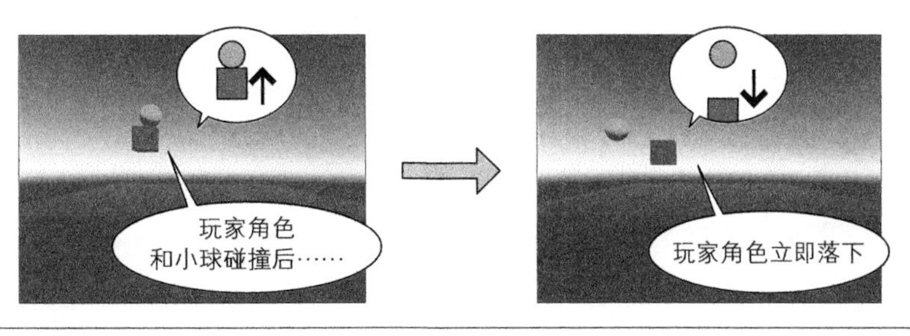

⇧ 图 0.72　碰撞后玩家角色立即下落

如果碰撞后小球能被剧烈地弹开的话，游戏的体验将会更好。下面我们首先来尝试让玩家角色不被小球弹开。通过改变物理计算中用到的“重量”，就能够决定在碰撞发生时两个游戏对象“哪一个把对方弹开”。

选择项目视图中的 Ball 预设。如之前所述，打开 Rigidbody 标签，将 Mass 项的值由 1 改为 0.01（图 0.73）。Mass 项用于设定游戏对象的重量。两个游戏对象发生碰撞时，Mass 值较大的物体将保持原速度继续运动，相反 Mass 值较小的物体则容易因受到冲击而改变移动的方向。

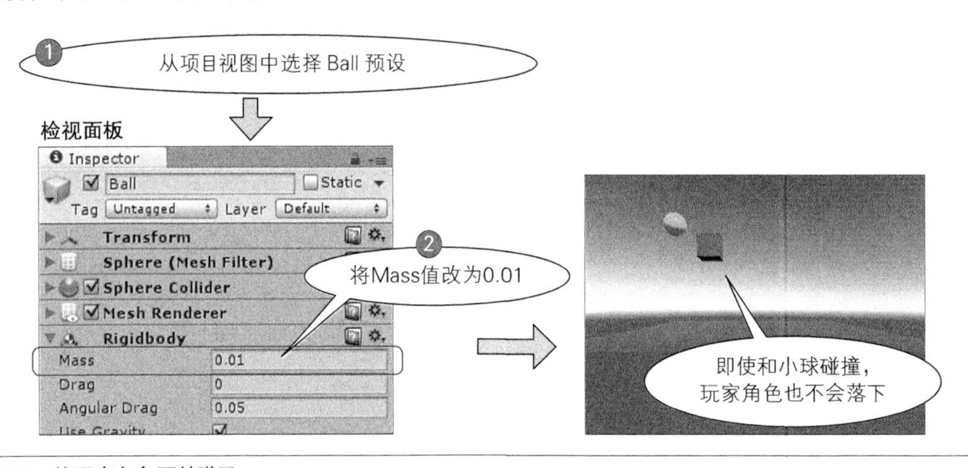

⇧ 图 0.73　使玩家角色不被弹开

由于把小球质量变小了，所以碰撞发生后玩家角色还能够继续上升。与之相反，小球在碰撞后则被往上弹开了。

❖ 0.4.10　让小球强烈反弹（设置物理材质）

改变了重量后玩家角色将不再被小球弹回，但是发生碰撞后的小球却不怎么反弹（图 0.74），所以接下来我们就试着让小球能够如橡皮球般剧烈地弹开。

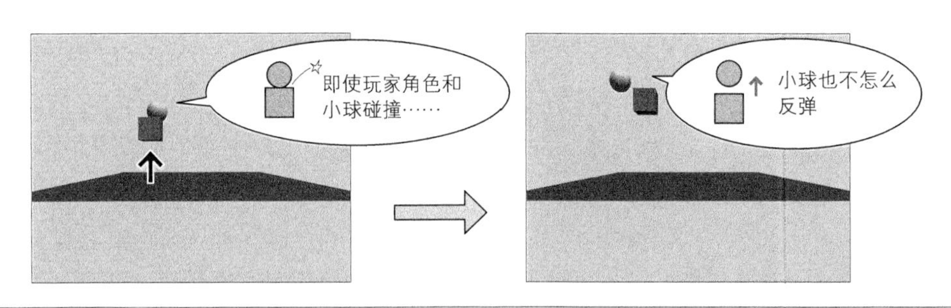

⇧ 图 0.74　小球不怎么反弹

首先创建**物理材质**。从项目视图的 Create 菜单中选择 Physic Material，这时将生成一个名为

New Physic Material 的物理材质，将其名称改为 Ball Physic Material（图 0.75）。

相对于用来指定颜色等可视属性的“材质”，“物理材质”用于设定弹性系数和摩擦系数等与物理运动相关的属性。

在项目视图中选择 Ball Physic Material 后，在检视面板中选择 Bounciness，将其值由 0 改为 1（图 0.76）。这个值越大，游戏对象就越容易被“弹开”。

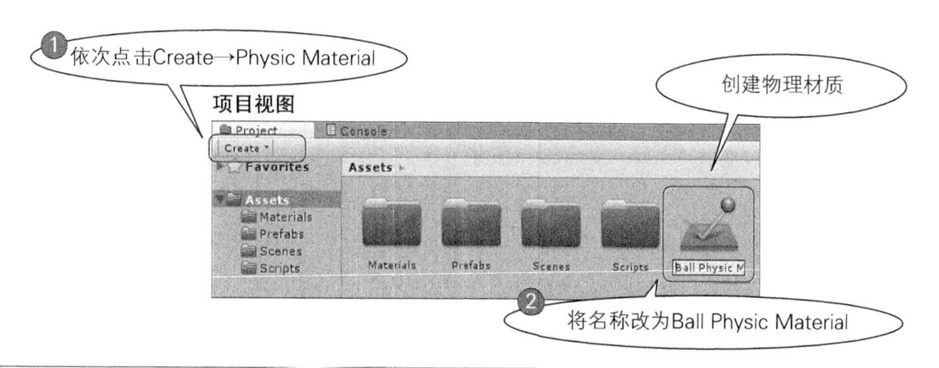

⇧ 图 0.75　创建物理材质

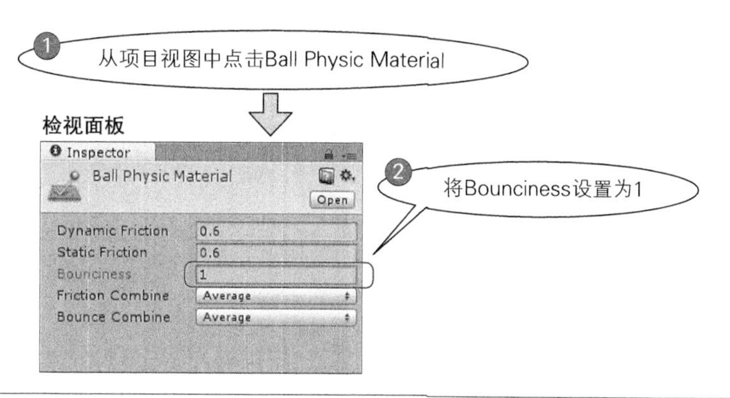

⇧ 图 0.76　改变 Bounciness 值

接下来从项目视图中选择 Ball 预设。把刚才创建的 Ball Physic Material 拖曳到检视面板中 Sphere Collider 标签下的 Material（图 0.77）。不习惯拖曳操作的读者可以点击 Ball Physic Material 右侧的圆形图标。这时 Select Physic Material 窗口将被打开，在这个“物理材质选择窗口”中也可以进行选择设定。

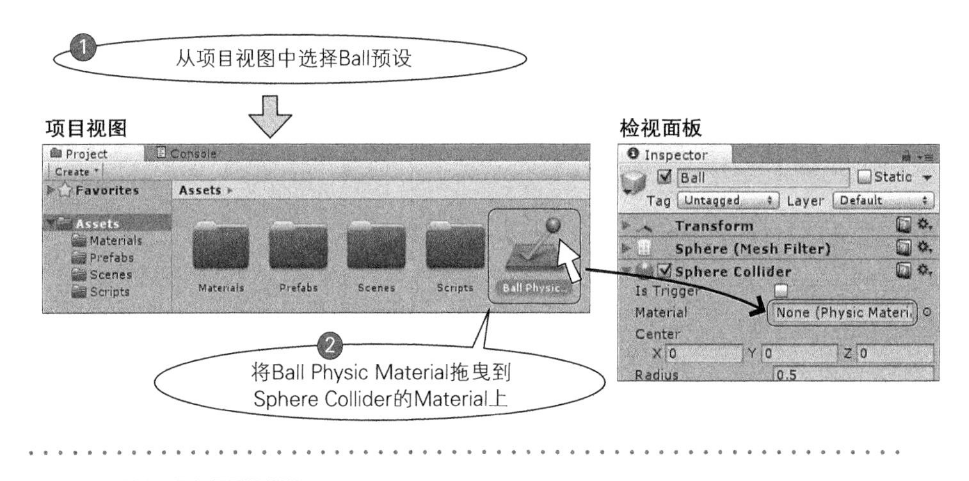

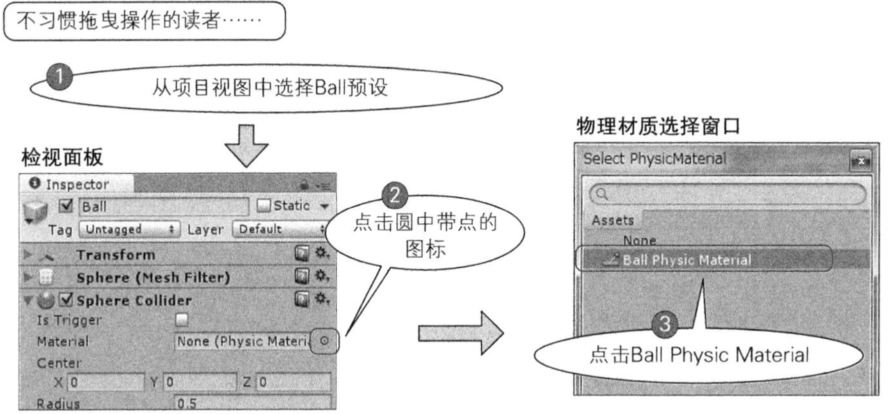

⇧ 图 0.77　设置小球的物理材质

再次运行游戏。与原来相比，现在小球在发生碰撞时嘭地弹开了（图 0.78）。

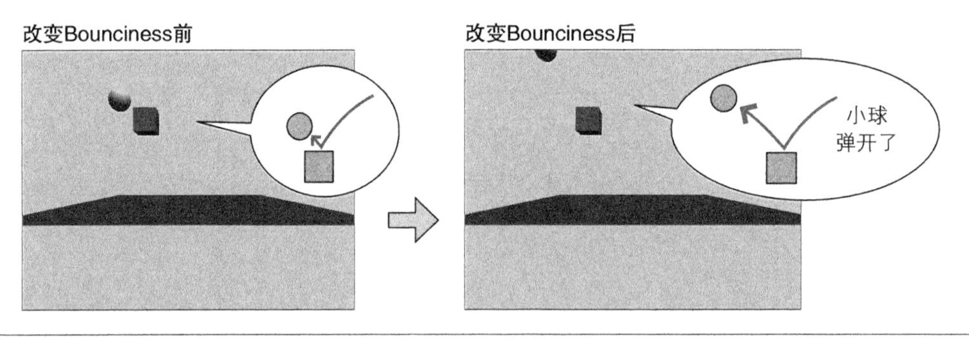

⇧ 图 0.78　碰撞后小球将剧烈弹开

❖ 0.4.11　消除“漂浮感”（调整重力大小）

现在游戏中玩家角色和小球的落地过程就像羽毛掉落一样，轻飘飘的。简而言之，这是因为游戏中的玩家角色和小球其实是“庞然大物”。

Unity 在处理数字时，并未特别指定按照米或者厘米为单位进行计算。不过若重力值设为 9.8 的话，就意味着 Rigidbody 组件按照 1.0 = 1 米的尺度模拟物理运动。

目前玩家角色和小球的尺寸值都是 1.0。也就是说现在的游戏画面是，在直径为 1 米的球体不远处放置着一个边长为 1 米的立方体。可能一直以来在很多读者的想象中，它们的尺寸要远比这个小得多吧。

在现实世界里，人们都会觉得大物体是缓慢落下的，因此在电影的微缩模型摄影中，通过把高速摄影拍下的东西进行慢速播放，就可以把某些小细节放大。有兴趣的读者可以通过网络等搜索相关信息。

减小对象自身的尺寸也可以消除这种慢悠悠落下的感觉，不过这里我们采用另外一种方法，就是增加重力值。增强重力以后，物体落下的速度会变得更快。

在窗口顶部菜单中依次点击 Edit → Project Settings → Physics，检视面板中将切换显示 PhysicsManager。将 Gravity 项的“Y”值稍微提高一些，比如设为 –20（图 0.79）。注意数字前面的**负数符号**。

通过增强重力可以减弱物体在运动时的“漂浮感”，不过跳跃的高度和小球的轨道也显得比原来低了。这种情况下可以考虑调整为下列数值。

- 玩家角色的起跳速度（Player.cs 脚本中的 jump_speed 的值）：12.0
- 小球的初始速度（Ball.cs 脚本中使用 Start 方法设定的值）：（–10.0,9.0,0.0）

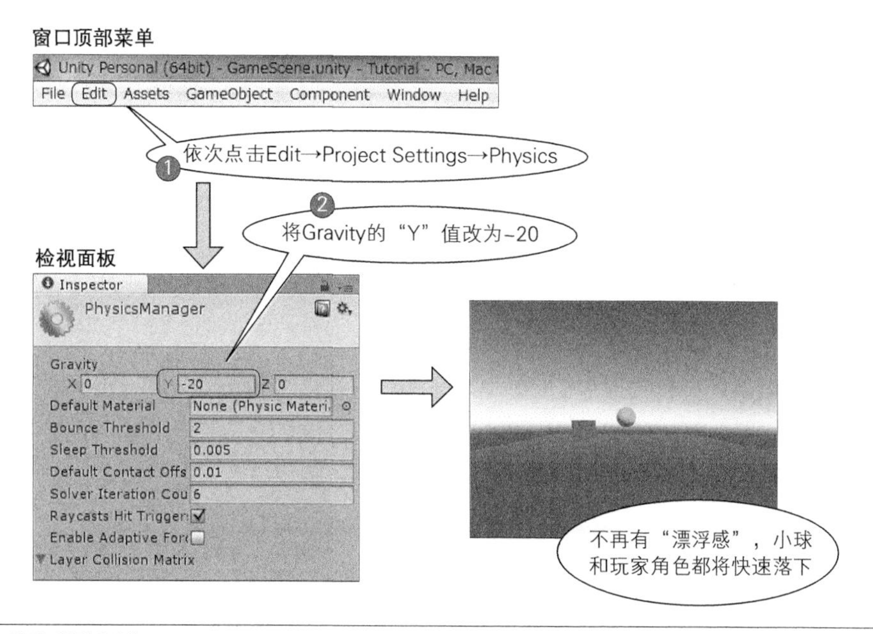

↑ 图 0.79 消除“漂浮感”

❖ 0.4.12 调整摄像机的位置

接下来我们调整摄像机的位置。之前摄像机一直处于水平位置进行正面拍摄，现在试着将其抬高一些以便能够从上往下拍摄。

选择摄像机后，场景视图右下角将出现一个小窗口。这是从摄像机中看到的画面。如果无法看到这个窗口，请在检视面板中展开 Camera 标签（图 0.80）。

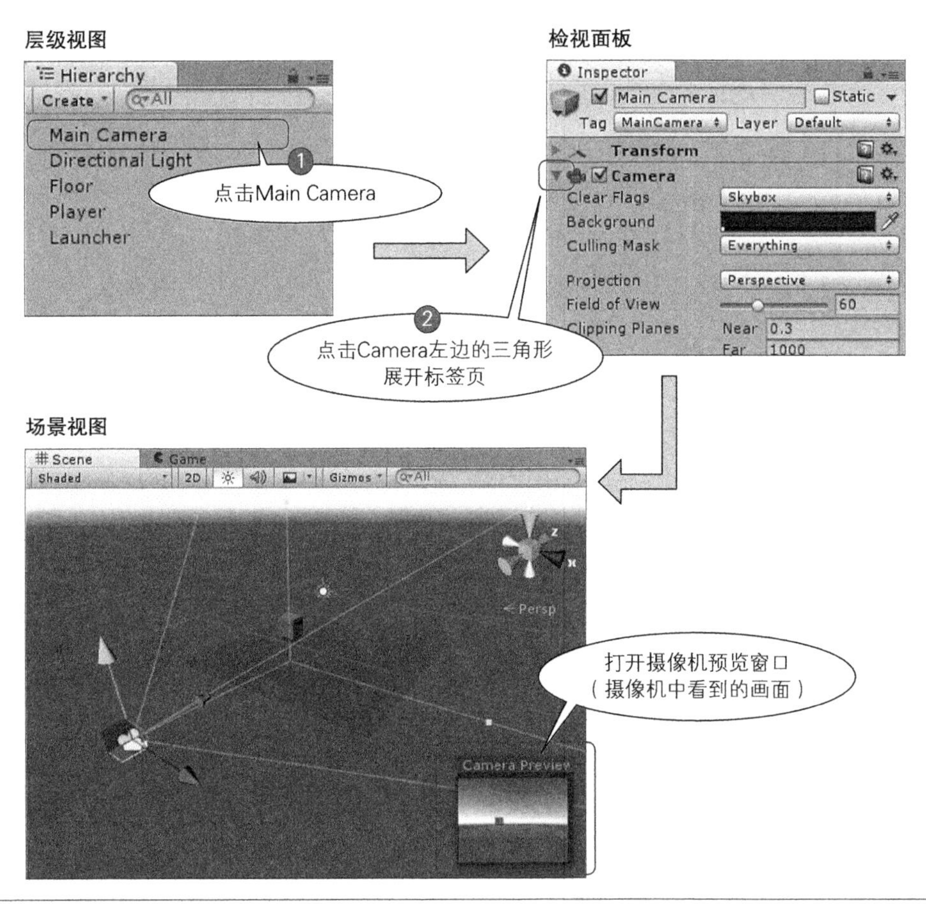

⇧ 图 0.80 显示摄像机视图

为了能够俯视地面，需要使摄像机在往上偏移的同时绕 X 轴旋转（图 0.81）。

调整角度时需把移动工具切换为旋转工具。请点击工具栏中变换工具的左数第 3 个按钮。场景视图中叠加在游戏对象上显示的移动工具将变成由 3 个圆组合而成的旋转工具。

如图 0.81 所示在检视面板中输入正确的数值。当然读者也可以按照自己的喜好填入其他适当的数值。

- 位置：(0,3, -10)
- 角度：(6,0,0)

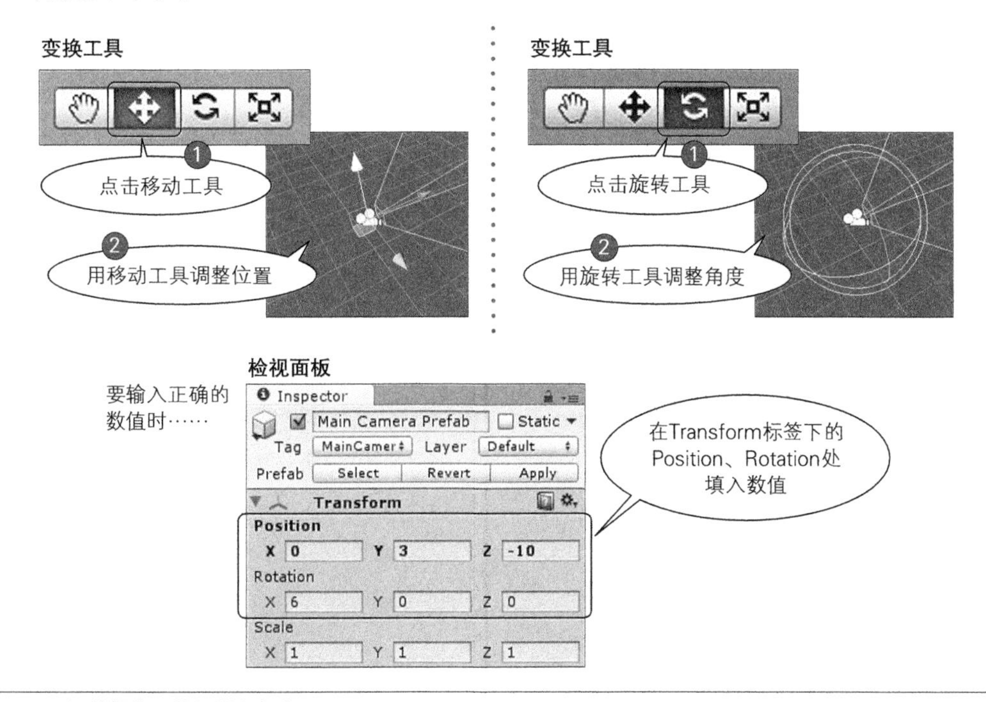

⇧ 图 0.81　调整摄像机的位置和角度

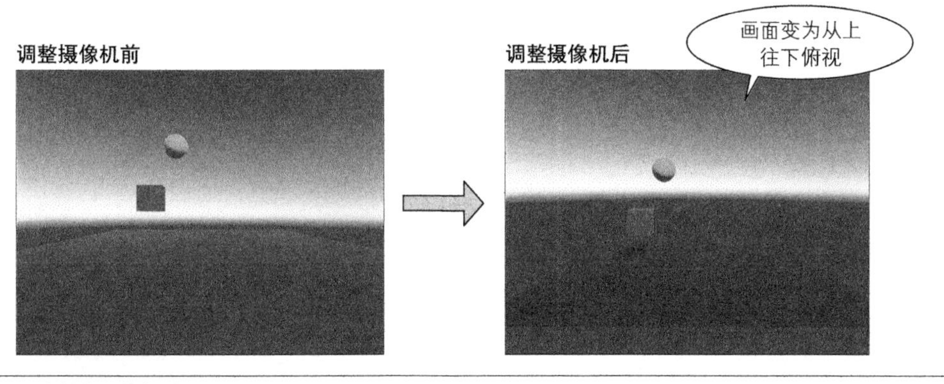

⇧ 图 0.82　让摄像机俯视地面

❖ 0.4.13　修复空中起跳的 bug（区分碰撞对象）

试玩游戏后，我们注意到玩家角色和小球碰撞后还可以再次起跳（图 0.83）。这是因为我们防止空中跳跃的代码存在些问题。

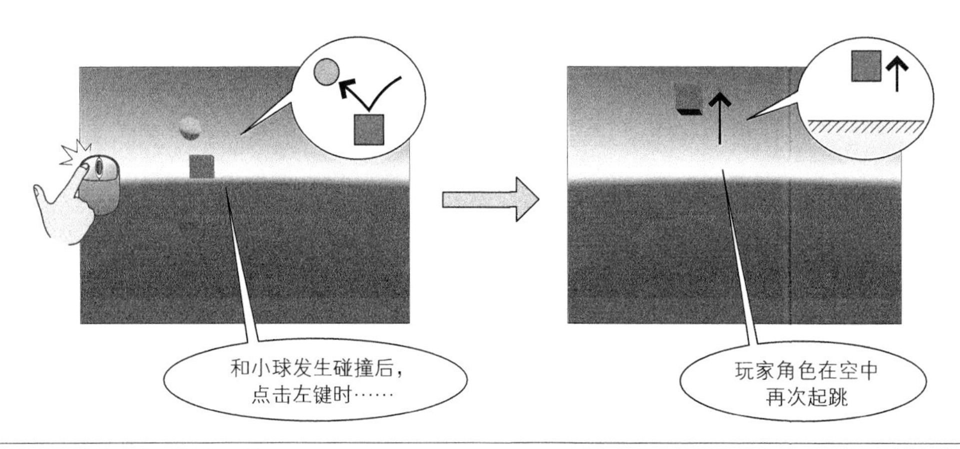

⇧ 图 0.83 防止空中起跳的代码的 bug

之前的编程思路是“碰撞发生即为着陆”。但是，玩家角色和其他游戏对象的碰撞并非只在着陆的瞬间发生，和小球碰撞的瞬间也会发生。因为未对玩家角色的碰撞对象做区分判断，所以和小球碰撞时也被当作“着陆”来处理了。

修改 bug 之前，我们先来验证该 bug 的原因是否真如我们所推测。请回忆前面删除跑出画面外的小球的游戏对象的过程。同样，这里也需要确保检视面板和层级视图在游戏运行时仍然可见。只需把游戏视图标签上的 Maximize on Play 复选框取消就 OK 了。

游戏启动后，在层级视图中选择 Player。可以在检视面板中的 Player(Script) 标签下看到 Is_landing 项（图 0.84）。这就是在 Player 脚本中定义过的 is_landing 变量。

游戏刚开始时画面上还没有小球。随着玩家角色起跳，可以看到 Is_landing 复选框由取消变为了选中状态（图 0.85）。

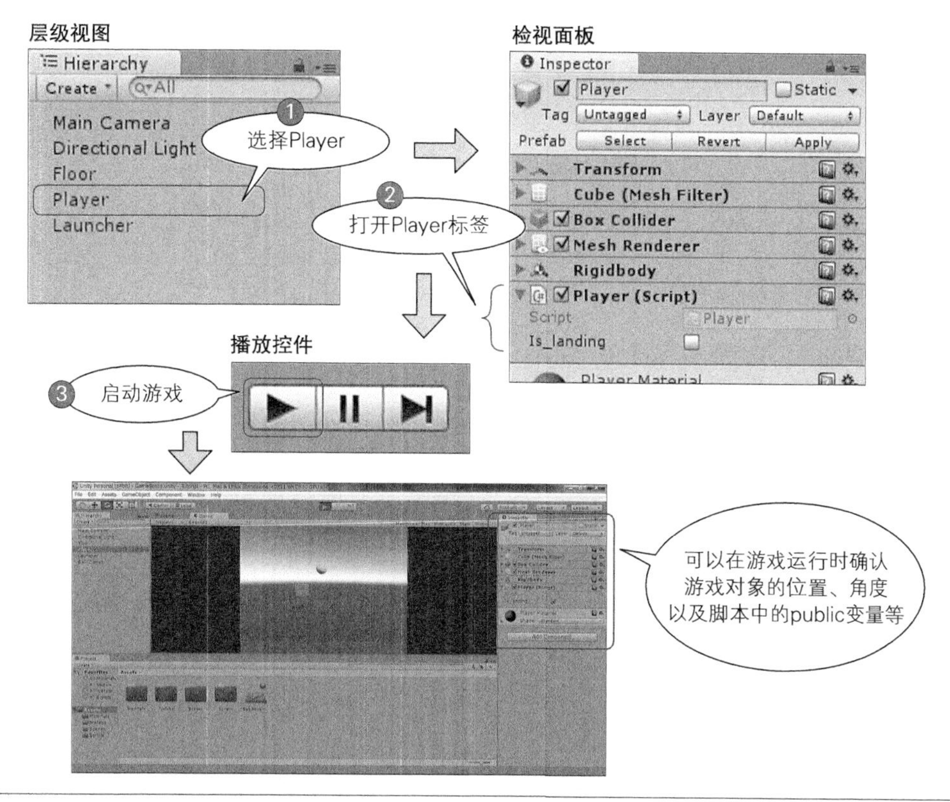

⇧ 图 0.84　在游戏运行时确认脚本中的变量值

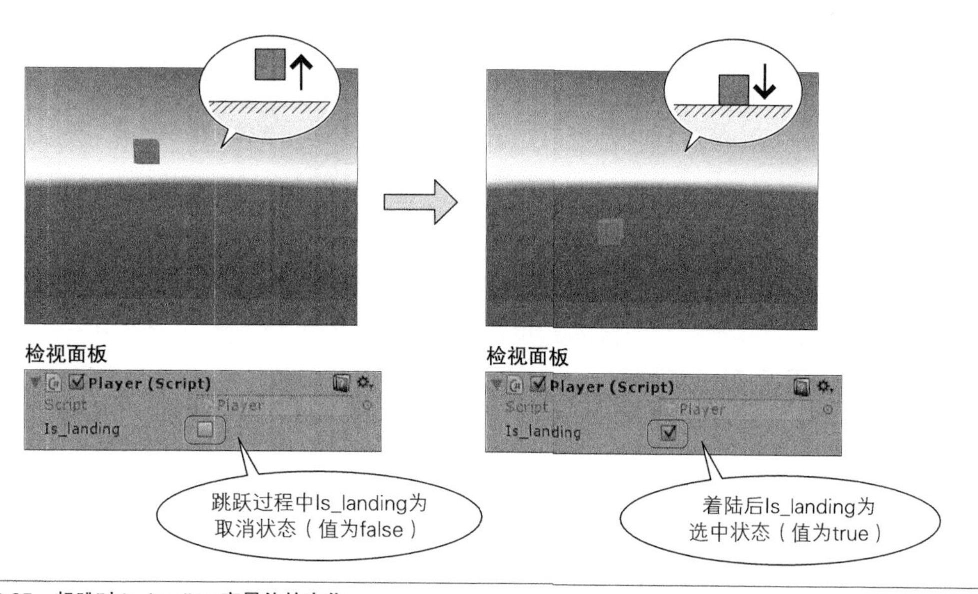

⇧ 图 0.85　起跳时 Is_landing 变量值的变化

接下来让小球进行碰撞。我们可以看到玩家角色起跳后变为 false 值的 Is_landing 在玩家角色与小球接触的瞬间又变成 true 值了。

由于运动速度很快不容易确认，我们让游戏逐帧播放。但是要在物体刚起跳后就通过鼠标来暂停游戏的确有些困难，这种情况下利用脚本来暂停游戏会比较方便。

请按下列代码修改 Player.Update 方法。

Player.Update 方法

```
void Update()
{
    if(this.is_landing) {
        if(Input.GetMouseButtonDown(0)) {
            this.is_landing = false;
            this.GetComponent<Rigidbody>().velocity =
                Vector3.up*this.jump_speed;
            Debug.Break(); ——暂停游戏运行
        }
    }
}
```

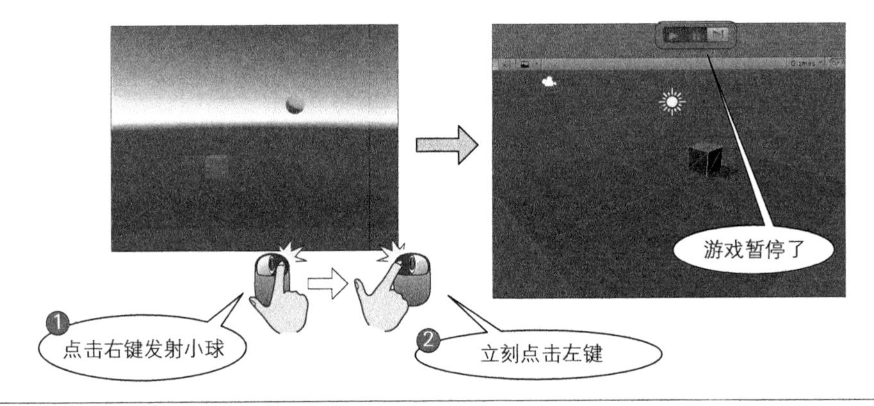

⇧ 图 0.86　利用脚本暂停游戏

修改后仅添加了 Debug.Break 方法的调用。在玩家角色起跳的瞬间暂停游戏的运行（图 0.86）。

像这样，**脚本可以通过调用 Debug.Break 方法来暂停游戏运行**。不方便使用鼠标操作来暂停，或者“希望在游戏对象碰撞的瞬间暂停”时，可以试着使用这种方法。

点击右键发射出小球后，在小球快要弹开时点击左键，游戏将进入暂停状态。

如果暂停后画面切换到场景视图，点击游戏标签可以重回到游戏视图。按下播放控制工具条最右边的按钮，在逐帧模式下可以看到玩家角色在一直上升。在玩家角色和小球碰撞的瞬间，我们可以看到 Is_landing 的值变成了 true（图 0.87）。

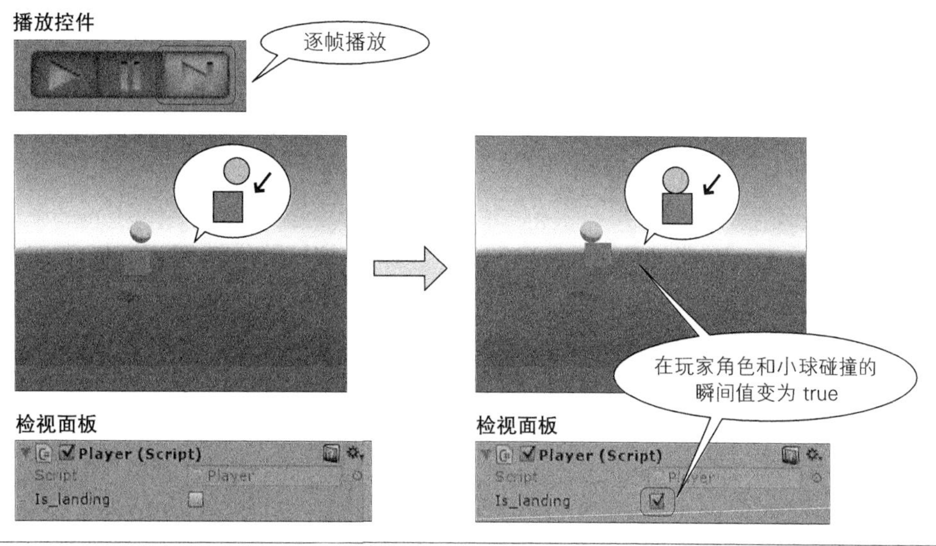

介 图 0.87　与小球接触的瞬间变量 Is_landing 值的变化

现在我们已经搞清楚了 bug 的原因，下面就来考虑一下对策吧。当小方块发生碰撞时，不再无条件地将其设置为“着陆状态”，而只有在和地面碰撞时才设为“着陆”。为此首先就需要区分开碰撞对象是地面还是小球。这种情况下我们可以利用**标签**。需要对游戏对象的种类进行大致区分时，可以使用标签来分组。

首先我们添加标签到项目中（图 0.88）。

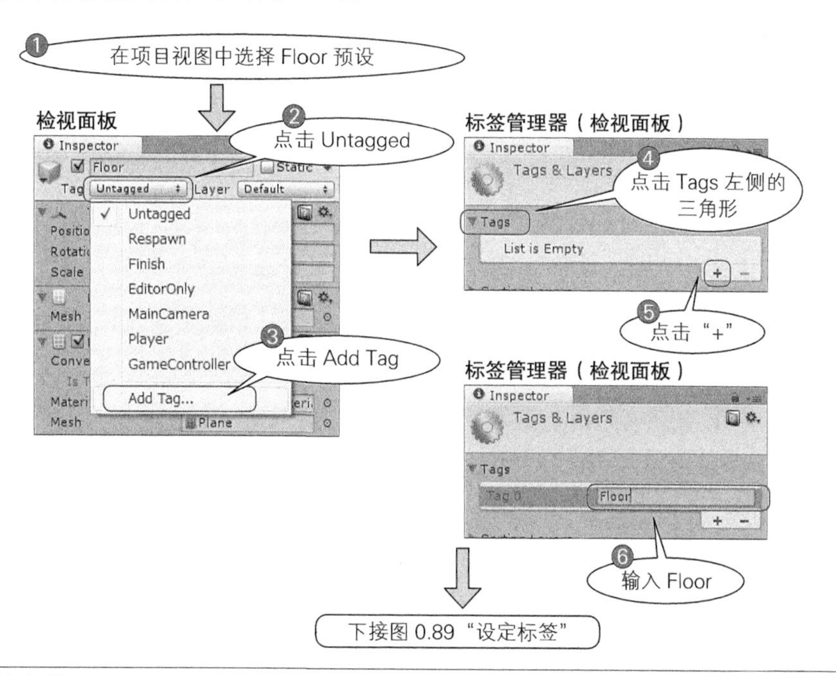

介 图 0.88　添加标签

请选择项目视图中的 Floor 预设。检视面板最上方附近有 Tag 文本显示。按下其旁边的 Untagged 按钮，将出现下拉菜单。点击菜单的最后一项 Add Tag...，检视面板中将显示 Tag Manager。

虽然被称为“标签管理器”，不过这里不但可以设定标签还可以设定层次。点击最上方的 Tags 文本左侧的三角形按钮。因为一开始没有任何标签，所以显示 List is empty。点击右下角的“+”，可以新添加标签到列表中。然后请把 Tag0 右侧输入框中的 New Tag 改为 Floor。这样就成功添加了 Floor 标签。

接下来，为游戏对象设置新添加的 Floor 标签（图 0.89）。

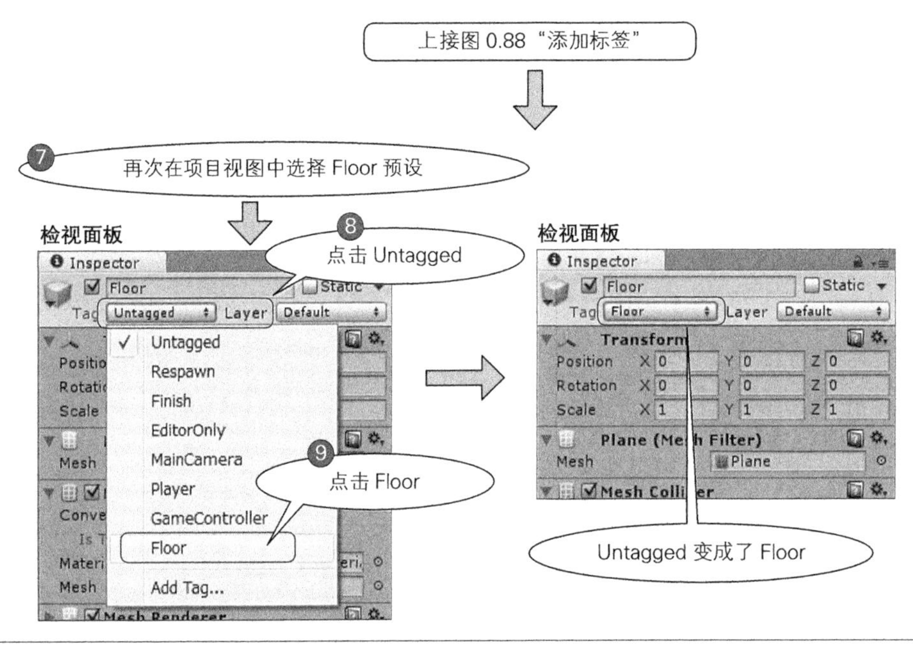

⇧ 图 0.89 设定标签

完成了这些操作以后，**再次从项目视图中选中 Floor 预设**，并点击检视面板中 Tag 旁的 Untagged，刚才添加的 Floor 就被添加到了下拉菜单的底部。请选中它，Tag 旁边的文本若变为 Floor，则说明标签设定完成。

接下来修改脚本。请按下列代码修改 Player.OnCollisionEnter 方法。这里删除了之前在 Player.Update 方法中添加的 Debug.Break()。

Player.OnCollisionEnter 方法

```
void OnCollisionEnter(Collision collision)
{
    if(collision.gameObject.tag == "Floor") {  — 发生碰撞的对象的标签如果是“Floor”（地面对象）……
        this.is_landing = true;
    }
}
```

使用了标签后就可以区分碰撞对象了。这样一来就只有在和地面碰撞时，也就是着陆时 Is_landing 的值才会为 true（图 0.90）。

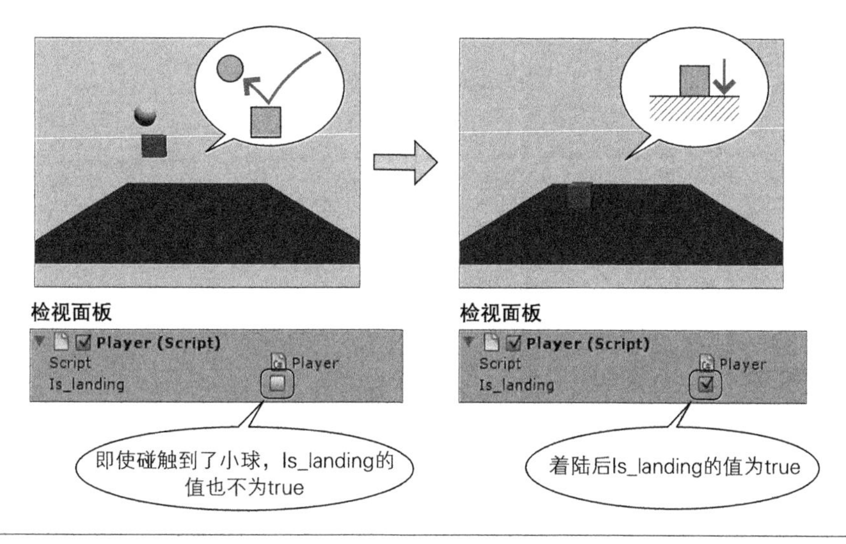

⇧ 图 0.90　Is_landing 的值正确地改变了

❖ 0.4.14　小结

本书的入门教程到这里就告一段落了。当然距离成品游戏还差很多，这里只不过实现了很少的一部分玩法。但尽管如此，我们还是能感觉到游戏中那种“跳起来把小球顶飞的爽快感”。

教程中的游戏灵感来源于“能不能把足球运动中的顶球或者排球中的托球带入游戏中呢”这样的想法。能够像这样迅速地实践各种创意，应该说也是 Unity 的亮点之一吧。

教程中涉及的 Unity 的相关功能，都是在制作玩法原型阶段所必须掌握的最基础的知识。若要完成正式的游戏，仍有太多的 Unity 知识需要学习。不过，诸如添加脚本时的“拖曳”操作和选择物理材质时的“选择窗口的打开方法”等，都是 Unity 全体通用的方法。读者不必死记硬背各个功能，而应当掌握这些功能中相通的用法，这才是熟练掌握 Unity 的捷径。

期望一开始就把所有的功能都掌握是不现实的。建议读者在游戏开发的过程中，遇到了问题再去查找相应的答案，这样是最好的。

0.5　关于预设

Tips

❖ 0.5.1　概要

预设是 Unity 开发中的必备技能之一。

在一般的编程和游戏开发环境中，并没有“预设”这种说法，它是 Unity 的专用术语。不过，与之类似的想法其实在许多程序中都早有体现。如果把预设简单地解释成“用于创建大量相同的物件而使用的模板”，估计很多读者都会有恍然大悟的感觉吧。

那么从现在开始，就让我们使用随书下载文件中 Chapter0 文件夹下的 AboutPrefab 项目，来进行一些简单的实验。看到了实际的效果之后，读者应该很快就能理解预设的特性。

❖ 0.5.2　改良“小方块”游戏对象

首先请用 Unity 打开 AboutPrefab 项目。双击项目视图中的 Game Scene，打开场景。可以看到有一个叫作 Cube 的游戏对象（以下称为小方块）。它和入门教程中所创建的小方块基本类似，但我们可以调整跳起的高度。

从项目视图中选择 Player Prefab，检视面板中将出现 Player(Script) 标签。试着修改 Jump Height 的值（图 0.91），运行游戏后就会发现小方块跳起的高度改变了。

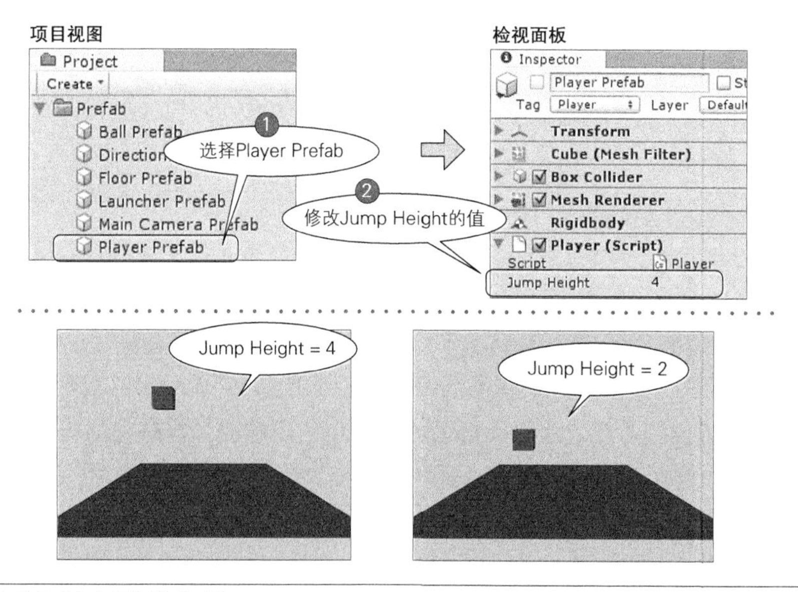

⇧ 图 0.91　改良后的“小方块”游戏对象

在控制小方块动作的 Player 类中做如下修改，以根据最高点的高度计算出起跳速度。

Player 类（摘要）

```
public class Player : MonoBehaviour {
    public float JumpHeight = 4.0f;          跳跃高度

    void Update ()
    {
        if(this.is_landed) {
            if(Input.GetMouseButtonDown(0)) {
                this.is_landed = false;
                                      （1）起跳瞬间的速度（最高点为 JumpHeight
                                           时的速度）
                float y_speed = Mathf.Sqrt(
                    2.0f * Mathf.Abs(Physics.gravity.y) * this.JumpHeight);

                this.GetComponent<Rigidbody>()velocity=
                    Vector3.up*y_speed;
            }
        }
    }
}
```

在计算式（1）中，根据最高点的高度求出起跳瞬间的速度。用 v 表示起跳速度，h 表示最高点的高度，g 表示重力加速度，它们之间满足下列公式：

$$v = \sqrt{2 * g * h}$$

具体原理可以查询相关的物理书籍。

❖ 0.5.3 预设与对象实例

从项目视图中选择 Player Prefab 并将其拖曳到场景视图中，这时将创建 1 个小方块的实例。请再次把该预设拖曳到场景视图中。算上最初创建的对象，现在一共有 3 个小方块（图 0.92）。从左向右分别设置它们的 X 坐标为 -2.0、0.0、2.0，并将 Y 坐标和 Z 坐标设定为和最初创建的小方块相同。这里不需要做到完全一致，只要将它们排开，能够容易地区分出彼此即可。

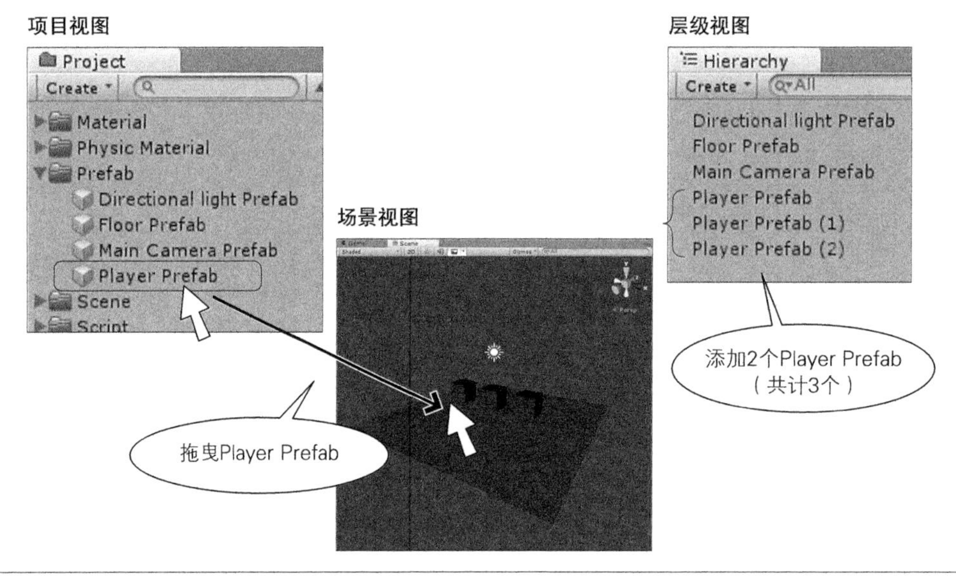

介 图 0.92　创建小方块的实例对象

启动游戏。点击鼠标左键后，3 个小方块将同时起跳（图 0.93）。

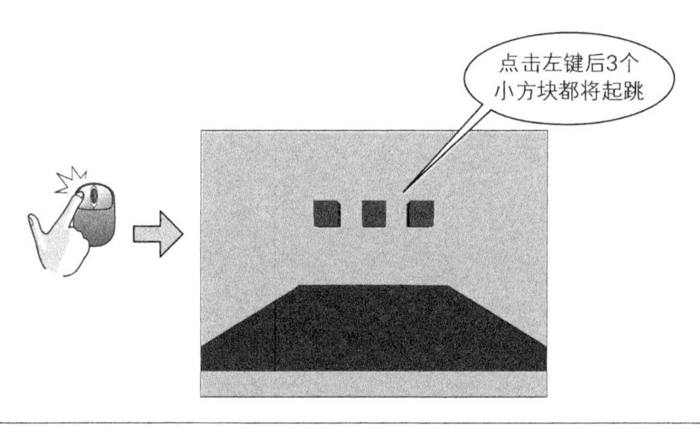

介 图 0.93　小方块的操作

层级视图中显示了 3 个 Player Prefab。这些正是在游戏画面中看到的小方块的**实例**。它们是内部构造完全一致的 Player Prefab 预设的副本，并且跳跃的高度 JumpHeight 都等于 4。

项目视图中显示的 Player Prefab 就是**预设**。预设就像是用来创建游戏对象的模板，只有实例化以后才能出现在游戏中。

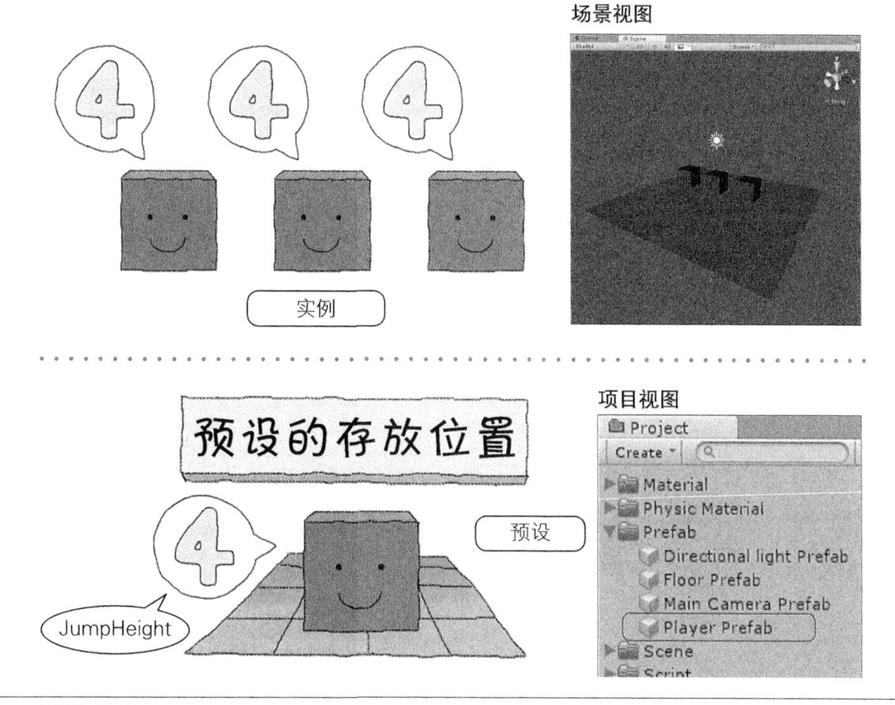

⇧ 图 0.94 实例和预设

❖ 0.5.4 预设和实例的变更

请在项目视图中选择 Player Prefab 后将 JumpHeight 的值由 4 改为 2。现在 3 个小方块的跳跃高度都变得比原来低。这是因为预设的属性变化反映到了所有由它生成的实例对象上（图 0.95）。

由预设生成的实例对象，各个属性都和预设是一样的。毕竟各个实例都是同一个预设的副本。

那么现在请读者回想一下之前对“复制源”预设对象进行修改时的情形。注意，修改是在复制完成后进行的。然而，所有已经实例化的对象也发生了同样的改变。根据这种现象我们可以知道**实例化的游戏对象中含有预设的信息**。

接下来我们选择最左边的小方块，将 JumpHeight 的值由 2 改为 6。现在只有最左边的这个小方块改变了跳跃高度。和刚才不同，**只有被选中的小方块**的 JumpHeight 值改变了。

像这样，直接修改实例并不会引起预设和其他由预设生成的实例发生变化（图 0.96）。

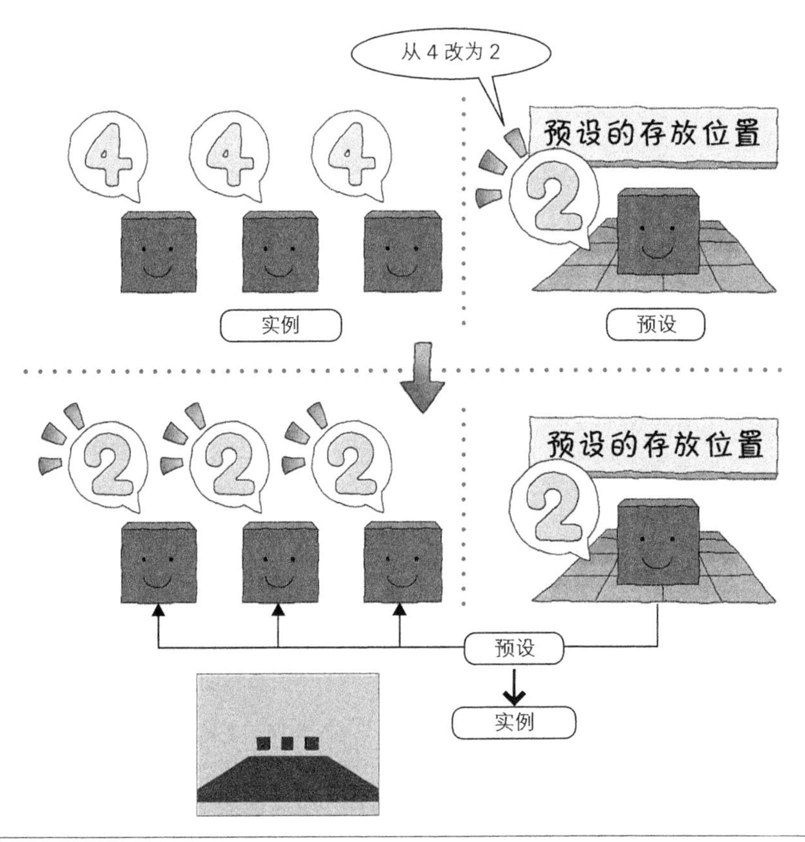

⇧ 图 0.95 修改预设

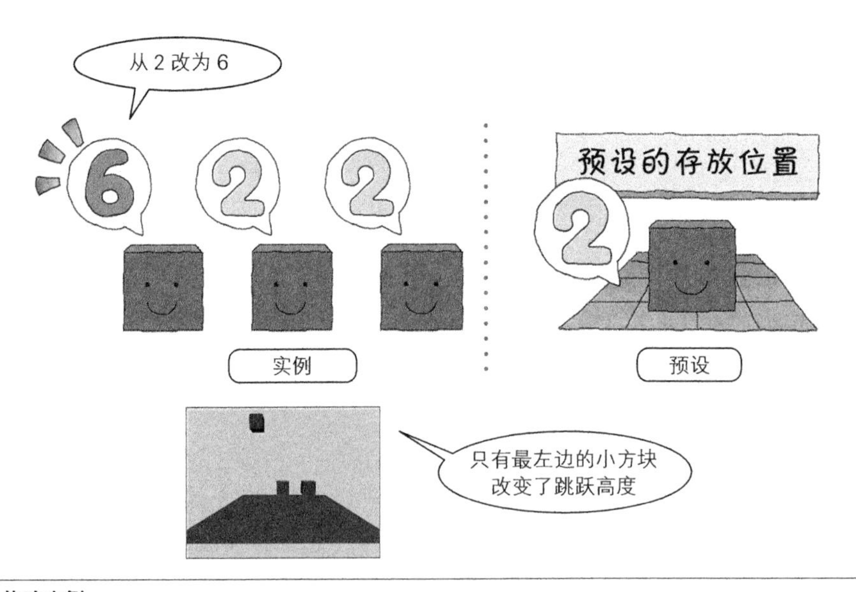

⇧ 图 0.96 修改实例

接下来，选中刚才修改了的最左边的 Player Prefab 对象，在检视面板中按下 Apply 按钮。会发现其余 2 个实例化对象和预设的 JumpHeight 值都变为了 6（图 0.97）。

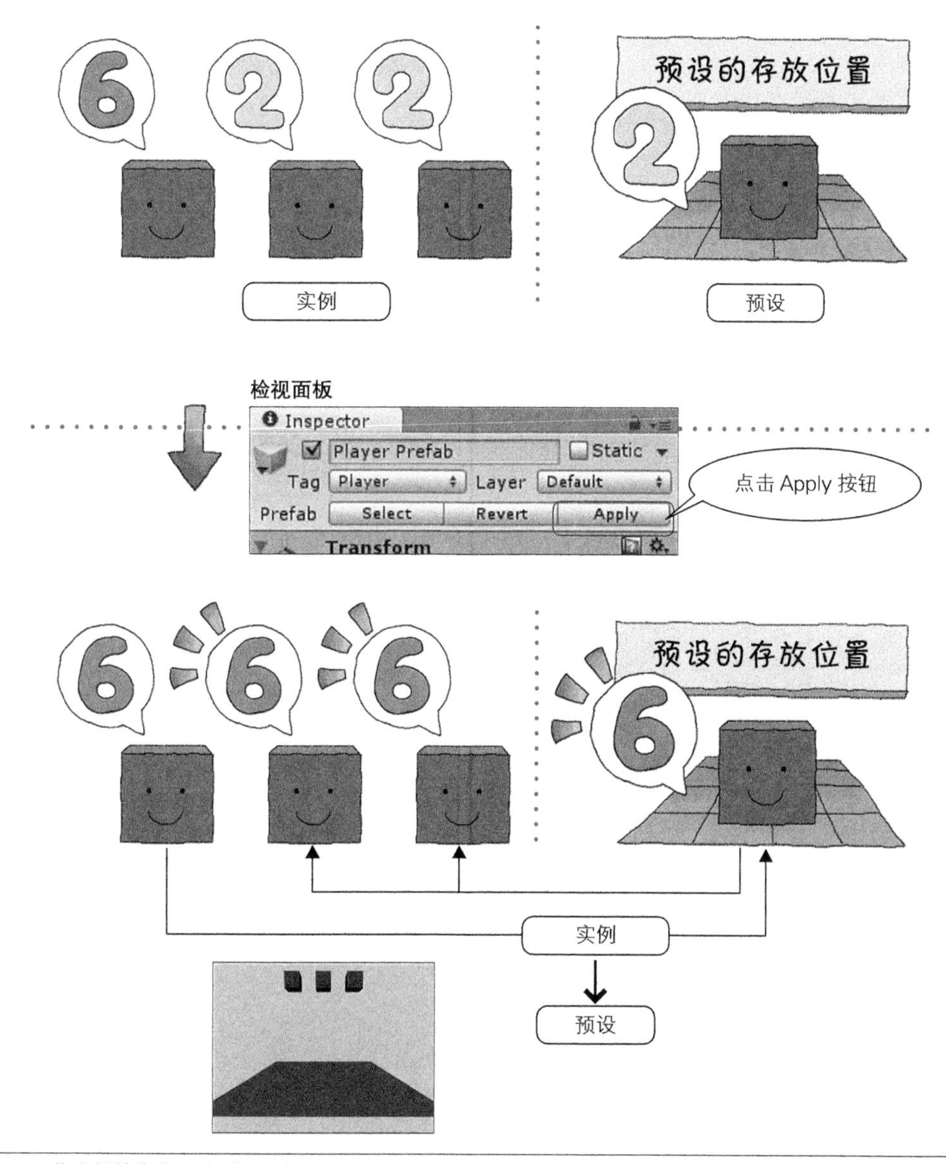

⇧ 图 0.97　将实例的变化反映到预设上

一开始，我们验证了预设的变化会引起实例的变化。点击 Apply 按钮后则正好相反，实例的变化也会引起预设的变化。由于预设的变化又会反映到实例上，结果就导致了变化从最初的 1 个实例传递到了所有的实例。

❖ 0.5.5　小结

最后让我们对预设做个总结吧，难以理解“预设到底是个什么东西”的读者可以尝试这样类比。

- 预设 = 印章
- 从预设生成的游戏对象 = 印出的图案

假定插图画好以后，存在一种机器能把插图的图案刻成印章。这里绘制插图就好比创建游戏对象，而制作印章就相当于创建预设。按下印章后，纸上将出现和最初的插图相同的图案。这个按下印章的过程，就类似于预设的实例化（图 0.98）。

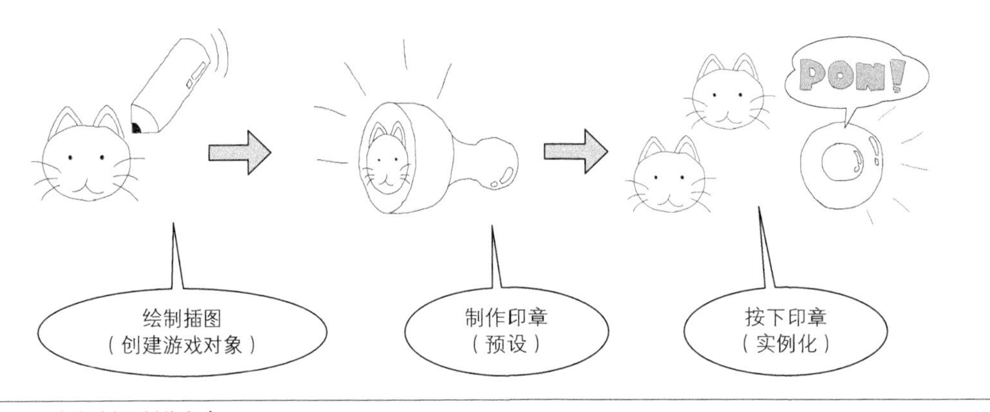

⇧ 图 0.98　根据插图制作印章

制作好印章后，就可以印出任意多个相同纹理的图案。同样，通过提前预设游戏对象，也可以随时创建出任意多个相同的实例对象。

普通印章的情况下，即使重新雕刻了底面的图案，那些已经印出的图案也不会发生改变。而我们的这个印章则比较特殊，在底面图案改变后，印出的图案也会随之改变。很明显这个“神奇的印章”就是 Unity 的预设（图 0.99）。

接下来让我们再进一步对纸上已经印出的图案做出某些修改。可以发现印章底面的图案也变成了新的修改后的图案（图 0.100）。

Unity 中通过点击检视面板的 Apply 按钮，可以把实例的变化反映到预设中。

相信读者现在应该大致理解 Unity 中的预设概念了。不妨参照“预设 = 印章”这个比喻，再次体验一下 Unity 预设的种种特性。要知道，亲手试验才是最有助于理解的学习方式哦！

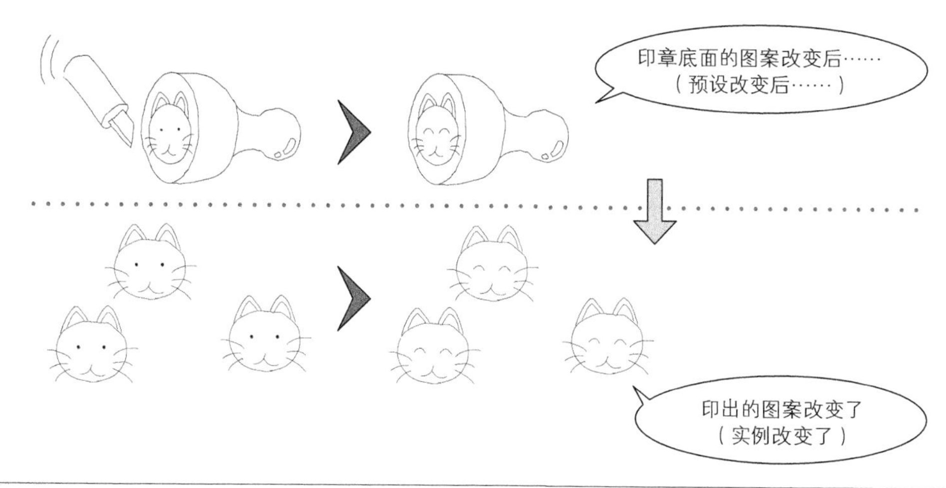

⇧ 图 0.99 改变印章底部的图案

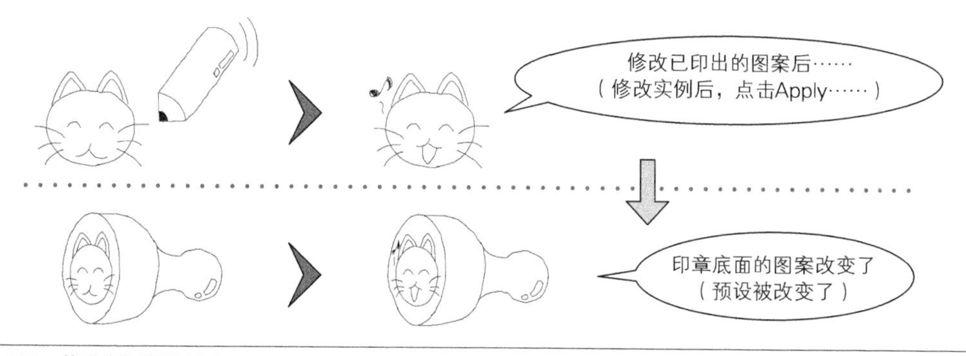

⇧ 图 0.100 修改印制好的图案

0.6 C# 和 JavaScript 的对比 *Tips*

❖ 0.6.1 概要

下面我们将从 C# 和 JavaScript 的种种差异中挑选比较有代表性的几点进行对比解说。

一般而言，C# 比较适合大规模的游戏开发。相反，如果是没有编程经验的读者出于学习目的希望快速地开发出游戏，采用 JavaScript 或许更为合适。

随书下载文件中 Chapter0 文件夹下的 CSvsJS 项目里，分别采用 C# 和 JavaScript 开发了同一款游戏。其中，场景 GameScene 是 C# 开发的，场景 GameSceneJS 则是使用 JavaScript 开发的。

C#和JavaScript的对比

	C#	JavaScript
类的定义	"class 类名 {" ~ "}" 之间	文件全体
变量定义	bool is_landed = false; 类型 变量名 [= 初始值] ※	var is_landed : boolean = false; var 变量名 [: 类型][= 初始值] ※
函数定义	float nantoka(int x) 返回值类型 函数名 (参数)	function nantoka(x : int) : float function 函数名 (参数) [: 返回值类型] ※
作用域	省略时默认为 private	省略时默认为 public
静态函数和静态变量的定义	public static float x; public static void kantoka() 加上 static 关键字	public static var x : float; public static function kantoka() : void 加上 static 关键字
泛型方法的调用	GetComponent <Rigidbody>() 函数名 < 类型名 >()	GetComponent. <Rigidbody>() 函数名 < 类型名 >()
Bool 类型	bool	boolean
字符串类型	string	String
数组	private string[] good_mess; this.good_mess = new string[4] this.good_mess[0] = "Nice!";	private var good_mess : String[]; this.good_mess = new String[4]; this.good_mess[0] = "Nice!";

※ 允许省略

❖ 0.6.2　类的定义

C# 中使用"class 类名 { "和" }"包围的内容作为类的定义。

JavaScript 中一个文件就代表一个类，并不需要像 C# 那样指定类的范围。

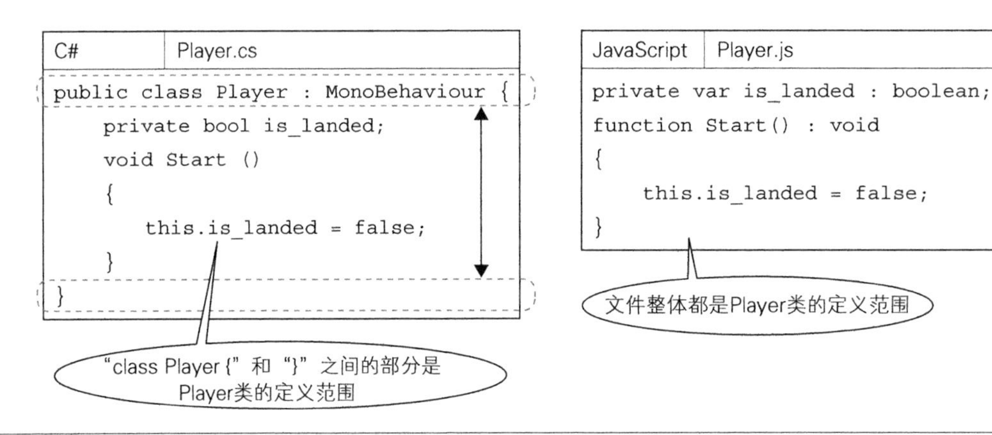

⇧图 0.101　类的定义

❖ 0.6.3　变量的定义

C# 中采用"类型 变量名 = 初始值"的语法定义变量。"="和初始值都可以省略。

JavaScript 采用"var 变量名 : 类型 = 初始值"的形式。和 C# 不同的是，变量定义必须以 var 开头，类型跟在变量名后，中间用"："隔开。不只是初始值，变量的类型也允许省略。

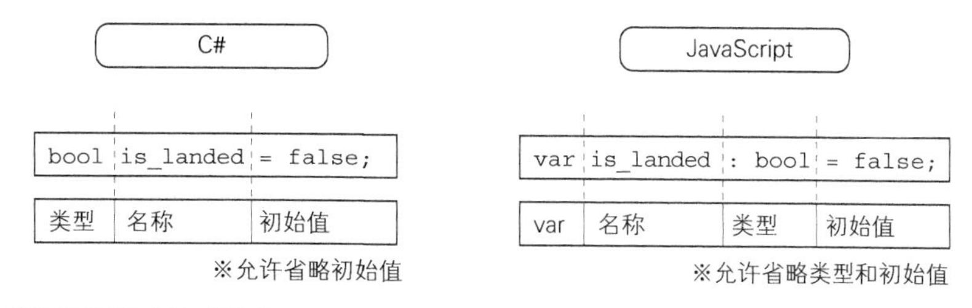

⇧ 图 0.102 变量的定义

在 JavaScript 中，如果省略了变量的类型，解释器将在赋值的瞬间决定变量类型，这称为**动态类型**。

动态类型的例子

```
var flag;                              (1) 定义 flag 变量

flag = false;                          (2) 用 boolean 类型赋值
Debug.Log(flag.GetType().ToString());
flag = "off";                          (3) 用 String 类型赋值
Debug.Log(flag.GetType().ToString());
```

执行上面的代码，控制台窗口将输出：

```
System.Boolean
UnityEngine.Debug:Log(Object)
System.String
UnityEngine.Debug:Log(Object)
```

可以看到每次赋值时，变量 flag 的类型都改变了。这里如果把（1）改为：

```
var flag : boolean;
```

也就是指定了变量类型的话，代码运行时将报错：

```
Assets/Script/PlayerJS.js(14,16): BCE0022: Cannot convert 'String' to 'boolean'.
（无法将 String 转换为 boolean 类型）
```

这是因为系统已经无法动态决定类型了。

虽然动态类型有时候使用起来很方便，但也常因疏忽而对变量赋予错值，所以尽管稍微有些麻烦，也还是推荐**在定义中明确指定变量的类型**。

❖ 0.6.4 函数的定义

C# 中按照“返回值类型”“函数名称”“参数”的顺序声明函数。多个参数间用逗号分隔，并列写在括号中。如果只有一个参数，则和定义普通变量一样，写成“类型 变量名”的形式。

JavaScript 中函数的定义由 function 关键字开始，后面接着“函数名”“参数”“返回值类型”。和 C# 一样，参数用括号括起来，用“参数名称 : 参数类型”的形式声明。多个参数的情况下用逗号隔开。返回值的类型声明是在函数名后加上“: 返回值类型”。函数参数和返回值的类型都可以省略。

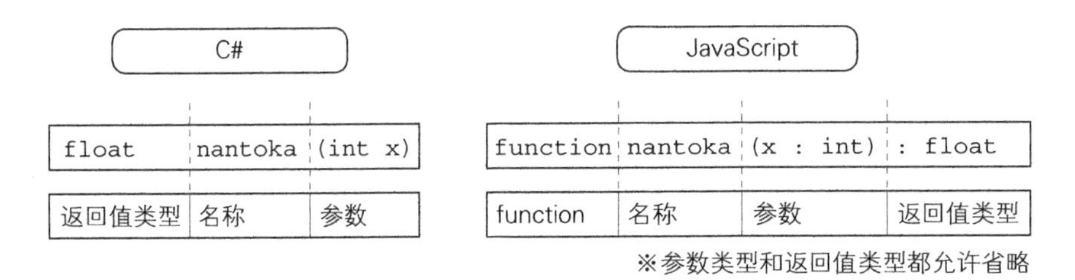

⇧ 图 0.103　函数的定义

❖ 0.6.5　作用域

在省略类方法和变量的作用域声明的情况下，C# 中默认作用域为 private，JavaScript 中默认为 public。

❖ 0.6.6　静态函数和静态变量的定义

C# 和 JavaScript 中都使用 static 修饰符。

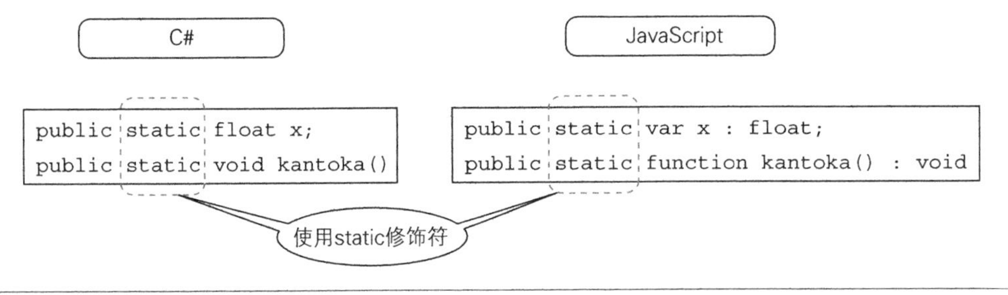

⇧ 图 0.104　静态函数和静态变量的定义

❖ 0.6.7　泛型方法的调用

调用 GetComponent 之类的泛型方法时，C# 和 JavaScript 都必须用“< >”把类型名框起来。需要特别注意的是，**JavaScript 中还需要在“< >”和函数名称之间添加一个点符号“.”**。

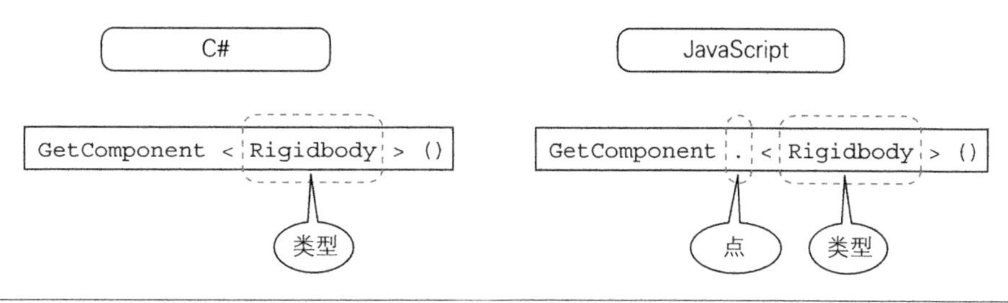

⇧ 图 0.105 泛型方法的调用

❖ 0.6.8 Bool 类型和字符串类型

表示真伪的布尔变量在 C# 中的类型名为 bool，而在 JavaScript 中则写作 boolean。请读者注意在拼写上有一点小小的差别。

C# 中的字符串类型是 string，而 JavaScript 中的字符串类型则是首字母大写的 String。

❖ 0.6.9 数组

C# 和 JavaScript 都通过在类型名后加上 [ ] 来表示数组。另外通过“new 元素类型 [数组大小]”的语法来创建数组这一方法以及对数组元素的访问方法，在两门语言中都是相同的。

❖ 0.6.10 小结

编程语言林林总总，应该说 C# 和 JavaScript 之间的区别算是比较少的。对于熟悉其中一门编程语言的读者来说，只要注意以下几个要点，使用 Unity 来开发游戏就应该不成问题了。

- 类定义的范围
- JavaScript 中变量、函数参数和返回值的类型允许省略
- var 和 function 关键字

不过，Unity 中的 JavaScript 和普通的 JavaScript 还有少许差异，通过 Unity 来学习 JavaScript 的读者请稍微留意。

虽然并无必要熟悉掌握这两种编程语言，不过试着对比它们之间的差异还是很有意义的。虽然本书推荐读者采用 C# 进行开发，不过官方的参考手册中有许多示例代码都由 JavaScript 写就。所以使用 C# 的开发人员，若能对 JavaScript 做一定程度的了解，还是会带来不少方便的。

第1章

点击动作游戏

怪物

在怪物群中穿梭斩杀！

1.1 玩法介绍 *How to Play*

✓ 在怪物群中穿梭斩杀！

- 武士能够自动行走

武士（玩家）　　小怪物

✓ 点击按键攻击怪物！

- 点击鼠标按键后发起攻击，打倒怪物
- 在指定时间内尽可能多地击倒怪物

✓ 一次性斩杀多个怪物！

- 对于密集分布的多个怪物，可以通过一次攻击就将其全部斩杀
- 被砍中的怪物向四面八方飞散

✓ 近处斩杀怪物将得到高分！

- 斩杀怪物时离得越近，得分越高

✓ 如果不出现失误，怪物的数量将会增加！得分也会增加！

- 连续斩杀怪物后，出现的怪物数量会逐渐增加
- 尽可能零失误地持续斩杀怪物，是获得高分的秘诀

✓ 碰到怪物后将失败！

- 一旦武士和怪物发生接触，游戏就会结束

1.2　简单的操作和爽快感　*Concept*

不论创作何种游戏，都会有一些在刚开始时就必须考虑的事情，那就是**游戏的内容**。

我们在玩游戏的时候，在编写代码的时候，在漫无目的地浏览网页的时候，可能在很偶然的瞬间，脑子里突然浮现出了关于游戏的灵感。构思游戏题材的这个过程，其实是很有乐趣的。

在笔者漫无目的地寻找游戏的点子时，从设计师那里看到了一个角色形象，正是这个游戏的主人公——武士。问了之后才知道，除了角色之外，还有把怪物逐个砍倒的动画。

就在那个瞬间，笔者萌发了“用这个角色来制作游戏”的想法。就这样，在和设计师深入交流后，制作这个游戏的念头就产生了。

决定游戏的内容时有一些要注意的事项。首先是**操作简单**。为了便于操作，我们只使用鼠标的一个按键。没有移动和跳跃操作，也没有复杂的手势输入。也许有些读者会觉得这种方式略显单调，不过如果能营造出点击按键时的韵律感，一定会是一款有趣的游戏。

还有一个要点是斩杀时的**爽快感**。画面上的大量怪物要夸张地向四处飞散。

游戏的场景大体如下页的插图所示。

这次我们从角色的形象出发构思了游戏的内容。灵感这东西说不定什么时候就会冒出来。一旦感觉到“这好像可以做成游戏呢!”就要把它记录下来，也许什么时候就能派上用场了（确实是这样的）。

❖ 1.2.1　脚本一览

文件	说明
SceneControl.cs	控制游戏整体 怪物的出现、攻击成功与失败的判断等
PlayerControl.cs	控制武士的行为
AttackColliderControl.cs	执行武士的攻击判断
FloorControl.cs	控制背景模型 将背景模型移动到武士周边
OniGroupControl.cs	控制怪物的分组 设定怪物以组为单位进行移动和碰撞检测
OniControl.cs	控制怪物的行为
OniEmitterControl.cs	得分时生成怪物
OniStillBodyControl.cs	得分时新产生的怪物
CameraControl.cs	控制摄像机
TitleSceneControl.cs	控制标题画面

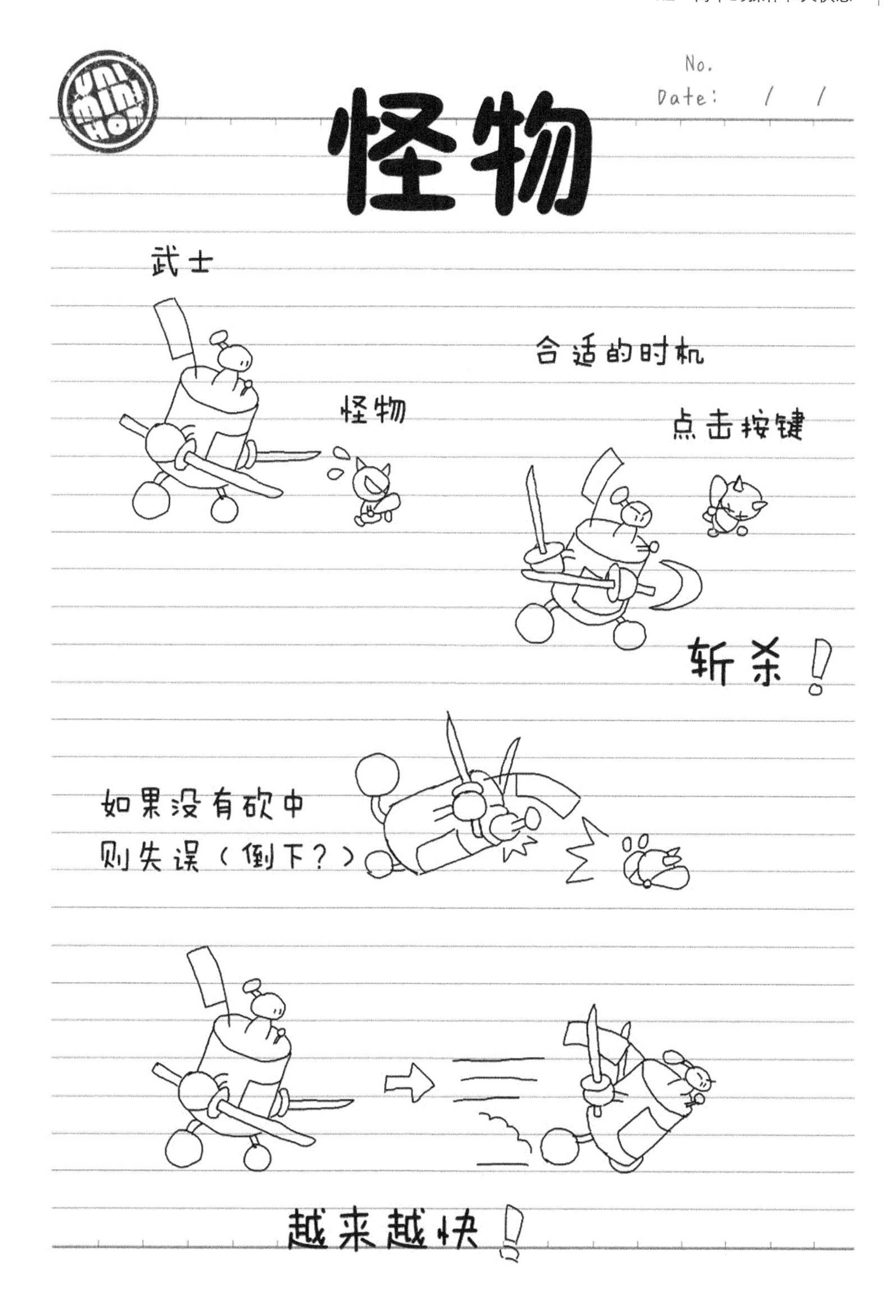
怪物
No.
Date: / /
武士
合适的时机
怪物
点击按键
斩杀！
如果没有砍中
则失误（倒下？）
越来越快！

❖ 1.2.2 本章小节

- 无限滚动的背景
- 无限滚动的背景的改良
- 怪物出现模式的管理
- 武士和怪物的碰撞检测
- 得分高低的判定
- 使被砍中的怪物向四处飞散

1.3 无限滚动的背景 *Tips*

❖ 1.3.1 关联文件

- FloorControl.cs

❖ 1.3.2 概要

在怪物这个游戏中，代表玩家的武士一直向右方前进，在游戏结束之前势必将移动非常远的距离。如果将所需要的背景全部做到一个模型中，那么数据量将非常大。而且还必须在游戏开始的时候就生成这些背景，非常麻烦。

在《怪物》这个游戏中，背景仅仅用于显示，和游戏的内容没有关系。即使重复出现同样的背景也不会影响游戏的内容。显示在画面中的也只局限于武士周围的一小部分而已。

既然这样，我们就可以反复利用几个相同的组件来合成背景，并且只在玩家的周边将各个组件逐个显示出来（图 1.1）。

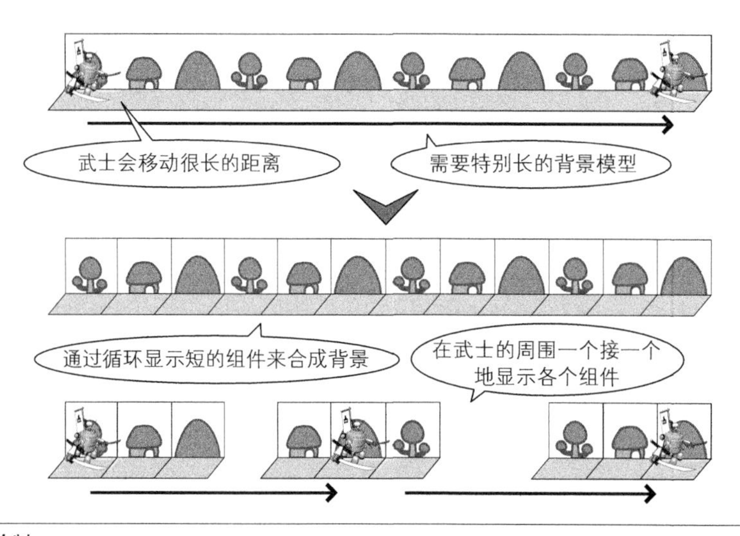

⇧ 图 1.1 背景的绘制

❖ 1.3.3 背景组件的显示位置

我们准备了三种类型的背景组件，分别是背景 A、背景 B 和背景 C（图 1.2）。

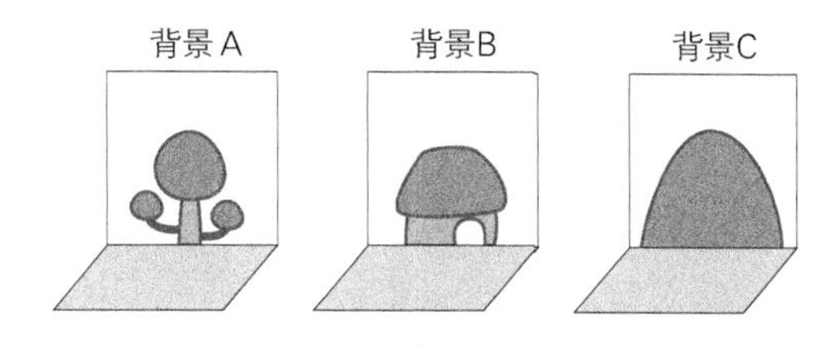

⇧ 图 1.2 背景组件

通过循环并列显示 A、B、C 三种背景组件，就能够呈现出没有缝隙的背景，而实质上各个组件只有一个显示在了画面中。

刚开始时，A、B、C 各个组件都显示在武士的周围。当游戏开始武士移动了一定距离后，各个组件将移动到下一个合适的位置（图 1.3）。因为总共有三种组件，所以组件的移动宽度 = 3 × 一个组件的宽度。这个值在源代码中存放于变量 total_width 中。

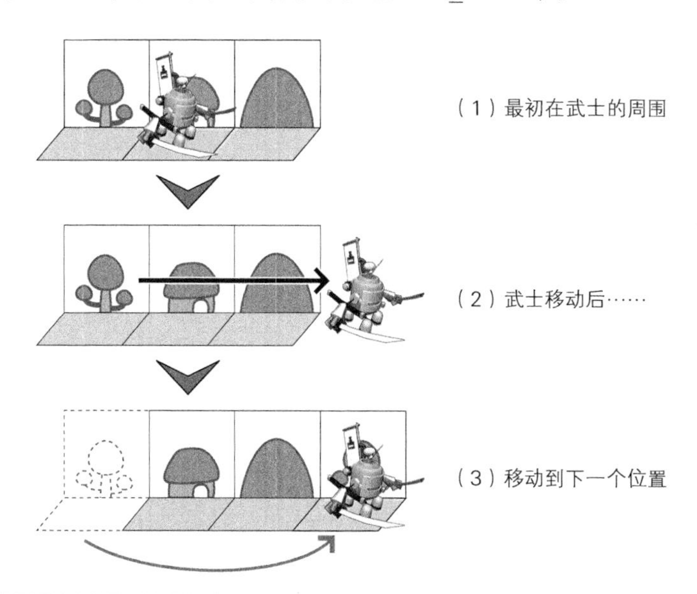

⇧ 图 1.3 移动背景组件

请在 Unity 中启动游戏，按下暂停按键切换到场景视图，可以看到背景只显示在了武士的周围（图 1.4）。

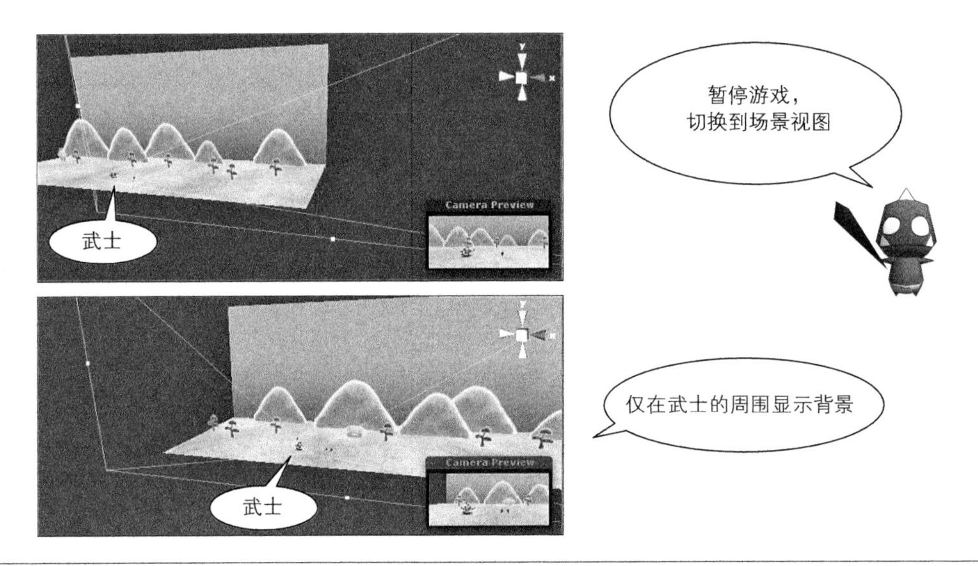

⇧ 图 1.4　背景组件移动示意图

把这个流程用代码描述出来，就是下面这样（从 FloorControl 类中摘出的一部分）。

FloorControl.Update 方法（摘要）

```
public const float WIDTH     = 10.0f * 4.0f;      // 背景组件的宽度（X 轴方向）
public const int   MODEL_NUM = 3;                 // 背景组件的个数

void Update()
{
    // 整体背景（所有背景组件并列在一起）的宽度
    float   total_width     = FloorControl.WIDTH * FloorControl.MODEL_NUM;

    // 背景组件的位置
    Vector3 floor_position  = this.transform.position;

    // 摄像机的位置
    Vector3 camera_position = this.main_camera.transform.position;

    if(floor_position.x + total_width / 2.0f < camera_position.x) {   // （a）摄像机超过下一个组件的中间点时往前移动
        // 往前移动
        floor_position.x += total_width;
        this.transform.position = floor_position;
    }
}
```

判断组件是否该移动的逻辑位于代码的 (a) 行。

floor_position 表示背景组件的位置，camera_position 表示摄像机的位置。虽然程序中使用了摄像机的位置来决定背景的移动，但为了便于理解，这里我们使用武士的位置来说明。由于武士位于画面中央偏左的位置，严格来说摄像机和武士的 X 坐标值并不相同。但是为了便于理解背景移动的算法，不妨认为这个等式成立：**摄像机的 X 坐标 = 武士的 X 坐标**。

组件位于 floor_position.x 时，该组件再次出现时的坐标为“floor_position.x + total_width”。如果摄像机的 X 坐标大于中间点 floor_position.x + total_width / 2.0f，那么距离下次出现的位置比距离现在的位置更近，组件将移动到下一地点（图 1.5）。

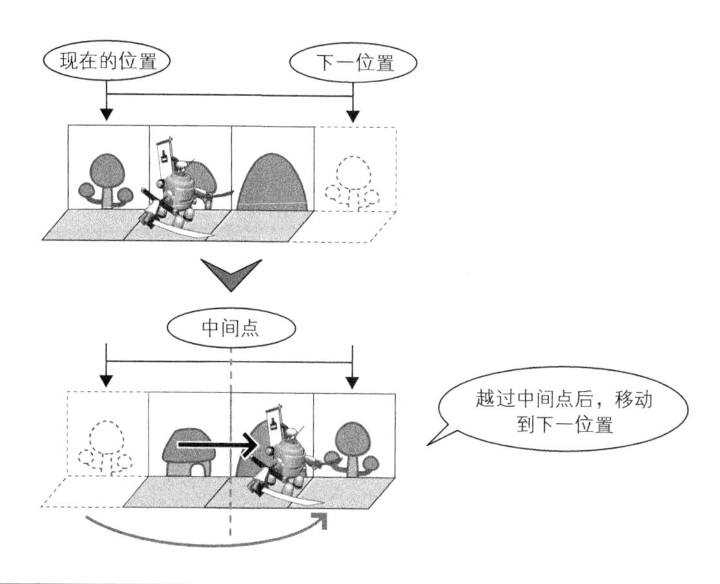

⇧ 图 1.5　组件移动的时机

❖ 1.3.4　小结

这次我们介绍了无限循环的背景的基本制作方法。有些需要碰撞检测的游戏中会创建一个所谓的“地形”模型，但即便是在那种情况下，不影响游戏性的远景也常常通过这种循环显示背景组件的方法来表现。

本书中还有一些其他例子也使用了同样的方法，请读者自行参考。

1.4　无限滚动的背景的改良　*Tips*

❖ 1.4.1　关联文件

- FloorControl.cs

❖ 1.4.2 概要

上节介绍的算法中，背景只在每次调用 Update() 时移动一次。这样一来，如果武士移动的距离很长，就有可能出现背景和角色的移动不和谐的情况（图 1.6）。虽然我们这个游戏中并不会达到那样快的移动速度，但是有些游戏中出现过玩家角色移动，或者在场景中移动到错误位置的现象。下面就让我们来考虑一下这种情况的解决办法。

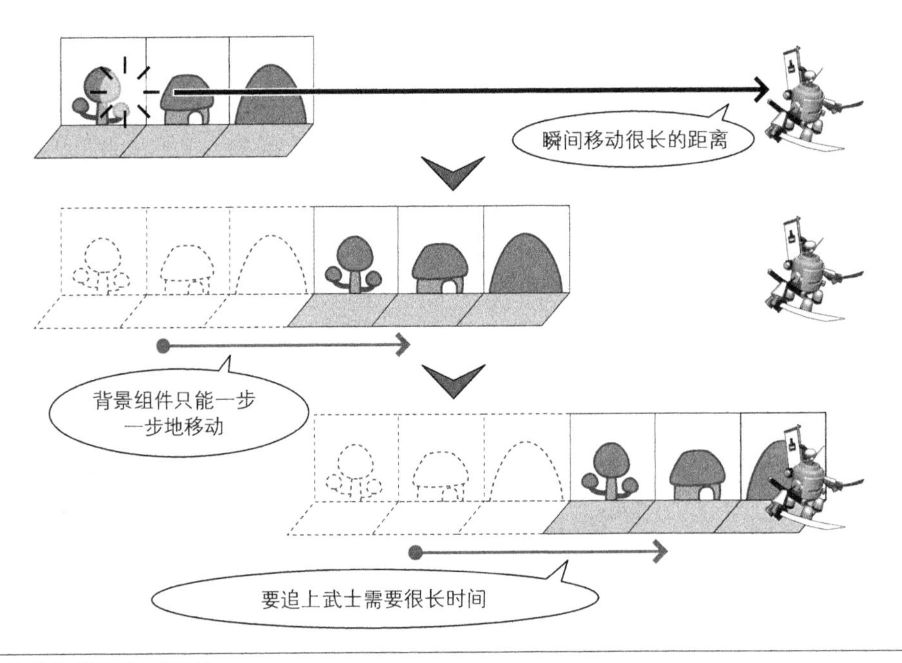

⇧ 图 1.6 背景移动跟不上的情况

❖ 1.4.3 稍作尝试

让我们来实际体验一下上节所述的问题。作为调试，这里保留了武士能够一瞬间移动很远的距离这一功能。启动游戏后请按下 W 键，如图 1.7，可以看到在武士周围的背景不复存在了。

在 Unity 中执行时，将其切换到场景视图后使用逐帧模式观察，可以看到背景组件在缓缓移动。

在这种情况下，为了能够正确显示背景，该如何处理呢？

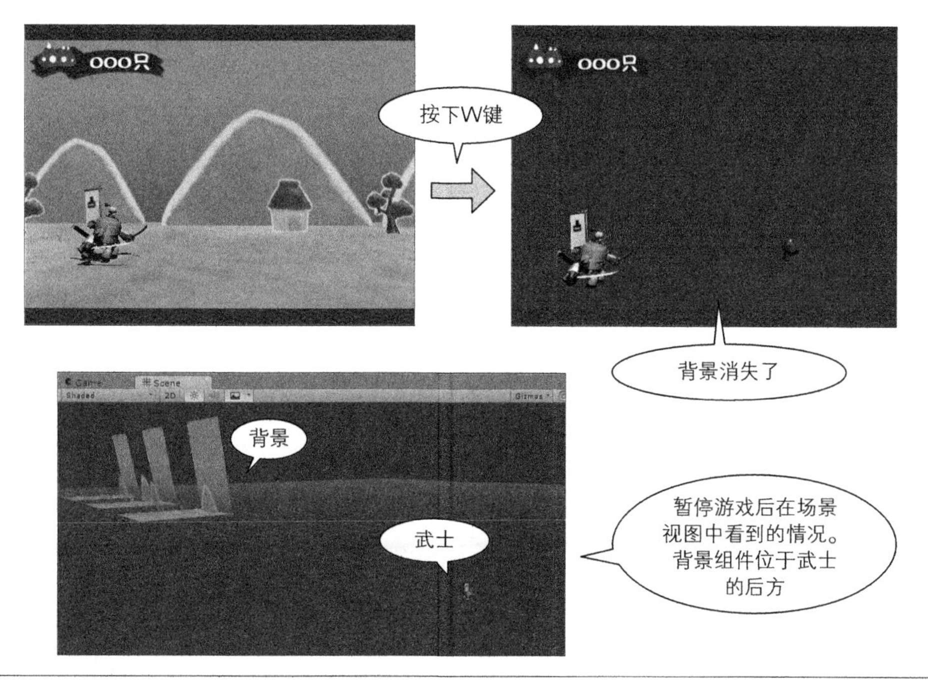

⇧ 图 1.7 消失的背景

❖ 1.4.4 背景组件显示位置的改良

在前一小节中，我们提到了相同类型的背景组件会按照“total_width = 一个组件的宽度 × 组件数量（3 个）”的间隔重复出现。也就是说，程序将从下列值中，

```
初始位置
初始位置 +total_width×1
初始位置 +total_width×2
初始位置 +total_width×3
     ⋮
初始位置 +total_width×n      n 为整数……(1)
```

选取一个最靠近武士坐标的值作为背景组件出现的位置。因此，只要求出上面算式 (1) 中 n 的值，就可以确定背景应该出现的位置。

接下来，让我们看看改良后的 FloorControl.Update 方法。

FloorControl.Update 方法（改良版、摘要）

```
void Update()
{
    float   total_width     = FloorControl.WIDTH * FloorControl.MODEL_NUM;
    Vector3 camera_position = this.main_camera.transform.position;
    float   dist            = camera_position.x - this.initial_position.x;
```

```
    int      n = Mathf.RoundToInt(dist / total_width);   （a）移动距离除以背景的整
                                                              体宽度，再四舍五入

    Vector3 position = this.initial_position;
    position.x += n * total_width;   （b）背景组件将在 total_width 的 n 倍
    this.transform.position = position;    距离位置出现
}
```

在图 1.8 中，dist 是武士的移动距离。将 dist 除以背景组件的整体宽度 total_width 后的结果赋值给 n。

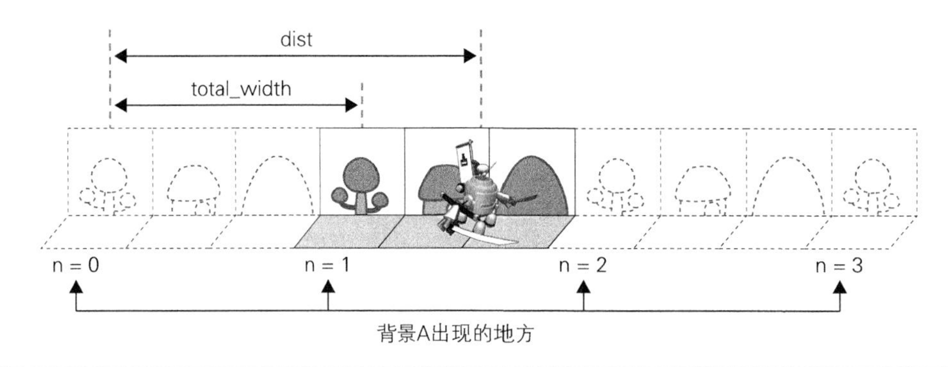

⇧ 图 1.8　背景 A 出现的地方

n 是整数，但是经除法求出的结果并不一定是整数，因此把结果代入 n 之前，需要先做四舍五入处理。如果只是简单地进行类型转换（cast），将直接舍去小数部分，请读者注意这一点。

之所以使用四舍五入而不是直接舍去小数部分，是为了在舍去和进位两种情况中选取最靠近武士坐标的情况（图 1.9）。这种思路和上节提到的“越过中间点”的判断是一样的。

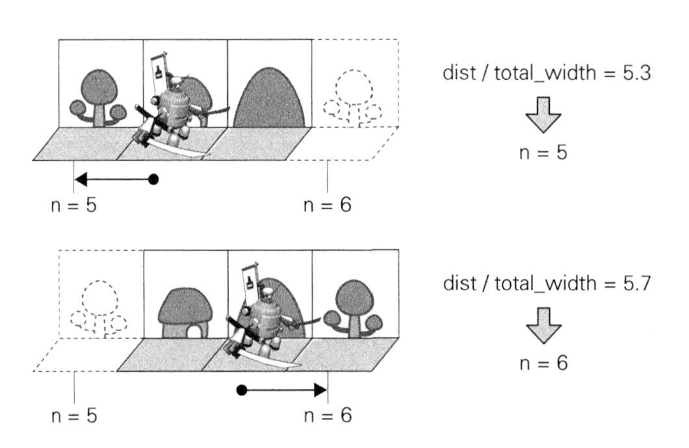

⇧ 图 1.9　通过四舍五入，选择更接近的一端

可以使用 Mathf.RoundToInt 方法来实现四舍五入。Mathf 是 Unity 中的一个功能类。它含有很多基本的数学计算功能。

还有一种实现四舍五入的方法：让数字加上 0.5 后再舍去小数部分。可以利用 Mathf.FloorToInt 方法舍去小数部分。

```
Mathf.RoundToInt(dist / total_width);         —— 四舍五入
Mathf.FloorToInt(dist / total_width + 0.5f);  —— 加上 0.5 后舍去小数部分（效果等同于四舍五入）
```

使用 RoundToInt 和 FloorToInt 方法时，需要注意输入值为负数的情况。RoundToInt 直接对绝对值进行操作，而 FloorToInt 则会连同符号判断数值大小。

右表举例列出了分别用这两种方法对正负数进行操作的结果。

输入值	RoundToInt结果	FloorToInt结果
1.4	1	1
–1.4	–1	–2

在这个游戏中，武士的坐标只取正数。由于即使武士会往相反的方向移动也要判定“更近的一端”，因此程序中使用了 RoundToInt 方法。但是在某些游戏中，则可能需要找出“更靠近左边的一端”，这种情况下就应该使用 FloorToInt 方法。总之，我们应当依据不同的情况灵活选择最好的方法。

❖ 1.4.5 小结

到此为止，我们对循环显示背景组件的方法做了改良。不过大部分情况下，使用前一小节所介绍的方法就足够了，一般没有必要考虑怪物和武士的移动。开发过程中花太多精力在无关紧要的事情上容易造成本末倒置，不过在时间允许的情况下适当做一些有益的尝试，也许会对后续的开发很有帮助。请读者在明确“完成游戏”这一目标的同时，享受这种探索的乐趣。

1.5 怪物出现模式的管理 *Tips*

❖ 1.5.1 关联文件

- LevelControl.cs
- OniGroupControl.cs

❖ 1.5.2 概要

游戏启动后不久，画面右方将出现怪物（图 1.10）。游戏的目标是不停地砍倒怪物并持续前进。

⇧ 图 1.10　武士和怪物

基本上，怪物只有跑向武士这一个动作。武士和怪物都沿直线跑动，玩家的操作仅仅是在合适的时机按下按键，非常简单，但是简单的操作绝不意味着游戏是无趣的。

在面向智能手机的游戏中，很多都仅仅支持点击屏幕操作，但其中大受玩家欢迎、百玩不腻的游戏也不占少数。

和这些游戏类似，我们这个游戏的精髓在于控制好点击按键的节奏。通过调整怪物出现的频率和速度，可以实现多种不同的情境。

下面让我们花些时间来设计怪物出现的方式，让游戏变得更有趣。

❖ 1.5.3　怪物出现的时间点

下面我们来看看该如何决定怪物出现的间隔。如果怪物相继出现的间隔很短，玩家就必须很快地点击按键，这样游戏就比较难。相反，如果怪物出现的间隔比较长，或者移动的速度比较慢，那么游戏就会比较简单。

首先考虑到**怪物的运动速度和出现间隔 = 难易度**，我们在每次成功攻击怪物后就增加游戏的难度。当然这里需要设置一个上限，并使出现失误后游戏会回到最初的状态。

每当武士前进了一定距离，怪物就将在其前方出现（图 1.11）。怪物出现的位置位于武士前，正好在画面之外即将进入画面的位置。如果这个距离过短，画面上将会突然出现一个怪物。反之如果过长，则会导致在画面的渲染区域之外存在许多怪物，增加不必要的处理开销。

在设计怪物出现模式的时候，需算出武士从当前位置出发应当前进多远才让下一个怪物出现。如果玩家能很顺利地斩杀怪物，就让这个距离越来越短，而如果玩家出现失误，则恢复到最初的长度（图 1.12）。

实际试玩这个游戏后，就可以体会到随着怪物出现的间隔变短，游戏的难度也在渐渐增加。

不恰当的速度或间隔的上限值可能将导致无法完全清除怪物，因此游戏开发者们要通过反复试玩来调整得出合适的值。

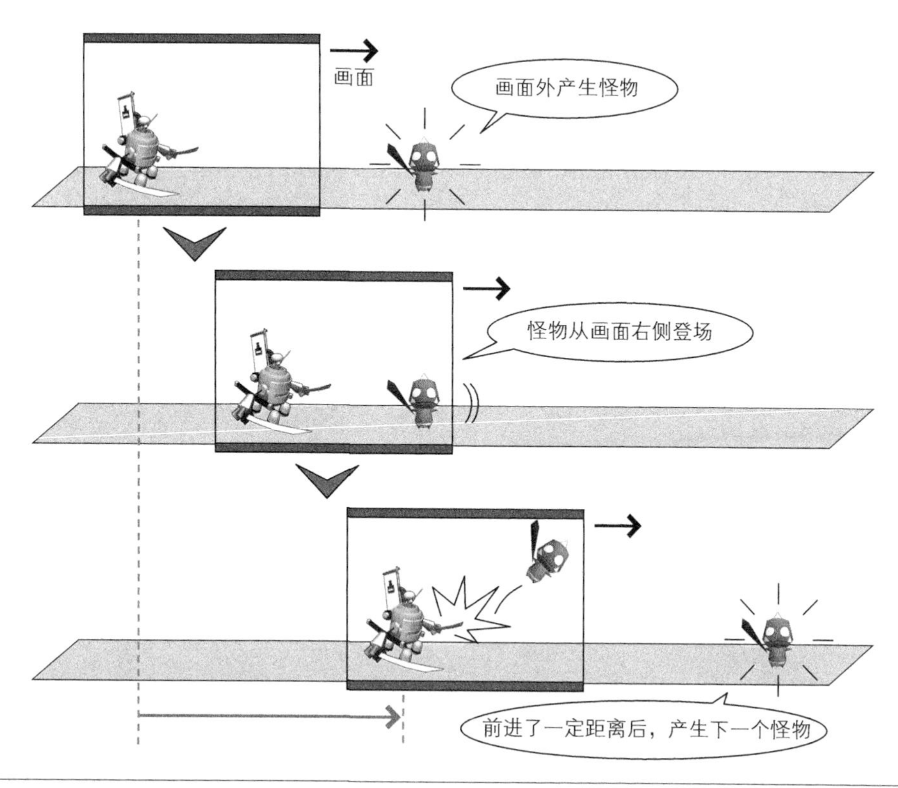

⇧ 图 1.11 怪物出现的时间点

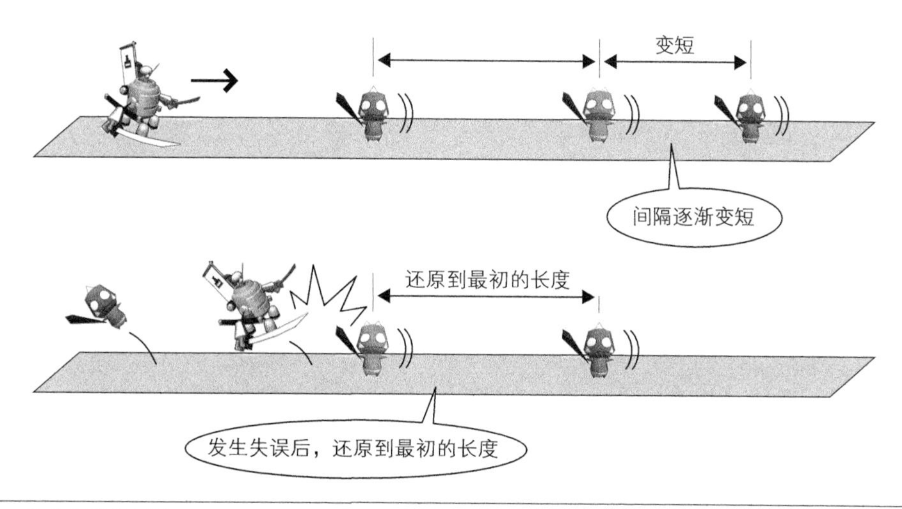

⇧ 图 1.12 怪物出现的间隔

❖ 1.5.4 怪物出现模式的变化

虽然速度加快会导致游戏变难，不过反复试玩几次后玩家就会惊奇地发现自己完全能够适应了。即使是一开始觉得比较难的速度，经过几次挑战后似乎也变得没有什么了。这主要是因为目前怪物出现的间隔是固定值的缘故。

请读者想象一下和着音乐打拍子的情景，大家应该都能体会到即使节拍很快也能跟上，其实两者的原理是一样的。因为不论速度多快，但节奏是相同的，所以玩家只需要按照同样的时间间隔点击按键，就可以打倒怪物。

为了使玩家能够体会到点击按键的爽快感，要求游戏具备一定的节奏。不过如果一直使用同样的节奏，玩家很容易就可以消除怪物，这样游戏就显得有些无趣了。

也就是说，问题不在于速度，而在于**节拍是固定的**。那么我们试着每隔一段时间，就使用特别的出现模式。这里我们制作了以下几种和普通模式不一样的特别模式（图 1.13）。

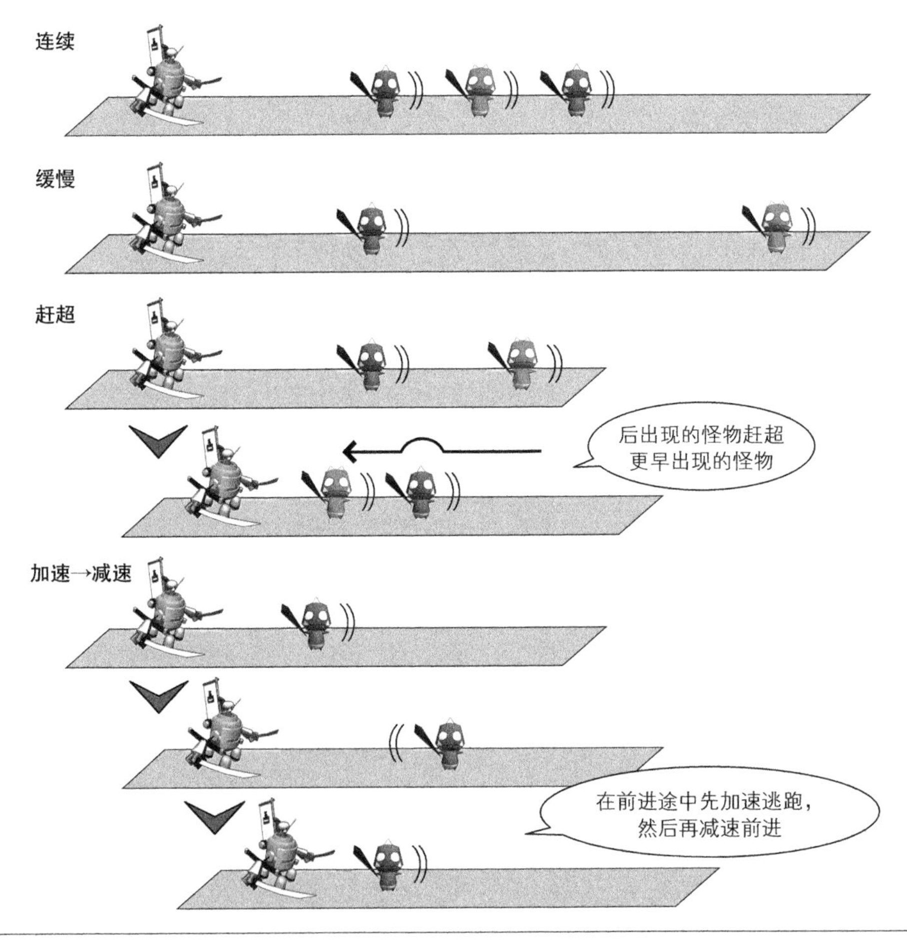

⇧ 图 1.13 有特色的怪物出现模式

- **连续**：怪物以短于正常时的时间间隔涌上来
- **缓慢**：怪物移动的速度比一般模式的最低速度还慢，并且出现的间隔很长。玩家在持续玩难度较大的关卡时会感觉疲劳，因此可以插入这个模式供玩家休息调整
- **赶超**：后出现的怪物追赶并超越更早出现的怪物。后登场的怪物将会更早到达武士的位置，这样会使玩家难于决定出手的时机，让其措手不及。可以说是这个游戏中比较难的一种模式
- **加速→减速**：登场的怪物到达画面中央附近位置后加速，快要接近武士时减速，然后再朝武士前进。游戏的情景就好像伴随着“危险！快跑！”“不！这样不行！”这样的台词。相比用于控制游戏的难易度，这种模式更适合用于营造游戏的演示效果

我们把这 4 种特别模式和普通模式混在一起来控制怪物的出现。每经过若干次普通模式后，就随机选择一种特别模式。普通模式的持续次数也通过随机决定（图 1.14）。

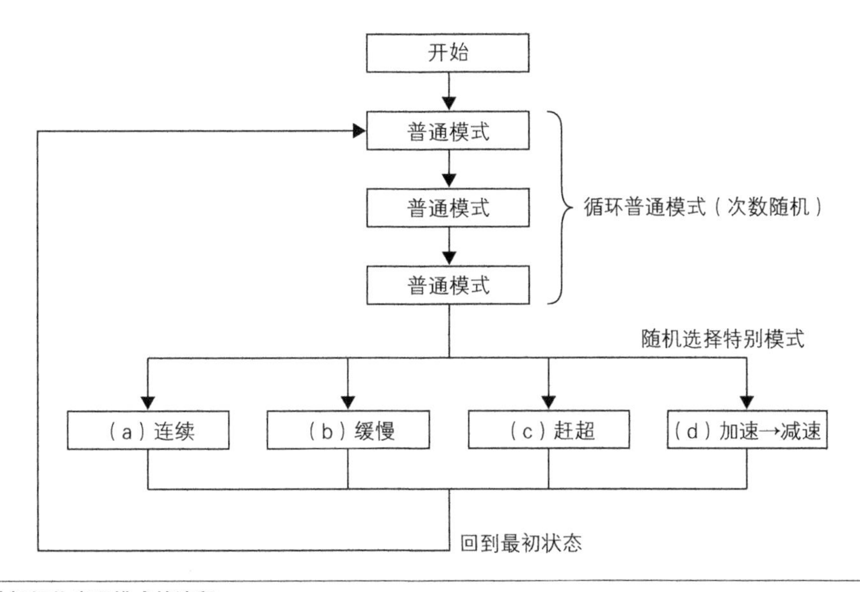

⇧ 图 1.14 选择怪物出现模式的流程

开始特别模式时，以及从特别模式恢复到普通模式时，必须确保画面中的怪物已经完全消失。这样可以防止特别模式和普通模式中的怪物同时出现。

比如我们看看在“加速→减速”模式中怪物出现的情况。当一个怪物在画面右边加速前进时又出现了别的怪物，有时就会造成两个怪物以非常短的时间间隔到达武士的位置（图 1.15）。

为了避免这种情况，需要在使用特别模式前后等待一段时间，直到画面上的怪物“编队”完全消失。

那么，下面我们就来看看上述流程的实际代码吧。

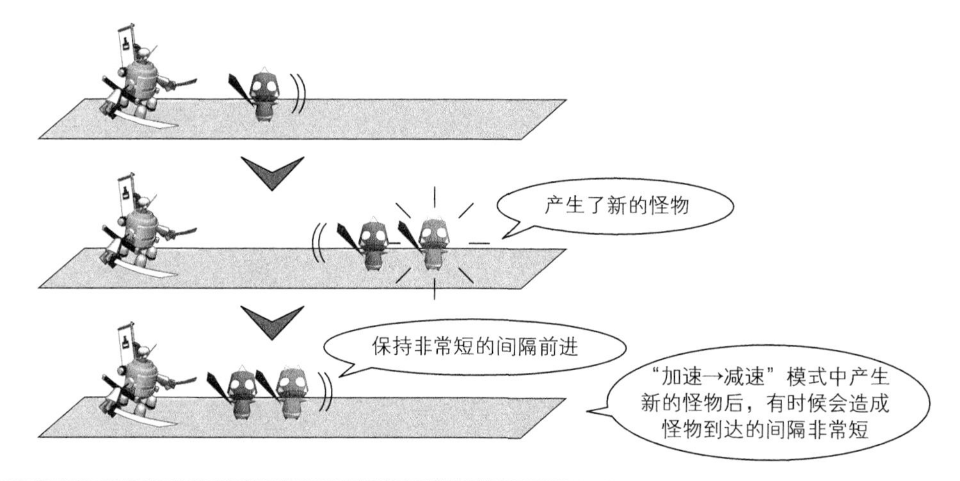

⇧ 图 1.15　怪物以非常短的时间间隔涌上来

LevelControl.oniAppearControl 方法（摘要）

```
public void oniAppearControl()
{
    (a) 检查是否准备好了生成新的怪物
    if(this.can_dispatch) {
    } else {  ——(b) 还未准备好生成下一组怪物
        if(this.is_exclusive_group()) {  ——(b1) 检查现在是普通模式还是特别模式
            if(GameObject.FindGameObjectsWithTag("OniGroup").Length == 0) {
                this.can_dispatch = true;
                (b2) 特别模式时，待画面内的怪物都消失后（如果找不到 OniGroup 对象），生成新的怪物
            }
        } else {
            this.can_dispatch = true;  ——(b3) 普通模式时可以立刻生成
        }

        if(this.can_dispatch) {
            (c) 如果已准备好生成怪物，则通过玩家现在的位置计算出怪物的出现位置
            if(this.group_type_next == GROUP_TYPE.NORMAL) {
                this.oni_generate_line =
                    this.player.transform.position.x + this.next_line;
            } else {
                this.oni_generate_line =
                    this.player.transform.position.x + 10.0f;
            }
        }
    }

    // 玩家前进一定距离后，生成下一组怪物
```

```
    do {
        if(!this.can_dispatch) {
            break;
        }
        if(this.player.transform.position.x <= this.oni_generate_line) {
            break;
        }

        this.group_type = this.group_type_next;
        （d）让怪物出现
        switch(this.group_type) {
            case GROUP_TYPE.SLOW:
            {
                this.dispatch_slow();
            }
            break;
            //（略）
        }

        this.can_dispatch = false;
        this.select_next_group_type();  ———— （e）选择下次出现的怪物组
    } while(false);
}
```

（a）首先检查是否已经准备好了生成下一批怪物。就像前面说明的那样，这是为了防止在特别模式中出现其他怪物。

（b）如果还没做好生成怪物的准备，需要检查现在和下一批怪物的出现模式是特别模式还是普通模式。如果现在或者下一批属于特别模式，那么（b1）中的 is_exclusive_group() 将返回 true。当满足下列两种条件时，可以生成下一批怪物。

（b2）当前为特别模式并且画面中已经没有怪物了。

（b3）当前为普通模式。

（c）以现在的武士所在位置为基准，计算出怪物的生成位置。怪物从登场开始到消失为止，武士前进的距离随各模式不同而不同。因此，需要在准备好生成怪物的时候，就定好怪物将要产生的位置。

计算出怪物的生成位置后，产生怪物的准备工作就完成了。这之后直到新的怪物被创建出来，（b）和（c）的处理都将被跳过。

（d）武士的位置超过 oni_generate_line 后生成新的怪物。

（e）最后，提前选择下一次将生成的怪物的类型。相对于在怪物生成后立刻选择下一批怪物的类型，程序在怪物从画面上消失时就要计算下一批怪物产生的位置。处理流程可能稍微有些复杂，请读者参考下面图 1.16 的程序流程图理解一下。

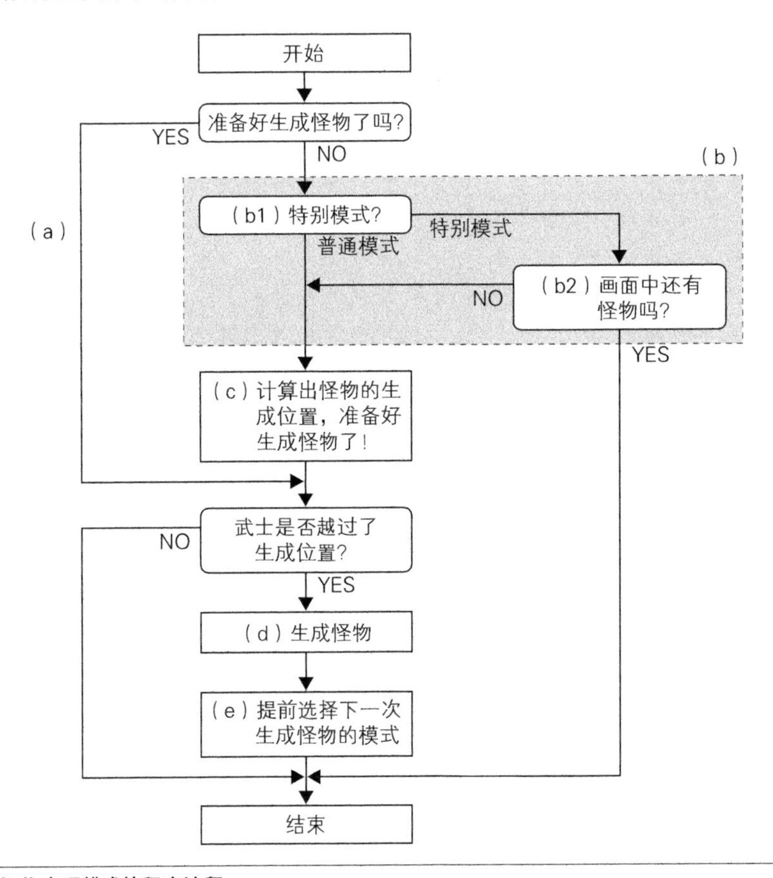

介 图 1.16　选择怪物出现模式的程序流程

❖ 1.5.5　小结

除了这里举例的 4 种模式之外，应该还有很多种算法。读者可以在理解了程序的结构原理后，试着自己创造一些有趣的模式。

1.6　武士和怪物的碰撞检测　*Tips*

❖ 1.6.1　关联文件

- OniGroupControl.cs

❖ 1.6.2　概要

按下鼠标按键后武士将挥刀迎击，如果能成功砍到，怪物将向四处飞去。不过如果没有砍倒怪物却接触到了它，游戏则将结束。为了实现这种功能，需要检验武士对象和怪物对象之间的冲突，也就是所谓的**碰撞检测**处理。

在很多游戏中，碰撞检测是非常重要的一环，不过在程序处理方面往往是比较麻烦的。但是在 Unity 中，只需设定好形状就可以进行碰撞检测的计算，非常方便！

不过这并不意味着我们可以什么都不用考虑。使用何种形状来进行碰撞检测，将极大地影响游戏的效果。在这一点上，即使采用了 Unity，也仍旧需要依赖开发人员的经验和直觉。

❖ 1.6.3 分别对各个怪物进行碰撞检测时的问题

首先我们尝试对武士采用立方体，对怪物采用球体来执行碰撞检测（图 1.17）。角色之间的碰撞检测，经常使用这种粗略的几何形状来进行。这样做的好处是相较于严格的几何形状，计算量会少很多。而且对于大部分游戏而言，这种做法都能得到比较逼真的结果。

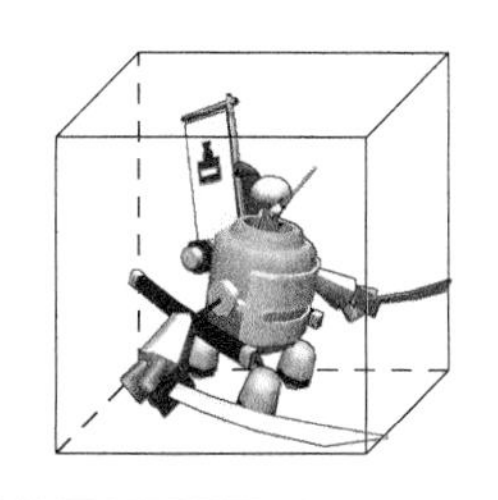

⇧ 图 1.17 武士和怪物的碰撞

一般来说，球体的计算量更小。因为游戏中会出现大量的怪物，所以我们选择了计算量尽可能小的球体作为检测形状。

设定好形状之后，就可以用 Unity 来执行碰撞检测的计算。然后再实现碰撞后武士的行为似乎就大功告成了。不过事实上等游戏运行起来以后，会发现还存在很多问题。

第一个问题是，武士会绕开怪物前进的问题（图 1.18）。

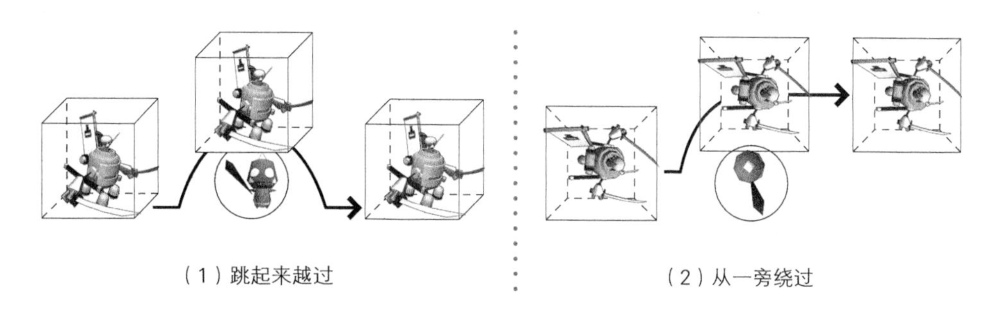

⇧ 图 1.18 武士会绕开怪物前进的问题

这是因为怪物的碰撞检测形状比武士的小很多。在 Unity 的碰撞处理中，为了使对象在发生碰撞后仍可以按照原来的前进方向运动，对碰撞对象加入了滑动之类的处理。请回忆一下动作游戏中角色遇到墙壁时的反应。按照斜线方向一直按住方向键，大部分游戏中的角色都将和墙壁发生摩擦继续移动。

让碰撞后的对象进行滑动，多数情况下都会使游戏玩起来更简单自然，不过在我们的这个游戏中却带来了危害。

另外还有一个问题是，攻击的难度将加大（图 1.19）。

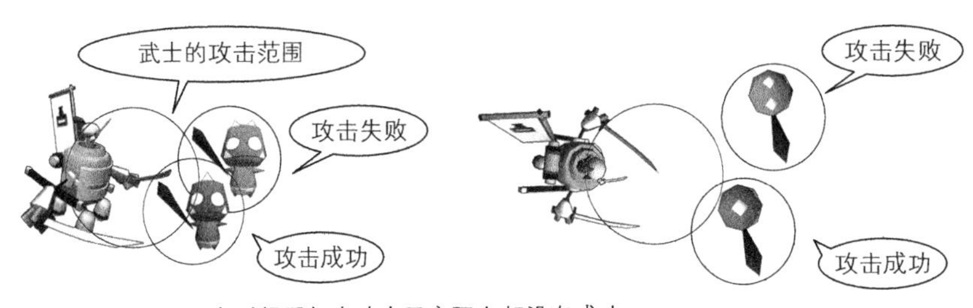

⇧ 图 1.19 武士攻击难度加大的问题

点击鼠标按键后武士开始挥舞砍刀。攻击检测将伴随着这个攻击动作进行。和怪物的碰撞检测相似，我们也使用球体来进行检测。

虽然用于攻击检测的球体尺寸够大，不过从武士的中心位置往内或者往外偏移的地方有可能仍位于攻击范围之外。这样就会出现看起来好像攻击成功了其实却并未命中的情况。

请看图 1.19 中的情况。从正面观察，里边的怪物似乎也在武士的攻击范围内，但实际上怪物位于偏里的位置，距离武士的攻击范围仍有一定距离。如果从武士和怪物的上方进行观察，则很容易理解这一情况。

即使只剩下了一个怪物也有可能导致游戏以失败告终。像这样，如果稍微错过了时机就会造成失误，游戏就变得太难了。

针对这个问题，试着改变碰撞检测的形状及其尺寸也是一种解决方法。不过怪物自身的尺寸本来就很小，如果加大的话又将出现另外一个极端，即“看起来没有击中，结果却击中了”的情况可能会增多。

让我们试试其他的解决方法。

❖ 1.6.4 把怪物编成小组

游戏中的怪物总是扎堆出现，同一批次的怪物彼此之间比较密集，另外武士总是沿着直线前进，因此即使把同一批怪物编为一个小组来处理好像也没有问题。

于是我们用 OniGroup 对象把怪物集合起来，将怪物作为它的子元素来处理。碰撞检测也改为对 OniGroup 对象整体进行（图 1.20）。

怪物小组的碰撞检测使用立方体，尺寸和武士的碰撞检测所用的立方体大抵相同（图

1.21）。这样设置以后，武士就不能再越过怪物或者从一侧绕过怪物了。

另外，假设 OniGroup 检测到来自武士的攻击后，作为子元素的所有怪物都将受到攻击。这样一来，前面提到的因为怪物的位置稍有差异就导致攻击不成功的情况就不会再有了，并且游戏也增添了多个怪物被同时砍飞的爽快感。

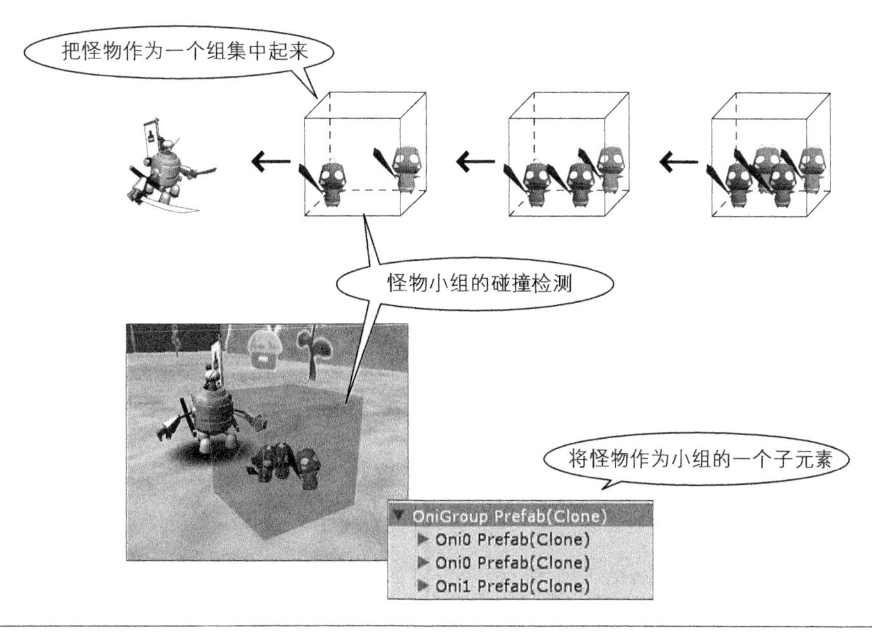

⇧ 图 1.20　怪物小组的碰撞检测

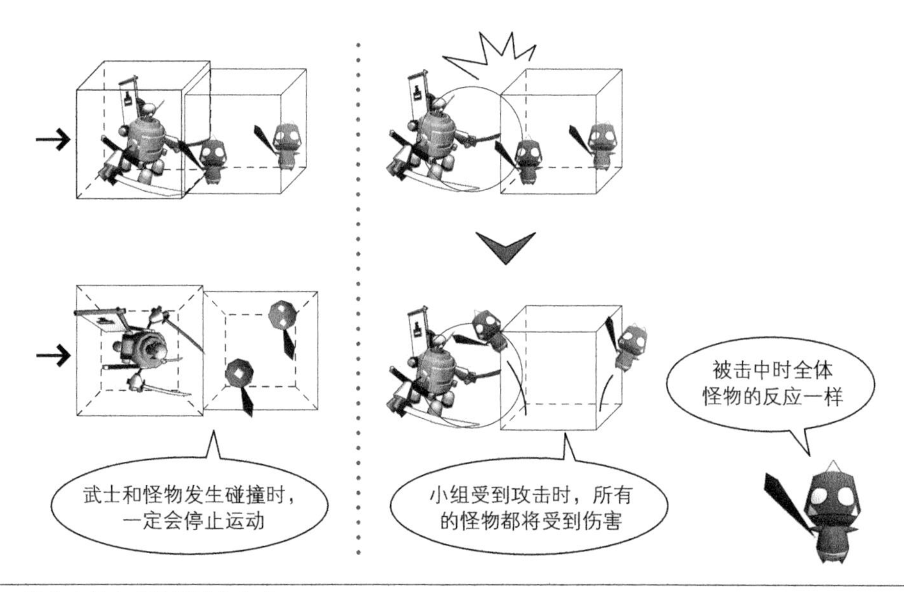

⇧ 图 1.21　怪物小组在碰撞检测成功时

❖ 1.6.5　小结

Unity 中允许直接使用模型的形状来进行碰撞检测。不过很多游戏中都采用粗略的形状，而且也能达到像我们这次的游戏一样良好的效果。特别是那些尺寸比其他角色小很多的对象以及大量对象一起移动的情况下，把它们集中归为一个小组做碰撞检测是很好的方法。

1.7　得分高低的判定　*Tips*

❖ 1.7.1　概要

大部分游戏都鼓励玩家不断挑战更高的得分。虽然也有像角色扮演（RPG）这类更注重情节而不关注得分的游戏，不过支持玩家通过互联网与其他玩家同台竞技，进而挑战更高得分的游戏正变得越来越多。

这次我们开发的是一个斩杀怪物的游戏。成功斩杀怪物后，怪物出现的数量会越来越多。玩家要尽可能地持续斩杀怪物，这样才能在游戏结束之前杀掉大量的怪物。反之，玩家一旦失手，怪物出现的数量就会减少。

当然，我们可以直接把倒下的怪物数量作为玩家的得分，但这里我们不妨多琢磨一下，看看怎样才能让游戏更有趣。

例如，假若武士在追赶怪物的过程中一直不攻击怪物，最终将撞上怪物。在接近怪物的过程中，如果太近的话就会失手。玩家要在确保不撞上怪物的前提下尽可能地接近怪物并斩杀，这样游戏的技术难度就增加了。

这次我们设定了一个“靠近斩杀怪物将得到高分”的规则，但如果靠得太近又会导致武士撞上怪物而失手，这样游戏就变得更加刺激了（图 1.22）。

如果觉得游戏缺点什么，或许可以尝试着往游戏中加入这种“高风险 & 高回报”的玩法。

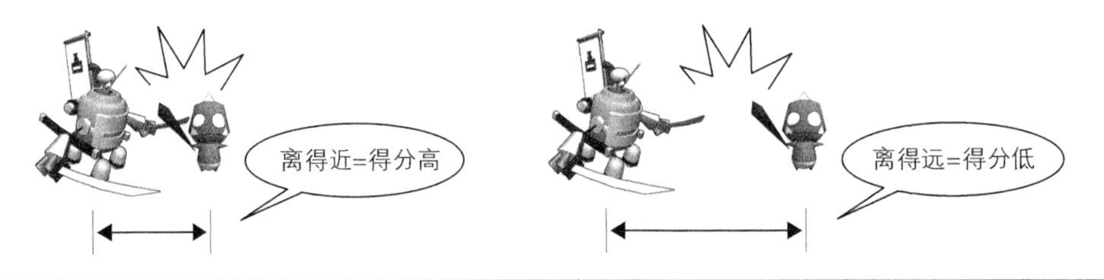

⇧ 图 1.22　靠近斩杀则得分较高

❖ 1.7.2　武士的攻击判定

在讨论如何判断攻击距离的远近之前，我们先说明一下攻击判定的原理。

玩家点击鼠标按键后，武士就会发起攻击行为。而攻击判定的计算就将伴随着攻击行为的整个过程。

在格斗类游戏中，往往需要对玩家角色的拳脚和所使用的武器执行攻击判定。同样，也需要对被攻击者的每个关节部位进行伤害计算。正因为有了这样精细的碰撞检测，才能够实现诸如“蹲下躲开对方的回旋踢”“脚部受到攻击而导致行走速度减缓”等游戏特性。

不过我们这个游戏的碰撞检测并不需要细致到这种程度。由于怪物以很快的速度朝武士靠近，如果要严格按照刀的形状来进行碰撞检测，击中的难度将大大增加，因此这里我们用一个大的球形来进行碰撞检测，并在播放攻击动作的时候将其放置在武士前面（图 1.23）。

⇧ 图 1.23 武士攻击的碰撞检测

攻击的碰撞检测的执行时间，会比攻击动作的播放时间稍微长一些。如果提前按下鼠标按键，怪物就将进入上面所说的碰撞检测的球体中，这就意味着攻击成功（图 1.24）。格斗游戏中常常有“预判断”的说法。像这种敌人朝着玩家快速扑来的游戏，加入这种机制后会让游戏变得更容易上手。

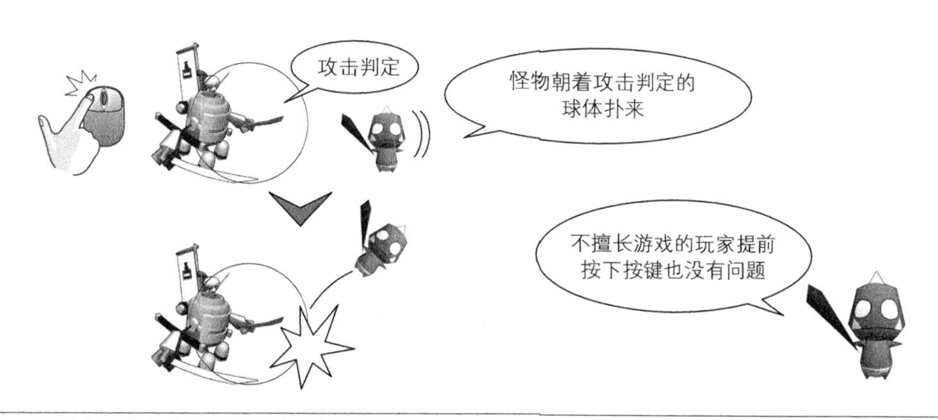

⇧ 图 1.24 怪物朝武士的攻击判定的球扑来

❖ 1.7.3 判断在多近的距离斩杀

通过提前进行碰撞检测和延长检测的时间，就可以应对怪物快速运动的情况。那么，现在让我们回到主题，看看如何才能计算出“武士在多近的距离斩杀了怪物”。

“要计算武士在多近的距离斩杀了怪物，看看怪物和武士之间的距离不就行了吗？”

如果这样想的话就错了！因为按照我们的设计思路，怪物会从外部撞向武士面前的碰撞检测用的球体，因此攻击成功时武士和怪物的距离必定等于该球体的半径（图 1.25）。

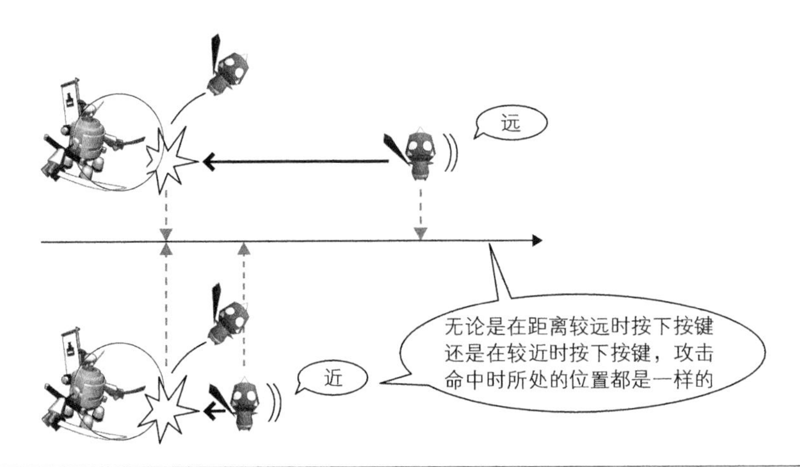

⇧ 图 1.25　依据武士和怪物的距离进行判断的情况

那么下面就让我们来重新理解一下"靠近斩杀"这个过程吧。

攻击判定是在按键被按下的瞬间开始的。在这一瞬间，怪物和武士之间的距离可能很近，也可能很远。如果很远的话，怪物移动到碰撞检测的位置还需要一些时间。相反如果很近，碰撞检测很快就会进行。因此，我们只要计算出从执行碰撞检测（= 按下鼠标按键的瞬间）开始到实际发生碰撞为止经过的时间，应该就可以计算出是在多近的距离进行的斩杀了（图 1.26）。

⇧ 图 1.26　通过攻击判定开始后的时间来判定的情况

我们用脚本 PlayerControl.cs 来管理攻击判定开始后的时间。

PlayerControl.attack_control 方法（摘要）

```
void attack_control()
{
    if(this.attack_timer > 0.0f) {
        this.attack_timer -= Time.deltaTime;

        if(this.attack_timer <= 0.0f) {
            attack_collider.SetPowered(false);
        }
    } else {
        //（略）
    }
}
```

攻击判定执行中

减少攻击判定执行的剩余时间

剩余时间为 0 时，攻击结束

关闭碰撞检测（攻击命中判定）功能

其中，attack_timer 是用来记录攻击判定持续时间的计时器。在按键被按下的瞬间会用一个特定的值对它进行初始化，随着时间的减少，当它的值变为 0 时，则意味着攻击判定执行结束。

attack_timer 表示的只是攻击判定的“剩余时间”，为了获得用于判断“在多近的距离斩杀”的“经过时间”，我们还需要准备一个叫作 GetAttackTimer 的方法。

PlayControl.GetAttackTimer 方法

计算从攻击开始（点下鼠标按键开始）到现在所经过的时间

```
public float GetAttackTimer()
{
    return(PlayerControl.ATTACK_TIME - this.attack_timer);
}
```

SceneControl.cs 的 AddDefeatNum 方法在武士攻击命中怪物时被执行。

SceneControl.AddDefeatNum 方法（摘要）

```
public void AddDefeatNum(int num)
{
    this.attack_time =
        this.player.GetComponent<PlayerControl>().GetAttackTimer();

    if(this.attack_time < ATTACK_TIME_GREAT) {
        this.evaluation = EVALUATION.GREAT;
    } else if(this.attack_time < ATTACK_TIME_GOOD) {
        this.evaluation = EVALUATION.GOOD;
    } else {
        this.evaluation = EVALUATION.OKAY;
    }
}
```

按下鼠标按键后经过的时间

经过的时间越短成绩就越高

最后，设定用于度量经过时间和得分高低关系的 ATTACK_TIME_GREAT 和 ATTACK_TIME_GOOD 的值。如果经过时间小于 ATTACK_TIME_GREAT 并在足够近的距离内斩杀了怪物则判定为 GREAT，若时间比 ATTACK_TIME_GOOD 短则判定为 GOOD，除此之外在远距离斩杀怪物的情况则判定为 OKAY。每次攻击后都记录下判定的结果，在游戏结束后再通过这些结果来决定玩家的总体成绩。

❖ 1.7.4 小结

通过改变用于衡量得分高低的经过时间的阈值（ATTACK_TIME_GREAT 和 ATTACK_TIME_GOOD），可以调整游戏中获得高分的难度。比起制作程序本身，有时候调整这些数值反而更花时间。但由于这些数值是决定游戏平衡性的重要因素，因此建议读者通过对照效果调整出最合适的数值。

1.8 使被砍中的怪物向四处飞散 *Tips*

❖ 1.8.1 概要

被武士砍中后，怪物将向四面八方飞散（图 1.27）。

动作的不同将导致攻击力度的强弱表现不同，被攻击的各个对象的反应也有很大差异。在格斗游戏中，对对手一顿拳打脚踢之后，看到其步履蹒跚的样子，往往可以感受到他的疼痛。相反如果对手显得从容不迫，即使动作再华丽也只能给人一种攻击力很弱的印象。

有时候我们常常听到**攻击反馈**的说法。在玩游戏时大家应该都有过感觉按键和摇杆好像变重了的经历吧？可以说这种游戏通过视觉和听觉把攻击反馈非常完美地呈现了出来。

我们将通过怪物的四处飞散来表现武士的攻击强度。另外，我们也将实现上节提到的靠近斩杀怪物会获取高分的规则，并使“在多近的距离斩杀了怪物”影响怪物的飞散方式。

不过每次都采用同样的方式飞散开未免有些单调，因此我们会调整飞散的方向使每次的效果都略有不同。

⇧ 图 1.27 怪物被砍中后向四周飞散

❖ 1.8.2 想象一下“圆锥体”

在考虑实现方法之前，我们首先整理一下“需要做什么”，用专业术语来说这叫作**需求分析**。

- 要让怪物华丽地四处飞散
- 让每次的动作都各不相同

“华丽”这种描述对于编程来说是一个比较暧昧的说法，应该描述得更为具体一些。

前面我们已经提到过把若干个怪物编成一个小组，并通过这个小组来执行被攻击判定。受到攻击时小组内的所有怪物都将四处飞散。而如果怪物们都向着同样的方向飞去，将毫无“华丽”可言。换句话说，所谓的“华丽”，应该是这些**怪物尽量朝着不同的方向**飞散开来。

这个被刀砍中然后各自飞散开的过程，更类似于炸弹爆炸的画面。由于怪物被刀砍中时受到了某一方向的作用力，因此往相反的一侧飞出才显得自然。武士具有右斩、左斩的动作，每个动作都将令怪物向反方向飞出。

“靠近斩杀时怪物将更华丽地飞散开”这个要素也是必要的。虽然单纯改变速度也能达到类似的效果，但为了让玩家更容易地了解是否完美地砍中了怪物，我们将飞散的方向改为前后方向。如果从前面飞来的怪物都按照相同的方向弹开，就能让玩家强烈地感受到攻击的力度。

那么我们再次细化需要完成的工作。

- 怪物朝不同方向飞出
- 根据动作的不同往左或往右飞出
- 根据斩杀时距离的远近调整为前后方向
- 每次飞出的方式都有变化

要是每次飞出的方式都不一样，很多读者可能会想到使用随机数。不过如果仅对飞出的方向和速度进行随机化处理，虽然可以改变飞出的方向，但是不能够保证怪物会按我们期待的方向飞出。

像这样“想在随机化的同时进行某种程度的倾向控制”的时候，解决问题的关键就是**先确定好关键性的原则，再使用随机数改变细节参数**。

这里我们参考水管喷头喷水的情景，决定使怪物沿着圆锥的表面飞出，也就是说，圆锥的朝向基本上决定了飞散的方向，底面的半径则决定了飞散开的范围（图 1.28）。

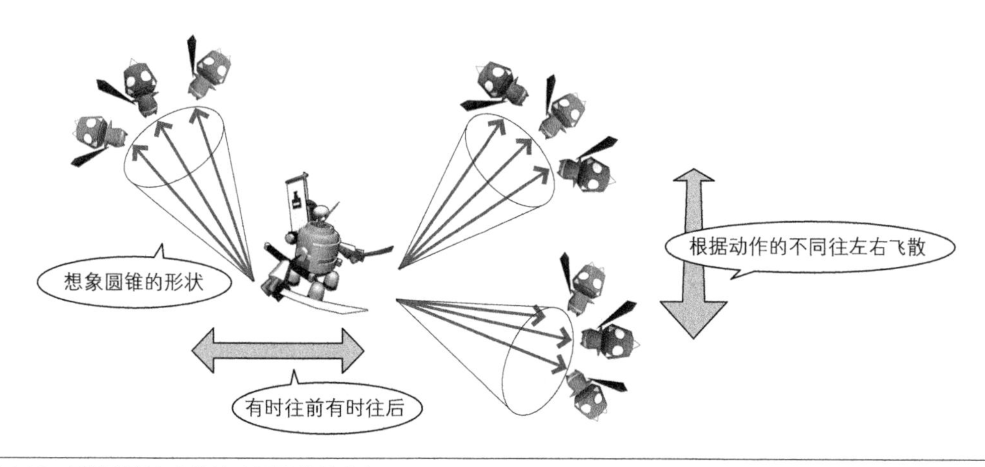

⇧ **图 1.28 圆锥的朝向大体决定了飞散的方向**

❖ 1.8.3　具体的计算方法

接下来，我们对各个参数进行详细的说明。首先看看圆锥的底面半径如何决定了飞散的范围（图 1.29）。

怪物被砍中后飞出的方向是由武士攻击瞬间的速度向量决定的。如图 1.29 所示，所有怪物的速度向量都以圆锥的顶点为起始点，终点位于圆锥底面的圆周上，并按一定间隔并列排开。

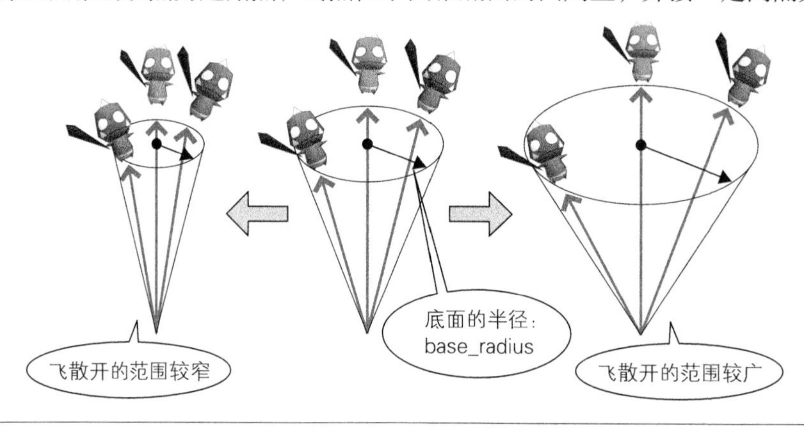

⇧ 图 1.29　底面半径决定了飞散开的范围

底面半径越大圆锥的开口范围越广，每个怪物的速度向量的方向也有很大差异，因此怪物的飞散范围就比较广。反之如果半径比较小，则飞散开的范围就比较窄。

下面，我们通过圆锥的倾角来控制前后方向（图 1.30）。

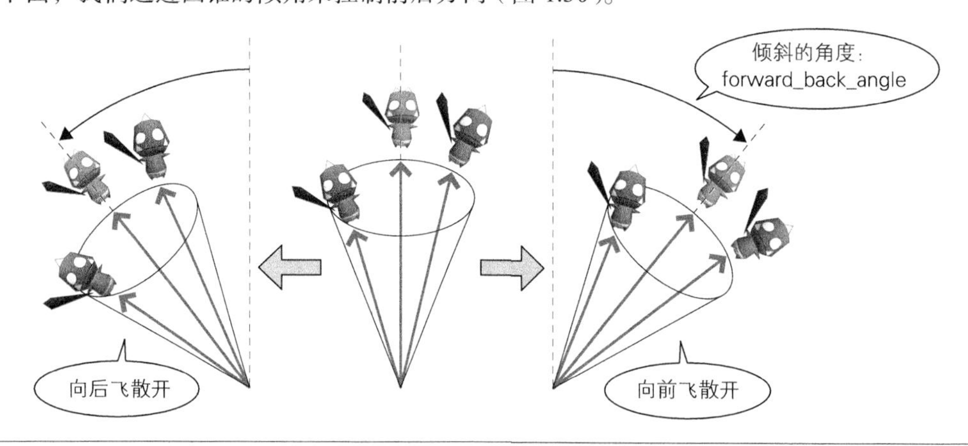

⇧ 图 1.30　圆锥倾斜的角度决定了飞散开的前后方向

这里的“前后”，指的是从武士的视角看到的前后。武士向画面右方前进，也就是 +X 方向，这样在画面上看起来就是左右倾斜。需要注意的是在计算时会变为围绕 Z 轴（Vector3.forward）旋转。

最后，通过圆弧的中心角度来控制左右方向的飞散（图 1.31）。

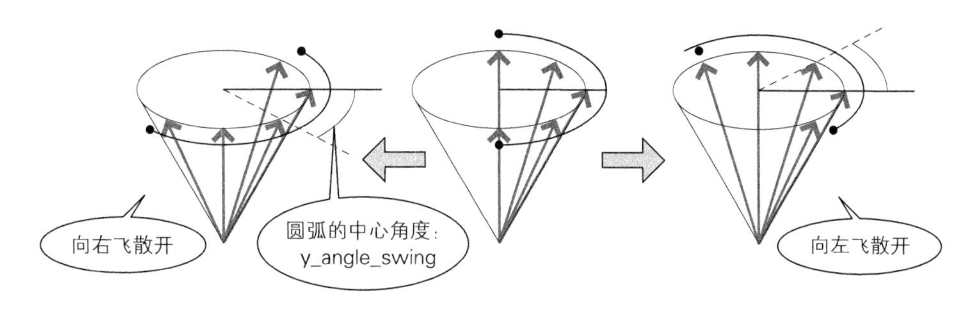

介 图 1.31 圆弧的中心角度决定了左右方向

怪物飞散的方向，也就是速度向量分布在圆锥的表面上。但是它们并没有完全分布在 1 周 360 度的各个角度，而是集中在了大约半个圆周的范围内。这里将通过排列着各个速度向量的圆弧（图 1.31 中两端是黑点的圆弧）的中心点的角度控制左右方向。程序中使用 y_angle_swing 变量来表示。

下面我们结合代码来看看实际的计算过程，即 OniGroupControl.OnAttackedFromPlayer 方法中“组内所有的怪物被击杀”注释后的 foreach 循环处理部分。

OniGroupControl.OnAttackedFromPlayer 方法（摘要）

```
public void OnAttackedFromPlayer()
{
    blowout_up = Vector3.up;                                    (a)圆锥的中心轴（朝上方向）的向量
    blowout_xz = Vector3.right * base_radius;                   (b)底面中心到圆周方向的向量
    blowout_xz = Quaternion.AngleAxis(y_angle, Vector3.up) * blowout_xz;
                                                                (c)blowout_xz 绕 Y 轴旋转
    blowout = blowout_up + blowout_xz;                          (d)blowout= 圆锥表面的向量
    blowout.Normalize();
    blowout = Quaternion.AngleAxis(                             (e)相当于使圆锥前后倾斜
        forward_back_angle, Vector3.forward) * blowout;

    // 飞散的速度
    blowout_speed = blowout_speed_base * Random.Range(0.8f, 1.2f);

    blowout *= blowout_speed;                                   (f)乘以速度值
}
```

（a）将 blowout_up 设为朝上方向的向量。这是圆锥的中心轴，圆锥的初始状态为直立，且顶点在下。

（b）blowout_xz 为底面中心指向圆周方向的向量。base_radius 为圆锥的底面的半径，这个值决定了怪物飞散开的范围的大小。

（c）使 blowout_xz 向量绕 Y 轴旋转。y_angle 是将小组整体的圆弧以 y_angle_swing 为中心按怪物数量平均分割后得到的角度值。

（d）blowout_up、blowout_xz 分别为初始速度向量的垂直和水平分量，这里将二者相加。因为最后要将此向量和速度相乘，所以事先用 Normalize() 进行规范化。

（e）使求出的向量围绕 Z 轴 (Vector3.forward) 旋转。这相当于将圆锥向前后倾斜。

（f）将向量与速度值相乘得到最后结果。

程序中的参数以及各个步骤（a）～（f）和圆锥的对应关系如图 1.32 所示。

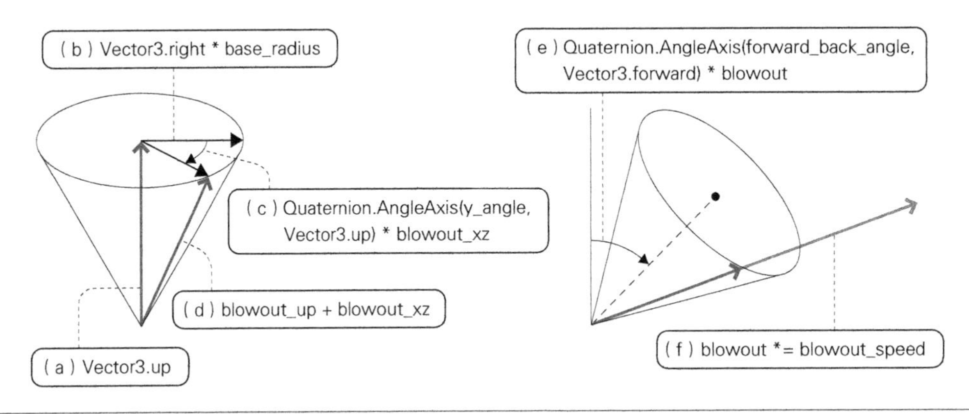

⇧图 1.32 程序中的各个步骤与圆锥的对应关系

❖ 1.8.4 小结

实际的游戏中会使用随机化的参数，使每次的结果都略有不同。像这样先确定好大原则后再用随机数对细节参数进行调整的方法，是游戏开发中经常用到的技巧。

至于该使用什么样的大原则则因游戏而异。这次游戏中使用的是圆锥体，地面上发生爆炸时可以采用半球，2D 游戏中可以使用扇形等。请读者务必尝试一下这些方法来加深理解。

第2章

拼图游戏

迷你拼图

排列拼图碎片，拼出最后的图案！

2.1 玩法介绍 *How to Play*

❖ 排列拼图碎片，拼出最后的图案！

- 可以点住碎片的任意位置拖动

- 点击"重来"按钮，可以回到最初状态重新开始

重来

重来

重来

2.2 流畅的拖曳操作 *Concept*

有很多电脑游戏的原型来自于现实世界中的玩具，拼图游戏就是其中的一个代表。现在不仅有图案简单的拼图游戏，甚至还有一些画面会动的，以及允许自己制作喜欢的图案的拼图游戏。

无法预知最终图案的时候自不必说，即使已经提前看过了提示的图案，在拼图完成后还是能感受到一种愉快的心情，这是为什么呢？大概是因为当我们将杂乱无章的东西恢复到原状后，产生了一种创造欲被满足的成就感吧。

本章中我们开发的游戏《迷你拼图》虽然是一款玩法比较简单的游戏，不过这并不意味着开发也非常简单。

相对于其他游戏通过操作键盘或移动鼠标来控制角色的运动方向，《迷你拼图》通过鼠标的拖曳直接移动拼图的碎片。

该游戏的核心在于**流畅的拖曳操作**。

除了拖曳操作之外，也请读者借此机会思考一下诸如“当碎片移动到正确位置附近时会被吸附到正确位置”等对触屏游戏的开发也非常有用的 Tips。

在英文中拼图游戏叫作 Jigsaw，这本来是“锯子”的意思，或许是因为拼图游戏最早是用锯子将木头切开制作而成的缘故吧。还有一种说法认为这个名字是由游戏失败时玩家脱口而出的“chikusyo”[①] 演变而来的。

chikusyo → chikuso → jigsaw

《迷你拼图》是一款即使不擅长拼图的玩家也能过关的简单游戏。另外，据说猫头鹰是智慧的象征，真希望能沾沾光呢。

❖ 2.2.1 脚本一览

文件	说明
TitleSceneControl.cs	控制标题画面
GameControl.cs	控制游戏整体（游戏过关时的动画等）
PuzzleControl.cs	控制拼图（图案碎片的移动等）
PieceControl.cs	控制碎片（碎片的拖曳、嵌合）
RetryButtonControl.cs	“重来”按钮的控制

❖ 2.2.2 本章小节

- 点住碎片的任意位置拖动
- 打乱拼图碎片

① 日语中骂人时的用语，写作“畜生”。——译者注

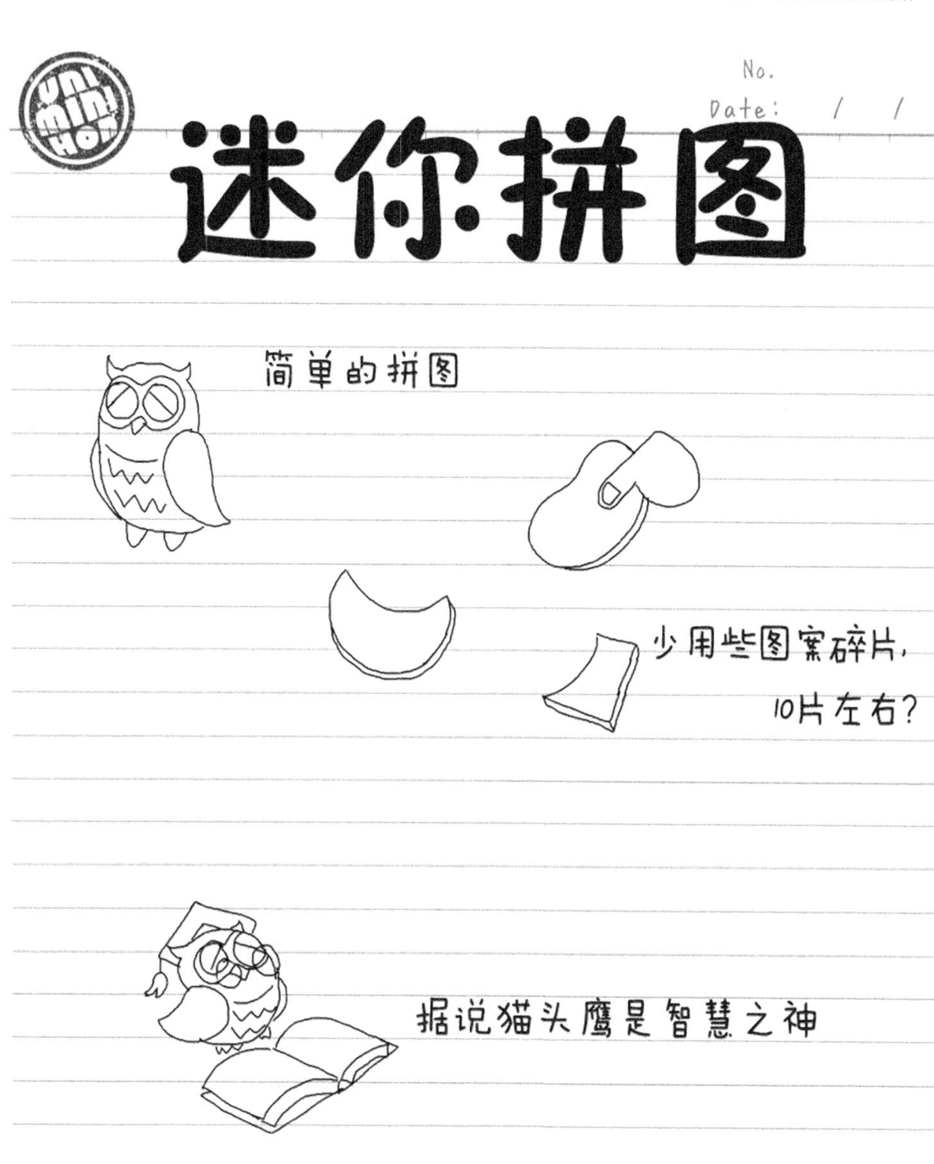
UNI MINI HO
No.
Date: / /
迷你拼图
简单的拼图
少用些图案碎片，
10片左右？
据说猫头鹰是智慧之神

2.3 点住碎片的任意位置拖动 *Tips*

❖ 2.3.1 关联文件

- PieceControl.cs

❖ 2.3.2 概要

《迷你拼图》中通过鼠标拖曳就能移动拼图碎片，大部分玩家不需要什么说明就能够上手，大概是因为“拖曳移动”这个设计非常符合人类天生会“握住东西移动”的习惯吧。

有时候设计流畅自然的操作就如同空气一样，甚至能够让玩家忘记其背后是程序在运作。当然，要实现这种设计往往并不简单。

Unity 中可以很容易判断出“某个对象受到了鼠标的点击”，不过如果要实现自然流畅的操作，开发人员仍需要下些功夫。

这里，为了让鼠标的拖曳更加接近“用手指按住移动”的效果，我们需要考虑一下如何才能点住碎片的任意位置进行拖动（图 2.1）。

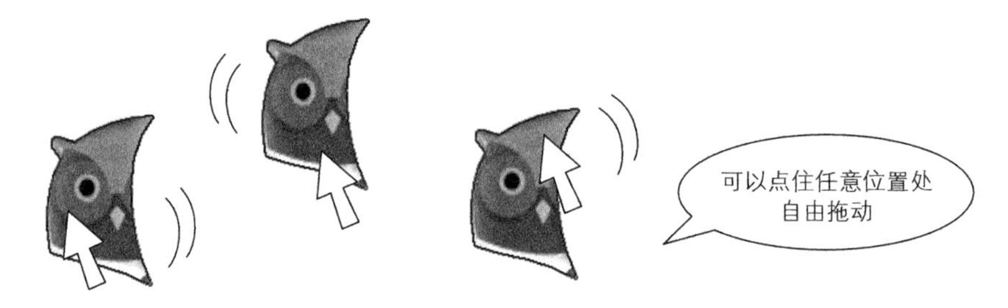

⇧ 图 2.1 能够点住碎片的任意位置

❖ 2.3.3 透视变换和逆透视变换

鼠标的光标位于屏幕上时，其位置坐标位于二维坐标系内。而拼图碎片位于 3D 空间内，所以其位置坐标自然有三个维度。为了比较鼠标光标和拼图碎片的位置，必须将它们放入相同的坐标系。因此，我们使用**逆透视变换**的方法，将鼠标光标的坐标变换至三维坐标系（图 2.2）。

关于逆透视变换的详细说明，请参考 10.3 节。这里只需要记住必须进行坐标变换就可以了，其中用到的方法和第 10 章的《迷踪赛道》游戏中所用的方法是相同的。

❖ 2.3.4 被点击处即为光标的位置

通过逆透视变换将鼠标光标的坐标和拼图碎片的坐标统一到相同的坐标系后，我们就该尝试通过拖曳使拼图碎片移动了，只需要在点击按键的瞬间，将鼠标光标的坐标复制到拼图碎片的坐标即可。这种方法确实非常简单，不过它有个缺点：鼠标光标总是显示在拼图碎片的中心（图 2.3）。

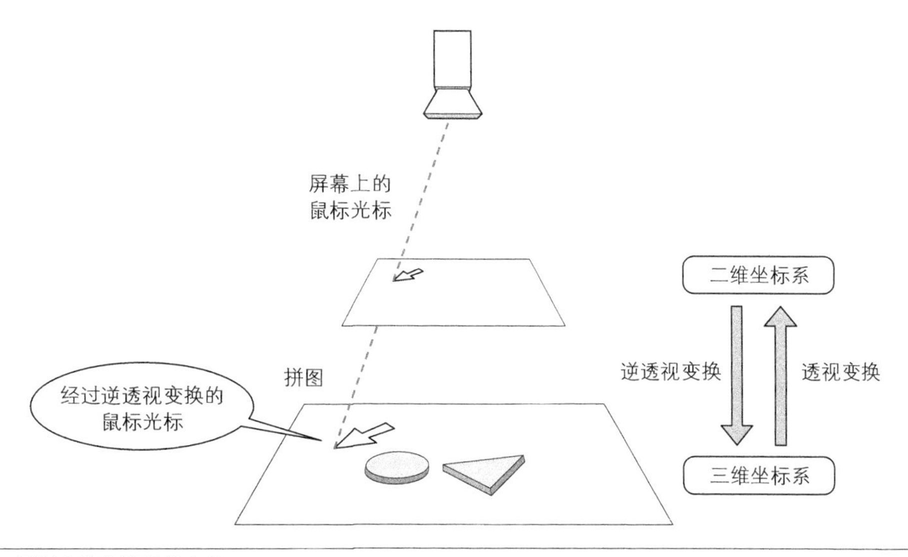

⇧ 图 2.2　**透视变换和逆透视变换**

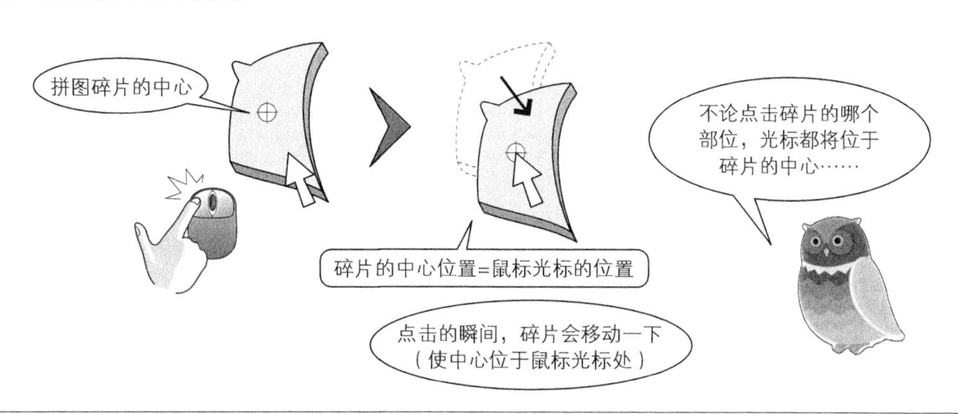

⇧ 图 2.3　**设置“碎片的中心位置 = 鼠标光标的坐标”时的缺点**

在《迷你拼图》这个游戏中，拼图碎片被点击的位置并不影响游戏的玩法。不过，对于某些游戏而言，点击位置的不同可能会改变角色的朝向，或者使游戏对象以光标为中心摆动，这些情况下在何处点击就变得很重要了。

而且，即使不影响游戏的核心玩法，点击的瞬间拼图碎片会突然移动一下这种体验也很糟糕。尽管有时候采用这种机制可能会更好，但是为了应对不同的要求，我们还是需要掌握如何能点住碎片的任意处拖动。

在《迷你拼图》中，碎片的点击判断是通过 Unity 的**网格碰撞器**实现的。网格碰撞器采用网格进行碰撞检测，点击拼图碎片的任何部位都将发生碰撞。对于玩家来说点击碎片的哪个位置都可以，这反应到程序中就是“不用关心碎片的何处受到了点击”。

点击的瞬间，鼠标光标不一定位于碎片的中心。两者的坐标存在一定的差距，我们将这种坐标的差距称为**偏移**（offset）。

之前我们把光标的坐标原原本本地复制到碎片坐标时，因为两个坐标值相同所以差距为 0，这种坐标差的急剧变化正是导致拼图碎片突然移动的原因。

知道了坐标偏移值的变化是问题所在之后，我们来考虑如何固定这个偏移值。首先，要在鼠标点击拼图碎片的瞬间，也就是开始拖动的时候，计算出鼠标光标和碎片中心的坐标差，得到的值就是偏移值。

偏移 = 碎片的位置 – 鼠标光标的位置

拖动的过程中则与之相反，用鼠标光标的位置加上偏移就可以得到碎片的位置。

碎片的位置 = 鼠标光标位置 + 偏移

这样一来，鼠标光标距离碎片中心总是保持一定的距离，这样就保证了鼠标点击瞬间的位置就是碎片被拖曳的位置（图 2.4）。

下面我们来看看实际的代码。

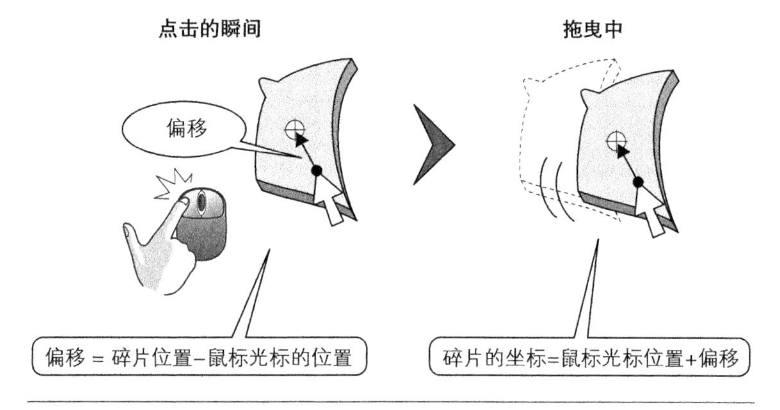

⇧ 图 2.4 拖曳过程中保持偏移（坐标差）固定不变

PieceControl.begin_dragging 方法（摘要）

```
private void begin_dragging()
{
    do {
        // 将光标的坐标变换为 3D 空间内的世界坐标
        Vector3 world_position;
        if(!this.unproject_mouse_position(
                out world_position, Input.mousePosition)) {
            break;
        }
        if(PieceControl.IS_ENABLE_GRAB_OFFSET) {
            this.grab_offset = this.transform.position - world_position;
        }
    } while(false);
}
```

（a）将鼠标光标的位置变换为三维坐标

（b）算出偏移的值（被点击的位置和拼图碎片中心的坐标的差值）

（a）将鼠标光标位于屏幕上的位置，转换为拼图所处的 3D 空间中的坐标。如前所述，读者只需要知道这里进行了逆透视变换就行了。具体的实现和第 10 章的游戏《迷踪赛道》中的逆透视变换的实现方法是一样的（参考 10.3.4 节），读者如果感兴趣，可以先阅读该部分内容。

（b）计算偏移值，通过碎片中心坐标减去鼠标光标的坐标即可算出。

接下来请看拖曳处理的代码。

PieceControl.do_dragging 方法（摘要）

```
private void do_dragging()
{
    do {
        // 将光标坐标转换为 3D 空间的世界坐标
        Vector3 world_position;

        if(!this.unproject_mouse_position(
                out world_position, Input.mousePosition)) {
            break;
        }
        this.transform.position = world_position + this.grab_offset;
    } while(false);
}
```

（c）将（变换为三维坐标后的）光标坐标加上偏移值，计算出拼图碎片的中心坐标

（c）和刚才相反，用鼠标光标的位置加上偏移值，得到拼图碎片的坐标。计算公式（c）是由前面代码中的计算公式（b）变形而来的。

```
this.grab_offset = this.transform.position - world_position; ……（b）
this.transform.position = world_position + this.grab_offset; ……（c）
```

❖ 2.3.5 测试拖曳碎片的中心

《迷你拼图》游戏中保留了将光标的坐标直接复制到拼图碎片的坐标这一操作模式。请在 Unity 中打开脚本 PieceControl.cs，并在文件的开头处找到如下代码。

PieceControl 类（摘要）

```
public class PieceControl : MonoBehaviour {
    // 拖曳移动拼图碎片时光标的位置
    // 移动碎片时光标总是位于最初点击的位置
    //（如果设置为 false，则光标位置 = 碎片中心）
    private const bool IS_ENABLE_GRAB_OFFSET = true;
```

将变量 IS_ENABLE_GRAB_OFFSET 的值设为 false 后，不论点击碎片哪个位置，在拖动的过程中碎片中心和鼠标光标的位置总是重合的。也许有些玩家会喜欢这种模式，所以进行这种设置也未尝不可。请读者修改代码并体验这两种方式的区别。

❖ 2.3.6 小结

具体拖曳拼图碎片的哪个位置移动其实和游戏的内容并无直接关系，不过游戏操作感的优劣在很大程度上会影响游戏的趣味性。内容再有趣的游戏，如果操作性太差也将变得毫无乐趣可言。

特别是对于通过拖曳操作进行的游戏，这种操作过程中的拖曳体验正变得越来越重要。

2.4 打乱拼图碎片 *Tips*

❖ 2.4.1 关联文件

- PuzzleChecker.cs

❖ 2.4.2 概要

商店里售卖纸质拼图游戏时一般会将各拼图碎片打乱顺序后放入包装盒中。虽然也有些是已经拼好的状态，不过玩家在开始游戏之前还是要将各碎片的顺序打乱。

有很多事情都是“人类做起来很简单，计算机处理起来却很困难”，比如将拼图碎片全部打乱这件事就是一个例子（图 2.5）。

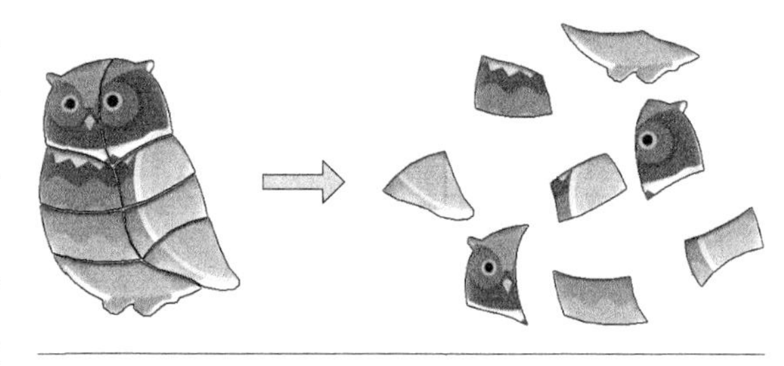

⇧ 图 2.5 随机打乱拼图碎片的顺序

Unity 提供了取得随机数的方法，不过单纯使用该方法似乎并不能达到打乱碎片顺序的目的。这里我们不妨来分析一下该如何随机打乱各拼图碎片的顺序。

❖ 2.4.3 设置拼图碎片的坐标为随机数

最简单的随机打乱拼图碎片的方法是，直接将随机数代入各个碎片的坐标。只要控制好随机数的范围，就能让各个拼图碎片随机分布在画面上。图 2.6 是将各碎片的坐标设置为随机数后的结果。

⇧ 图 2.6 将拼图碎片的坐标设为随机数的情况

如图所示，有很多拼图碎片重叠在了一起，有些地方还堆积了好几片。虽然这样也未尝不可，不过可以的话最好还是将各碎片均匀分散开。如果很多碎片重叠在一起，就可能会导致下面的碎片被覆盖而无法看见。

❖ 2.4.4 改进策略

首先我们整理一下让拼图碎片随机散开的要求。阅读过第 1 章的读者请回想一下当时提到的**需求分析**。

- 碎片之间彼此互不重叠
- 碎片散开分布到整个画面上
- 随机分散各个碎片

需求基本上就是这样。如果拼图碎片的数量有所增加，可能还需要追加一项“能够控制游戏的难易度”。

接下来我们对实现方法进行讲解。首先请简单熟悉一下整体的流程。

（1）将拼图碎片分配到网格中。

（2）打乱拼图碎片的排列顺序。

（3）在网格内通过随机坐标调整碎片的位置。

（4）将整个拼图随机旋转一定角度。

建议读者在继续阅读之前先浏览一下插图。内容并不复杂，大体从图中就可以理解相关内容。下面我们依次对各个步骤进行说明。

首先，将所有的拼图碎片从左上角开始依次放入网格中（图 2.7）。

该网格的行数和列数相同，并且网格总数大于拼图碎片数量。“猫头鹰”拼图的碎片数量为 8，网格的行数和列数各为 3，共计 9 格，空出来的格子不用理会。根据碎片数量的不同，有时候剩余的格子会比较多，这种情况下可以调整网格的行数和列数。

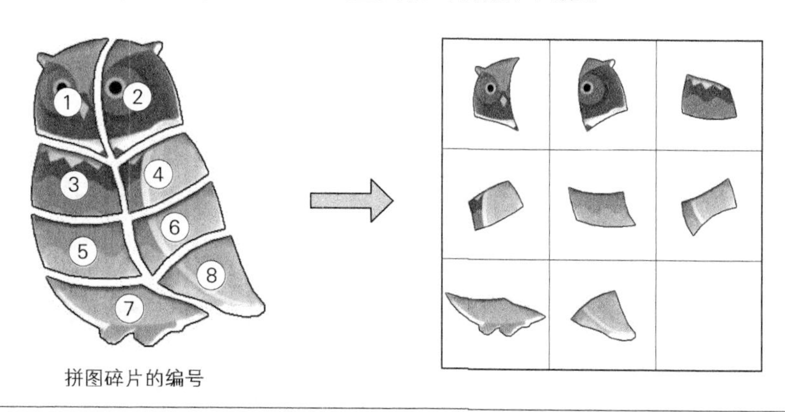

⇧ 图 2.7 步骤 1：将拼图碎片排列到网格中

所有网格块都为正方形，且都应当确保能够容纳下拼图碎片。另外，因为后续步骤中将在网格内移动拼图碎片，所以还需要在确保整体网格不溢出画面的前提下适当放大网格的尺寸。

之所以像这样把拼图碎片放置到网格中，是为了避免出现碎片之间彼此重叠的状况。

接下来随机打乱各个碎片的排列位置（图 2.8）。

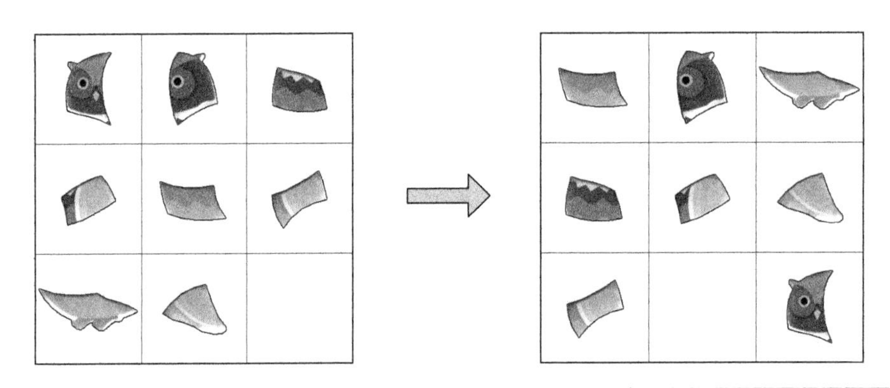

⇧ 图 2.8 步骤 2：打乱拼图碎片的顺序

在第 1 个步骤中，我们将碎片从左上角开始依次放入了网格中。而第 2 个步骤就是打乱各个碎片的排列顺序。利用随机数选出两个网格，然后交换其中的碎片，空白的网格也可以参与交换。

做到这里，前面我们做出的需求分析中，“碎片之间彼此互不重叠”“碎片分散于整个画面”和“随机分散各个碎片”就已经基本得到了实现。不过从程序实际运行效果来看，很容易发现拼图碎片被规则地排列在了网格上。我们得想办法让这种随机分散的效果更真实。

在第 3 个步骤中，我们让拼图碎片在网格中随机移动（图 2.9）。

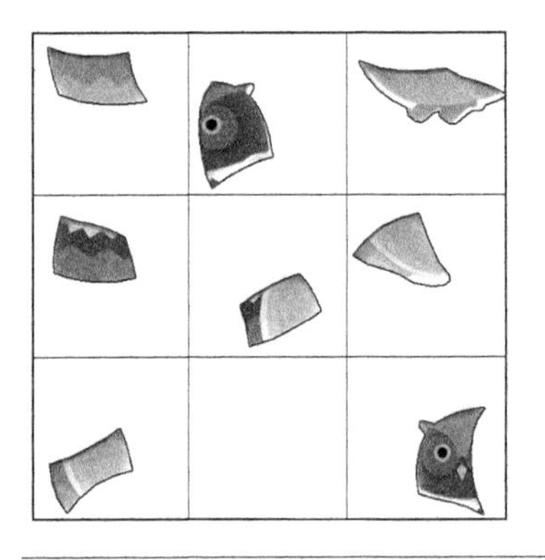

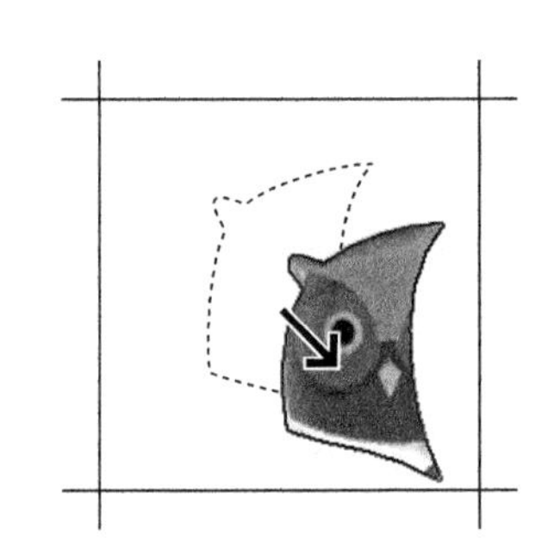

⇧ 图 2.9 步骤 3：让碎片随机在网格中产生一定的偏移

最初的步骤中增加网格尺寸的用意就在于为这里的碎片移动做准备。如果网格的尺寸太小，将无法移动碎片，反之如果太大，则会令碎片之间过于松散。请读者结合拼图碎片的大小和画面整体的尺寸，调整网格尺寸为最佳值。

因为碎片被限制在了各个网格内，所以不会出现相邻碎片之间重叠的现象。这也是将碎片排列在网格上的原因。

最后，为了不让玩家看出碎片排列的规律性，稍微将拼图网格整体旋转一定的角度（图 2.10）。

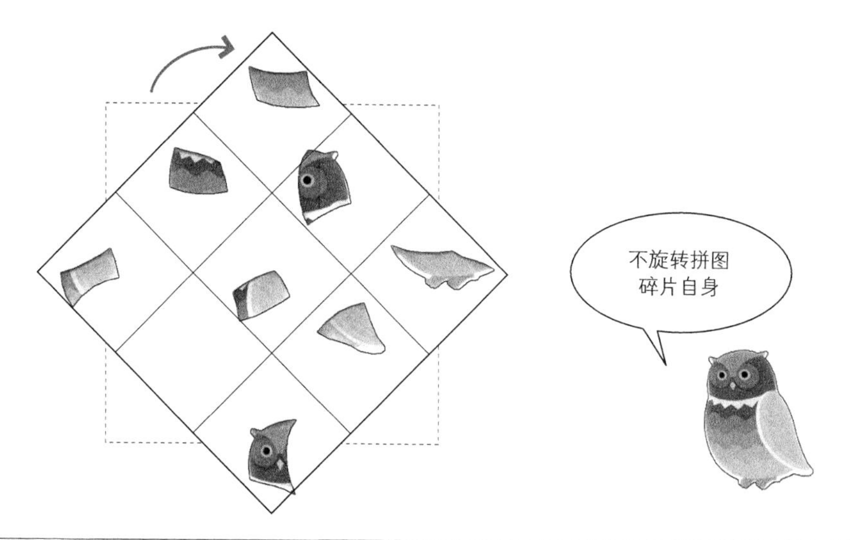

↑图 2.10 步骤 4：旋转整个网格

虽然旋转了整体的网格，但是需要保持拼图碎片自身的角度不变。

下面，我们结合实际的代码梳理一下这个流程。

PuzzleControl.shuffle_pieces 方法（摘要）

```
private void shuffle_pieces()
{
    (a)将碎片按顺序排列到网格中
    int[] piece_index =
        new int[this.shuffle_grid_num * this.shuffle_grid_num];
    for(int i = 0; i < piece_index.Length; i++) {
        if(i < this.all_pieces.Length) {
            piece_index[i] = i;
        } else {
            piece_index[i] = -1;    ← 没有存放碎片的网格赋值为 -1
        }
    }
    (b)通过随机数选择两个碎片，交换它们的位置
    for(int i = 0; i < piece_index.Length - 1; i++) {
        int j = Random.Range(i + 1, piece_index.Length);

        int temp = piece_index[j];
        piece_index[j] = piece_index[i];
        piece_index[i] = temp;
    }
    ← (b1) 将第 i 个网格和第 i+1 个后的一个网格（随机）交换
    (c)由网格的索引值变换为实际的坐标值并进行配置
    Vector3 pitch = this.shuffle_zone.size / (float)this.shuffle_grid_num;
    ← pitch = 网格的尺寸
```

```
for(int i = 0; i < piece_index.Length; i++) {
    if(piece_index[i] < 0) {
        continue;
    }

    PieceControl piece = this.all_pieces[piece_index[i]];
    Vector3      position = piece.finished_position;

    int ix = i % this.shuffle_grid_num;
    int iz = i / this.shuffle_grid_num;
    position.x = ix * pitch.x;
    position.z = iz * pitch.z;
    position.x += this.shuffle_zone.center.x -
        pitch.x * (this.shuffle_grid_num / 2.0f - 0.5f);
    position.z += this.shuffle_zone.center.z -
        pitch.z * (this.shuffle_grid_num / 2.0f - 0.5f);

    piece.start_position = position;
}
```

（d）（在网格内）随机移动碎片的位置

```
Vector3 offset_cycle = pitch / 2.0f;
Vector3 offset_add   = pitch / 5.0f;
Vector3 offset       = Vector3.zero;

for(int i = 0; i < piece_index.Length; i++) {
    if(piece_index[i] < 0) {
        continue;
    }

    PieceControl piece = this.all_pieces[piece_index[i]];
    Vector3      position = piece.start_position;

    position.x += offset.x;
    position.z += offset.z;

    piece.start_position = position;

    offset.x += offset_add.x;
    if(offset.x > offset_cycle.x / 2.0f) {
        offset.x -= offset_cycle.x;
    }

    offset.z += offset_add.z;
    if(offset.z > offset_cycle.z / 2.0f) {
        offset.z -= offset_cycle.z;
    }
}
```

（d1）更新 offset 的值
offset 每次增加 offset_add，在 −offset_cycle ~ +offset_cycle 之间波动

```
    （e）旋转整个网格
    foreach(PieceControl piece in this.all_pieces) {
        Vector3 position = piece.start_position;

        // 以 shuffle_zone.center 为中心旋转
        position -= this.shuffle_zone.center;
        position = Quaternion.AngleAxis(
            this.puzzle_rotation, Vector3.up) * position;
        position += this.shuffle_zone.center;

        piece.start_position = position;
    }

    this.puzzle_rotation += 90; ———— （f）提前更新旋转角度为下次做准备
}
```

（a）将拼图碎片按顺序放入网格中。用数组 piece_index 存储各个网格中碎片的编号。值为 -1 时表示该网格为空。

（b）随机选出两个网格，交换其中的碎片。

（b1）请注意在选取网格对象时，并非只是简单地生成两个随机数。这里的做法是，从第一个网格开始，依次为每个网格从其之后的网格中随机选择一个交换内容的对象。相对于两个要交换内容的网格对象都通过随机数来指定，这种做法能减少循环的次数，效率更高。

（c）确定了用于放置碎片的网格后，求出实际的 XZ 坐标。只要知道整体网格的中心坐标和各个小网格的尺寸，这个计算过程应该很简单。

（d）接下来，在网格内将拼图碎片随机移动一定的位置。这里我们不使用随机数，而使用一组呈周期性变化的数值。

（d1）更新“呈周期性变化的偏移值（位置坐标差）”。每次加上 offset_add，结果值将在 `-offset_cycle / 2.0f ~ +offset_cycle / 2.0f` 之间波动。最终的值是使用多组数据反复试验得出的，没有什么理论依据。

（e）最后将网格整体进行旋转。和（d）的处理相类似，每次旋转的角度值将从一组呈周期性变化的数值中获取，这是为了尽量避免在反复操作中使用和上次相同的数值。旋转的角度在（f）处被更新，以供下次使用。

在完成上述各步骤后，各拼图碎片是否如我们所期待的那样随机分散开了呢？让我们来验证一下（图 2.11）。

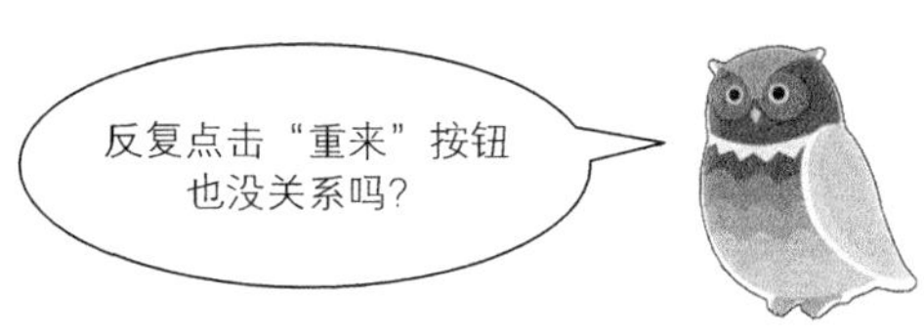

⇧图2.11 通过“重来”按钮对拼图碎片重新“洗牌”

通过点击“重来”按钮，可以对拼图碎片重新“洗牌”。该按钮原本是为玩家重新开始游戏而设置的，但是考虑到它对制作移动碎片的程序也会起到一定的作用，于是就将其提前设置了出来。

请读者多点击几次“重来”按钮。已经了解了其中缘由的人可能会隐隐约约地看到网格，但不知道的人是完全注意不到的。

❖ 2.4.5 小结

实现“可控随机化”的核心思想在于，先确定好大致的原则，再向那些能够随机控制的参数代入随机数。另外，除了使用随机数之外，有时候像本例这样采用一组呈周期性变化的数值来进行“伪随机处理”也能达到不错的效果。

第3章

吃豆游戏

地牢吞噬者

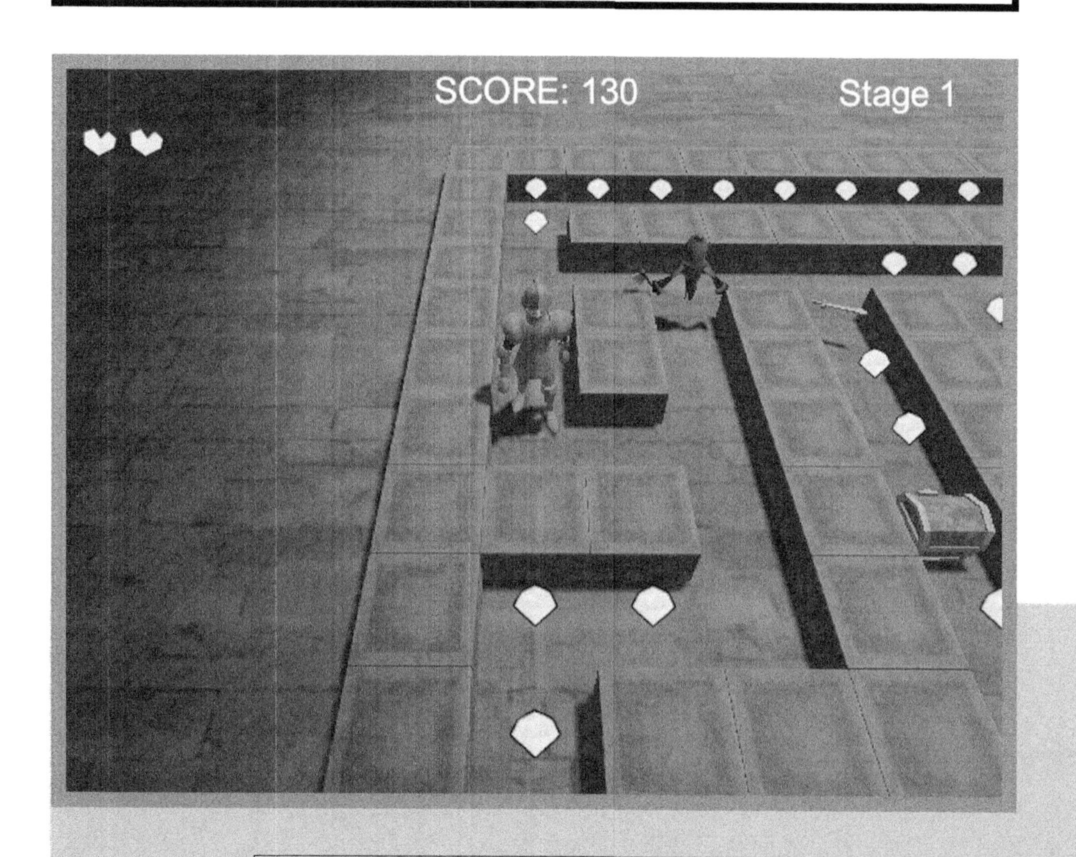

将所有的宝石都收集起来以逃避幽灵的追捕。

3.1 玩法介绍 *How to Play*

√ 将所有的宝石都收集起来！

- 收集到所有的宝石就能过关

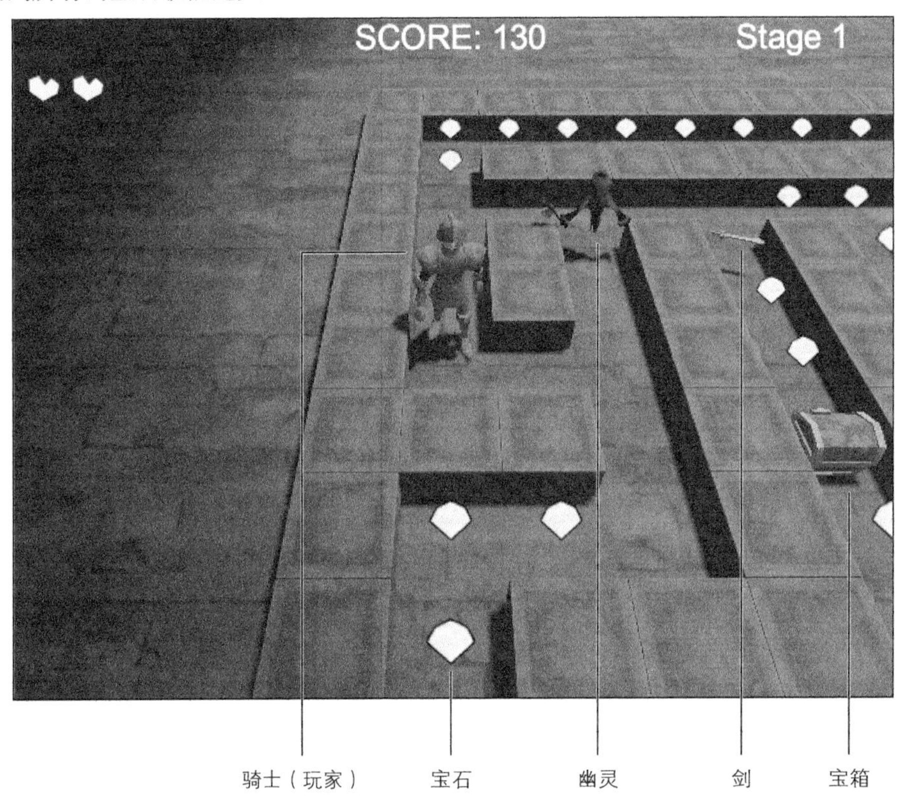

√ 通过光标键移动！

- 通过光标键移动骑士

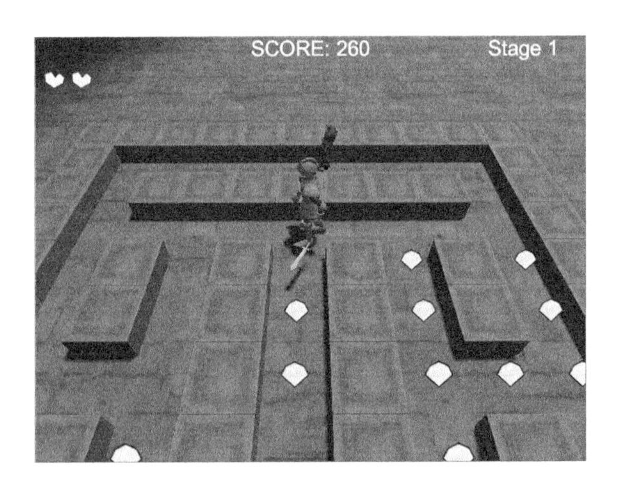

✓ **避免被幽灵捕获！**

● 如果被幽灵捕获，游戏将失败

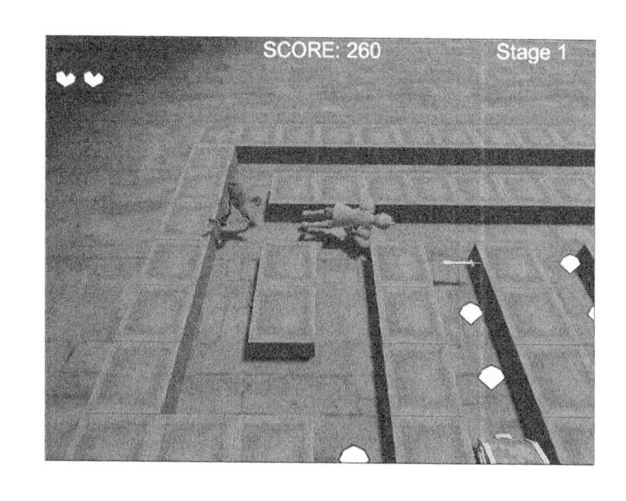

✓ **拾起剑反击幽灵！**

● 拾起剑后可以对幽灵进行一次攻击

✓ **不要错过宝箱！**

● 获取偶尔出现的宝箱能得到奖励

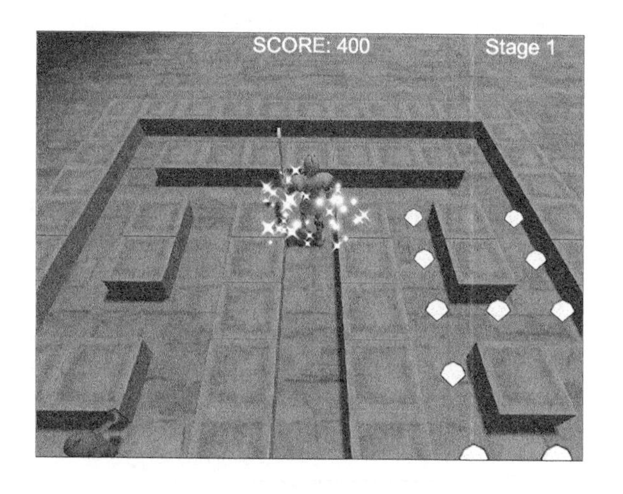

3.2 适时进退和逆转的机会 *Concept*

吃豆游戏是自电视游戏（最近很少听到这个词了）的黎明期开始就存在的一种游戏类型。这类游戏要求玩家在迷宫中拾取散落在地上的一些特别的东西。因为规则简单并且在很短时间内就能玩完一局，所以也非常适合作为手机游戏。

吃豆游戏乍一看非常简单，但反复探索后就会发现其内部有很多复杂的东西。

在大部分吃豆游戏中，游戏的舞台背景都是由狭窄的通道构成的迷宫。因此玩家如果不假思索地随意移动，很快就会被怪物夹击。这类游戏还有个特征就是玩家不具备攻击能力，要通过观察敌人的移动，巧妙地诱导敌人，从而避免自己受到夹击。从某种程度上来说，这是一种需要玩家用脑的游戏。

本章所列举的《地牢吞噬者》就是这类吃豆游戏的一种。

《地牢吞噬者》中允许玩家在拾起剑后对幽灵进行一次攻击。该反击手段和其他吃豆游戏类似，不过我们这个游戏中不限制反击手段的有效时间。这样一来，只要提前把剑握在手上，即使是那些不太擅长判断对手运动情况的玩家也不用担心了。

游戏的关键词是**适时进退**和**逆转的机会**。

和本书中的其他游戏不同，《地牢吞噬者》是一款已经公开发布在网络上的游戏，本书在征求作者的同意后将其收录到了教程中，有些读者可能已经玩过这个游戏了，该作者的主页是：

METAL BRAGE——http://www.metalbrage.com/

网站上还讲解了很多本书未涉及的粒子系统中会使用到的 2D 图像处理技巧，有兴趣的读者可以参考一下。

❖ 3.2.1 脚本一览

文件	说明
AudioChannels.cs	用于播放音效的相关功能
BillBoardText.cs	在打到敌人和获得宝箱时显示得分
CharaAnimator.cs	控制骑士的动画
CharaAnimatorMonster.cs	控制幽灵的动画
FollowCamera.cs	控制摄像机
GameCtrl.cs	控制游戏的进度（游戏启动、过关等）
GlobalParam.cs	管理表示正在播放通知的标志
GridMove.cs	以网格为单位移动角色
Hud.cs	显示剩余生命数量和关卡数等
ItemSwordScr.cs	管理剑（骑士取得之前）
Map.cs	生成地图、管理移动位置等
MonsterCtrl.cs	幽灵的 AI
PlayerController.cs	控制骑士（通过光标键移动）
Score.cs	管理得分
TitleScript.cs	控制标题画面
Treasure.cs	宝箱的效果等
TreasureGenerator.cs	产生宝箱
Weapon.cs	骑士持剑时的动画

No.
Date: / /
Dungeon Eater
骑士必须收集宝石
幽灵在等待骑士出现
拾剑反击！
Oh, no!
获取宝物

❖ 3.2.2 本章小节

- 平滑的网格移动
- 地图数据
- 摄像机变焦功能的运用
- 幽灵的 AI

3.3 平滑的网格移动 *Tips*

❖ 3.3.1 关联文件

- PlayerController.cs
- GridMove.cs

❖ 3.3.2 概要

在《地牢吞噬者》中，作为游戏舞台的迷宫的道路非常狭窄，只允许一个角色通过。因为砖块也是按规则排列的，所以角色只能往上下左右四个方向移动。虽然角色按照玩家输入的方向移动是动作类游戏的一个重要特点，不过在这种狭窄的地形中操作性却变差了。

请读者想象一下角色穿过 T 字路口的情形。如果玩家未在适当的时候按下按键，角色将碰到墙壁（图 3.1）。

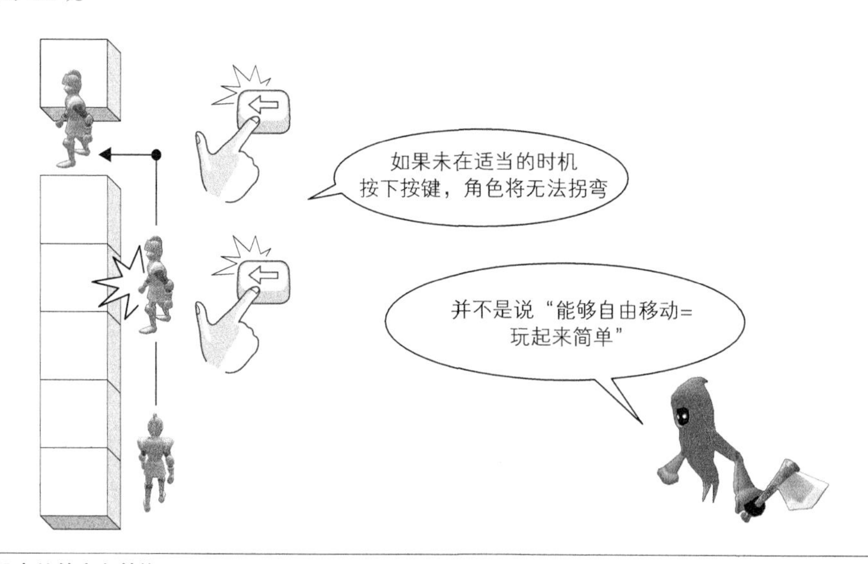

⇧ 图 3.1 拐弯处的方向转换

将角色设置为只能以网格为单位进行移动可能也是一种解决办法，不过我们还是希望角色能够平滑地移动。

下面我们将讲解如何开发出让角色在狭窄的通道内也能按照玩家意愿行走的程序。

❖ 3.3.3 能够改变方向的时机

在《地牢吞噬者》中，作为障碍物的砖块被整齐地排列在了格子上，这种格子也称为**网格**（grid）。

由于砖块被排列在了网格上，且通道非常狭窄，因此骑士能够移动的方向就受到了限制。特别是在骑士拐弯时，玩家必须精确地把握时机，否则骑士将碰到墙壁。

既然移动方向受到了限制，那么我们就令骑士不能朝向不能移动的方向（图 3.2）。在某些游戏中，墙上可能会设有开关，或者允许玩家推开障碍物，不过《地牢吞噬者》中没有这些特性。即使骑士一直朝着墙壁前进不停下来，也不会对游戏造成什么影响。

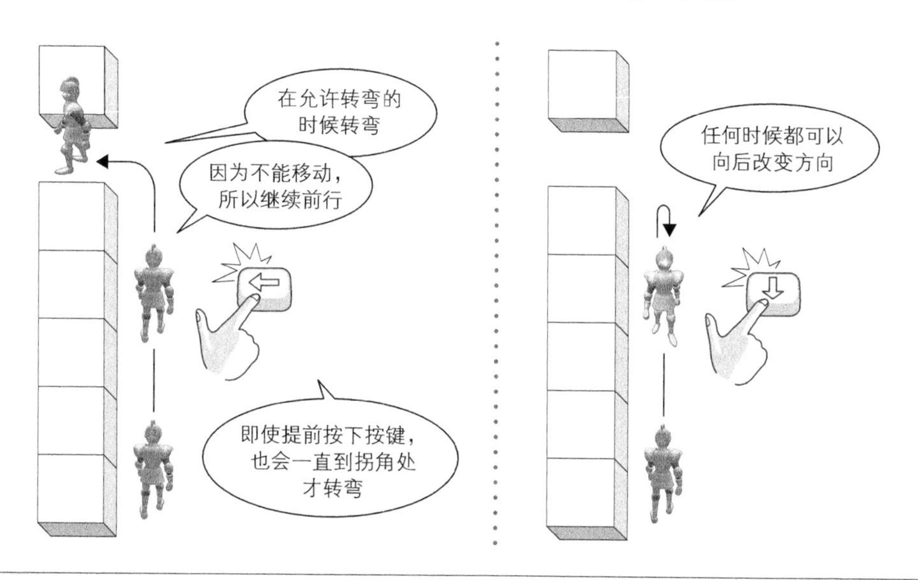

⇧ 图 3.2 按键输入的改善

按下按键后角色并不会立即改变方向，而是首先探测是否可以沿该方向前进。如果无法前进，则保持原方向继续运动，直到到达拐角处才改变方向。像这样，提前按下方向键就可以使角色平稳地经过拐角。不过，在任何时候都可以向后改变方向。

现在角色可以在狭窄的迷宫内平稳地移动了。其实《地牢吞噬者》中还做了一些别的处理，使骑士只能在通过网格的时候才能改变方向。

❖ 3.3.4 穿过网格的时机

这里我们来考虑一下“穿过网格的时机”。

在《地牢吞噬者》中，整个地图被纵横切成了若干个小网格，并通过在一部分网格中排列砖块从而制作出了迷宫。而且为了简化处理，这里将砖块的尺寸设为了 1。这样，网格位置的

XZ 坐标就是 1.0、2.0、3.0 ……这样的整数。

请参考图 3.3。角色的坐标将像 5.1、5.3、5.5……这样逐渐变大。这个值从 5.9 变化到 6.1 时，它的整数值将从 5 变化到 6，也就是穿过网格边界的时机。

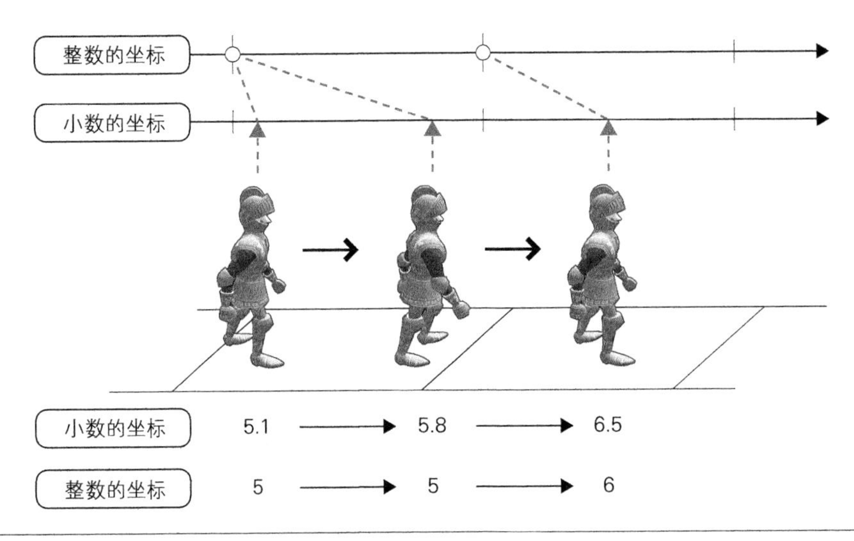

图 3.3 穿过网格边界的时机

下面，让我们看看控制骑士移动的代码。

GridMove.Move 方法（摘要）

```
public void Move(float t)
{
    Vector3 pos = transform.position;
    pos += m_direction * SPEED * t;              (a)下次移动的位置

    bool across = false;
    if((int)pos.x != (int)transform.position.x)
        across = true;                           (b)如果坐标的小数
    if((int)pos.z != (int)transform.position.z)     值和取整后的值
        across = true;                              不同，则穿过网
                                                    格的边界
    //（略）

    if(across || (pos-near_grid).magnitude < 0.00005f) {
        SendMessage("OnGrid", pos);              (c)执行 OnGrid 方法
    }
}
```

（a）用现在的位置加上移动方向的向量求出下次移动的位置。

（b）分别对现在的位置和下次移动的位置取整并对结果进行比较。

（c）向对象发送消息并执行 OnGrid 方法。

在穿过网格边界的瞬间，除了使角色改变方向，还做了拾取宝石的处理。通常这种情况下会使用碰撞器（collider）来进行判断，不过因为《地牢吞噬者》中的宝石都被放置在了网格上，所以我们可以理解为“穿过了网格边界 = 拾取了宝石”。这样不但简化了处理，而且处理速度方面也比使用碰撞器更有优势。

下面是在穿过网格的瞬间被执行的 PlayerController.OnGrid 方法。

PlayerController.OnGrid 方法（摘要）

```
public void OnGrid(Vector3 newPos)
{
    m_map.PickUpItem(newPos); ——— 拾取宝石

    direction = GetMoveDirection();
    if(direction == Vector3.zero) ——— 如果没有按键输入则结束（不改变方向）
        return;

    if(!m_grid_move.CheckWall(direction)) ——— 按输入方向移动（允许移动的情况下）
        m_grid_move.SetDirection(direction);
}
```

向后改变方向可以随时进行，这部分处理被写在了 PlayController.Update_Normal 方法中。通过 GridMove.IsReverseDirection 方法比较用户输入的方向和目前正在行走的方向，如果二者相反，则将角色朝向旋转 180 度。

PlayerController.Update_Normal 方法（摘要）

```
private void Update_Normal()
{
    Vector3 direction = GetMoveDirection();
    if(direction == Vector3.zero)
        return;

    if(m_grid_move.IsReverseDirection(direction)) ——— 如果按下了相反方向的键，则转换方向
        m_grid_move.SetDirection(direction);
}
```

❖ 3.3.5 小结

现在读者应该已经完全了解《地牢吞噬者》的操作设计了吧。即使是那些角色的移动范围很广的游戏，有时也会加入这样的“操作辅助”。角色的操作性对任何游戏来说都是非常重要的。

读者如果感觉自己制作的游戏中对角色的操作很困难，不要仅仅调整角色对按键的响应，还可以试着添加适当的操作辅助，说不定操作性就会得到很大的改善呢。

3.4 地图数据 *Tips*

❖ 3.4.1 关联文件

- Map.cs

❖ 3.4.2 概要

《地牢吞噬者》中每一关的的迷宫地形都不相同。随书下载文件中收录的版本中一共有 5 个关卡。现在我们将讲解这些关卡数据的制作方法。

可以使用文本编辑器来制作地图。当然也可以使用 Unity 自带的 Mono Develop。根据游戏的具体情况，有时会制作专门的编辑器，有时则用 Unity 编辑器来制作。因为这个游戏的数据结构比较简单，数据量也不太大，所以我们决定将地图数据做成文本文件的格式。

采用文本文件格式有以下几个优点：

- 便于理解数据结构（容易查看）
- 便于修改

在刚开始制作游戏的阶段，这是非常重要的。可能有些读者干劲十足，想要制作关卡编辑器，不过这里我们还是先来熟悉一下使用文本编辑器这种快速简单的制作方法吧（图 3.4）。

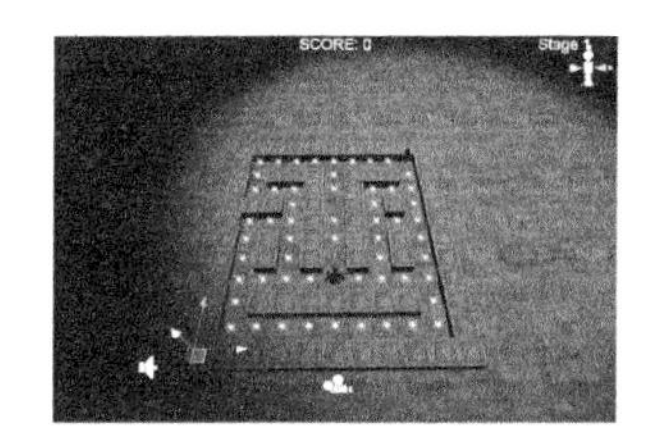
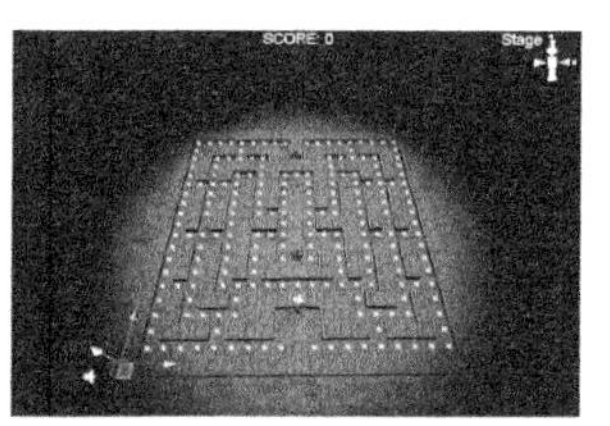
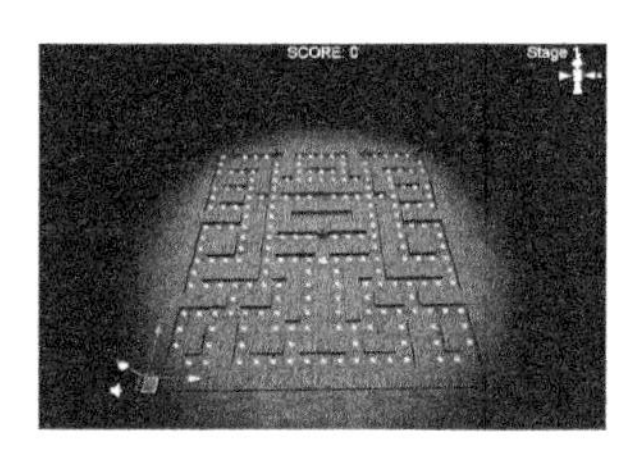

⇧ 图 3.4 各种迷宫

❖ 3.4.3 文本文件的格式

现在我们来确定地图数据的格式。

首先，游戏中登场的对象种类如下表所示（图 3.5）。左起第二栏中的内容是文本文件中将使用的文字。

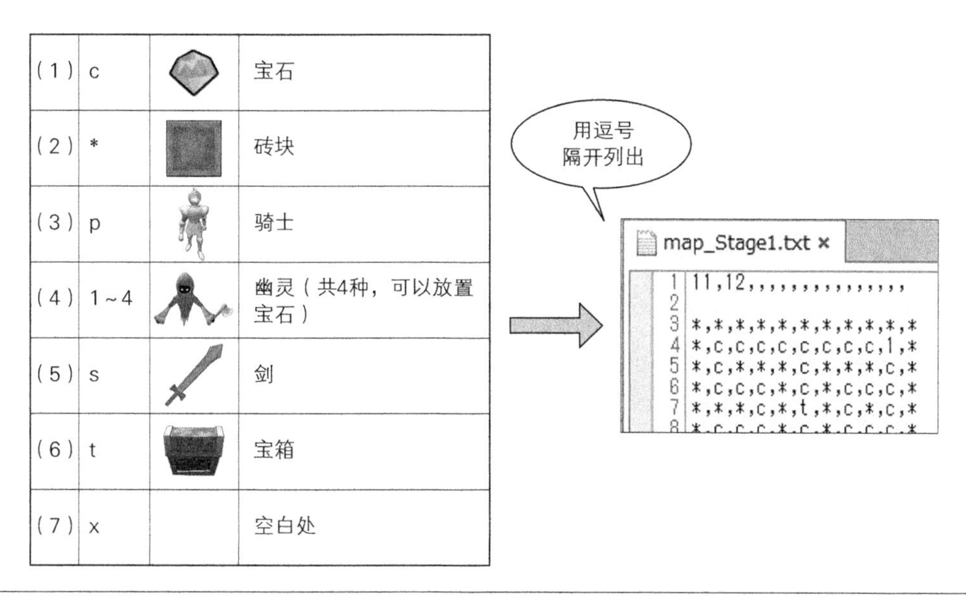

(1)	c		宝石
(2)	*		砖块
(3)	p		骑士
(4)	1~4		幽灵（共4种，可以放置宝石）
(5)	s		剑
(6)	t		宝箱
(7)	x		空白处

⇧ 图 3.5　地图数据中的标记

（1）骑士拾取的宝石。将宝石全部收集完毕则过关。

（2）砖块。排列砖块以生成迷宫。砖块除了被用作显示迷宫的模型外，还需要具备碰撞检测的功能。

（3）骑士的开始位置。关卡开始时骑士所在的地方。每个关卡中都必须有一个开始位置。

（4）幽灵。从 1 到 4，每个数值分别代表一种性格的幽灵。

（5）剑。拾起剑后能够进行一次反击。

（6）宝箱。获取宝箱后将获得得分奖励。游戏开始后，每经过一定的时间将出现一次。

（7）空白区域。用于制作外墙的周围以及被墙壁包围起来的空间。

各个文字之间用逗号隔开，这种用逗号把文字分隔开的文件格式叫作 CSV（Comma Separated Values）。很多读者应该都听过这个名词。因为程序中 CSV 的处理比较简单，所以常常被用在游戏中。可以直接使用 Excel（一种表格计算软件）进行编辑也是它的一个优点。

将地图数据的文本文件作为文本资源（TextAsset）添加到预设中（图 3.6）。利用这种方式，脚本就可以像处理贴图纹理和声音一样轻松地处理文本数据。

既然现在已经能够通过脚本读取文本文件了，那么接下来就让我们根据文本的内容制作地图模型吧。

文本资源的对象中含有一个叫作 text 的成员，其中存储着文本文件的内容。不过由于整个文本文件的内容都存在这个 string 对象中，因此就导致了这个字符串特别长。如果直接这样处理会很麻烦，所以我们按照行单位和字符单位对其进行分割（图 3.7）。

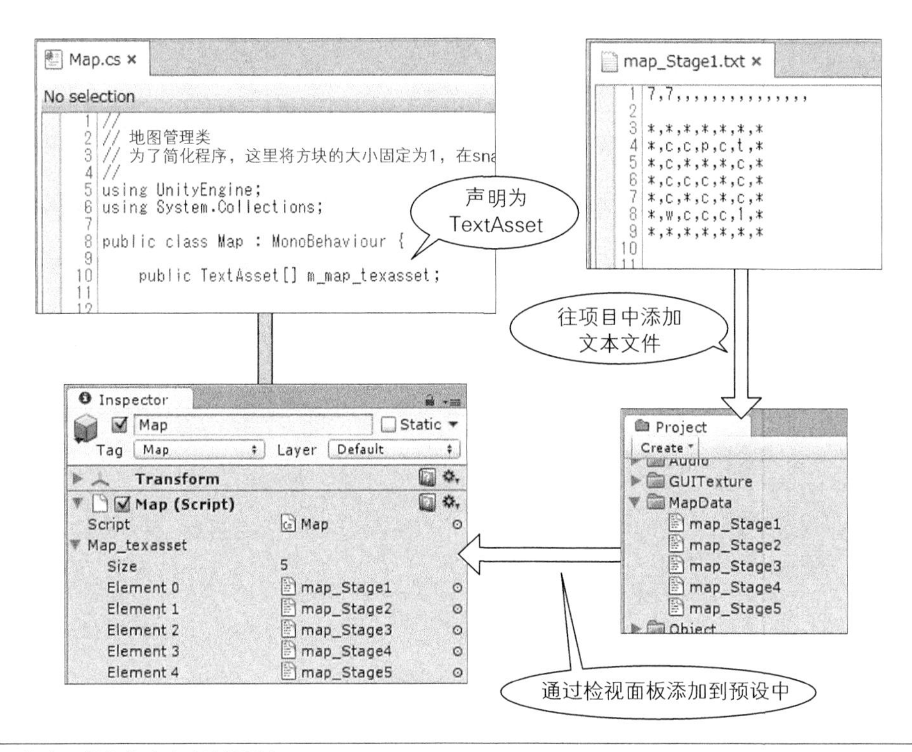

⇧ 图 3.6 将地图数据作为文本资源添加

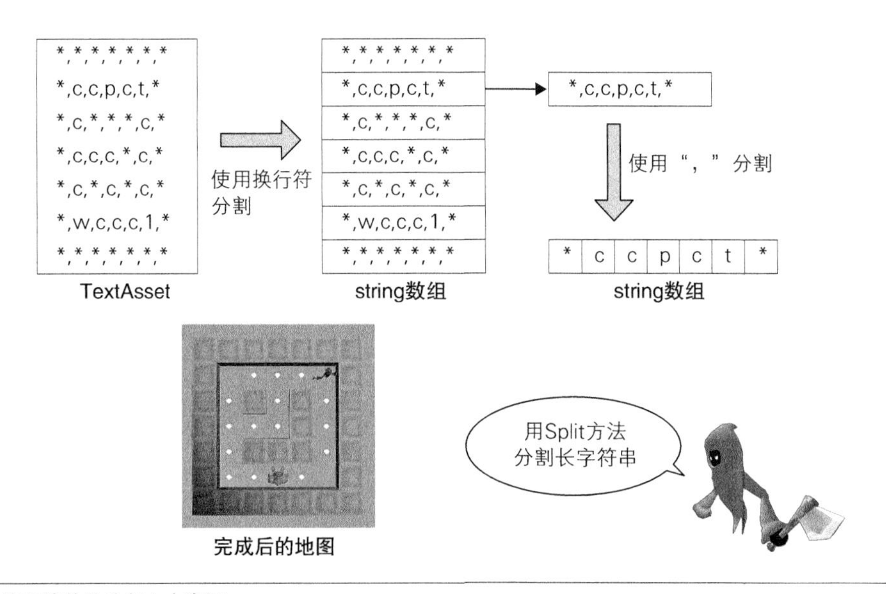

⇧ 图 3.7 按字符单位分割文本资源

执行该分割处理的是 Map.LoadFromAsset 方法，如下所示。

Map.LoadFromAsset 方法（摘要）

```
private void LoadFromAsset(TextAsset asset)
{
    m_mapData.offset_x = MAP_ORIGIN_X;
    m_mapData.offset_z = MAP_ORIGIN_Z;

    string txtMapData = asset.text;

    System.StringSplitOptions option =                    // Split方法中用于删除空元素的选项
        System.StringSplitOptions.RemoveEmptyEntries;

    string[] lines = txtMapData.Split(new char[] {'\r','\n'}, option);   // (a)用换行符分割全体文本，一个数组元素存储一行

    // 用“,”将各个字符分割开
    char[] spliter = new char[1] {','};

    string[] sizewh = lines[0].Split(spliter, option);   // (b)用“,”将各个字符分割开
    m_mapData.width = int.Parse(sizewh[0]);               // (c)第一行是地图的尺寸
    m_mapData.length = int.Parse(sizewh[1]);
    char[,] mapdata = new char[m_mapData.length, m_mapData.width];

    for(int lineCnt = 0; lineCnt < m_mapData.length; lineCnt++) {
        string[] data =
            lines[m_mapData.length-lineCnt].Split(spliter, option);   // (b)用“,”将各个字符分割开

        for(int col = 0; col < m_mapData.width; col++) {
            mapdata[lineCnt,col] = data[col][0];
        }
    }
    m_mapData.data = mapdata;
}
```

（a）对文本文件整体以行为单位进行分割。只要在 Split 方法中将换行符指定为分割符，就能够得到被分割开的各行文本的 string 数组。

（b）文件中表示对象的字符已经被逗号分隔开了。此处继续用逗号分隔开文本并将其放入 string 数组中。这样全体文本就被分解成了处理的最小单位。这个最小单位我们称之为 Token，这里 Token = 1 个字符。

（c）第一行中记录了地图的横向和纵向长度。分别取得横向和纵向的尺寸，创建用于存储地图数据的数组。

到这里地图数据的读取就完成了。接下来我们将按照该数据生成地图模型。

例如，我们先来看看 Map.CreateMap 方法中创建砖块、玩家和幽灵的代码。

Map.CreateMap 方法（摘要）

```
void CreateMap(bool collisionMode, string mapName)
{
    for(int x = 0; x < m_mapData.width; x++) {
        for(int z = 0; z < m_mapData.length; z++) {
            Vector3 bpos = new Vector3(
                x + m_mapData.offset_x, 0.0f, z + m_mapData.offset_z);   // (a) 砖块的坐标
            // (b) 根据地图数据配置游戏对象
            switch(m_mapData.data[z, x]) {
            // (b1) 墙
            case WALL:
                GameObject o = Instantiate(m_wallObject[0],
                    bpos + Vector3.up * WALL_Y, Quaternion.identity)
                    as GameObject;
                o.transform.parent = m_mapObjects.transform;
                break;
            // (b2) 骑士
            case PLAYER_SPAWN_POINT:
                m_spawnPositions[
                    (int)SPAWN_POINT_TYPE.BLOCK_SPAWN_POINT_PLAYER] = bpos;
                break;
            // (b3) 宝箱
            case TERASURE_SPAWN_POINT:
                m_spawnPositions[(int)SPAWN_POINT_TYPE.BLOCK_SPAWN_TREASURE]
                    = bpos;
                break;
            // (b4) 幽灵
            case '1':
            case '2':
            case '3':
            case '4':
                int enemyType = int.Parse(m_mapData.data[z,x].ToString());   // 把幽灵的类型从 char 转换为 int
                m_spawnPositions[enemyType] = bpos;
                break;
            default:
                break;
            }
        }
    }
}
```

（a）提前求出地图单元的坐标。除了墙壁的 Y 坐标与其不同，其他对象的位置坐标都和它一致。

（b）根据文本资源生成的地图数据 m_mapData.data 是一个二维数组，可以直接使用 XZ 的坐标值作为数组的索引来访问数据。

（b1）“墙”部分用于生成墙的对象。

（b2）“骑士”部分用于在游戏启动时生成对象，这里提前记录下坐标。（b3）的“宝箱”部分也做同样处理。

（b4）地图数据为数字时生成幽灵。生成的幽灵的性格因数字而异。因为各种性格的幽灵只能生成一只，所以这里需要记住每种幽灵的初始位置。在用作数组的索引时，不要忘记把字符转换为整数。

❖ 3.4.4 扩展编辑器的功能

到现在为止，我们已经能够通过文本文件制作出地图的形状。编辑好文本文件后启动程序，就能够在设计好的地图上进行游戏。在 Unity 中，虽然从编辑好数据到启动游戏并不会花太多时间，但如果能够直接在编辑器上确认地图的形状，制作时就会更有针对性。

幸运的是 Unity 提供了**定制编辑器**的功能，它允许用户自行扩展编辑器（图 3.8）。下面我们就来试试通过这个功能在编辑器上制作地图。

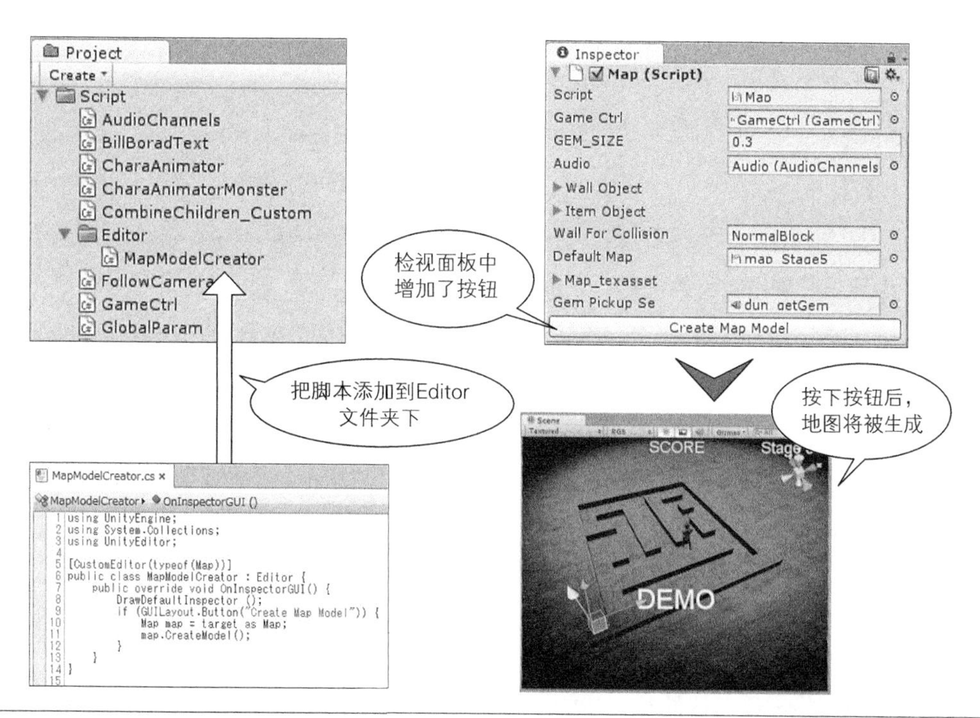

⇧ 图 3.8　生成地图的功能

虽说该脚本是用于扩展编辑器功能的，不过除了小部分固定的规则外，基本上和游戏中的其他脚本没什么区别。

请在层级试图中选择 Map 对象。打开检视面板中的 Map 项目，会发现在最下方有 Create Map Model 按钮。这个按钮就是通过定制编辑器追加的功能。

点击这个按钮将生成地图。可以通过 Default Map 参数来改变要生成的地图数据。

脚本 Script/Editor/MapModelCreator.cs 把按钮添加到了检视面板中。请将定制编辑器使用的脚本放在 Editor 文件夹下。

生成地图的处理过程和游戏中的脚本逻辑大体相同。脚本的写法有很多固定的规则，写起来并不是什么困难的事。

MapModelCreator.cs

```
using UnityEngine;
using System.Collections;
using UnityEditor;   ——(a)声明使用了 UnityEditor 名称空间

[CustomEditor(typeof(Map))]   ——(b)表明是 Map 类的定制编辑器
public class MapModelCreator : Editor {   ——(c)MapModelCreator 类
    public override void OnInspectorGUI() {   ——(d)重载 OnInspectorGUI 方法
        DrawDefaultInspector();   ——(e)执行标准功能
        if(GUILayout.Button("Create Map Model")) {
            Map map = target as Map;
            map.CreateModel();
        }
    }
}
```

代码中出现了一些不常见的词语，下面我们将逐个说明。

（a）游戏中使用的类都继承于 MonoBehaviour 类，但定制编辑器使用的类则继承于 Editor 类。因为这个 Editor 类位于 UnityEditor 名称空间内，所以必须使用 using 关键字来声明使用了 UnityEditor 名称空间。

（b）这里表明了在脚本中定义的 MapModelCreator 类是 Map 类的定制编辑器。将 Map 组件添加到选中的对象后，Unity 编辑器将根据需要调用 MapModelCreator 类中的方法。

（c）开始定义 MapModelCreator 类。继承 Editor 类生成定制编辑器使用的类。

（d）override 表示再次定义了 Editor 类的方法。OnInspectorGUI 是用于绘制检视面板的 GUI 的方法。把这个方法换成自己创建的代码，就可以在编辑器上创建自己的 UI。

（e）用于执行标准编辑器的显示功能。我们试着将这一行注释掉看看，检视面板上将不再显示 Map 类的 public 成员（图 3.9）。像这样，通过注释掉相关代码并查看执行结果的变化，就可以调查某个函数的功能。

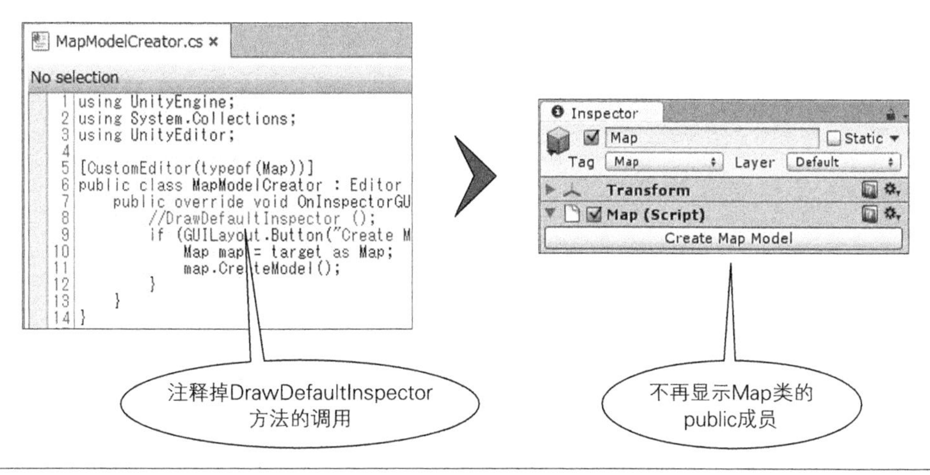

介 图 3.9 取消调用 DrawDefaultInsector 方法时

❖ 3.4.5 小结

读者现在应该已经了解如何通过定制编辑器对 Unity 编辑器进行简单的功能扩展了吧。虽然过度关注编辑器的功能扩展有些本末倒置，不过一个好用的工具确实能将制作效率提高数倍。开发中如果产生了“要是 Unity 带有这种功能就好了”的念头，不妨像这样尝试扩展编辑器的功能。

3.5 摄像机变焦功能的运用 *Tips*

❖ 3.5.1 关联文件

- FollowCamera.cs

❖ 3.5.2 概要

《地牢吞噬者》游戏中，常常会遇到玩家拾起宝剑击杀幽灵从而反败为胜的关键性时刻。这不但是游戏玩法中的重要元素，同时还是营造出骑士英雄形象的好时机。如果在这时加入一些特别的展现技巧，将会极大地增强游戏的气氛与画面感。

大多数时候，玩家在游戏中通过摄像机看到的都是大面积的场景。如果将视野设置得很窄，可能会导致玩家在游戏时冷不丁撞上刚生成的幽灵。而视野宽阔的代价，则是难以清晰地将骑士的形象细节展现出来。这是一个比较矛盾的状况。

试想，如果将骑士砍杀幽灵的画面放大显示，游戏的战斗画面是不是会变得更加生动呢？

同样的技巧也可用在遭遇幽灵时。一般在突然遇见幽灵时，玩家心中往往会“咯噔”一下，这时，为了增强玩家的紧张感，可以将攻击骑士的幽灵加以放大呈现在画面上（图 3.10）。

一般情况下的摄像机

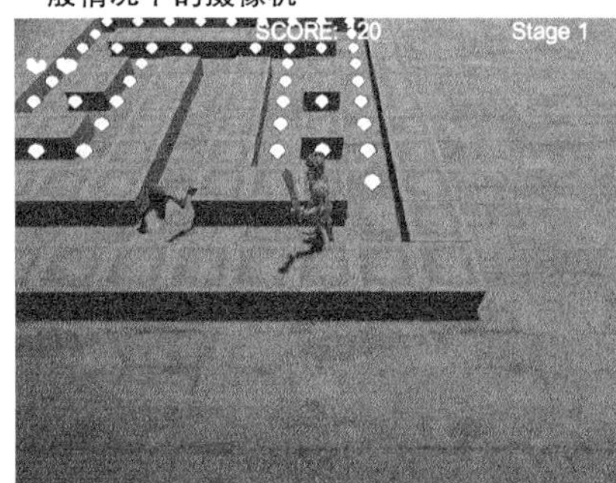

战斗时的摄像机

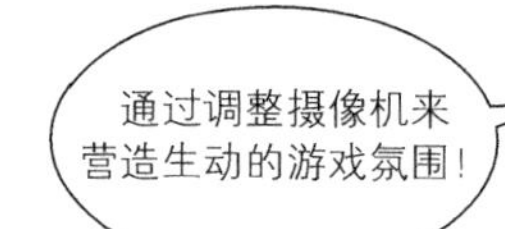

⇧图 3.10　调整摄像机以营造不同效果

❖ 3.5.3　调整策略

首先，我们来归纳一下要如何调整。

砍向幽灵的瞬间，变焦推近摄像机，将骑士放大显示在画面上。然后再拉远摄像机，恢复到一般情况下的状态。这是基本流程。

由于该过程会在游戏中多次出现，为避免影响战斗的流畅性，最好能将它控制在较短时间内结束。配合着骑士迅速挥剑砍向幽灵的动作，推近摄像机的过程应该在很短时间内完成。而拉远摄像机的过程则可以慢一些，留给玩家一些回味的时间（图 3.11）。

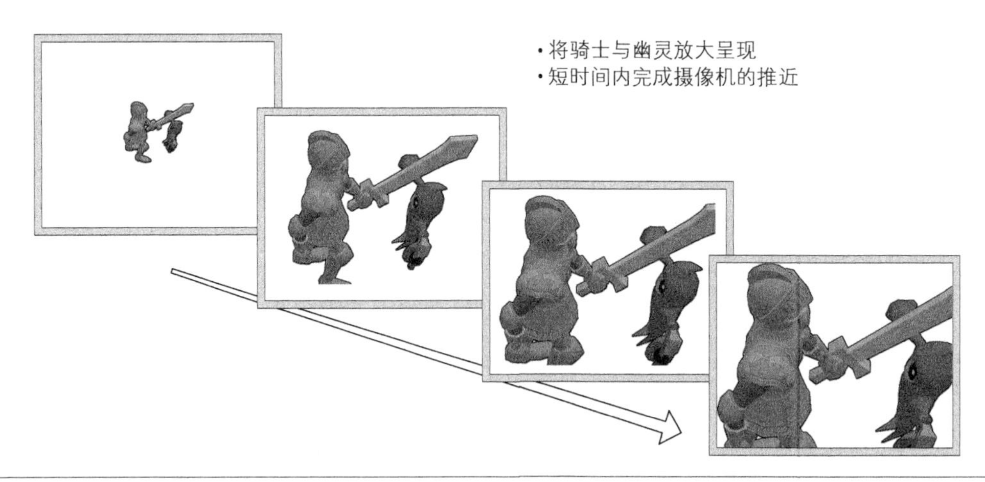

⇧图 3.11　战斗动画的播放

摄像机的推近和拉远都是在控制“视野”变化。除此之外，还有一种被称为“缓动”（easing）的用来改变动画速度的方法。本节将对这两个术语进行简单说明。

❖ 3.5.4 摄像机的视野

视野用于决定摄像机中的可视范围。

通过摄像机观察游戏世界时，场景中能够被渲染到画面中的范围被称为**视锥体**。视锥体是一个离摄像机越远开口越宽的四角锥形几何体。视野值正是该视锥体的顶点角度（图 3.12）。

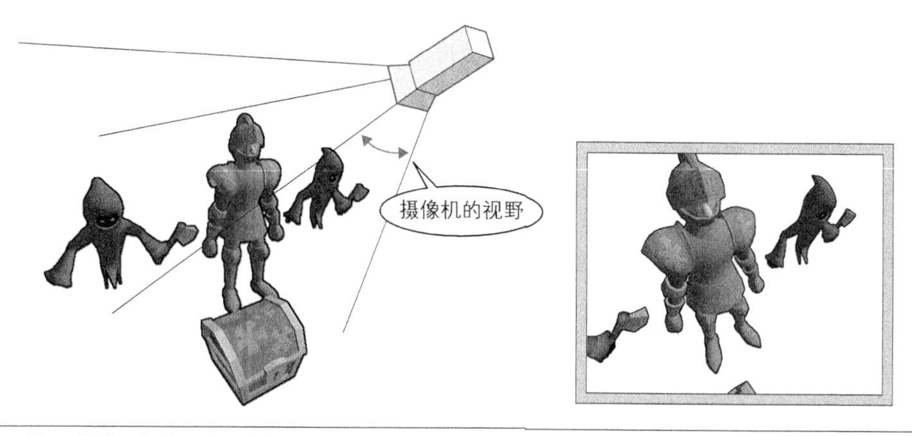

⇧ 图 3.12 “视野”表示摄像机的观察范围

视野越大，视锥体的开口就越大。在和摄像机距离相同的前提下，视野越大，能看见的范围就越大。

请看图 3.13 中的情况。（1）表示视野较大时的画面，（2）表示视野狭小时的画面。

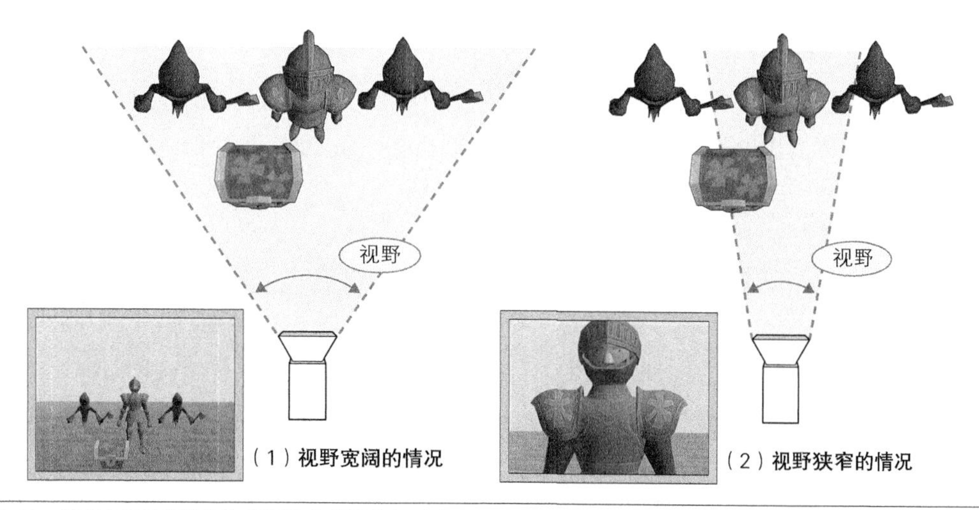

⇧ 图 3.13 视野宽阔的摄像机和视野狭窄的摄像机对比

在画面（1）中可以看到骑士与两只幽灵以及地下的宝箱。而（2）中只能看到骑士的胸部以上部分。注意这两个画面中的摄像机跟骑士的位置关系都是相同的。

尽管观察的区域变大了，但画面本身并不会变大，因此每个角色只能缩小后显示在画面上。同样，当观察区域变小时，由于要将更小范围内的对象渲染到尺寸不变的画面上，所以每个对象看起来就变大了。

一般情况下，打算进行大范围渲染时可以使用大视野，而如果想放大单个角色进行观察则使用小视野。另外，逐渐缩小视野的过程称为**推近**（zoom in），相反地，将视野放大的过程则称为**拉远**（zoom out）。

Unity 中，摄像机的视野是通过 Camera 组件来设置的。打开《地牢吞噬者》项目后，请选中 GameScene 场景中的 Main Camera 游戏对象并在检视面板中查看。在 Camera 组件中可以看到有一项 Field of View。修改输入框中的数值，或左右拖动滑动条，都能够改变摄像机的视野（图 3.14）。请读者多尝试几组数值，看看游戏画面发生了怎样的改变。

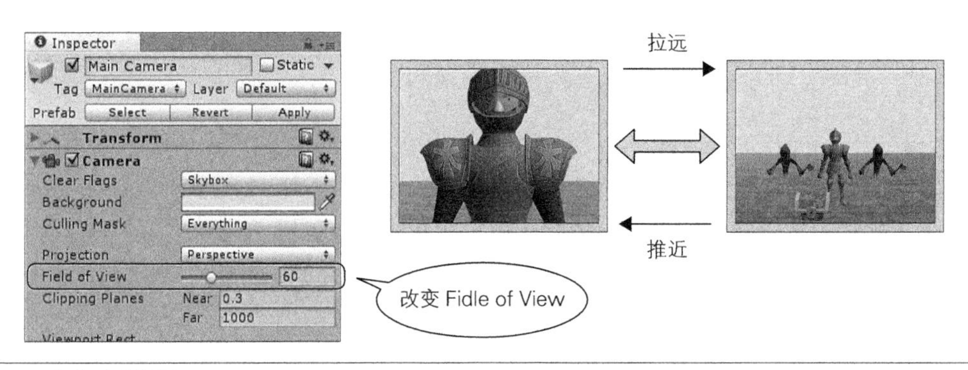

⇧ 图 3.14 如何改变视野

下面我们再来做一个试验。

之前已经做过说明，当视野缩小时，由于可见范围变小了，因此渲染在屏幕上的角色就变大了。请再看一下图 3.12（2），可以发现骑士被放大显示的画面，和摄像机靠近骑士时的效果非常相似。

那么，这二者有何区别呢？

图 3.15 中（1）是摄像机接近骑士时的画面，而（2）中摄像机位置保持不变，只对视野进行缩小。

两个画面中骑士的大小基本相同。但是，只要看看背景砖块就能感觉到这两种效果的巨大差异。和（1）中移动摄像机时的效果比起来，变焦推近时的画面（2）中，背景的可见区域显得非常狭窄，骑士身后能被观察到的砖块数量寥寥无几。

另外，对比画面中的砖块我们还可以注意到，（1）中即便是相邻的砖块也显得大小不一，而（2）中所有的砖块大小几乎都是相同的。

因此，使用移动摄像机和变焦推近这两种方法时背景的展现效果有很大的不同。开发游戏时根据具体情况来选择相应的做法一定会为游戏增色不少。

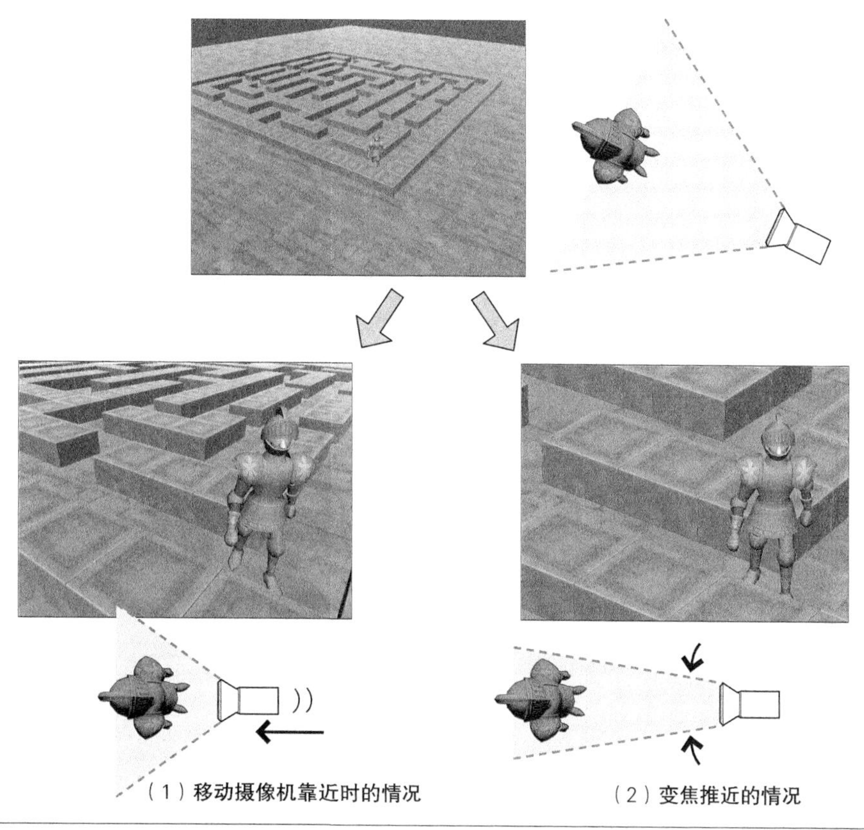

⇧ 图 3.15 移动摄像机靠近时的情况和变焦推近的情况

❖ 3.5.5 缓动动画

接下来，我们将讨论动画的**缓动**。缓动效果将改变动画运行的速度，使其不再均匀地变化。

请参考图 3.16，图中表示的是左侧的幽灵正在向右侧的宝箱移动。

（1）中的幽灵从开始到最后一直保持相同速度移动，而（2）中的幽灵以较快的速度开始，快接近目的地时速度渐渐下降。这样是不是能营造出一种“发现宝箱后的幽灵开始着急冲刺，到快要接近时为了避免撞上又连忙停下来”的意境？相信读者能感受得到幽灵那种迫切的心情。

现在，我们要对摄像机推近时的视野改变过程添加缓动特效。读者可以先运行游戏体验一下添加后的效果。

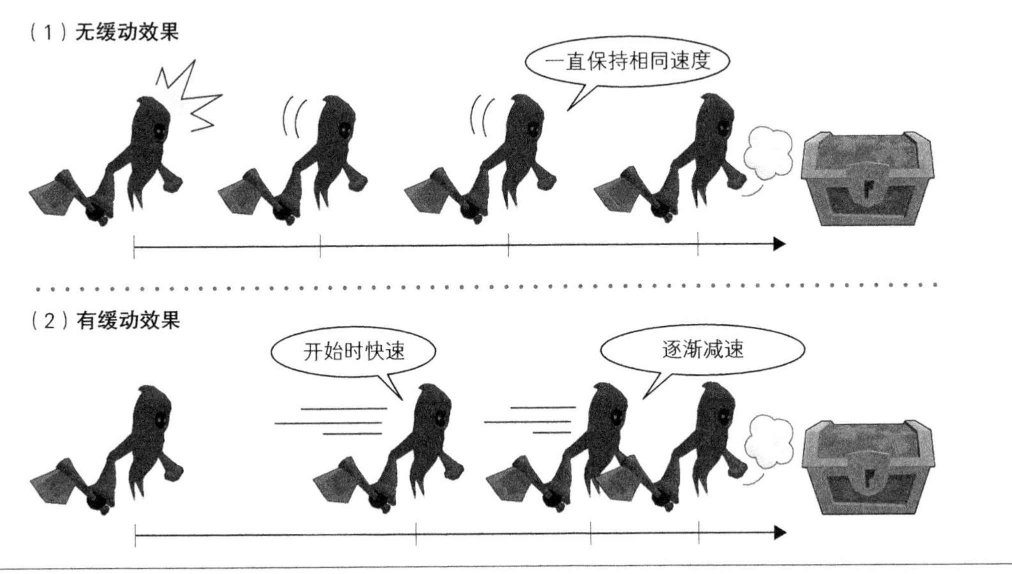

⇧图 3.16 缓动动画

❖ 3.5.6 变焦效果的代码实现

下面我们来看看摄像机变焦处理的相关代码，其中包含了动画的缓动处理。

FollowCamera.LateUpdate 方法（摘要）

```
void LateUpdate()                                    (a)用于控制摄像机的 LateUpdate 方法
{
    float rate = 0.0f;
                                                     (b)将时间变换为进度值
    if(m_zoom_in) {
        // 变焦推近时
        rate = m_zoom_in_timer/ZOOM_IN_DURATION;
        rate = Mathf.Clamp01(rate);                  (c)将进度值限定在 0.0 到 1.0 之间
        rate = Mathf.Sin(rate*Mathf.PI/2.0f);        ┐
        rate = Mathf.Pow(rate, 0.5f);                ┘(d)缓动处理
    } else {
        // 变焦拉远时
        rate = m_zoom_in_timer/ZOOM_OUT_DURATION;
        rate = Mathf.Clamp01(rate);
        rate = Mathf.Sin(rate*Mathf.PI/2.0f);
        rate = Mathf.Pow(rate, 0.5f);
        rate = 1.0f - rate;                          (e)变焦拉远时，rate 的变化规律正好相反
    }
    Vector3 offset = Vector3.Lerp(                   ┐
        m_position_offset, m_position_offset_zoom_in, rate);┘(f)偏移值的计算
```

```
    transform.position = m_target.position + offset;


    float fov = Mathf.Lerp(60.0f, 30.0f, rate); ——(g)视野的计算、设定
    this.GetComponent<Camera>().fieldOfView = fov;


    m_zoom_in_timer += Time.deltaTime;
}
```

（a）之前我们将控制角色的代码都放在 Update 方法中，不过现在要把摄像机的控制代码放入 LateUpdate 方法。

《地牢吞噬者》中摄像机总是和骑士一起移动，因此摄像机位置的计算必须在骑士移动完成后再进行。这种情况下可以使用 LateUpdate 方法。LateUpdate 方法会在场景中所有游戏对象的 Update 方法执行后才被调用。通过这种机制，我们就可以确保摄像机的移动处理一定在骑士移动完成后进行。

（b）将变焦推近过程所经过的时间变换为进度值，进度值介于 0.0 到 1.0 之间。这样即使变焦推近的总时长发生改变，也不会对后续的计算造成影响。

（c）将步骤（b）中计算得出的值限制在 0.0 到 1.0 之间。因为变焦过程结束后 m_zoom_in_timer 值也会继续增加，迟早会超过 ZOOM_IN_DURATION。

可以使用 Mathf.Clamp01 方法来限制 rate 值不超过 1.0。当然，也可以采用在变焦结束后停止更新 m_zoom_in_timer 的做法。

函数 Mathf.Clamp01 中，如果输入值小于 0.0 将返回 0.0，如果输入值大于 1.0 则返回 1.0，如果输入值介于 0.0 和 1.0 之间，那么返回原值。类似地还有 Mathf.Clamp 方法，它允许指定最大值与最小值。只不过将值限定在 0.0 和 1.0 之间这个需求很常见，因此 Unity 提供了 Mathf.Clamp01 这个特殊的版本。

（d）现阶段求出的 rate 值会随着时间匀速变化。下面再为其添加缓动处理，使之产生加速度变化。通过使用 Mathf.Sin 和 Mathf.Pow 函数，原本按线性变化的 rate 现在产生了加速度，后面我们会用图表把这种变化表示出来。

（e）在变焦推近的同时也对摄像机的位置进行一些调整。调整后变焦推近达最大值时画面中只显示骑士的胸部以上部分。

（f）计算出视野，然后设置 Camera 组件的 fieldOfView 属性值。

（g）变焦拉远时，缩放率将从 1.0 向 0.0 变化。

图 3.17 表示了添加缓动处理后 rate 的变化情况。

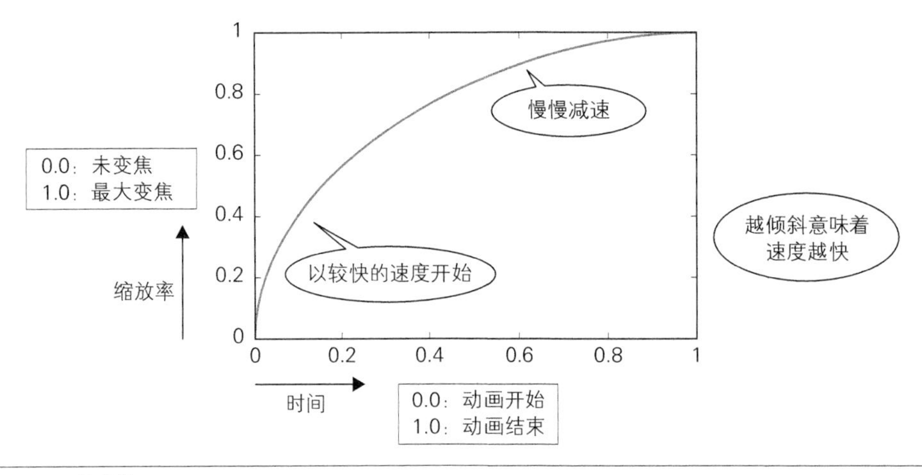

↑ 图 3.17　rate 的变化

图中横轴表示时间，纵轴表示 rate，也就是“动画的进度”。可以看到图中有一条稍微向上拱起的曲线。曲线倾斜程度比较高的地方表示该处在短时间内 rate 值发生了较大变化。相反，如果曲线比较平缓，则意味着 rate 值随着时间变化的程度不大。我们可以看到图中曲线在开始处的斜率较大，后来趋于平缓，这也就意味着 rate 的变化速度一开始非常快，而后逐渐减缓。

如果读者觉得“动画的进度”过于抽象，可以将纵轴考虑为摄像机的视野，或者“画面上看到的骑士大小”。例如，当横轴值为 0.2 时，图中纵轴值接近 0.6。这意味着从动画开始经过 20% 左右的时间后，变焦推近了约 60%。在短时间内完成 60% 的变焦效果，足以说明 rate 在刚开始时变化速度之快。

当然这条 rate 曲线并不是凭空绘制出来的，这是经过多重计算后得出的结果。

请观察图 3.18。图中列出了添加和未添加缓动效果的曲线，并对它们进行了比较。

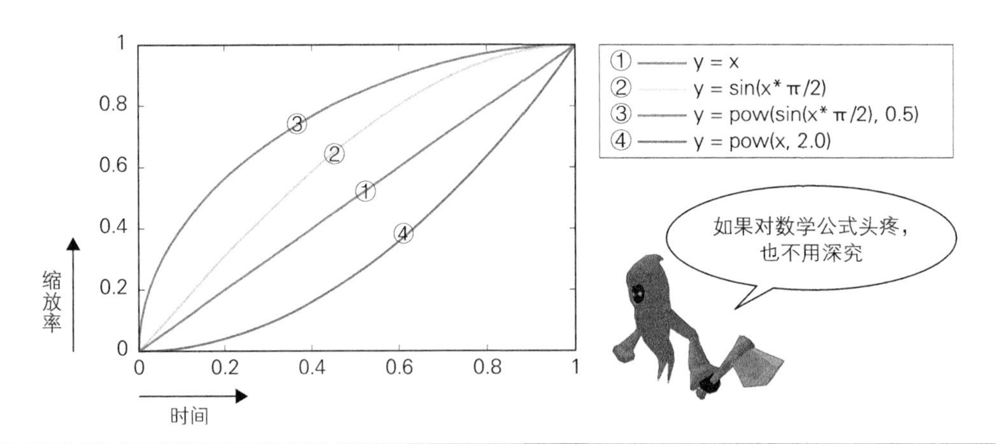

↑ 图 3.18　对照：各种缓动曲线

曲线①的方程是 y = x。在步骤（b）中，时间仅被常数除，因此 rate 呈线性变化。这是未添加缓动效果时的情况。

曲线②的方程是 y = sin(x * π/2)，即正弦函数。和曲线①相比，曲线②稍微向上拱起。Unity 的 Mathf.Sin 方法对应正弦函数。

曲线③的方程是 y = pow(sin(x * π/2), 0.5)。先执行正弦函数计算，再对结果进行幂运算。和曲线②相比，它显得更平滑。代码中先后调用了 Mathf.Sin 方法和 Mathf.Pow 方法。

下面我们来对比横轴坐标相同时曲线①、曲线②、曲线③的差别。和之前一样，找到横轴值为 0.2 的位置，查看各曲线的纵轴值。曲线②高于曲线①，而曲线③位于最上方。不过，这种关系并不会一直持续，当横轴达到 1.0 时，三条曲线的纵轴值都等于 1.0。

纵轴值表示“动画的进度”，所以 1.0 意味着动画结束了。对两条曲线进行比较，哪条曲线位于上方，就表示其更接近于结束。再次将曲线③、曲线②和曲线①进行比较，不难发现它们开始时在曲线①之上，到最后被追上，这也说明了它们在开始时加速，然后再慢慢地减速。

曲线④的方程是 y = pow(x, 2.0)。虽然在程序中并没有使用到，但这里为了比较也一并列出。注意幂函数的第二个参数如果小于 1.0 曲线将向上拱，如果大于 1.0 将向下垂。

❖ 3.5.7 小结

摄像机的视野对游戏画面的效果有很大影响。即便是相同的角色模型，根据摄像机的设定的不同，显示出来的效果也有很大不同。读者可以试着改变摄像机的各种设定，会发现很多有趣的现象。

对某些读者来说，缓动动画可能会稍微有些难懂。不过暂时没能马上理解各个函数和公式的意义也不要紧。读者可以修改示例程序中的数值或将缓动计算部分的代码注释掉，再对结果进行比较，以此来帮助理解。

3.6 幽灵的 AI *Tips*

❖ 3.6.1 关联文件

- MonsterCtrl.cs

❖ 3.6.2 概要

《地牢吞噬者》中有 4 种幽灵，虽然外观看起来相同，但是在追赶骑士的过程中，各个幽灵的行为是各不相同的。

吃豆游戏中控制好进退的时机非常重要。无论是玩家还是敌方，在游戏的过程中都要开动脑筋，揣测对方的习惯，分析他的行为，以避免在狭窄的迷宫内被敌人追上。

当然一味地增加难度只会让游戏变得无趣。如果敌方也会偶尔出现失误，就会让玩家感觉对方是一个生物而非冰冷机器，从而使游戏更具真实感。

或者固执地追赶骑士，或者埋伏在骑士将要达到的地方……本节我们将试着为幽灵实现不同的性格和行为。

❖ 3.6.3　跟踪的算法

首先说明一下 4 种类型的思考过程（图 3.19）。

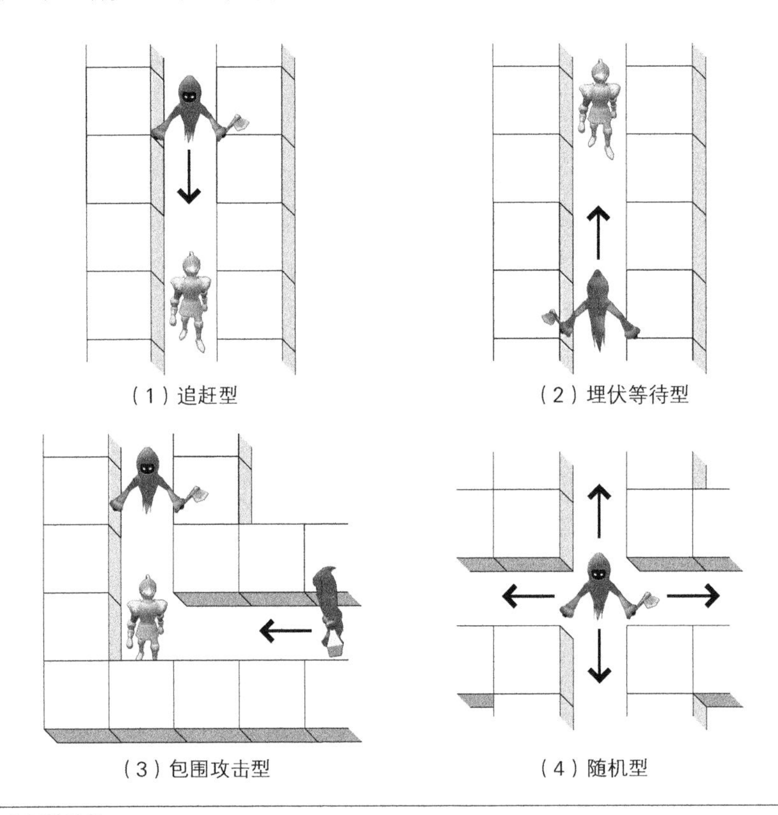

⇧ 图 3.19　4 种幽灵的性格

（1）**追赶型**。幽灵一直在骑士后面追赶。思考过程非常简单，制作起来也没有什么难度。但另一方面，这也不是一种聪明的做法。

（2）**埋伏等待型**。幽灵提前在骑士将要到达的地方埋伏等待。针对那些单纯地认为“敌人会从后面追来”的玩家，这是一种有效的策略。

（3）**包围攻击型**。配合追赶型幽灵夹击骑士。考虑到迷宫内的通道非常狭窄，对玩家来说，这种类型的幽灵可能是非常麻烦的对手。

（4）**随机型**。和骑士的位置无关，幽灵随机改变方向。因为其行动毫无规律无法预测，所以如果幽灵全部都是这种类型，游戏就会丧失分析决策的乐趣。不过适当地加入一些随机因素，则会让玩家产生紧张感。

接下来我们将讲解决定移动方向的流程，首先以追赶型幽灵为例进行详细说明（图 3.20）。

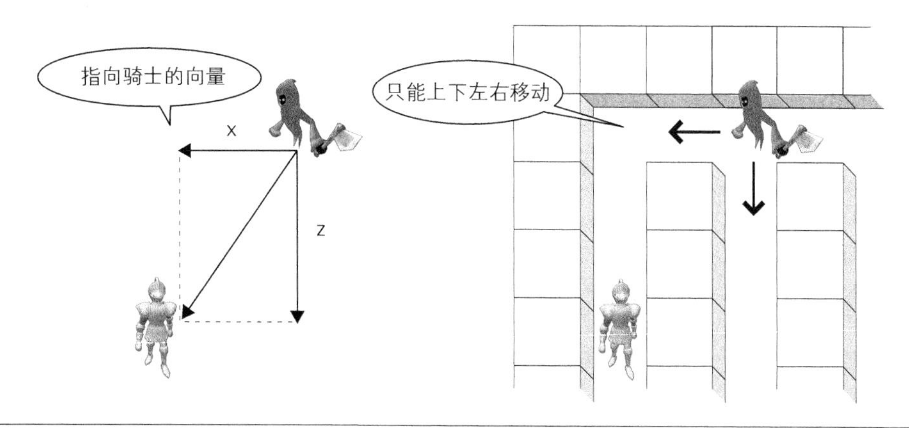

⇧ 图 3.20 决定幽灵移动方向的流程

幽灵首先算出从自己的位置指向骑士的位置的向量。这一计算过程非常简单，只需用骑士的坐标减去自己的坐标即可。如果可以直接朝骑士的方向前进当然很好，但是由于迷宫中只能朝上下左右四个方向前进，因此必须从上下左右四个方向中选择最接近目标的方向移动。这可以通过比较刚才算出的向量的 X 分量和 Z 分量计算得出。

让我们来看看实际的代码。

MonsterCtrl.Tracer 方法（摘要）

```
private void Tracer(Vector3 newPos)
{
    Vector3 newDirection1st, newDirection2nd;
    Vector3 diff = m_player.position - newPos;

    if(Mathf.Abs(diff.x) > Mathf.Abs(diff.z)) {
        newDirection1st = new Vector3(1, 0, 0) * Mathf.Sign(diff.x);
        newDirection2nd = new Vector3(0, 0, 1) * Mathf.Sign(diff.z);
    } else {
        newDirection2nd = new Vector3(1, 0, 0) * Mathf.Sign(diff.x);
        newDirection1st = new Vector3(0, 0, 1) * Mathf.Sign(diff.z);
    }

    Vector3 newDir = DirectionChoice(newDirection1st, newDirection2nd);
    m_grid_move.SetDirection(newDir);
}
```

（a）从自己的位置指向玩家的位置的向量

（b）选择 x、z 的绝对值较大的一方

（c）从两个备选中选择能够移动的方向

（a）求出从自己的位置指向骑士的位置的向量。

（b）选择 X 分量和 Z 分量中绝对值较大的一个。

X、Z 两个分量中，将绝对值较大的一个代入 newDirection1st，较小的一个代入 newDirection2nd。这里之所以没有马上舍弃绝对值较小的那个值，而是将其作为优先度低的候补值存了起来，是因为根据迷宫的形状变化，无法保证一定能够朝期望的方向移动。

（c）调用 DirectionChoice 方法，选择实际移动的方向。

下面看看 DirectionChoice 方法的实现。

MonsterCtrl.DirectionChoice 方法（摘要）

```
private Vector3 DirectionChoice(Vector3 first, Vector3 second)
{
    第 1 候补
    if(!m_grid_move.IsReverseDirection(first) &&
            !m_grid_move.CheckWall(first))
        return first;
    第 2 候补
    if(!m_grid_move.IsReverseDirection(second) &&
            !m_grid_move.CheckWall(second))
        return second;

    first *= -1.0f;
    second *= -1.0f;
    第 2 候补的反方向
    if(!m_grid_move.IsReverseDirection(second) &&
            !m_grid_move.CheckWall(second))
        return second;
    第 1 候补的反方向
    if(!m_grid_move.IsReverseDirection(first) &&
            !m_grid_move.CheckWall(first))
        return first;

    return Vector3.zero;
}
```

这个方法会按照下列顺序检查各方向是否为墙壁，若允许移动就将其作为移动方向返回。

（1）第 1 候补

（2）第 2 候补

（3）第 2 候补的反方向

（4）第 1 候补的反方向

检查第 1、第 2 候补的反方向的目的在于应对图 3.21 出现的情况。

在图 3.21 中，幽灵沿着与骑士相反的方向前进，正好经过 T 型路口，接下来它应该往哪里前进呢？

第 1 候补是（1）指的右方向，因为和当前前进方向正好相反，所以不能选择。第 2 候补是上方向，因为将碰到墙壁，所以也被排除。剩下可选的方向只有第 1、第 2 候补的反方向，需要从二者中选出一个。

如果可能的话我们希望在离骑士不太远的情况下选定方向，这就需要详细探测迷宫的形状。

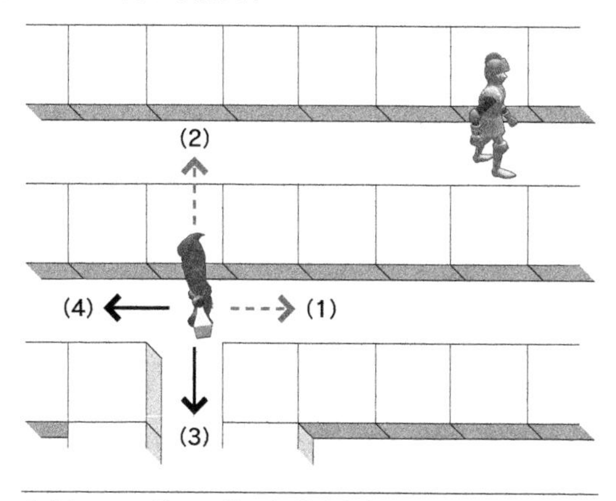

⇧ 图 3.21　第 1、第 2 候补方向都无法前进时

第 1 候补的反方向是离第 1 候补最远的方向，因此第 2 候补的反方向应该会比第 1 候补的反方向更接近正解。我们把第 2 候补的反方向、第 1 候补的反方向分别作为第 3 候补和第 4 候补。虽然未必是正确的方法，但是从完成的结果来看这种程度已经够了。

❖ 3.6.4　埋伏等待型、包围攻击型和随机型

现在我们来看看“追击型”以外的其他方式，首先是“埋伏等待型”（图 3.22）。

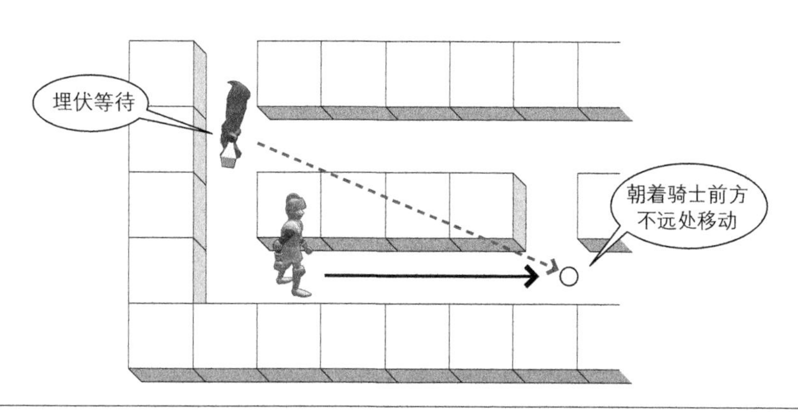

⇧ 图 3.22　埋伏等待型

虽然“埋伏等待型”的幽灵会提前到骑士将要到达的地方等待，但基本的程序和“追赶型”并无太大差别，仅仅是移动的目标位置不同而已。“追赶型”的情况下，目标是骑士所在的位置，而“埋伏等待型”的情况下，目标则是骑士前方不远处的位置。

MonsterCtrl.Ambush 方法（摘要）

```
private void Ambush(Vector3 newPos)
{
    把玩家的前方作为目标位置
    Vector3 diff =
        m_player.position + m_player.forward * AMBUSH_DISTANCE - newPos;

    //（略）下面的处理和 Tracer 方法相同
}
```

“追赶型”和“埋伏等待型”在代码上的区别在于，前者是计算“指向骑士所在位置的向量”，后者是计算“指向骑士前方位置的向量”。

第 3 种类型的“包围攻击型”也是一样，除了目标位置有所不同，其他都基本类似（图 3.23）。

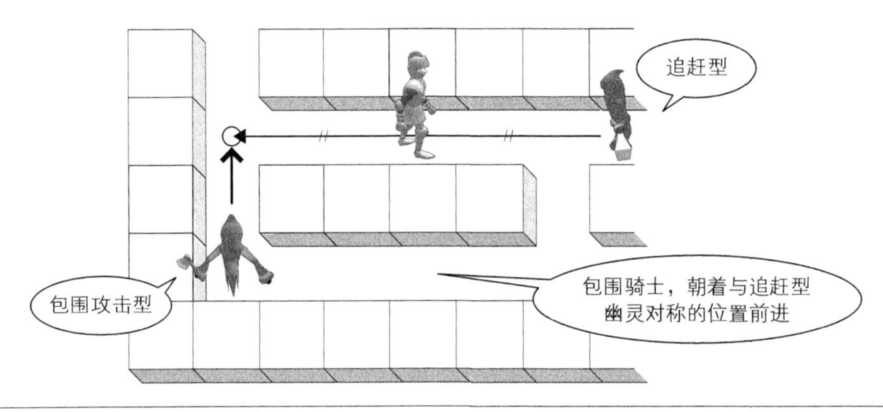

图 3.23 包围攻击型

“包围攻击型”幽灵向着以骑士为中心和“追赶型”幽灵对称的位置移动。移动的方法和“追赶型”与“埋伏等待型”相同。

其实“追赶型”和“埋伏等待型”组合起来也能够对骑士形成包围攻击。不过“包围攻击型”和“埋伏等待型”不同的是，它和“追赶型”幽灵距离骑士的距离是相同的。“追赶型”幽灵和“包围攻击型”幽灵从前后同时袭击骑士，这才是名副其实的“包围攻击”。

最后的“随机型”和骑士的位置没有关系，它使用随机数来决定前进的方向。这里非常重要的一点是，第 1 候补和第 2 候补必须按纵横方向成对出现。

MonsterCtrl.RandomAI 方法（摘要）

```
private Vector3[] DIRECTION_VEC = new Vector3[4] {
    new Vector3(1,0,0),    // 右
    new Vector3(-1,0,0),   // 左
    new Vector3(0,0,1),    // 上
```

```
    new Vector3(0,0,-1)    // 下
};

private void RandomAI(Vector3 newPos)
{
    Vector3 newDirection1st, newDirection2nd;
    Vector3 diff = m_player.position - newPos;

    int r = Random.Range(0,4);

    newDirection1st = DIRECTION_VEC[r];                  ┐
    newDirection2nd = DIRECTION_VEC[(r + 2) % 4];        ┘── (a) 纵横方向成对出现

    if(Random.value > 0.5f) ──── (b)通过随机将第 2 候补取反方向
        newDirection2nd *= -1.0f;

    Vector3 newDir = DirectionChoice(newDirection1st, newDirection2nd);
    m_grid_move.SetDirection(newDir);
}
```

DirectionChoice 方法中必须选择两个候补项。当两个候补方向都无法前进时，则将分别选择它们的反方向。第 1 候补和第 2 候补正好是相反方向时，

第 3 候补 = 第 2 候补的反方向 = 第 1 候补

第 4 候补 = 第 1 候补的反方向 = 第 2 候补

就变得只有纵向或横向可选。为了让 4 个候补项分别为上下左右四个方向，就必须令第 1 候补和第 2 候补中一个是纵向一个是横向。

（a）随机选择第 1 个候补项后，取出“表内位于其后两位的元素”作为第 2 候补，保证了两个候补项一横一纵。

（b）如果仅做（a）的处理，将只能使用“右和上”“左和下”的组合，因此还需要对第 2 候补通过随机数取反方向。这样，“右和下”“左和上”就能和之前两项以相同的概率出现了。

❖ 3.6.5　观察幽灵的行动

在了解了 4 种思考过程之后，现在我们来确认一下它是如何运作的。适当地替换地图数据中的幽灵编号，启动游戏。因为游戏中摄像机只能看到骑士的周边，所以这时使用场景视图的摄像机会更方便（图 3.24）。

点击画面右上角的 Layout 按钮，将布局变成“2 by 3”。关闭 Maximize on Play，场景视图和游戏视图将并列显示。这样不论幽灵走到哪里都可以观察它的运动。

还可以用另外一个方法调试：把幽灵的编号设为 5，“追赶型”和“埋伏等待型”将在相同的位置产生（图 3.25）。游戏开始后，原本重叠的幽灵马上就分开了。看到这样的测试结果，应该很容易理解思考过程的不同了吧。

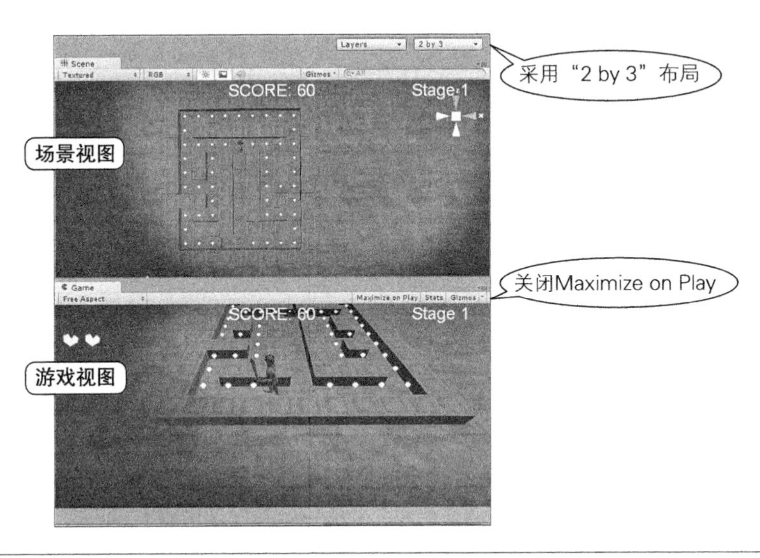

⇧ 图 3.24　同时显示场景视图和游戏视图

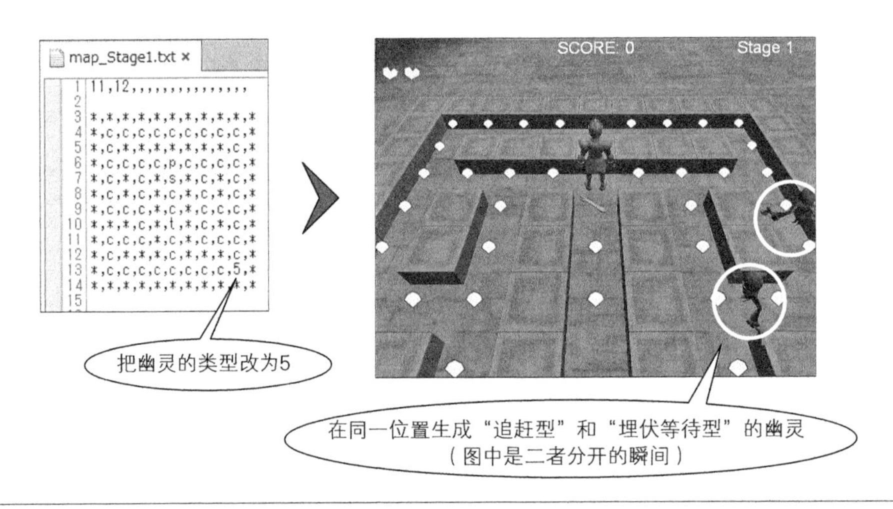

⇧ 图 3.25　在同一位置生成“追赶型”和“埋伏等待型”的幽灵

❖ 3.6.6 小结

《地牢吞噬者》中的思考过程，相对于那些使用真正的 AI 的游戏来说略显简单。不过经过一番努力后，我们也可以制作出在狭窄的迷宫中巧妙地追击骑士的强大对手。尤其是使用了“追赶型”“埋伏等待型”“包围攻击型”的程序，根据目标位置的设定，有时还能够产生各种不同的行为。

读者们也可以尝试实现一些与众不同的思考过程，比如幽灵从骑士处逃离，不知为何去追赶幽灵同伴等。

第4章

3D声音探索游戏

In the Dark Water

依靠声音探测看不见的敌人或物体！

4.1 玩法介绍 *How to Play*

✓ 依靠声音探测看不见的敌人或物体！

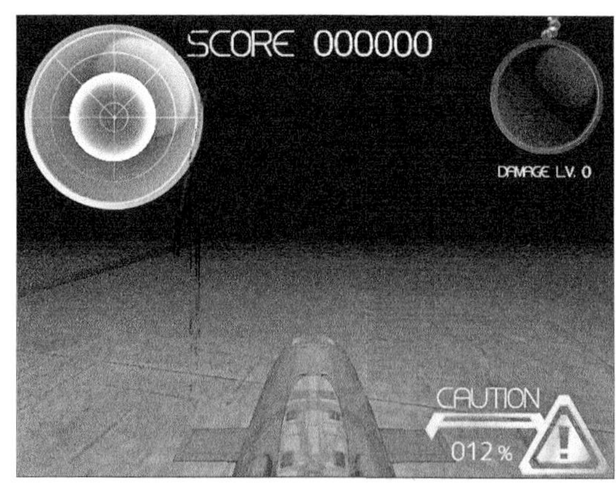

✓ 通过鼠标、B键和空格键操作！

- 前后拖动鼠标可以控制速度

- 左右拖动鼠标可以转弯
- 通过 B 键发射鱼雷
- 通过空格键切换声纳的类型

√ 灵活使用主动声纳！

- 按住空格键，切换到主动声纳
- 通过使用主动声纳，可以在声纳上显示敌人或物体
- 不过，使用主动声纳时更容易被敌人发现

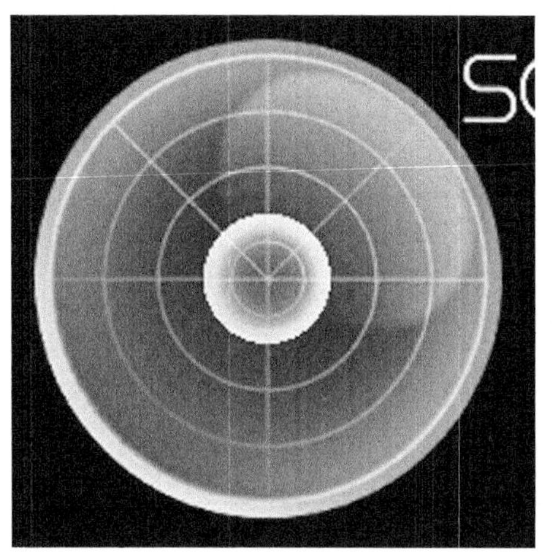
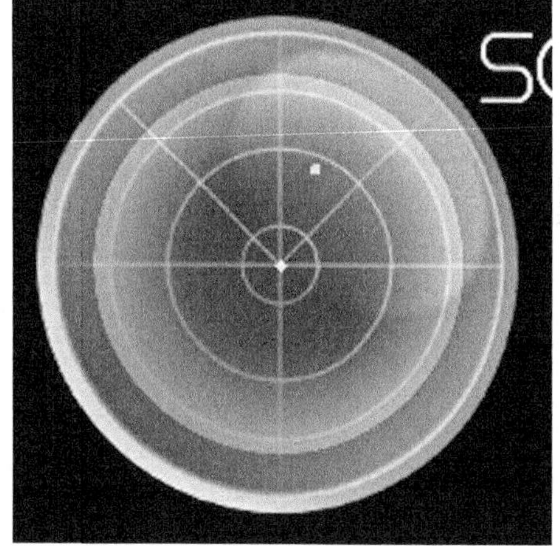

√ 任务达成后将过关！

- 每一关的任务都有所不同，例如“击沉敌舰”“搜集某些物品”等

√ 注意危险值！

- 这个值达到 100% 后……

4.2 只依靠声音 Concept

Unity 具有 3D 声音的功能。它可以通过声源和摄像机的位置关系，自动计算音量和声像（PAN，左右声道的音量平衡），并实时显示出声音传来的方向。那么，能否通过这个 3D 声音的特性开发一个有趣的游戏呢？抱着这样的想法，我们开始了 *In the Dark Water*（以下简称为 *Dark Water*）的制作。

刚开始，我们创建了一个用于实验的项目（本章中也会介绍到）。虽说通过 3D 声音能够实时再现声源的位置和方向，不过我们对于能否只通过声音探测出看不见的物体并无把握。出于这种考虑，我们决定先做个尝试，本书介绍的范例正是这次尝试的结果。

在切实感受到“通过声音定位”的乐趣后，笔者开始构思游戏的世界观。也曾考虑过诸如“恐怖游戏”和“打西瓜”[①] 等，但后来突然想到了更为贴合的创意，即一艘通过声纳的反射音寻找敌人位置的潜水艇，于是最终采用了“潜水艇战争”这个题材。

游戏的核心自然是：**一切只依靠声音**。

在黑暗的空间中只依靠声音前进时的紧张感，在平时生活中我们很难体会到。建议读者在游戏时戴上耳机，并将屋子的光线调暗。

另外，潜水艇的操作性也是开发人员需要注意的地方。如果能让玩家在游戏中体验到快速旋转舵轮的感觉就最好了。

❖ 4.2.1 脚本一览

文件		说明
Player/	PlayerCollider.cs	玩家被鱼雷击中后做的处理
	PlayerController.cs	玩家操作相关的处理（旋转、发射鱼雷等）
	SonarCamera.cs	声纳对象进入声纳显示范围内时被显示，超出该范围时不被显示的提示事件（根据 Collider 判断）
Common/	ColorFader.cs	声纳上显示的点的淡出控制，显示和不显示
	Note.cs	控制对象发出的声音
Enemy/	EnemyBehavior.cs	控制敌舰的前进速度和转弯等动作
	EnemyCaution.cs	用于管理敌人的 CAUTION 值
Torpedo/	TorpedoBehavior.cs	控制鱼雷的行为（前进、超出范围时删除、对象的销毁）
	TorpedoGenerator.cs	用于生成鱼雷的脚本（玩家和敌人使用同样的脚本）
	TorpedoCollider.cs	鱼雷的碰撞处理（根据鱼雷的发射者和被击中者发出相应的消息）
UI/Sonar	ActiveSonar.cs	主动声纳
	SonarSwitcher.cs	主动声纳和被动声纳的切换
	SonarEffect.cs	主动声纳和被动声纳的纹理放大缩小的效果
Item/	ItemCollider.cs	物体和玩家接触时，物体发出的通知的内容
Airgage/	Airgage.cs	调整 Air 的上升状态（如根据 DamegeLv 增加上升值等）
	AirgageBubble.cs	Airgage 的气泡效果设定（根据 DamegeLv 增加气泡数量）
UI/	Controller.cs	操舵轮的纹理显示以及旋转控制

※ 本项目的脚本数量较多，这里只列出一些具有代表性的脚本。

---

① 一种日本传统游戏，玩家闭眼用木棍敲打前方的西瓜。——译者注

No.
Date: / /
In the Dark Water
可以只通过声音确定位置？
·恐怖故事
·切西瓜
·潜水艇
不支持上下移动（因为太复杂）
浅滩！？
千钧一发的战斗

搁浅吧，敌人！

❖ 4.2.2 本章小节

- 仅依靠声音定位
- 控制 3D 声音
- 潜水艇的操纵
- 声纳的制作方法

4.3 仅依靠声音定位 *Tips*

❖ 4.3.1 概要

Dark Water 是一款只根据声音来探测敌人或物体位置的游戏。如果听了 Unity 中 3D 声音的效果，就能够很明显地感觉到根据距离和方向的不同，实时声音也会不同。不过，是否真的可以仅通过声音判断出对象的位置呢（图 4.1）？

出于这个考虑，我们在制作本章的游戏前，先开发了一个简单的用于测试的项目。

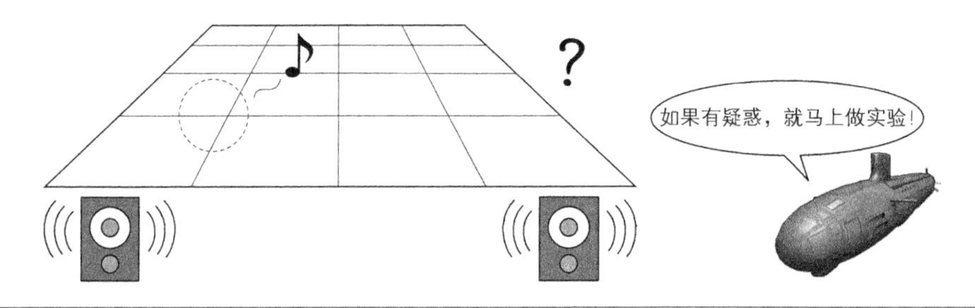

⇧ 图 4.1 可以只通过声音定位?

❖ 4.3.2 3D 声音的特性

Unity 的 3D 声音具有如下特性。

（1）声源和监听器之间距离近则声音较大，距离远则声音较小。

（2）如果声源位于监听器的左侧，则左声道的声音较大，如果位于右侧，则右声道的声音较大。

（3）声源接近监听器时音调变高，远离监听器时音调变低。

这些特性主要与声源和监听器的位置有关。

所谓**声源**，指的是“发出声音的物体”。比如玩家角色行走时发出的脚步声，射击游戏中击中敌人时的爆炸声，这两种情况的声源分别是玩家角色和敌人角色。Unity 中使用了 AudioSource 组件的游戏对象都可以作为声源。

另外，所谓的**监听器**指的是听到声音的人或者用于录音的麦克风等物体。Unity 中 AudioListener 组件具有监听器的功能。游戏中监听器往往同摄像机捆绑在一起。

画面中显示的图形都是从摄像机的位置看到的场景，也就是说摄像机充当了“眼”的角色。而如果在相同的位置放上“耳”，就能够实现和现实世界相近的、比较自然的音效体验。

下面我们针对各个特性再稍做详细说明（图 4.2、图 4.3、图 4.4）。

（1）声源和监听器之间距离近则声音较大，距离远则声音较小

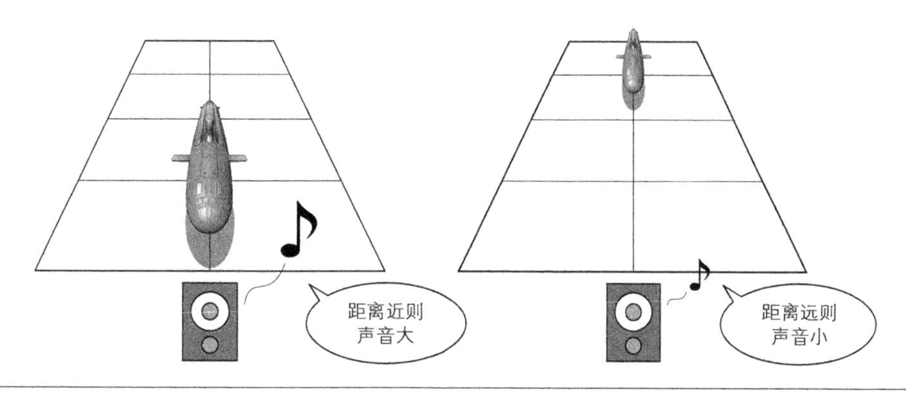

⇧ 图 4.2　距离近则声音大、距离远则声音小

离得近则听起来声音大，离得远则听起来声音小，大家在日常生活中有很多这样的体验吧。

（2）如果声源位于监听器的左侧，则左声道的声音较大，如果位于右侧，则右声道的声音较大

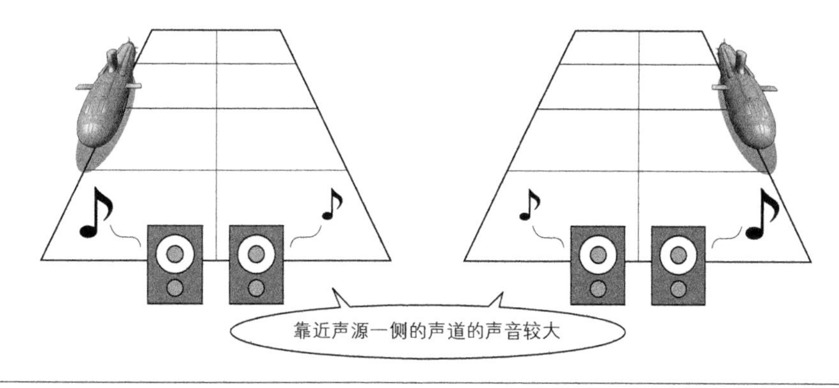

⇧ 图 4.3　靠近声源一侧的声道的声音较大

声源在正对监听器时如果位于左侧，那么左声道的声音较大，如果位于右侧，则右声道的声音较大。很明显，这是因为人类有左右两只耳朵。

通过左右声道的音量差来确定的声源方向称为**声像**。相比现实世界中的听觉体验，声像能够起到增强音效的作用。

（3）声源接近监听器时音调变高，远离监听器时音调变低

这个特性就像大家熟知的救护车警报，也称为**多普勒效应**。当声源与自己所处位置接近时

音调变高，相反远离自己时音调则变低。另外，这种声音的高低属性被称为**音高**（pitch）。

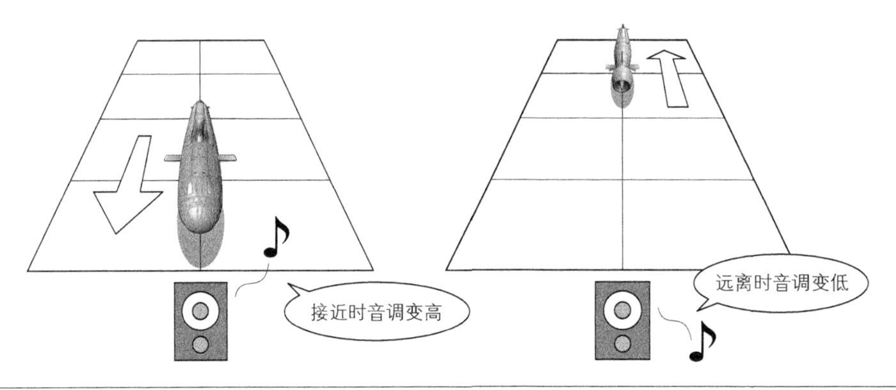

⇧ 图 4.4 接近时音调变高、远离时变低

❖ 4.3.3 用于实验的项目

接下来我们介绍 *Dark Water* 创建的实验项目 3dsound_test。此项目和本章开发的正式游戏都能在随书下载文件中找到（图 4.5）。

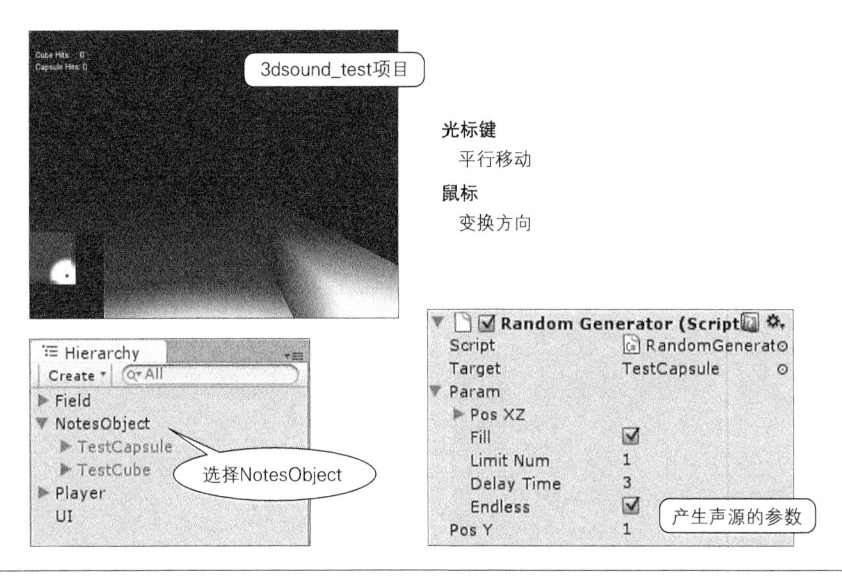

⇧ 图 4.5 3dsound_test 项目

这个项目是一个只能定位声源位置的简单游戏，需要玩家仅依靠声音判断方向，然后前往声源对象的位置，其中声源对象无法用眼睛看见。玩家成功到达对象所在位置后将发出光效，之后游戏对象将消失。

在层级视图中选择 NotesObject，可以改变产生声源的参数。

RandomGenerator 脚本有两套逻辑，各自产生的声源种类和 Target 都不相同。TestCube 会发出爆破的声音，而 TestCapsule 则会发出“轰——”的声音，这个声音和我们的游戏中物体发出的声音相同。

- PosXZ：生成对象的范围。以（X，Z）为原点，在（Width，Depth）范围内随机选取位置生成对象
- Fill：值为 true 时表示该范围内所有的位置都允许生成对象，值为 false 时则只能在 PosXZ 所确定区域范围的边缘部分生成对象
- Limit Num：允许生成对象的最大数量
- Delay Time：生成对象的时间间隔
- Endless：值为 true 时，将持续生成对象，值为 false 时，在生成数量达到 Limit Num 时，将停止生成新对象

声像只能产生左右的音量差，玩家无法分辨前方和后方的区别。这种情况下可稍微前后移动，依靠多普勒效应导致的音高变化来判断。

❖ 4.3.4 小结

相信读者在试玩了这个实验项目后，大致能够理解如何仅通过声音来定位对象的位置。虽然多花了一些时间，不过想法在技术上得到了验证，现在我们可以安心地开发游戏了。

读者在开发过程中如有不确定或者疑惑的地方，不妨像笔者这样创建一个小项目来做下实验。不仅为了编程，有时为了体验游戏的趣味性、查看图形渲染（shader）的效果和声音效果等目的，尝试性的实践也是很有必要的。

4.4 3D 声音的控制

Tips

❖ 4.4.1 关联文件

- Note.cs

❖ 4.4.2 概要

在上一小节中，我们通过创建用于测试的项目，了解到了能够只通过声音来定位对象的位置。不过为了让游戏变得更有趣、玩起来更简单，还有一些要点需要改善。这里我们将通过代码来介绍 3D 声音的“距离衰减”的相关设置和两个脚本方面的小技巧。

❖ 4.4.3 3D 声音的设置

Unity 中的 3D 声音部分有很多可以由开发人员进行设置的参数。其中，对于定位而言非常

重要的是**距离衰减**（图 4.6）。

距离衰减描述的是远离声源时音量以何种规律降低。Unity 中可以通过表示距离和音量的关系的图形形状来调整距离衰减。

在项目视图中选中追加了 AudioSource 组件的对象，比如 Prefabs/Enemy/SonarPoint 预设。点击检视面板中 3D Sound Setting 项左侧的三角形，可以看到如图 4.6 的曲线。这就是距离衰减图。

默认的 Logarithmic Rolloff 模式下，近处的衰减非常剧烈，稍微离开声源一段距离就会立刻无法听见声音。我们来试着缓和这种变化，让对象离声源较远时也能听见声音。首先把 Volume Rolloff 变更为 Custom Rolloff。

Custom Rolloff 的图形允许自由改变其形状。改变顶点的位置和斜度，让它变成图 4.6 的形状。请注意下面两个关键点：

- 近处的衰减比较剧烈
- 远处的衰减较为缓和

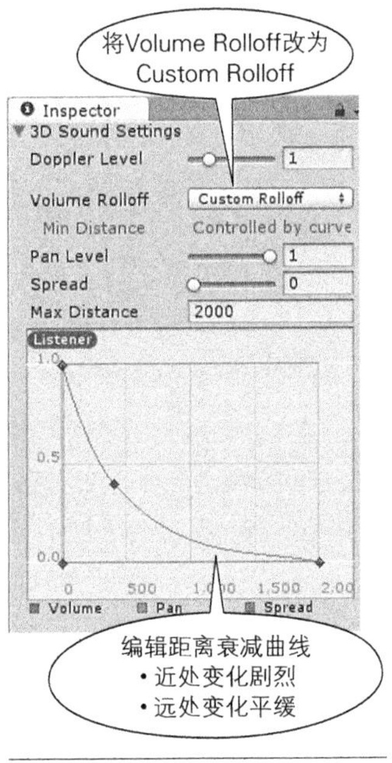

⇧ 图 4.6　距离衰减的设定

音量的变化对距离的变化越敏感，距离感就越容易把握。因为最终必须要定位到声源所在地，所以物体越接近声源，对其移动的正确性的要求就越高。因此为了便于进行细微的调整，我们可以将近处的距离衰减设置得强烈一些。

与此相反，当物体距离声源较远时，相比距离导致的音量变化，“确保物体即使距离声源很远也能够听到声音”则显得更为重要。出于这个原因，我们将远处的距离衰减设置得缓和一些。虽然距离较远时难于把握到声源的距离，不过只要能够确定方向，物体就可以朝着声源的方向移动。

❖ 4.4.4　按一定间隔发出声音

物体按照一定的时间间隔发出“滴咚，滴咚”的声音。我们采用单次音的音频素材。相比循环音持续不断地发出声音，单次音会有一段静音时间。这样我们就可以通过设定静音的时长，给玩家制造一种失去声源方向的紧张感。

对音频数据的后半部分做消音处理，也可以达到制造静音时段的效果。不过，通过程序来控制静音时段，会更便于做细微的调整。在游戏中也可以根据情况来随时改变静音时段。

使用计时器进行计时，每经过一定的时间就通过 Play 方法播放声音，这应该很容易实现（图 4.7）。

下面我们看看实际的代码。

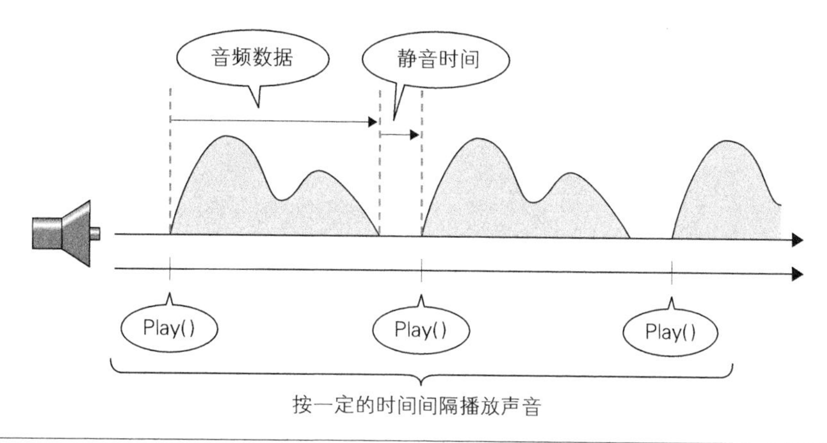

⇧ 图 4.7　按一定时间间隔播放声音

Note.Clock 方法

```
private void Clock(float step)
{
    counter += step;                          (a)累加时间间隔(从播放声音起的时间)
    if(counter >= interval) {                 (b)计时器超过“播放间隔”后，
        GetComponent<AudioSource>().Play();       再次播放声音
        counter = 0.0f;                       (c)清零计时器
    }
}
```

(a)更新用于记录声音开始播放后所经时间的 counter 变量值。这里累加的 step 值是上一帧起到现在经过的时间，该值可以用 Time.deltaTime 参数指定。

(b)counter 超过 interval 后，就意味着距离上次播放声音的时间已经超过了指定时间，再次播放声音。

(c)最后将计时器的值重新设置为 0。

❖ 4.4.5　声音的淡出

物体和敌机等声源消失后，其发出的声音也将同时消失。这时，如果强行中断声音的播放，根据声音种类的不同有时候可能会产生噪音。于是，在声源对象消失时，我们尝试让正在播放的声音慢慢淡出从而消失。

如图 4.8（1）所示，在播放声音时通过 Stop 方法停止 AudioSource 组件，根据声音种类的不同可能会产生“啪嗒”的噪音。

现在我们将声音消失的过程拉长，先慢慢降低音量，然后淡出。淡出处理可以通过在协程（coroutine）中慢慢降低音量来实现。

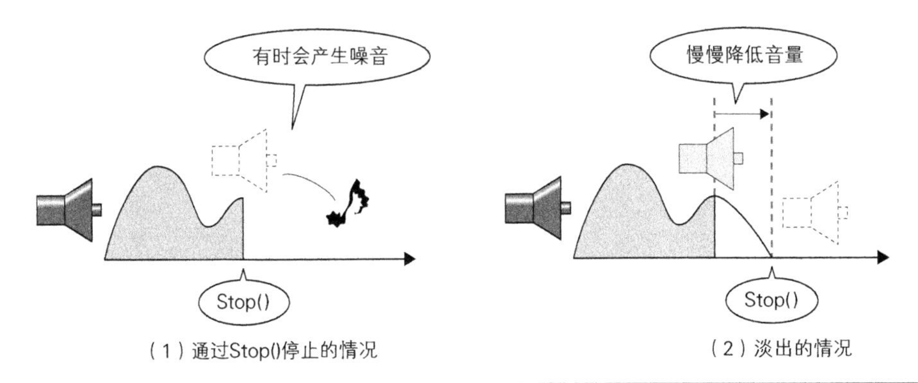

⇧ 图 4.8　用 Stop 方法停止的方式和淡出的方式的比较

Note.Fadeout 方法（摘要）

```
private IEnumerator Fadeout(float duration)
{
    // 声音淡出
    float currentTime = 0.0f;
    float waitTime = 0.02f;
    float firstVol = GetComponent<AudioSource>().volume;   // (a)淡出开始时的音量
    // (b)在 duration 内循环
    while(duration > currentTime) {
        // (c)慢慢降低音量
        GetComponent<AudioSource>().volume =
            Mathf.Lerp(firstVol, 0.0f, currentTime / duration);
        yield return new WaitForSeconds(waitTime);   // (d)中断处理一段时间
        currentTime += waitTime;
    }
}
```

（a）首先记录下淡出开始时的音量值。

（b）duration 表示淡出过程中截止到音量变为 0 所经过的时长，currentTime 表示从开始淡出到现在所经过的时间。在 duration 内，while 循环将一直执行。

（c）通过 Mathf.lerp 方法慢慢降低音量。第 3 个参数表示补间率，它的值通过当前时间 currentTime 除以淡出的时长 duration 计算而来。

（d）为了让音量慢慢降低，需要中断处理一段时间。

如果增加 duration 的值，淡出的时间就会变长。有时出于演示效果也可以将该值调整得长一些。

❖ 4.4.6　小结

Unity 的 3D 声音模块有很多可以设定的项目。很多人知道音效对于游戏的重要性，但是对于一些详细的设定却没有什么经验。

距离衰减等特性在一般的游戏中没有什么使用的机会。不过可能也正是因为大胆地尝试这些特性，才产生了游戏的新灵感。

4.5 潜水艇的操纵 *Tips*

❖ 4.5.1 关联文件

- PlayerController.cs

❖ 4.5.2 概要

在 *Dark Water* 游戏中，为了应用“只依靠声音来确定位置”这一规则，我们选取了“潜水艇战斗”这个题材。既然选取了潜水艇这种罕见的交通工具，我们就先来了解下它的运动规律。

根据以往对潜水艇的印象，游戏中的潜水艇需要具备以下几点特性。

- 对玩家的操作不能快速地作出反应
- 只有持续地操作鼠标潜水艇才能转弯

由于水的阻力比空气大，所以在水中运动往往没有那么灵活。另外，因为潜水艇自身的重量导致其惯性强大，所以不能够很快停下来，而且前后细长的外形还会导致它在转弯时会遇到比前进时更大的阻力（图 4.9）。

当然我们并没有必要完全忠实地再现现实中的潜水艇，只要在游戏中尽量还原出实际场景的氛围即可。

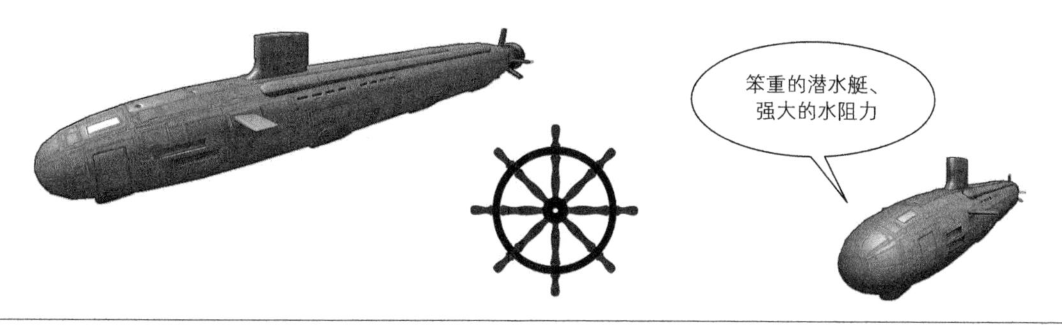

⇧ 图 4.9　潜水艇又重又长

❖ 4.5.3 操作方法

首先我们来梳理一下对潜水艇的操作方法（图 4.10）。

玩家的潜水艇（以下简称为玩家艇）可以通过点击鼠标左键并拖动来操作。将鼠标往前拖动会加快前进的速度，往后拖动则会降低速度，左右拖动则可以实现转弯（图 4.11）。

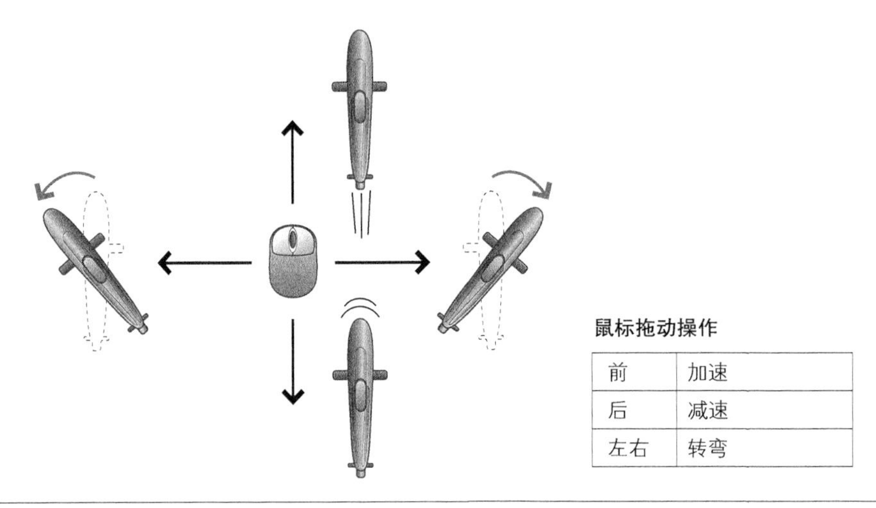

前	加速
后	减速
左右	转弯

⇧ 图 4.10 玩家艇的基本操作

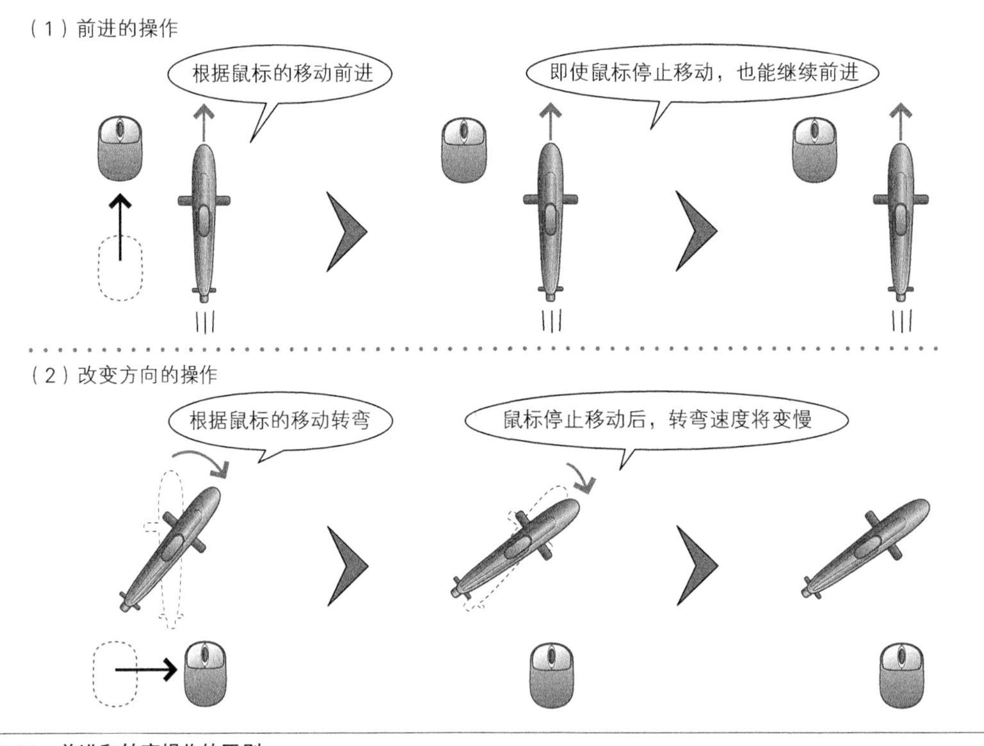

⇧ 图 4.11 前进和转弯操作的区别

前后拖动控制速度和左右拖动控制转弯，在鼠标停下来时以及放开鼠标左键时，二者的行为有细微差别。

往前拖动提高速度后，即使停止拖动鼠标或者松开按键，潜水艇也能保持原速度继续前进。

转弯的情况下，左右拖动鼠标时潜水艇将持续转弯，停止操作鼠标后速度将慢慢变小，过一阵后将自动停止转弯。

如果松开鼠标按键，转弯速度的衰减将变缓。这是因为松开按键后，由于惯性所致潜水艇将继续保持转弯一段时间。

❖ 4.5.4 转弯速度的衰减

现在我们针对转弯动作稍做详细解说。

图 4.12 表示的是持续拖动鼠标一段时间后再放开时转弯速度的变化情况。虚线处是停止鼠标操作的时刻。虚线左侧表示鼠标正在被拖动，转弯速度保持在一定的值。当停止鼠标操作后，也就是虚线右侧的区域，转弯速度越来越小直到变为 0。

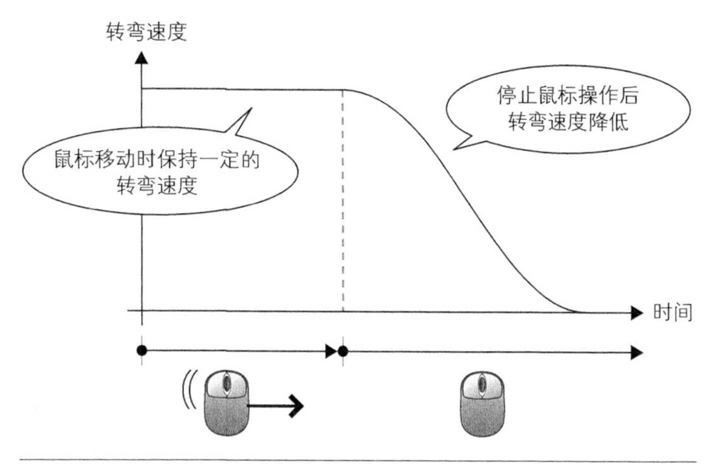

⇧ 图 4.12 停止鼠标操作后转弯速度的变化

松开鼠标按键后，不管是否还在继续拖动鼠标，转弯速度的衰减都将变缓。

图 4.13 中，下面的曲线表示按住鼠标按键时转弯速度的变化情况，上面的曲线表示松开按键时的情况。可以看到，松开鼠标按键的情况下，转弯速度衰减到 0 所花费的时间更长。

衰减得快或者慢可以用简单的参数来表示。不过，在松开鼠标按键的瞬间，有些地方需要注意。

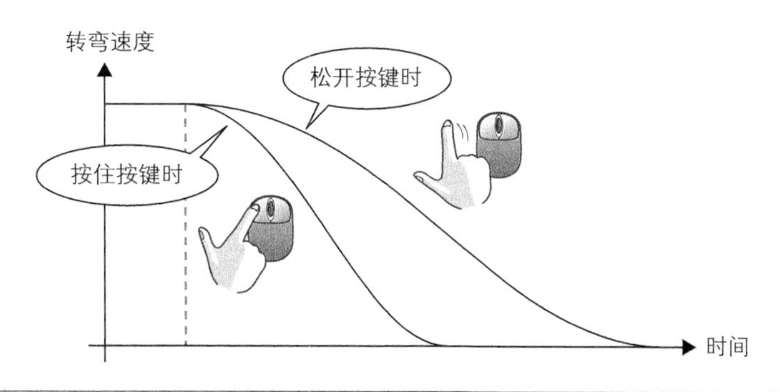

⇧ 图 4.13 按住鼠标按键和松开鼠标按键时的转弯速度

图 4.14 表示停止鼠标拖动后过一阵再松开鼠标按键时的转弯速度。在松开按键前，转弯速度沿着下面的曲线衰减，松开按键后则沿着上面的曲线衰减。可以看到，在松开按键的瞬间，下面的曲线向上面的曲线演变，速度发生了较大的变化。

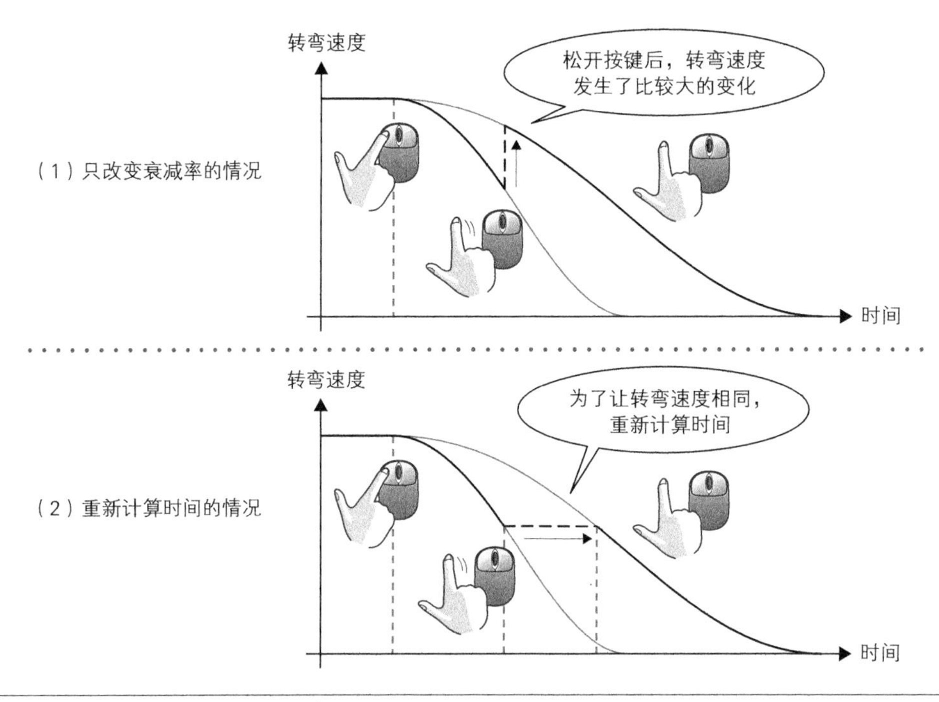

⇧ 图 4.14 只改变衰减率的情况和重新计算时间的情况比较

稍后我们再对程序进行详细解说，现在先到游戏中确认一下这种现象。源代码 PlayerController.cs 中定义的 RotationValue 类的 UsualAttenuation 方法里有下面这行代码，请将该行代码注释掉，然后再运行游戏。

```
attenuationTime = (slowdownRot * attenuationTime) / attenuationRot;
```

游戏启动后，大幅度拖动鼠标开始转弯。然后停止鼠标拖动，等转弯速度变小后松开按键。转弯速度在松开的一瞬间会忽然增加，之后会再次开始衰减。请注意，如果开始转弯时拖动鼠标的速度太慢，或者松开按键时的转弯速度不够小，都有可能导致很难观察到这种速度的变化。

接下来说明刚才注释掉的那行代码的功能。请参考图 4.14（2）。如前所述，上面的曲线是松开按键后的转弯速度，下面的曲线是按住按键时的转弯速度。这两条曲线的最大值和最小值都相等，区别只在于速度衰减到 0 所需要的时间。看起来就好像是沿着时间轴方向拉伸了。上面的曲线和下面的曲线，一定存在某个时刻二者的转弯速度是相同的。

中间那根虚线表示松开按键的时刻，它和下面的曲线的交点表示松开按键瞬间的转弯速度。

在该处画一横线，在横线和上面的曲线的交点处，二者的转弯速度相同。这两点的横轴值，也就是“从衰减开始经历的时间”是不同的。简单地说，就是计算纵轴值（转弯速度）相同时横轴的值（衰减开始经历的时间）。

那么，我们来看看这个控制转弯速度的代码。

PlayerController.FixedUpdate 方法（摘要）

```
void FixedUpdate()
{
    // 转弯速度的衰减
    rot.Attenuate(Time.deltaTime);        (a)转弯速度慢慢降低

    // 拖动中
    if(Input.GetMouseButton(0)) {
        rot.Change(Input.GetAxis("Mouse X"));        (b)拖动中，使用鼠标在X轴方向的移动量来更新转弯速度
    }

    // 拖动开始
    if(Input.GetMouseButtonDown(0)) {
        rot.BrakeAttenuation();        (c)在按下左键的瞬间设定转弯速度的衰减系数
    }

    // 拖动结束
    if(Input.GetMouseButtonUp(0)) {
        rot.UsualAttenuation();        (d)在松开按键的瞬间设定转弯速度的衰减系数
    }

    // 转弯
    Rotate();        (e)转弯处理
}
```

请结合计算转弯速度的类 RotationValue 一起理解。方法中的（a）～（d）和 PlayerController.FixedUpdate 方法中调用处所写的内容相同。

RotationValue 类（摘要）

```
public class RotationValue
{
    private float attenuationRot = 0.2f;        松开按键时的衰减率
    private float slowdownRot    = 0.4f;        按住按键时的衰减率
    (b)使用鼠标在X轴方向的移动量来更新转弯速度
    public void Change(float value)
    {
```

```
        (b1) 如果鼠标移动量 value 的绝对值小于 margin 则退出（目的是为了让鼠标停止移动
             后最终能够停止转弯）
        if(-margin < value && value < margin) return;

        // 混合转弯量
        current.y = Mathf.Lerp(current.y, current.y + value, blend); ── (b2) 更新转弯速度

        if(current.y > max) current.y = max;
        // 重新设置衰减
        attenuationStart = current.y;
        attenuationTime = 0.0f; ──────────── (b3) 重置用于衰减的计时器
    }
    (a) 转弯速度逐渐变慢
    public bool Attenuate(float time)
    {
        if(current.y == 0.0f) return false;
        attenuationTime += time;
        current.y = Mathf.SmoothStep(
            attenuationStart, 0.0f, currentRot * attenuationTime);
        return true;
    }              (a1) 用比率 "currentRot * attenuationTime"
                        对 attenuationStart 和 0.0f 进行补间
    (c) 设定转弯速度的衰减率（按下按键的瞬间）
    public void BrakeAttenuation()
    {
        currentRot = slowdownRot;
    }              (d1) 为了不让转弯速度变化，重新计算从衰
                        减开始经过的时间
    (d) 设定转弯速度的衰减率（松开按键的瞬间）
    public void UsualAttenuation()
    {
        attenuationTime = (slowdownRot * attenuationTime) / attenuationRot;
        currentRot = attenuationRot;
    }
}
```

（a）转弯速度逐渐变慢，进行衰减处理。

（a1）通过 Mathf.SmoothStep 方法求出当前时间 attenuationTime 对应的转弯速度。如果按 Mathf.smoothStep(from, to, t) 的形式调用 Mathf.SmoothStep 方法，t 小于 0 时将返回 from，大于 1 时将返回 to，位于 0 到 1 之间时则返回从 from 到 to 之间的平滑插值。

（b）使用鼠标在 X 方向的移动量来更新转弯速度。

（b1）如果鼠标的移动量 value 的绝对值小于 margin，则退出更新转弯速度的处理。这是为了让鼠标停止移动后最终能够停止转弯。

（b2）将鼠标的移动量乘以一定值后加上转弯速度，求出新的转弯速度。

（b3）将衰减用的计时器 attenuationTime 重新设置为 0。这个值相当于图 4.14 中表示转弯速度的衰减的图形中的横轴“时间”。在鼠标移动时这个值一直保持为 0，因此（a1）的 Mathf.SmoothStep 的返回值总是等于 attenuationStart，不会做衰减处理。

（c）将（a1）的计算中用到的衰减率的值改为松开按键时的值 slowdownRot。

（d）和（c）相同，将衰减率的值改为按下按键时的值 attenuationRot。

（d1）为了使松开按键的瞬间转弯速度不发生剧烈变化，需要重新计算从衰减开始到现在经过的时间。再次看看（a1）中转弯速度的计算公式：

```
Mathf.SmoothStep(
    attenuationStart, 0.0f, currentRot * attenuationTime);
```

为了使衰减率 currentRot 变化时上述计算式也能保持结果值不变，就需要确保 `currentRot * attenuationTime` 的值保持不变。这样，当 currentRot 从 slowdownRot 变为 attenuationRot 时，假设衰减率变化后的经过时间为 attenuationTime0，那么就有：

```
slowdownRot * attenuationTime =
    attenuationRot * attenuationTime0
```

对上式加以变形，即可得出：

```
attenuationTime0 =
    slowdownRot * attenuationTime / attenuationRot
```

❖ 4.5.5 小结

汽车、飞机、轮船等交通工具的操作方法和操作时的感觉各有其特征。这些都是根据复杂的物理规律制造出来的东西，而在游戏中，比起忠实地再现这些物体，趣味性其实更为重要。真实的体验确实会增加游戏的魅力，不过有时候撇开“计算的正确性”不谈，创造一个天马行空的世界里的交通工具也是非常有趣的呢。

4.6 声纳的制作方法 *Tips*

❖ 4.6.1 概要

Dark Water 中，游戏画面的左上角会显示声纳探测到的敌机和鱼雷。虽然游戏的目的是“仅通过声音探测位置”，不过为了照顾那些对此感到棘手的玩家，我们增加了这个用于提示的功能。

虽然对于游戏来说只是增加了一个小功能，但是制作过程中会用到很多重要的技术。

- 摄像机的视图变换
- 根据层（layer）指定绘制对象
- 通过视口（viewport）指定绘制位置

下面我们将逐个对这些技术进行解说。

❖ 4.6.2 Perspective 和 Ortho

游戏中的摄像机具有**视图变换**的功能，能够将三维坐标转换成二维坐标。玩家角色和地形等模型数据都位于三维空间内，而用于绘制它们的屏幕使用的则是二维坐标系。因为硬件性能的提升，最近也有很多 2D 游戏在程序中使用三维坐标。

摄像机的视图变换有两种类型，Perspective（下面称为**透视视图**）和 Ortho（下面称为**平行投影视图**），我们先对这两种视图变换的区别做简单的说明。

首先，请想象一下如图 4.15 最上方的场景。场景中有两艘潜水艇和一台摄像机，地面上绘制有网格线。我们分别看看在透视视图和平行投影视图中场景画面有什么区别。

在透视视图中，物体离得越远显示在画面上的尺寸越小。由于右侧的潜水艇比左侧的潜水艇距离摄像机远，因此在画面上的尺寸较小。另外，透视视图具有远处的物体会向画面中央靠近这一特性，而网格的纵线向画面中央倾斜也正是出于这个原因。

而在平行投影视图中，不论物体距离摄像机多远，其显示在画面上的尺寸都不会改变。和透视视图不同，两艘潜水艇在画面上的尺寸一样大。远处的物体也不会向画面中央靠拢，因此网格线之间一直保持均等的距离。

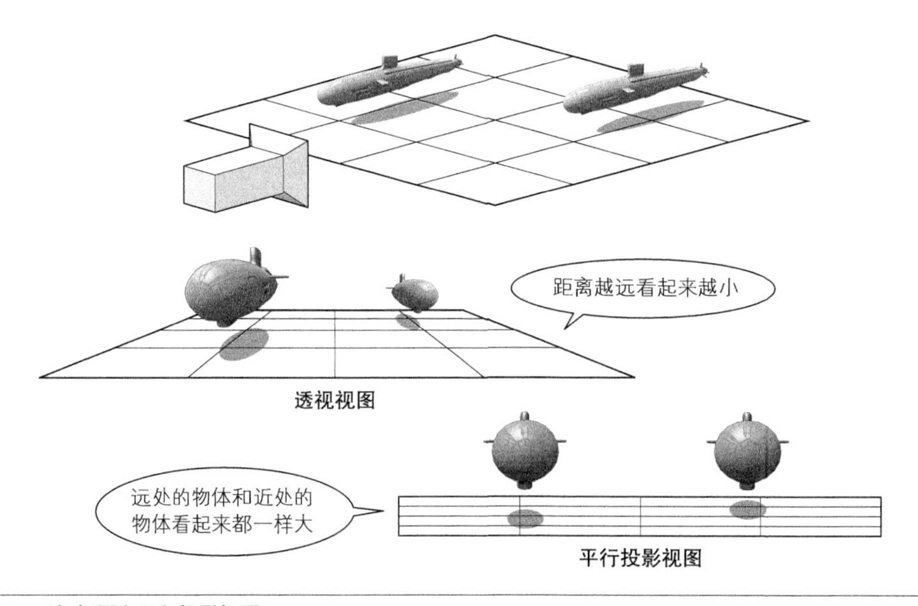

⇧ 图 4.15　透视视图和平行投影视图

透视视图的特性非常接近人眼。远处的物体看起来比较小，远处的路面看起来比较窄，这都符合我们日常的经验。在 3D 游戏中，绘制主画面的摄像机经常用到透视视图。

相反，平行投影视图因为比较容易调整物体显示在画面上的大小，在诸如通过 2D 来显示玩家得分和体力时，以及像雷达这样不需要改变物体显示大小的场合中常常被使用到。

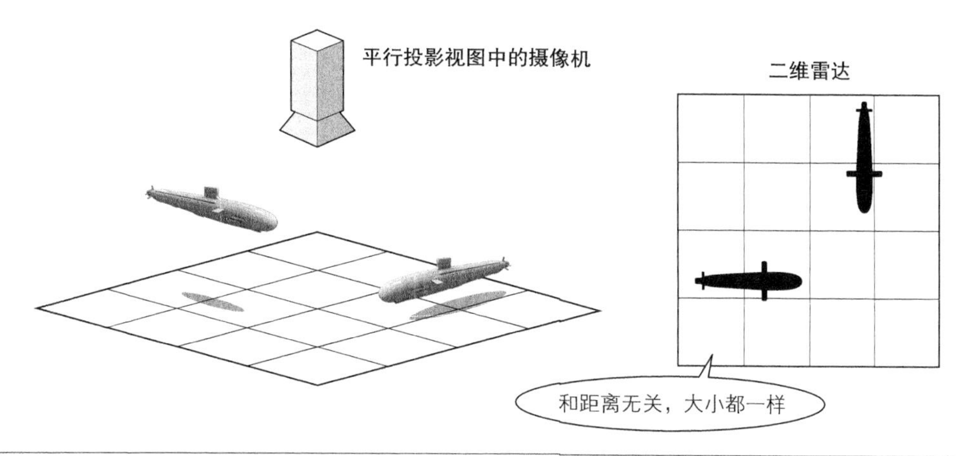

⇧ 图 4.16　平行投影视图中的二维雷达

图 4.16 是用平行投影视图创建二维雷达的例子。由于两艘潜水艇的高度不同，因此距离摄像机的远近是不同的。不过，画面上的二维雷达中潜水艇的大小却都一样。像这样，在“不考虑高低差，只关心物体间的位置关系”时，常常会用到平行投影。汽车游戏和飞行游戏中经常可以看到这样的雷达。

请读者结合自己要开发的游戏，合理使用透视视图和平行投影视图。

❖ 4.6.3　Dark Water 的声纳摄像机

下面我们将详细讲解 *Dark Water* 中是如何实现声纳的。首先我们来看看大致的结构。

图 4.17 中左下角是玩家的潜水艇。摄像机位于其后上方。一台是用于绘制 3D 的主场景画面的**主摄像机**，另外一台是用于声纳的**声纳摄像机**。主摄像机使用透视视图，声纳摄像机使用平行投影视图。

摄像机在决定将图像绘制在画面的何处时，使用了叫作**视口**的参数。通过设置不同的视口，使主摄像机在整个画面中绘制，声纳摄像机在画面左上角的一部分区域中绘制。关于视口，稍后会再做说明。

主摄像机位于玩家潜水艇的上部中央位置，总是朝着前进的方向，这是为了能够绘制玩家潜水艇前方的视野。另外，声纳摄像机位于玩家潜水艇的正上方，向下俯视。图 4.18 中为了便于理解，将主摄像机放置在了玩家潜水艇的后方。总之，两个摄像机的位置和朝向是不同的。

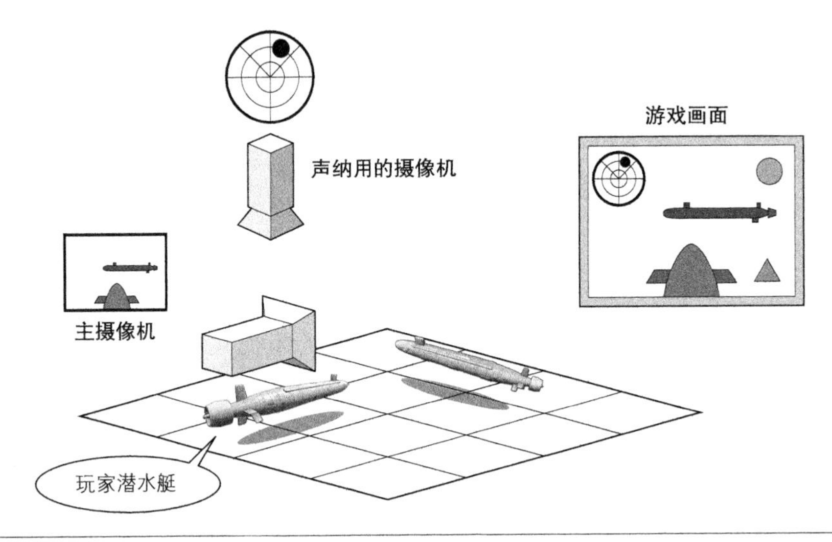

介 图 4.17 Dark Water 的两台摄像机

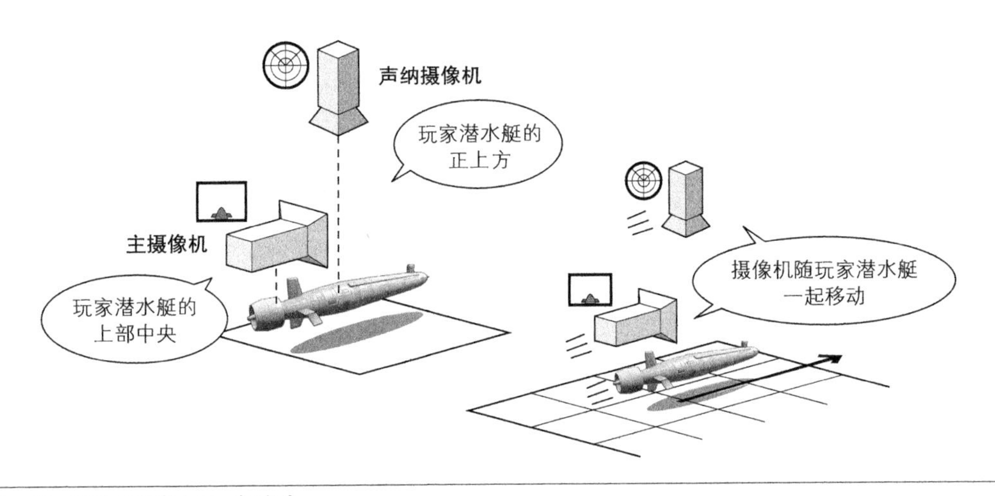

介 图 4.18 摄像机随潜水艇一起移动

另外，主摄像机和声纳摄像机都是潜水艇的子对象，在游戏中它们将随玩家潜水艇一起移动。

❖ 4.6.4 摄像机和对象的层

游戏中主摄像机和声纳摄像机分别绘制不同的画面。一个物体在主摄像机上被绘制成 3D 模型，在声纳上则只显示为一个点。主摄像机和声纳摄像机只是位置和方向不同，它们看到的应该是同一个世界。尽管如此，它们各自绘制的画面却毫不相同，这是因为使用了名为**层**的特性。

图 4.19 表示鱼雷模型的层次关系。父对象 Torpedo 下有 toepedoe_01 和 SonarPoint 两个子对象：toepedoe_01 是鱼雷自身的 3D 模型，而 SonarPoint 则是单纯的球体模型，在声纳上被绘制出的圆点就是它。

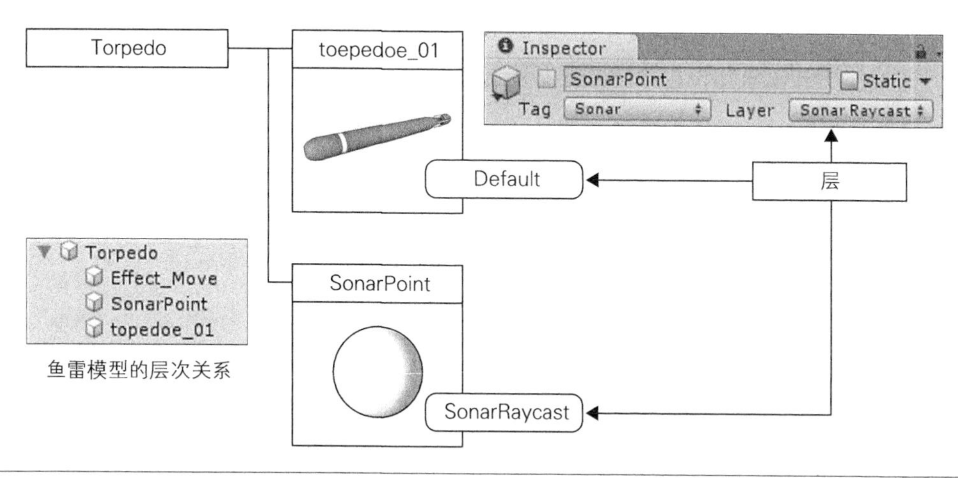

⇧ 图 4.19　鱼雷模型的层次关系

toepedoe_01 和 SonarPoint 中分别设定了不同的层。请读者在层级视图中分别选中它们的子对象。可以在检视面板中看到对象名下方设定的层，toepedoe_01 的层应该为 Default，SonarPoint 的层应该为 SonarRaycast（图 4.20）。

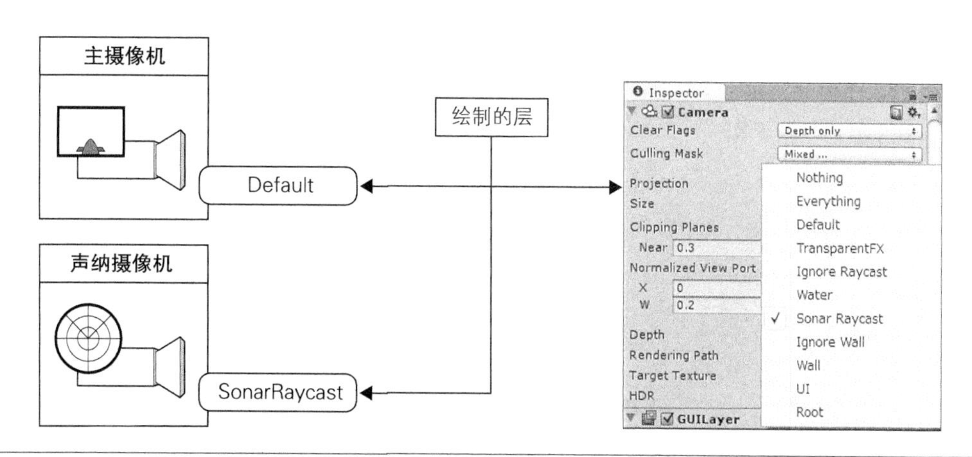

⇧ 图 4.20　主摄像机和声纳摄像机的层

根据“对象属于哪个层”，可以对对象进行分组。摄像机的情况下，还可以在此基础上指定“要绘制哪个层的对象”。请读者在层级视图上选择 Player 的 SonarCamera 子对象。

可以在检视面板上看到 Culling Mask 项，它表示摄像机要绘制的层，下面称之为“裁剪蒙版”。

声纳摄像机的裁剪蒙版中只有 Sonar Raycast 项被选中了，而主摄像机中则选中了很多项，不过这里只需要请大家注意被选中的 Default 项。

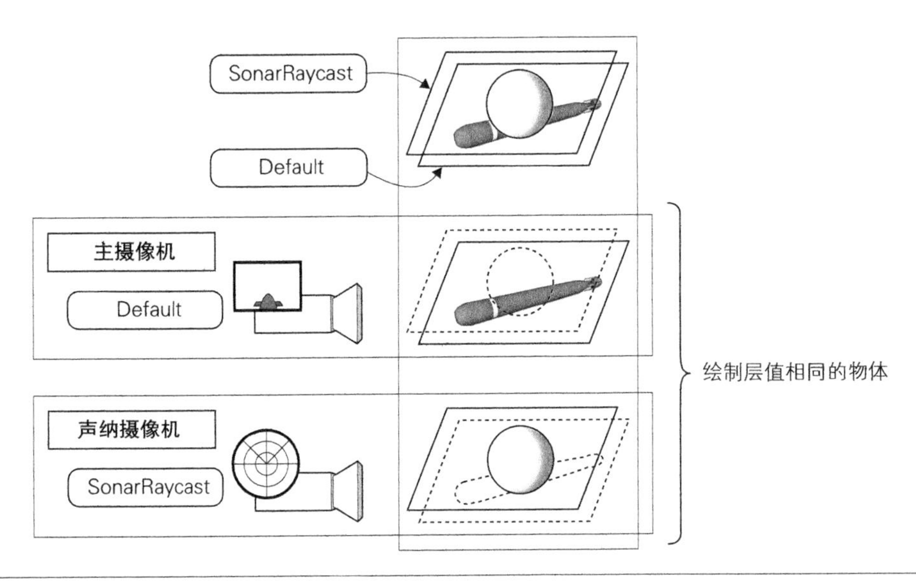

⇧ 图 4.21　绘制层值相同的物体

摄像机实际上只绘制裁剪蒙版中指定的层的对象。如图 4.21 所示，我们可以理解为摄像机将绘制那些层值相同的对象。

鱼雷模型 topedoe_01 和声纳上的小点 SonarPoint 总是同时存在，且位置相同。原本这两个对象看起来应该是重叠的，但是通过对摄像机和对象进行层值设定，结果就在不同的摄像机中看到了不同的画面（图 4.22）。

⇧ 图 4.22　主摄像机和声纳摄像机中看到的鱼雷模型

❖ 4.6.5 稍作尝试

为了更好地理解层的作用，我们来做个简单的试验（图 4.23）。

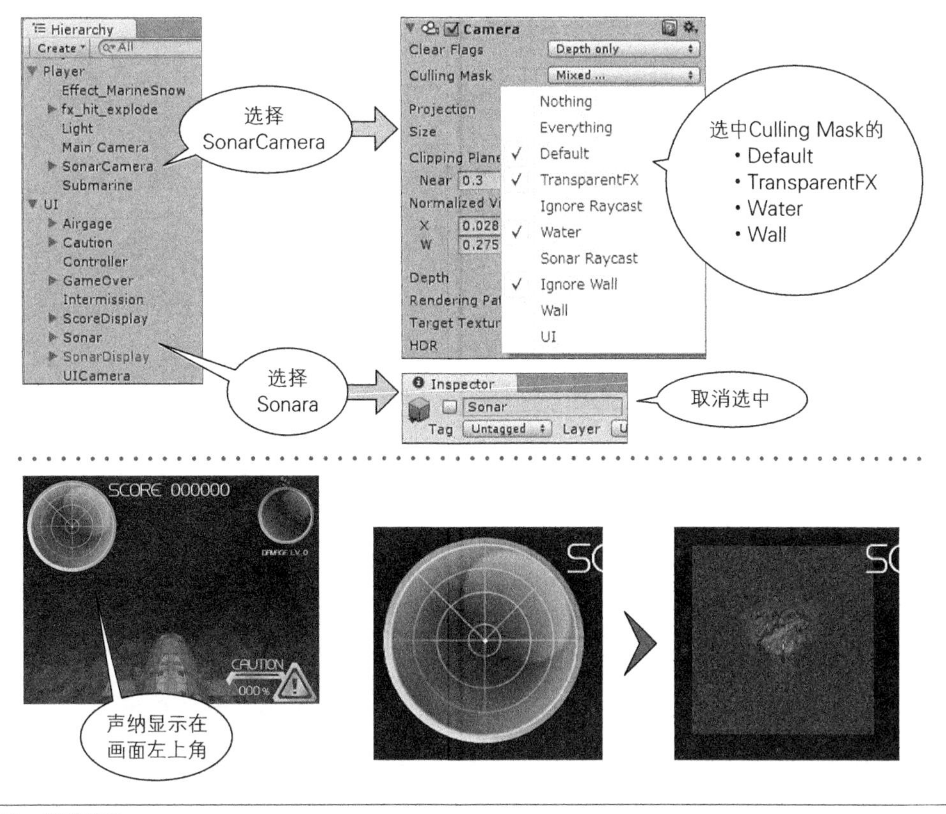

⇧ 图 4.23 层的试验

在 Unity 编辑器中按下播放按钮，游戏开始后再点击暂停按钮。

首先在层级视图中选择 Field/Player/SonarCamera，点击检视面板中的 Culling Mask，可以看到裁剪蒙版中的所有层，把它设置成和 MainCamera 相同的状态。具体操作为取消 Sonar Raycast 的选中状态，同时将下列项目选中。

- Default
- TransparentFX
- Water
- Wall

然后，在层级视图中选择 UI/Sonar。取消检视面板上对象名称旁侧的复选框，将对象设置为非激活状态。

取消暂停，再次启动游戏，会发现画面左上角的声纳消失了，取代它的是从玩家潜水艇上方俯视到的景象。这是由于声纳摄像机的绘制对象从 SonarPoint 改成了普通的 3D 模型。

❖ 4.6.6 摄像机的视口

现在我们对前文提到的摄像机的视口稍做说明。这里将再次使用之前在 4.3 节中用到的实验项目 3dsound_test。

3dsound_test 项目中，从正上方俯视到的景象将被显示在画面的左下角。这个原理和 *Dark Water* 中的声纳摄像机是一样的。不过它无法根据不同的层绘制不同的对象，只是将和主画面相同的对象换个视角显示了出来而已。

和玩家处于相同位置的 MainCamera 中的图像将显示在全体画面上，而相当于 *Dark Water* 中的声纳摄像机的 Airscape Camera 则位于玩家的正上方，它的图像将被缩小显示在画面左下角（图 4.24）。像这样，决定“摄像机的图像在画面的何处显示，以及按多大尺寸显示”的属性就是视口。

Unity 中的视口具有表示位置的 X、Y 以及表示横向和纵向尺寸的 W、H 四个属性。视口和画面的位置坐标都以左下角为原点（0.0，0.0），横向和纵向尺寸的取值范围都是从 0 到 1。

⇧ 图 4.24 Airscape Camera（相当于潜水艇游戏中的声纳摄像机）中的图像

现在我们来调整视口的各个参数，看看画面会有怎样的变化。在层级视图中选择 Player/AirscapeCamera。在检视面板的 Camera 脚本项中，View Port Rect 以下的内容就是视口的相关参数（图 4.25）。

修改了视口参数后的效果如图 4.26 所示。建议读者亲自动手修改视口参数并查看画面的变化，这样应该很快就能理解各个参数的意义了。

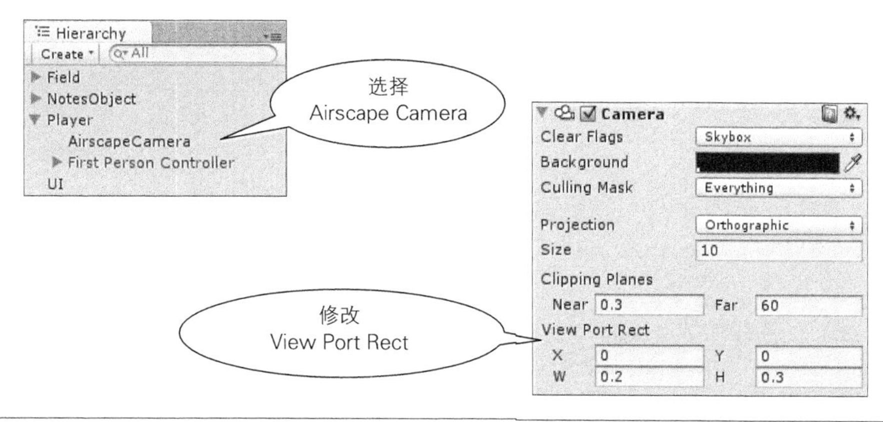

⇧ 图 4.25 修改视口属性的方法

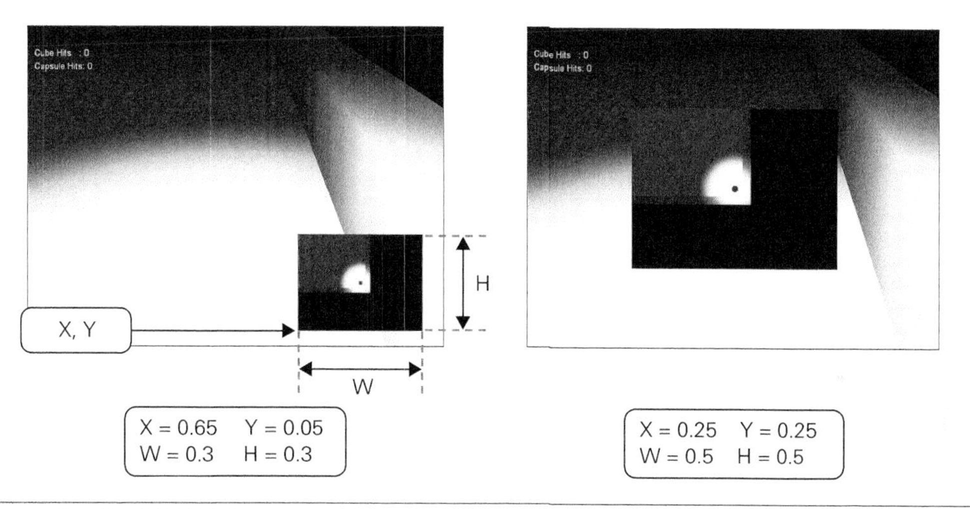

⇧ 图 4.26 改变视口参数的例子

❖ 4.6.7 小结

本章介绍的“一个父对象下挂着两个子对象，通过分层使不同的摄像机显示不同的画面”是非常重要的技术。利用该技术，除了可以实现 *Dark Water* 中的声纳等平面雷达外，还可以实现类似于“利用 X 射线照出角色骨骼”这样的功能。

另外，这种通过视口指定绘制位置的技术，也可以用于模拟车辆的后视镜。读者不妨考虑一下其他有趣的使用场景。

第5章

节奏游戏

摇滚女孩

跟着节拍点击！

5.1 玩法介绍 *How to Play*

✓ 跟着节拍点击→head-banging!

● 找准节拍标记和节奏圆重叠的时机，点击鼠标左键

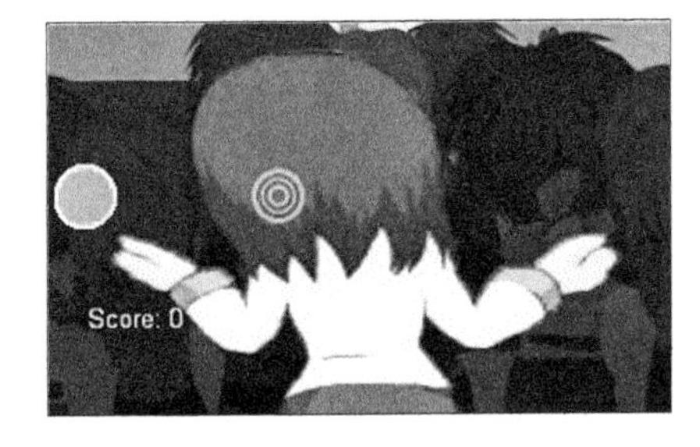

✓ 掌握好时机才能得高分！

- 节拍标记和画面左边的节奏圆重叠在一起的瞬间是点击的最佳时机
- 时机掌握得越好得分越高

5.2 Band-girl 的世界 *Concept*

不知读者是否听说过被称为“band-girl”的人群。所谓 band-girl，指的是那些痴迷于视觉系乐队（visual band）的女孩。

笔者曾经听到一位自称“铁杆 band-girl”的朋友说希望能制作 band-girl 游戏。既然要把演出现场搬到游戏中，最适合的自然是**节奏游戏**了。

节奏游戏是一种只需要玩家跟着音乐节拍点击按键的简单游戏。不过正因为简单，游戏中的世界观和画面表现的独特性就显得非常重要。从这一层面上来看，“band-girl 的世界”可以说是一个非常适合的题材。而且，head-banging 这种激烈地前后摇晃脑袋的动作，也非常符合节奏游戏的玩法。

游戏的关键词是 **band-girl 的世界**。

实际上如果能够不通过鼠标而使用 head-banging 来控制游戏输入的话会更完美，不过因为过于复杂，我们暂且不讨论该方案。

以前电视上曾播放过“零下 40 度的世界里可以通过 head-banging 钉钉子”的广告语。

不过这种广告模仿起来太危险，所以还是请读者把热情投入到游戏和游戏开发中吧。

另外也请读者试着听一下游戏中可以听见的音乐创作者的声音。

❖ 5.2.1　脚本一览

文件		说明
	MusicalElement.cs	舞台演出和节拍标记的基类
	sequenceSeeker.cs	按时间对序列数据定位
	SongInfo.cs	音乐数据
	SongInfoLoader.cs	从文件读取音乐数据
Managers/	EventManager.cs	舞台演出的管理和执行
	InputManager.cs	玩家点击鼠标时的处理
	MusicManager.cs	音乐播放控制
	PhaseManager.cs	游戏整体的分段管理（主题画面和游戏进行中等）
	ScoringManager.cs	判断玩家输入是否成功、计算得分
GUIBehavior/	StartupMenuGUI.cs	开始画面的 GUI
	DevelopmentModeGUI.cs	开发模式的 GUI
	InstructionGUI.cs	操作说明画面的 GUI
	OnPlayGUI.cs	游戏进行中的 GUI
	ShowResultGUI.cs	结果画面的 GUI
PersonBehavior/	Audience.cs	观众的动画
	BandMember.cs	乐队成员的动画
	PlayerAction.cs	玩家角色的动画
StagingDirection/	StagingDirection.cs	舞台演出的基类

※ 本项目的脚本数量较多，这里只列出了一些具有代表性的脚本。

❖ 5.2.2　本章小节

- 显示点击时刻的节拍标记
- 判断是否配合音乐进行了点击
- 演出数据的管理和执行
- 其他调整功能

No.
Date: / /
head-banging
摇滚女孩
主唱 Raphael AGE・岩田3世
独立乐队
精彩的表演
就交给我们吧！
贝斯 皇帝坂本
吉他手 良田
鼓手 正树Galaxy
band-girl 盘代南无子
除了米饭和零食我最喜欢的就是乐队现场了！

5.3 显示点击时刻的节拍标记 *Tips*

❖ 5.3.1 关联文件

- SequenceSeeker.cs
- OnPlayGUI.cs

❖ 5.3.2 概要

玩家点击按钮的时刻会被作为**标记**存储在**序列数据**中。首先我们来实现随着演奏的进行读取序列数据，并在画面上显示出该标记的程序。

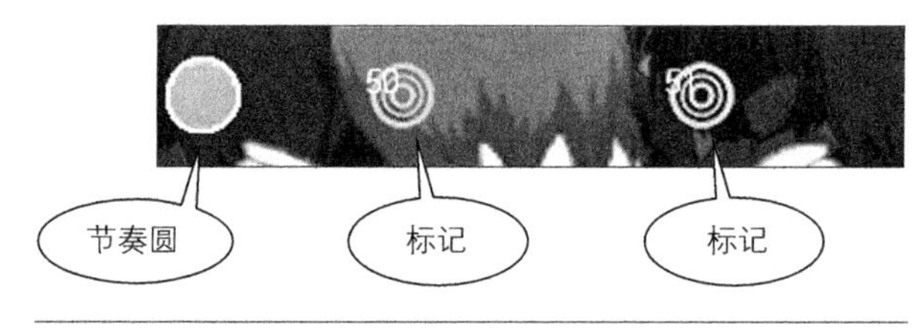

⇧ 图 5.1 节奏圆和标记

这些标记将朝着节奏圆移动，这样在被玩家点击时才有可能和**节奏圆**重叠。为了能够在适当的时刻到达节奏圆的位置，需要提前读取序列数据（图 5.1）。

❖ 5.3.3 定位单元

玩家可以通过画面内的节拍标记知道该何时点击按键。标记从画面右端出现，按照音乐播放的速度向左移动。在画面左端附近有个节奏圆，标记和这个节奏圆重叠的瞬间就是最完美的点击时刻。

玩家输入的时机可能正好，也可能偏早或偏晚。为了对此进行判断，必须找到当前音乐播放时刻后面的最近的一个标记。**定位单元**就是为了这个目的而产生的（图 5.2）。

标记中的数据记录了玩家点击按键的时刻。它以**节拍数**为单位。请想象一下跟着音乐拍手的场景。如果是节拍较快的音乐，那么拍手的间隔就比较短；相反如果是节拍缓慢的音乐，拍手的间隔则比较长，而这里的拍手的次数就相当于节拍数。

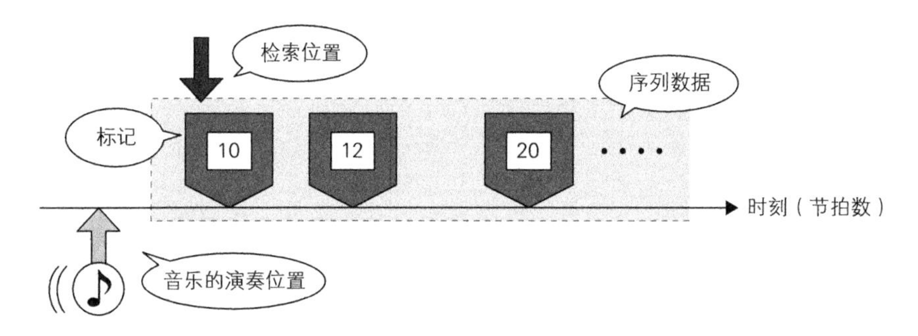

⇧ 图 5.2 定位单元

如果标记中记录的时刻是“10 节拍数”，就意味着玩家应该在音乐开始播放后第 10 次打拍子的瞬间点击按键。

在序列数据中，整首音乐的标记会按照节拍数从小到大的顺序排列。这种沿着时间顺序排列的数据，称为**时间序列数据**。

检索位置总是指向当前音乐播放位置后面的第一个标记。随着音乐的播放不断更新检索位置，是定位单元的主要功能。

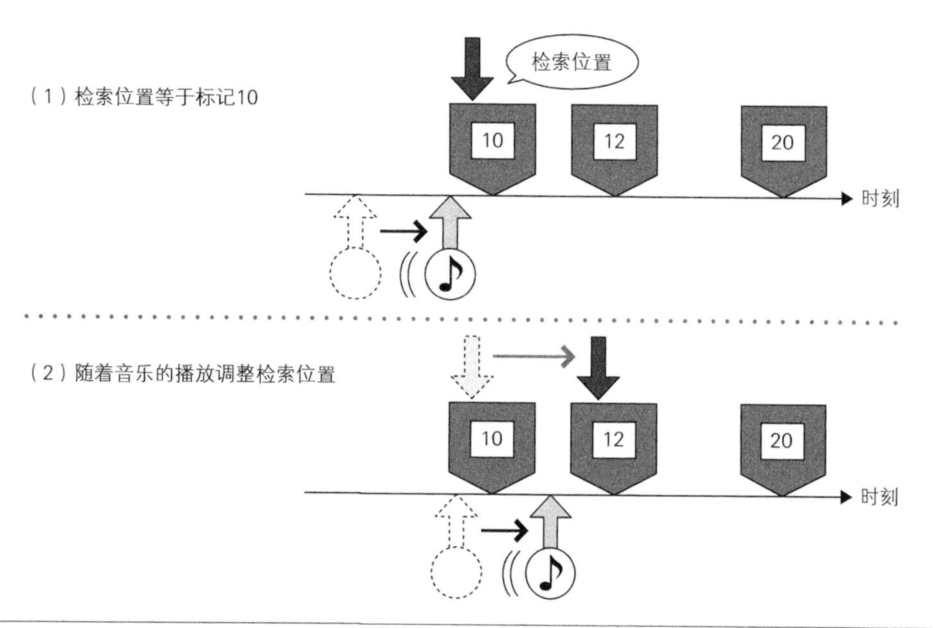

⇧ **图 5.3　检索位置的前进过程**

图 5.3（1）是音乐刚开始播放后不久时定位单元的状态。这时检索位置指向序列数据开头的标记。

游戏经过一段时间后，演奏位置从音乐开头变成了第 11 拍处，如图 5.3（2）所示。由于当前检索位置的标记位于第 10 拍处，而演奏位置已经超过了检索位置所指的标记，因此这时使检索位置前进到下一个标记。新的检索位置的标记位于第 12 拍，也就是当前演奏位置（第 11 拍）之后的最近的标记。

下面我们来看看定位单元中移动检索位置的方法。

SequenceSeeker.ProceedTime 方法、find_next_element 方法（摘要）

```
public void ProceedTime(float deltaBeatCount)
{
    // 累加现在的时刻
    m_currentBeatCount += deltaBeatCount;
    // 设置表示“检索位置前进完成”瞬间的标记为 false
```

```
    m_isJustPassElement = false;
    (a)取得现在时刻之后的那个标记的索引
    int index = find_next_element(m_nextIndex);

    if(index != m_nextIndex) { ——(b)"之后的那个标记"和"检索位置"相等吗?
        m_nextIndex = index;                ┐
        m_isJustPassElement = true;         ├—(c)更新检索位置(把更新的标记
                                            ┘     设为 true)
    }
}
查找 m_currentBeatCount 之后的那个标记
private int find_next_element(int start_index)
{
    // 通过表示"超过了最后标记的时刻"的值进行初始化
    int ret = m_sequence.Count;

    for(int i = start_index; i < m_sequence.Count; i++) {
        (d)如果标记的位置位于现在时刻之后,表示已经找到
        if(m_sequence[i].triggerBeatTiming > m_currentBeatCount) {
            ret = i;
            break;
        }
    }

    return(ret);
}
```

ProceedTime 方法将上次调用后经过的时间作为参数。

(a)查找位于现在时刻之后的最近的那个标记。关于 find_next_element 方法稍后再做说明。

(b)如果“现在时刻之后的最近的那个标记”和当前检索位置的标记不同，就意味着现在时刻超过了位于当前检索位置的标记的时刻，需要更新检索位置。

(c)更新了检索位置后，将表示“已更新完检索位置”的标记设置为 true。在检索位置被更新的瞬间，程序将利用定位单元执行诸如“开始显示标记”等处理。知道了检索位置何时被更新，将对后续处理带来便利。

find_next_element 在找到标记时将返回该标记在数组中的索引。如果定位单元的“现在时刻”比最后的标记还要靠后，则将返回最后的索引 + 1 的值，也就是返回数组的长度。需要注意的是，我们会通过这个值来防止再次访问数组。

另外，find_next_element 方法将检索开始的位置作为参数。一般来说，音乐是从头开始按

顺序播放的，定位单元的现在时刻也不可能回溯到过去。同样，序列数据中的标记也按照时间先后顺序排列。因此，即使现在时刻超过了检索位置，现在时刻之后的那个标记也应该位于检索位置之后。而为了缩短检索时间，将开始位置设置为上次的检索位置就足够了。出于这些原因，find_next_element 就被设置成能够指定检索开始的位置了。

（d）如果标记时刻大于现在时刻，将返回该标记的索引值。因为标记是按照时间从小到大的顺序排列的，所以最先被探测到的就是“之后的那个”标记。

❖ 5.3.4 标记的显示

现在我们知道了如何查找当前音乐播放位置的下一个标记。画面中实际显示的标记，从画面右端开始出现，在输入的时刻到达节奏圆的位置并与之重叠。因此，在到达序列数据中的标记的时刻才开始显示是不行的，考虑到移动所花费的时间，必须提前开始显示。

标记的显示需要两个定位单元连动进行。其中一个比当前音乐播放位置领先 2.5 秒左右，另外一个比当前位置滞后 1 秒左右（图 5.4）。这两个定位单元的时间差就是标记通过画面所需要的时间。其中 2.5 秒、1 秒这些数值都是通过多次调整得到的，其目的就是使标记在画面上的显示时间达到最佳。

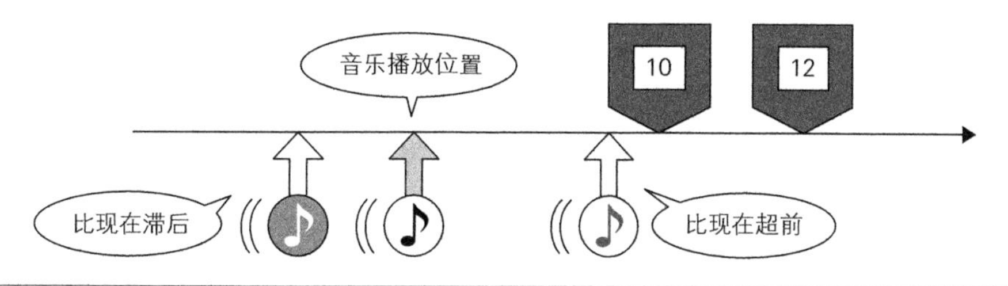

介 图 5.4　用于显示标记的定位单元

超前的定位单元超越了当前标记的时刻后，会在画面外开始显示。标记按一定速度往左移动，当音乐的播放位置等于标记时刻时，就意味着到达了节奏圆的位置。而滞后的定位单元则会在通过当前标记位置后超出画面区域从而消失（图 5.5）。

事实上，画面中显示的标记的范围，可以通过两个定位单元的检索位置算出（图 5.6），其实就是序列数据中“从滞后的定位单元的检索位置开始，到超前的定位单元的检索位置之前的一个标记为止”。需要注意的是，因为标记按照时间早晚的顺序排列，所以超前的定位单元指向的标记更靠后一些。

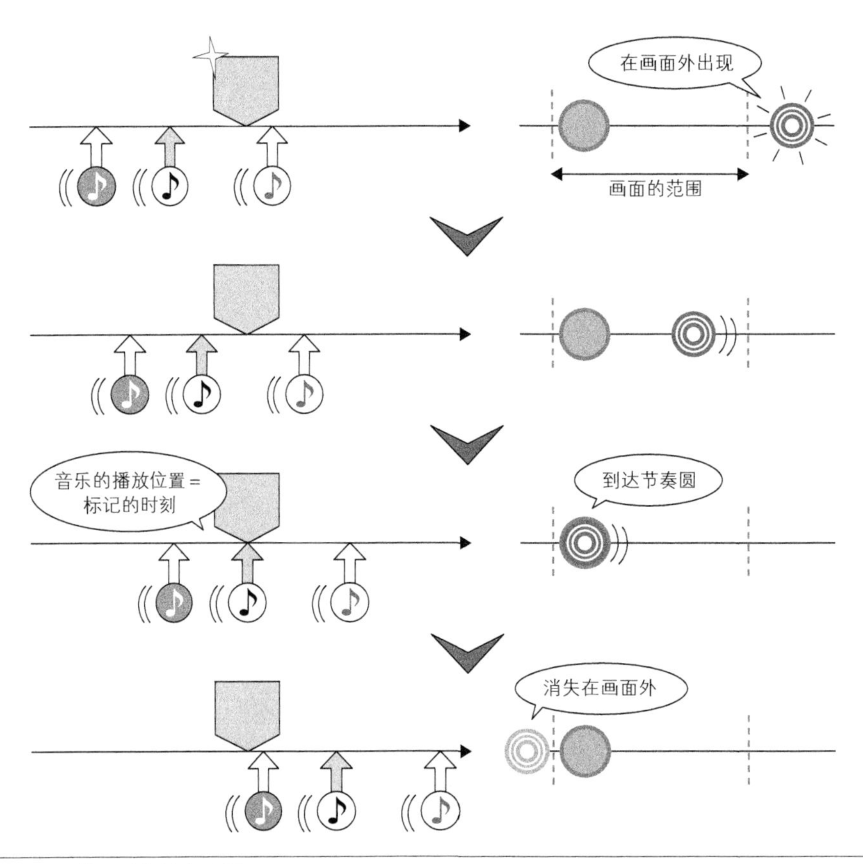

↑图 5.5 标记显示的开始和结束时间

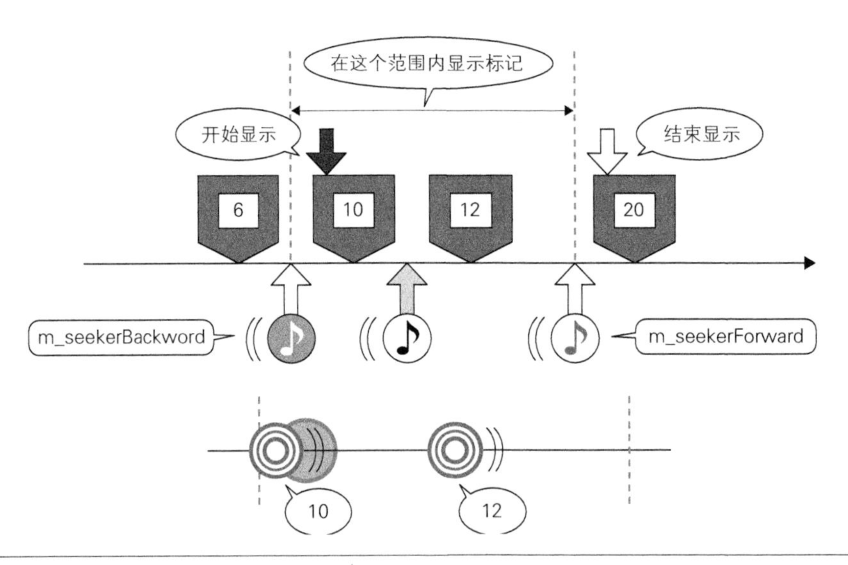

↑图 5.6 画面中显示的标记

下面我们来看看显示标记的代码。

OnPlayGUI.draw_markers 方法（摘要）

```
private void draw_markers()
{
    if(m_musicManager.IsPlaying()) {
        SongInfo song = m_musicManager.currentSongInfo;

        (a) 开始显示的标记（滞后的定位单元的检索位置）
            结束显示的标记（超前的定位单元的检索位置）
        int begin = m_seekerBackward.nextIndex;
        int end   = m_seekerForward.nextIndex;

        float size = ScoringManager.timingErrorToleranceGood *
                     m_pixelsPerBeats;
        float x_offset;
        int marker_draw_index = 0;
        (b) 显示画面内的标记
        for(int drawnIndex = begin; drawnIndex < end; drawnIndex++) {
            OnBeatActionInfo info = song.onBeatActionSequence[drawnIndex];
            (c) 从节奏圆到标记处的 X 坐标的偏移值
            x_offset = info.triggerBeatTiming - m_musicManager.beatCount;
            x_offset *= m_pixelsPerBeats;

            float pos_x = markerOrigin.x + x_offset;
            float pos_y = markerOrigin.y;

            m_markers[marker_draw_index].draw(pos_x, pos_y, size);
            marker_draw_index++;
        }
    }
}
```

（a）超前的 m_seekerForward 指向更靠后的标记，滞后的 m_seekerBackward 指向更靠前的标记，所以数组的索引开始处为 `m_seekerBackward`，结束处为 `m_seekerForward`。请参考前图。

（b）显示画面中的标记。从 `seekerBackward` 的检索位置开始到 `m_seekerForward` 的检索位置前的一个标记为止，都将出现在画面内。

（c）求出节奏圆到标记显示位置的 X 坐标的偏移值。当现在演奏时刻等于标记的时刻时，节奏圆和标记将重叠。因此，节奏圆到标记的距离，和现在时刻与标记时刻的差值成一定比例。m_pixelsPerBeats 是这个时刻差和画面上的像素长度的转换比率，其定义为：

```
float m_pixelsPerBeats = Screen.width * 1.0f / markerenterOffset;
```

其中，Screen.width 表示标记刚开始显示的位置，也就是画面右端到节奏圆的距离。marketEnterOffset 表示从开始显示到抵达该处所经历的拍数。

❖ 5.3.5 小结

定位单元在后面介绍的输入时机判断以及播放演出事件中也会被使用到。其中最重要的一点是：如果现在时刻超过了检索位置标记的时刻，检索位置将往前移动。

标记的显示需要两个定位单元配合进行，超前的一个指向数组靠后的元素，滞后的一个指向数组靠前的元素，这个算法可能不太好懂，需要读者多加思考。

5.4 判断是否配合了音乐点击 *Tips*

❖ 5.4.1 关联文件

- ScoringManager.cs

❖ 5.4.2 概要

为了让标记能配合音乐的演奏显示，现在我们来讨论如何判断玩家“是否在合适的时机点击了按键”。

《摇滚女孩》中不只有成功和失败两种状态，还有其独特的得分机制，即点击按键的时机掌握得越准得分就越高。下面我们将说明这种得分高低的判断方法，以及玩家连续快速点击按键时的对策。

❖ 5.4.3 得分高低的判断

定位单元的检索位置总指向当前演奏位置的下一个标记。演奏位置一旦超过标记时刻，检索位置就将跳到下一个标记。如果单纯通过比较“检索位置的标记”来判断输入的时机，那么时机稍晚一点就会导致输入无效（图 5.7）。而现实中的游戏是应该允许玩家有一定程度的延迟的。

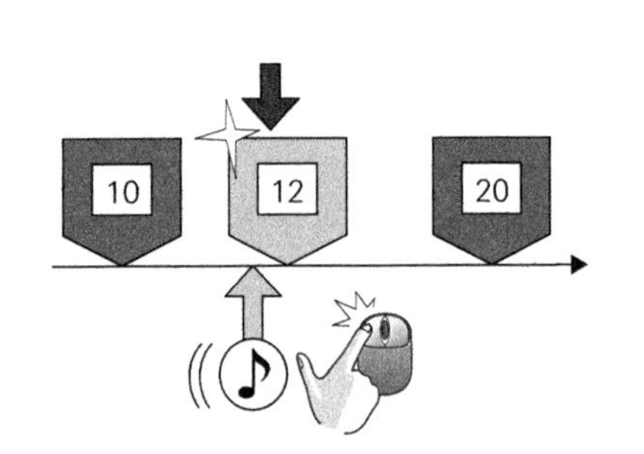

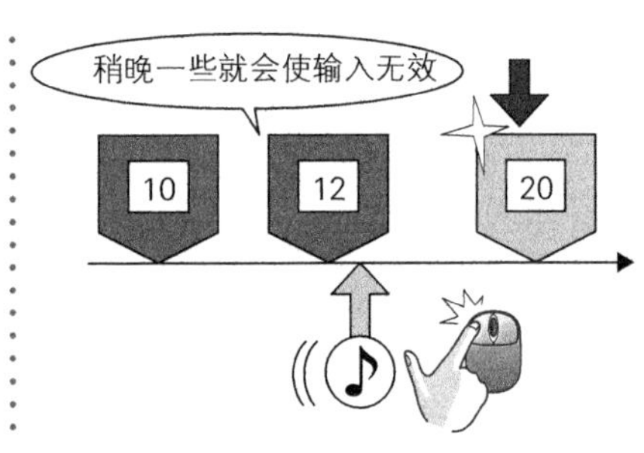

⇧ 图 5.7 只比较玩家输入和检索位置标记的情况

检索位置的标记是当前位置之后的第一个标记，它的上一个标记是现在位置之前的第一个标记。演奏位置往往位于两个标记之间，检索位置指向其后的标记。从这前后两个标记中选出距离较近的一个进行比较，就可以在输入延迟的情况下也进行判断。

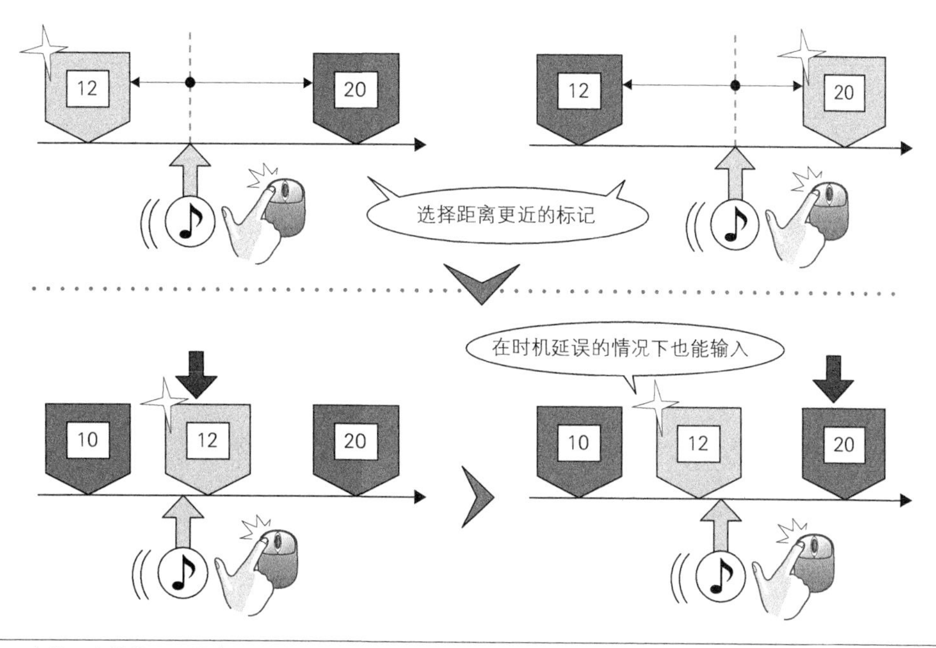

⇧ 图 5.8 比较玩家的输入和检索位置前后的标记

图 5.8 左下的情况下，检索位置指向了第 12 拍的标记。当玩家点击按键时，程序将理解为“玩家瞄准了第 12 拍的标记输入”，并进行判断。

稍微过了一段时间后变成了图 5.8 右下的状态。演奏位置超过了第 12 拍，检索位置前进到了第 20 拍的标记处。这时点击按键的话，比起当前检索位置的标记，前一个第 12 拍的标记距离现在时刻更近，所以用它来进行判断。这样，对第 12 拍的标记来说，即使稍微慢了一些也仍然可以输入。

确定好用于比较的标记后，就可以判断是成功（高分）还是失败（低分）了（图 5.9）。

如果点击按键的时刻等于标记的拍数，音乐将“恰好跟上节奏”。

接近这个最佳时刻就能得高分（EXCELLENT），相反离得较远就会被判断为一般（GOOD），而如果离得太远就属于失误（MISS）。

玩家点击按键的时刻可能存在“过早”或者“过晚”的情况。为了能够对这两种情况都做出判断，我们需要考虑“时机的偏移值”分别为正值和负值时的情况。

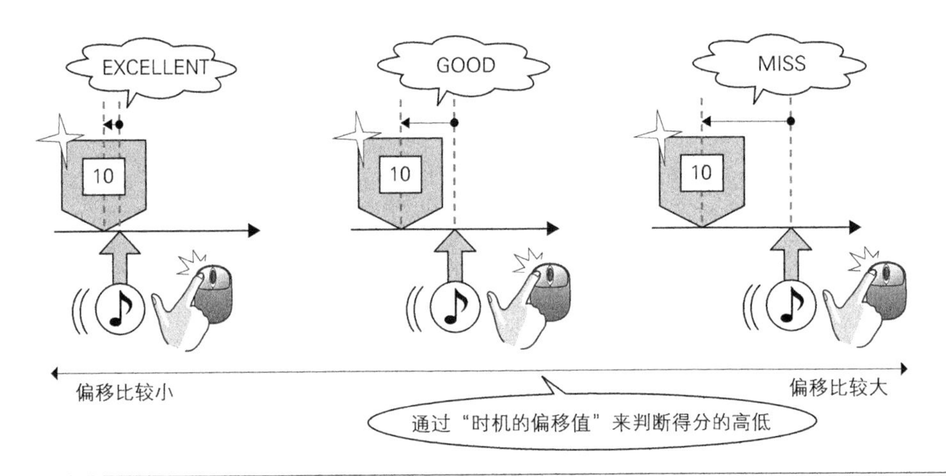

⇧ 图 5.9　高分、低分的判定方法

❖ 5.4.4　避免重复判断

为了应对玩家持续点击的情况，需要防止对同一个标记进行两次判断。

图 5.10 描述了在音乐的演奏位置跨越标记前后，玩家连续点击按键时的情况。

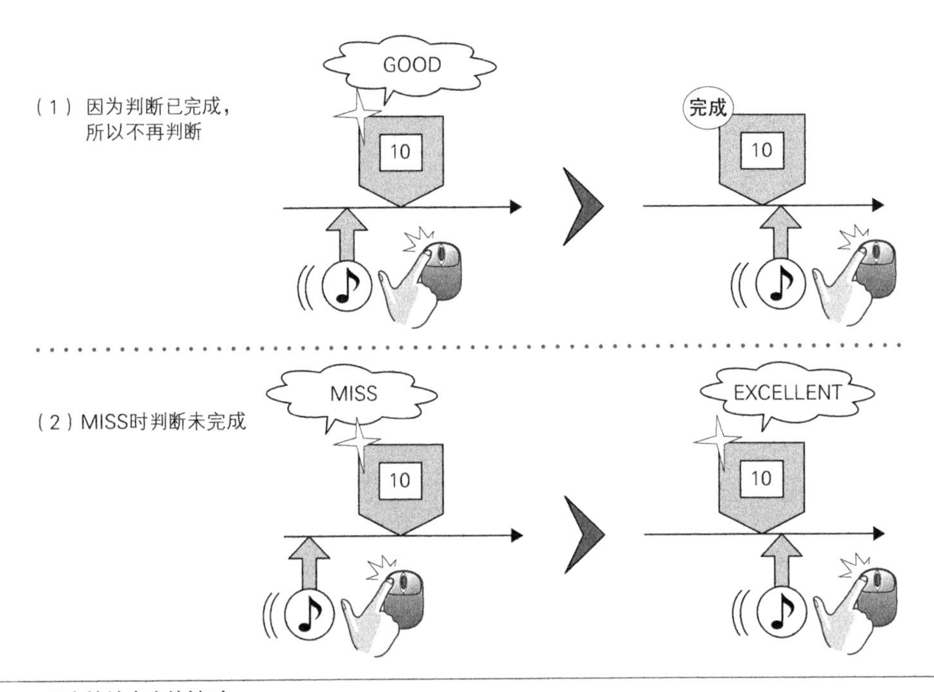

⇧ 图 5.10　玩家持续点击按键时

因为不会对同一个标记执行两次判断，所以一般来说图 5.10（1）的情况下第二次点击会被忽略。尽管点击的时机比第一次更好，判断结果也不会从 GOOD 变成 EXCELLENT。这样就防止了玩家通过持续点击来获得高分。

不过在图 5.10（2）的情况下，因为第一次点击为 MISS，所以允许对第二次点击进行判断。这种处理也考虑到了玩家点击的时机正好位于两个标记的中央位置时的情况（图 5.11）。

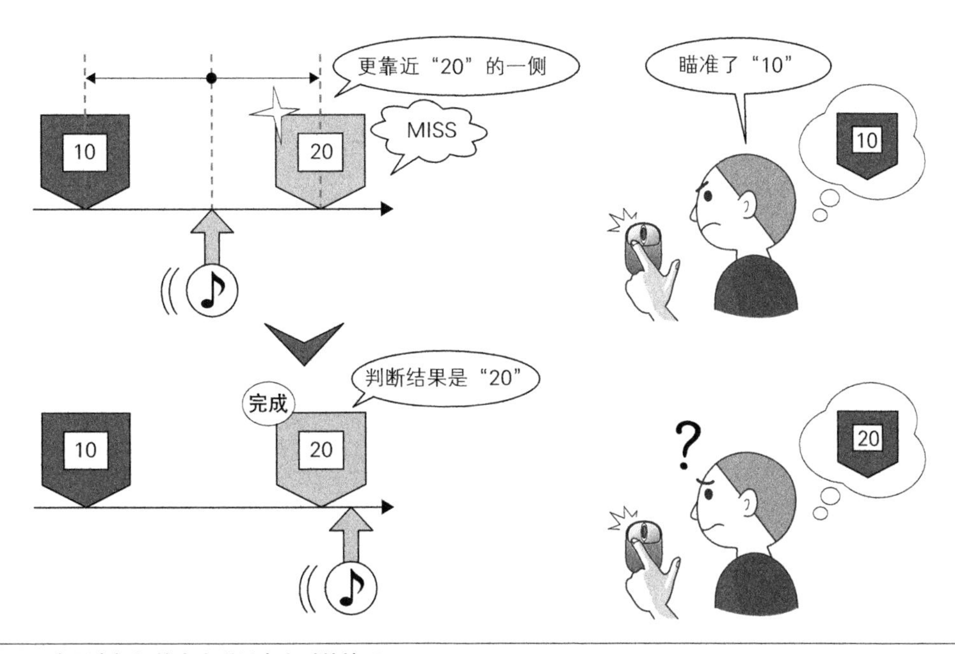

↑ 图 5.11　在两个标记的中央附近点击时的情况

请试着考虑一下在节拍数为 10 和 20 的两个标记的中央位置点击时的情况。玩家想点击的可能是 10 的位置，也可能是 20 的位置。有时候即使玩家瞄准的是 10 的位置，但是因为点击时机的关系，结果也有可能更接近 20 的位置。

这时如果将 20 的标记理解为“已完成判断”，那么即使下一次在更好的时机进行了点击，也将被视作无效。而这种处理可能是玩家不愿意接受的。

为了防止出现这种“模糊不清的判断”，MISS 的情况下就不能被设置为判断完成状态。

接下来看看相关的代码。首先是主要用于输入判断的 ScoringManager.Update 方法。

ScoringManager.Update 方法

```
void Update()
{
    m_additionalScore = 0;

    if(m_musicManager.IsPlaying()) {
        float delta_count =  m_musicManager.beatCount -
                             m_musicManager.previousBeatCount;
```

```
    m_scoringUnitSeeker.ProceedTime(delta_count); ——(a)执行定位单元
    (b)如果玩家进行了输入，则判断成功与否
    if(m_playerAction.currentPlayerAction != PlayerActionEnum.None) {
        (c)获得玩家输入时刻的下一个标记，或者前一个（取最近的）标记的索引
        int nearestIndex = GetNearestPlayerActionInfoIndex();

        SongInfo song = m_musicManager.currentSongInfo;

        OnBeatActionInfo marker_act = ——标记的位置
            song.onBeatActionSequence[nearestIndex];
        OnBeatActionInfo player_act = ——玩家的输入
            m_playerAction.lastActionInfo;
        (d)计算玩家的输入和标记的时机的偏移值
        m_lastResult.timingError = player_act.triggerBeatTiming -
                                   marker_act.triggerBeatTiming;
        m_lastResult.markerIndex = nearestIndex;
        (e)比较"最近的标记"和"最后一次输入成功的标记"
        if(nearestIndex == m_previousHitIndex) {
            // 对已经判断完毕的标记再次输入时
            m_additionalScore = 0;
        } else {
            // 第一次被点击的标记
            m_additionalScore =
                CheckScore(nearestIndex,m_lastResult.timingError); ——(f)
        }
        (f)成功、失败的判断（EXCELLENT、GOOD、MISS）返回值大于0则表示成功，为0则表示失败
        if(m_additionalScore > 0) {
            // 输入成功
            m_previousHitIndex = nearestIndex; ——(g)
        } else {
            // 输入失败（偏移值太大了）
            m_additionalScore = missScore;
        }
    }
  }
  m_score += m_additionalScore;
}
(g)为了避免对同一个标记进行两次判断，记录下最后一次输入成功的标记
```

（a）执行定位单元。具体的处理过程请参考上节内容。

（b）只在玩家点击鼠标按键时，判断输入成功与否。在后续的处理中，可以认为现在时刻

=点击按键的时刻。

（c）求出距离现在的演奏位置，也就是玩家点击按键的时刻最近的标记位置。关于这个方法稍后还将详细说明。

（d）计算玩家的输入和标记位置在时间上的差距。点击过早时该值为负数，延迟时该值为正数。

（e）检查距离现在时刻最近的标记，即进行本次判断的标记和最后一次输入成功的标记是否相同。这么做是为了防止对同一个标记输入两次以上。

（f）如果标记输入一次都没有成功过，则进行成功或失败的判断。返回值为累加后的得分，成功则返回值大于 0，失败则返回值为 0。具体的处理过程稍后会进行解说。

（g）如果输入成功，则更新“上一次输入成功的标记”。

接下来让我们看看用于探测距离现在时刻最近的标记的方法 GetNearestPlayerActionInfoIndex。

ScoringManager.GetNearestPlayerActionInfoIndex 方法

```
public int GetNearestPlayerActionInfoIndex()
{
    SongInfo song = m_musicManager.currentSongInfo;
    int      nearestIndex = 0;

    if(m_scoringUnitSeeker.nextIndex == 0) {
        (a)检索位置位于开头时，因为之前没有标记，所以不执行比较
        nearestIndex = 0;
    } else if(m_scoringUnitSeeker.nextIndex >=
              song.onBeatActionSequence.Count) {
        (b)检索位置大于数组的尺寸时(超过最后一个标记时刻时)
        nearestIndex = song.onBeatActionSequence.Count - 1;
    } else {                                              检索位置
        (c)从前后两个标记中，选择距离输入时刻更近的一个
        OnBeatActionInfo crnt_action =
            song.onBeatActionSequence[m_scoringUnitSeeker.nextIndex];

        OnBeatActionInfo prev_action =            检索位置前一个标记
            song.onBeatActionSequence[m_scoringUnitSeeker.nextIndex - 1];

        float act_timing = m_playerAction.lastActionInfo.triggerBeatTiming;

        选择时机偏移值较小的
        if(crnt_action.triggerBeatTiming - act_timing <
              act_timing - prev_action.triggerBeatTiming) {
            // 检索位置(m_scoringUnitSeeker.nextIndex)更近
```

```
            nearestIndex = m_scoringUnitSeeker.nextIndex;
        } else {
            // 检索位置的前一个(m_scoringUnitSeeker.nextIndex - 1)更近
            nearestIndex = m_scoringUnitSeeker.nextIndex - 1;
        }
    }

    return(nearestIndex);
}
```

（a）检索位置位于序列数据也就是标记数组的开头时，因为前面没有标记，所以不会进行比较，返回表示开头的索引值 0。

（b）当检索位置超过数组的最大值，也就是超过最后一个标记时刻时，返回最后一个标记。

（c）在上述两种情况之外的情况下，则从检索位置和其前一个标记中选择距离玩家点击按键时刻更近的一个。

接下来是判断输入成功与否的 CheckScore 方法。

ScoringManager.CheckScore 方法

```
float CheckScore(int actionInfoIndex, float timingError)
{
    float score = 0;
    timingError = Mathf.Abs(timingError);   ——（a）对时机的偏移值取绝对值，这样就能对点击过早（负数的情况）和点击过晚（正数）两种情况都执行同样的判断

    do {
        （b）大于 GOOD 的范围时为 MISS
        if(timingError >= timingErrorToleranceGood) {
            score = 0.0f;   ——（c）MISS 时返回得分 0
            break;
        }
        （d）位于 GOOD 和 EXCELLENT 之间时为 GOOD
        if(timingError >= timingErrorTorelanceExcellent) {
            score = goodScore;
            break;
        }
        （e）在 EXCELLENT 范围内时为 EXCELLENT
        score = excellentScore;
    } while(false);

    return(score);
}
```

（a）判断前先对时机的偏移值取绝对值，这是为了对玩家输入过早和过晚两种情况都能执行同样的判断。

（b）偏移值大于 timingErrorTorelanceGood 时，意味着玩家点击得不是太晚就是太早，这种情况将被判定为 MISS。

（c）MISS 的情况下将返回得分 0。

（d）偏移值位于 timingErrorTorelanceExcellent 和 timingErrorToleranceGood 之间时，判定为 GOOD。

（e）偏移值小于 timingErrorTorelanceExcellent 时，意味着玩家点击的时刻非常接近标准时刻，判定为最优秀的 EXCELLENT。

❖ 5.4.5 小结

虽然只是为了判断是否在合适的时机进行了点击，也有很多问题需要考虑，比如选择比较的标记、防止玩家持续点击等。为了开发出简单好玩的游戏，处理好这些问题很重要。

在点击时刻的评价方面，如果针对提前输入和延迟输入采用不同的判断方法，就可能会让游戏截然不同。有兴趣的读者可以试着研究一下。

5.5 演出数据的管理和执行 *Tips*

❖ 5.5.1 关联文件

- SequenceSeeker.cs
- EventManager.cs

❖ 5.5.2 概要

《摇滚女孩》游戏中，舞台灯光伴随着音乐的演奏不停闪耀，乐队成员各司其职，舞台上偶尔还会有烟火出现。要制作一款好玩的旋律游戏，这种热闹的演出场景也是非常重要的。以下我们把这种演出称为**事件**（event）。

❖ 5.5.3 事件数据的检索

事件的数据和标记一样含有“时刻”信息。另外，在整首音乐中，事件数据按时间顺序排列成序列数据，这一点也和标记一样。其实玩家的输入也可以视作一种“简单形式的事件”。

虽然执行过程和前述的标记的处理略有区别，不过在决定“在音乐中的何处执行何种事件”时，也就是在“调度管理”时，也和标记一样使用了定位单元（图 5.12）。

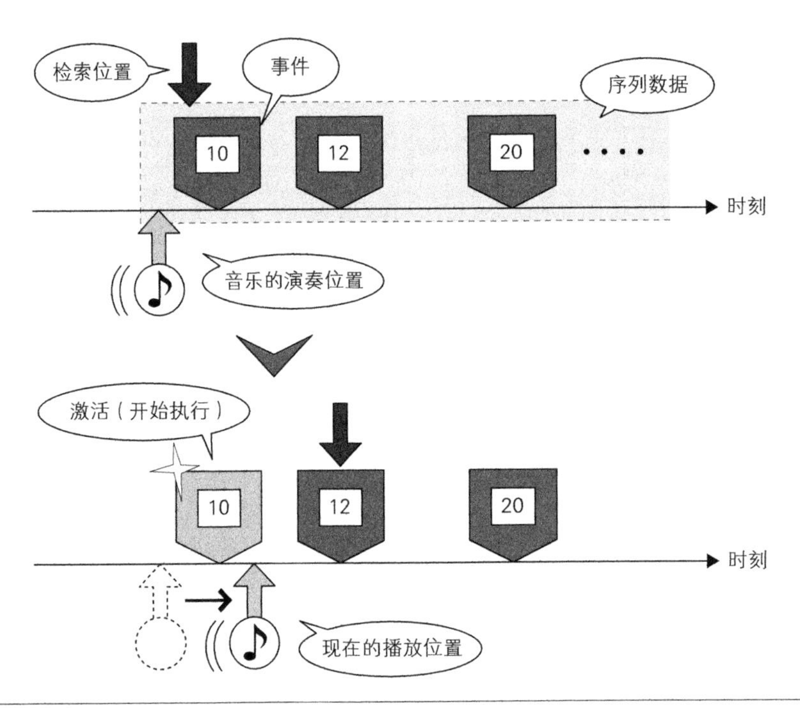

⇧ 图 5.12　事件管理的定位单元

事件中检索位置也指向紧随演奏位置的下一个事件。演奏位置若超过了检索位置，那么该事件就会被开始执行。同时，检索位置将移动到下一个事件。下面我们把开始执行事件称为**激活**。

事件和标记不同，可能会有多个事件同时发生。比如左右两个聚光灯同时点亮的情况。在序列数据中，这种情况下将看到多个拥有相同时刻值的事件排列在一起。当然这里“按照时刻值从小到大的顺序排列”的原则并不会改变。

图 5.13 展示了事件管理的定位单元的检索位置前进时的情况。

下图表示的是演奏刚开始时的定位单元。演奏位置还处于最初的事件之前，它对应游戏中的音乐前奏。检索位置指向最初的事件。

中图表示的是游戏进入下一帧时的情况。请注意，这里为了便于说明，稍微加大了演奏位置的前进程度。演奏位置后紧跟的是拍数为 15 的事件，检索位置将移动到该处。

由于标记是玩家应该输入的时机，因此同一时刻不会有两个以上的标记数据，在短区间内也不会有大量的数据密集排列，否则作为人类的玩家将跟不上。

但是，事件的情况则不同。因为程序是将很多类事件集中进行管理的，所以同时开始两个以上的事件或者以较短的间隔连续设置多个事件的情况都可能存在。另外也必须考虑到经过一次更新后检索位置大幅度向前移动的情况。

检索位置前进后，将检测是否存在需要激活的事件。如图 5.13 所示，请大家注意检索位置指向现在时刻后的第一个事件，并且检索位置可能一次前进多步。从图中可以看出，从“上次的检索位置”到“新的检索位置之前”，中间的所有事件都是需要激活的。

当然如果检索位置没有变化，则不存在需要激活的事件。

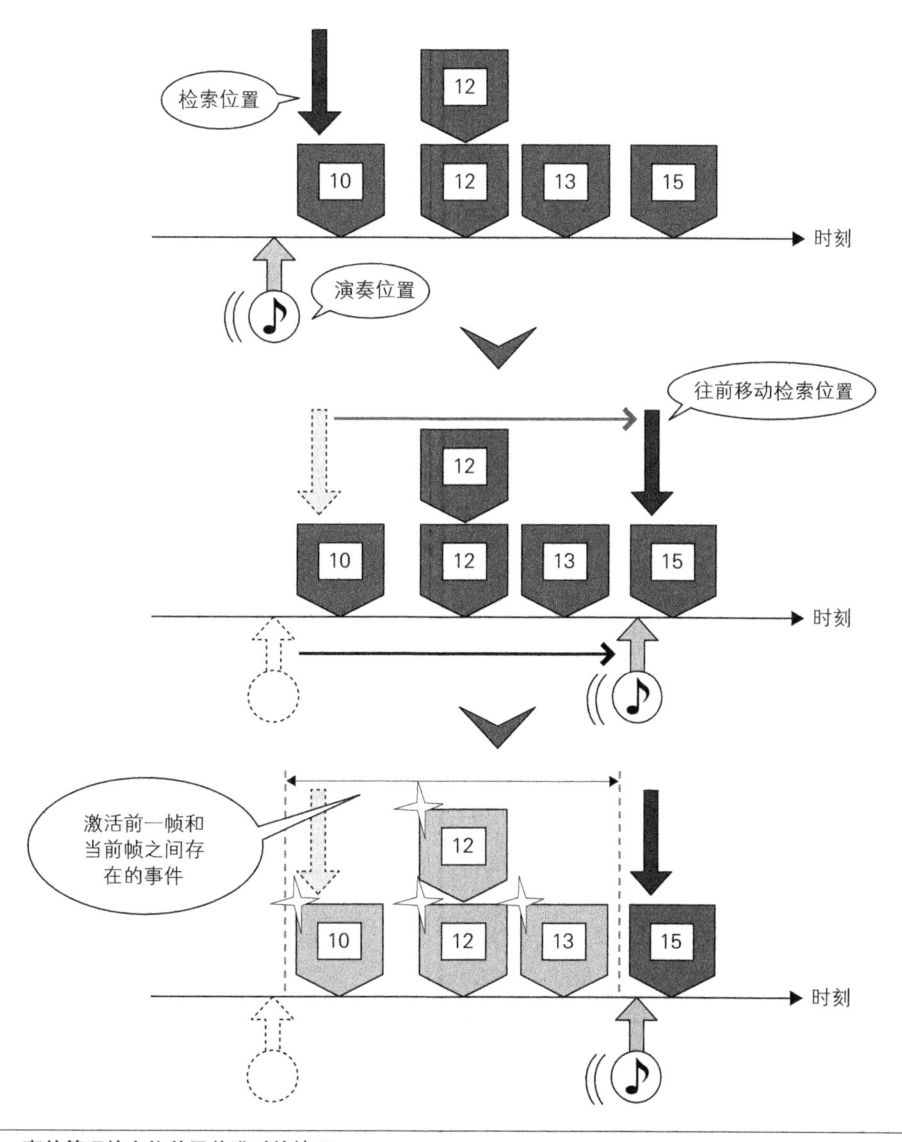

⇧ 图 5.13　事件管理的定位单元前进时的情况

❖ 5.5.4　定位单元和执行单元

随着检索位置的更新，激活后的事件开始被执行。**执行单元**的作用在于管理执行中的事件（图 5.14）。激活后的事件将被复制到执行单元中并开始执行。

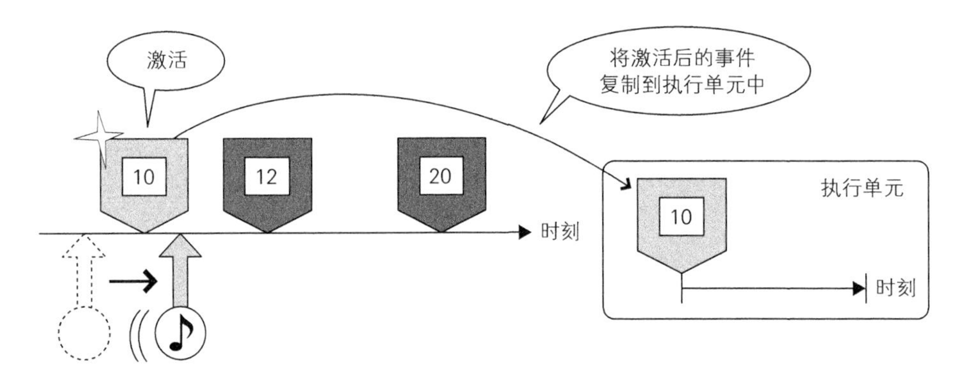

↑ 图 5.14　定位单元和执行单元

执行单元内的事件在每一帧都会被执行，结束后将其从执行单元中删除。多个事件同时执行时，各个事件的长度是各不相同的（图 5.15）。

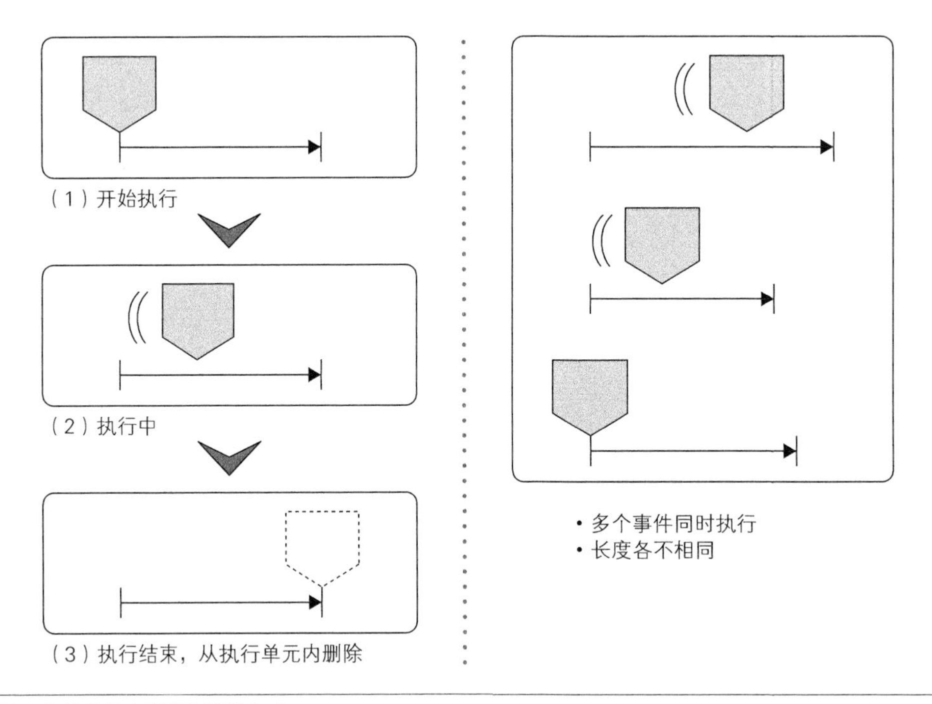

↑ 图 5.15　执行单元内事件的进行方式

让我们对定位单元和执行单元并列运行的流程进行更详细的说明。

下面将逐条说明图 5.16 中（1）～（4）发生的事情。

（1）音乐的演奏位置超过了序列数据中事件 2 的时刻。事件 2 被激活，同时被复制到执行单元中并开始执行。演奏位置后的事件 3 和事件 4 在同一时刻重叠。在同一时刻有多个数据的情况下，检索位置将指向其中最靠前的一项，因此这里新的检索位置将指向事件 3，执行单元内事件 1 还在执行中。

（2）演奏位置前进了，但是检索位置还未被更新。在执行单元内，事件 1 到达终止时刻后结束运行，并被从执行单元内删除。

（3）定位单元内，事件 3 和事件 4 同时被激活，并开始执行。检索位置将移动到事件 5。

（4）和（2）的情况相同，检索位置未更新，也没有新的事件被激活。执行单元内，事件 2、事件 3、事件 4 在执行中。在这一帧内没有进行事件的激活和删除。

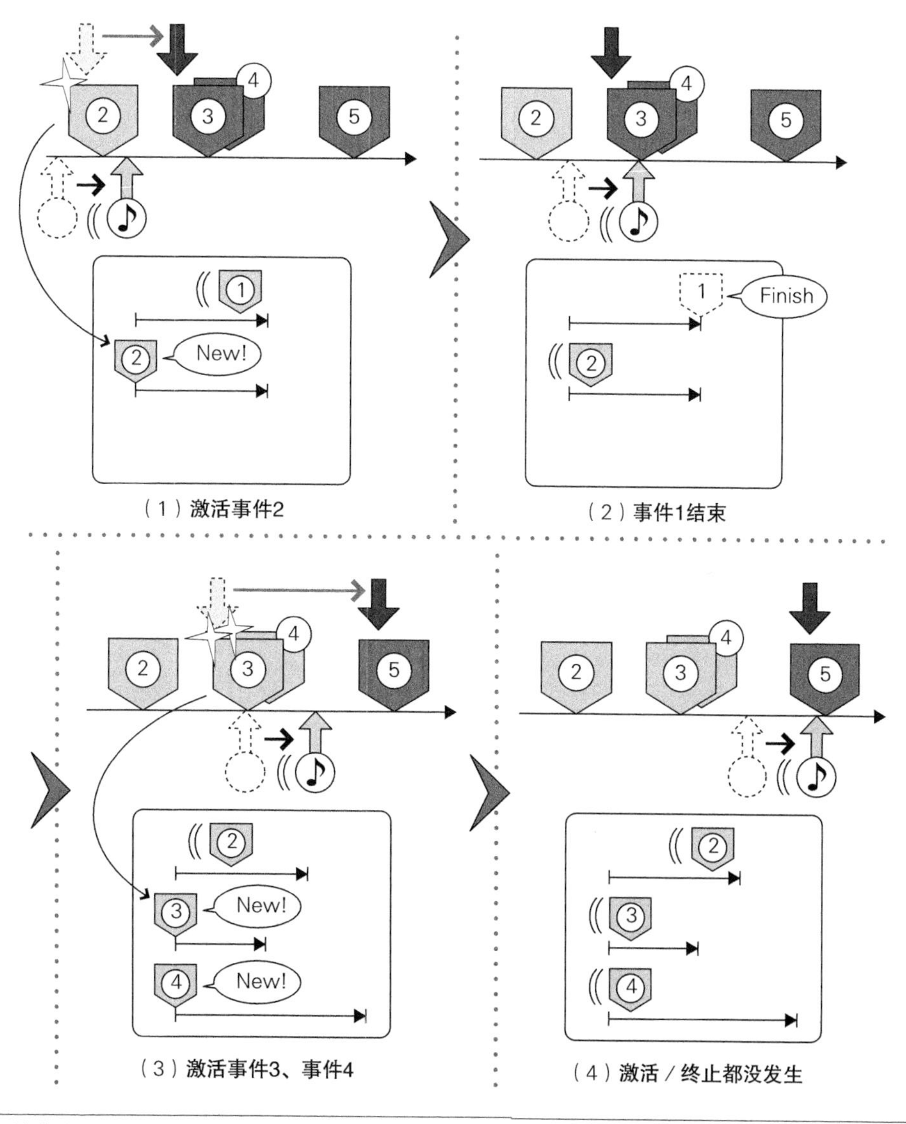

⇧ 图 5.16 检索单元和执行单元并列运行的情况

现在让我们看看执行单元 EventManager 的代码。下面是 EventManager.Update 方法。

EventManager.Update 方法

```
void Update()
{
    SongInfo song = m_musicManager.currentSongInfo;

    (a)检查新激活的事件
    if(m_musicManager.IsPlaying()) {
        m_previousIndex = m_seekUnit.nextIndex;    (a1)在时刻前进之前先保存检索位置
        m_seekUnit.ProceedTime(
            m_musicManager.beatCount - m_musicManager.previousBeatCount);

        (a2)m_previousIndex：前一个检索位置
            m_seekUnit.nextIndex：更新后的检索位置
            激活位于这二者之间的事件（开始执行）
        for(int i = m_previousIndex; i < m_seekUnit.nextIndex; i++) {
            // 复制事件数据
            StagingDirection clone =
                song.stagingDirectionSequence[i].GetClone()
                    as StagingDirection;
            clone.OnBegin();
            m_activeEvents.AddLast(clone);    (a3)添加到"执行中的事件列表"中
        }
    }

    (b)执行"执行中的事件"
    for(LinkedListNode<StagingDirection> it =
            m_activeEvents.First; it != null; it = it.Next) {
        StagingDirection activeEvent = it.Value;

        activeEvent.Update();

        // 执行结束了吗?
        if(activeEvent.IsFinished()) {
            activeEvent.OnEnd();
            m_activeEvents.Remove(it);    (b1)从"执行中的事件列表"中删除
        }
    }
}
```

（a）首先检查需要激活的事件。

（a1）在移动定位单元的时刻前，保存现在的检索位置。

（a2）激活位于更新前的检索位置和更新后的检索位置之间的事件。因为有可能存在两个以上的事件被同时激活的情况，所以“更新前的位置”到“更新后的位置”这一范围内的所有事件都将被检查。

（a3）将激活后的事件加入“执行中的事件列表”中。这个列表用于管理事件的执行和删除等。

（b）然后，执行“执行中的事件列表”中的事件。

（b1）执行结束后从“执行中的事件列表”中删除该事件。

❖ 5.5.5　小结

本节我们讨论了如何通过检索单元读取序列数据，以及通过执行单元来管理事件的执行和终止。这种方法在同时执行多个结束时间互不相同的事件时能发挥很好的效果。

在理解了程序的构造原理后，读者就可以尝试自行创建一些演出的事件了。

5.6　其他调整功能　*Tips*

❖ 5.6.1　关联文件

- DevelopmentModeGUI.cs

❖ 5.6.2　概要

游戏中的程序、美术和声音等数据，一般都要经过反复修改，想要一次性做出满意的效果几乎是不可能的。当然动作类游戏中控制“敌人在何处出现”的“关卡数据”和赛车游戏中控制“对方赛车聪明程度”的“AI 参数”等也不例外。

《摇滚女孩》中标记的序列数据、点击时刻等也是通过反复调整得来的（图 5.17）。

本节我们将主要介绍这种在游戏内反复调整数据时用到的功能。

⇧ 图 5.17　调整功能

❖ 5.6.3 什么是 turn around

刚才我们已经提到，在游戏开发的过程中，程序和数据需要经过反复修改。而在写程序的过程中，也经常需要阶段性地运行一下，如果运行的效果与所期待的不符，就进行修改，然后再运行，如此反复。

- 编辑程序和数据
- 进行测试
- 如果有不合理的地方，则返回继续编辑

我们把这个周期称为 turn around（图 5.18）。

编辑数据和程序，进行测试，再返回继续编辑。这个 turn around 越短，游戏开发的效率就越高。

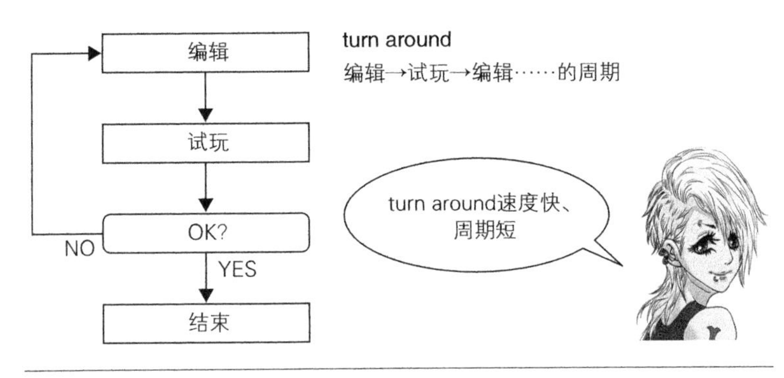

⇧ 图 5.18 turn around

当然最理想的情况是，修改后的程序和数据可以及时反应出来。Unity 中可以在检视面板中直接编辑属性，可能很多读者都常常用到这个功能，不过在修改了美术素材等需要用专门的工具进行编辑的东西或者程序代码的情况下，为了看到变更的效果有时就不得不等待一些时间。当然即便是在这种情况下，从修改到测试的时间也是越短越好。

❖ 5.6.4 显示时刻的偏移值

《摇滚女孩》游戏中，玩家点击按键后，程序将检测输入时刻的偏移值是否在一定范围内，然后判断输入成功或者失败。

这种用于决定“某些数值的范围”的数值叫作**阈值**。输入判断的阈值越大越容易取得好成绩，游戏就比较简单；反之，阈值越小则越不容易取得好成绩，玩家稍微错过输入时机就会导致失误，游戏也就比较难。

在游戏调整的过程中，这个数值是非常重要的参数，但仅凭感觉是无法确定合适的值的。比如说“0.1 秒内点击”，0.1 秒这个值到底是早还是晚，只靠想象是无法判断出结果的。

这种时候就应该去分析实际试玩的结果。为了能知道当前的时机偏移值具体为多少，我们开发了显示该数值的功能（图 5.19）。

首先请按照正常情况试玩游戏，并看看显示出的数字。然后再尝试提前点击按键或延迟点击按键，努力找出点击的最佳时机。另外，确定失败的界限值也很重要。

像这样，在反复操作的过程中，就可以逐渐总结出类似“顺利点击的情况下大约是 0.01 左右”“一个拍子大约是 0.2 左右”这样的结论。在取得这些和感觉一致的数字后，再参考这些数字来决定阈值即可（图 5.20）。

经过反复调整后就会对游戏更加熟练，结果往往会将游戏调整得很难。考虑到游戏玩家的水平不同，应当控制好游戏的难度。

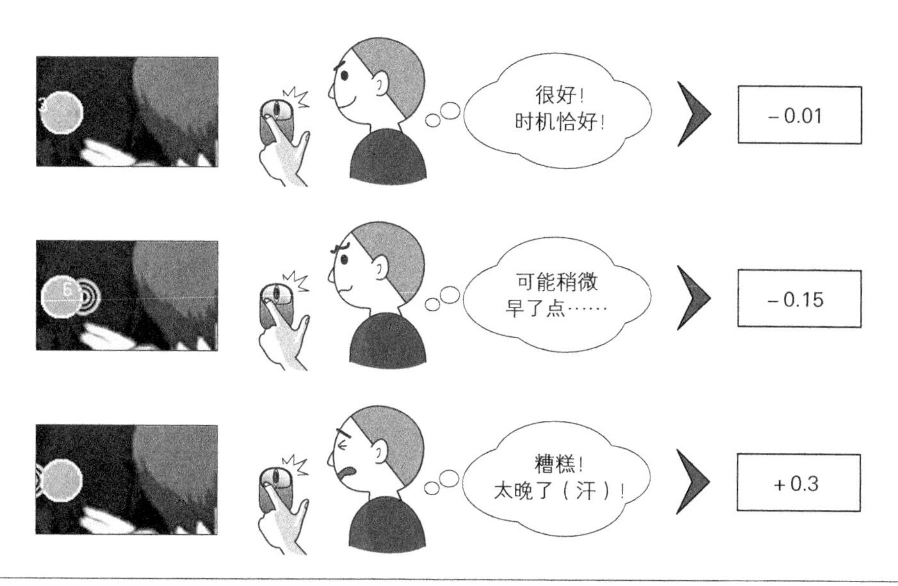

⇧ 图 5.19 时机偏移值的“感觉”和“数值”

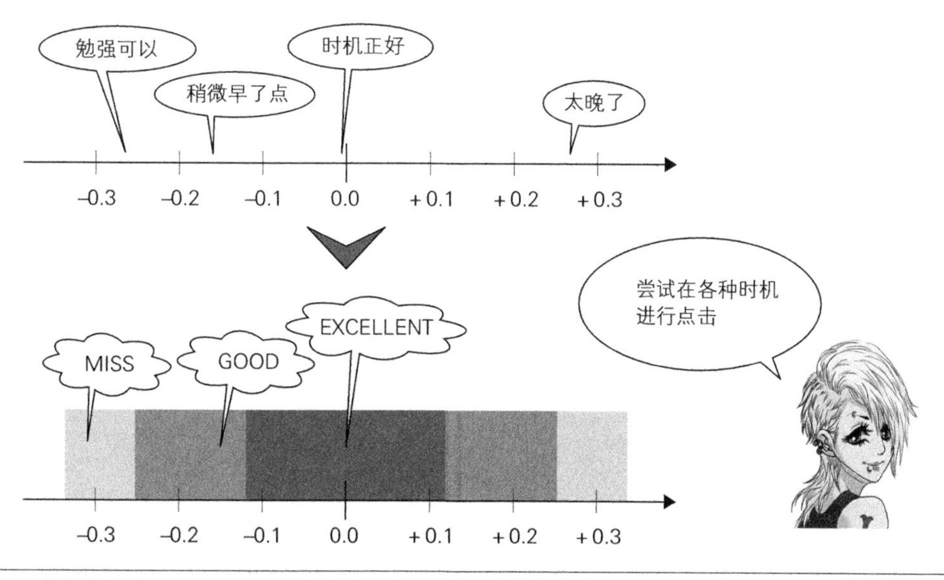

⇧ 图 5.20 根据“感觉”和“数值”的关系决定评价的阈值

❖ 5.6.5　定位条

在调整数据时，经常需要反复播放某个位置的音乐，或者从编辑过的位置开始播放。考虑到这种情况，我们开发了可以自由控制音乐播放位置的**定位条**功能（图 5.21）。

定位条上的按钮会随着音乐的播放移动。定位条整体代表音乐的长度，按钮的位置就是现在音乐的播放位置。拖动按钮并松开鼠标按键，音乐的播放位置将跳到按钮所在的位置（图 5.22）。

⇧ 图 5.21　定位条

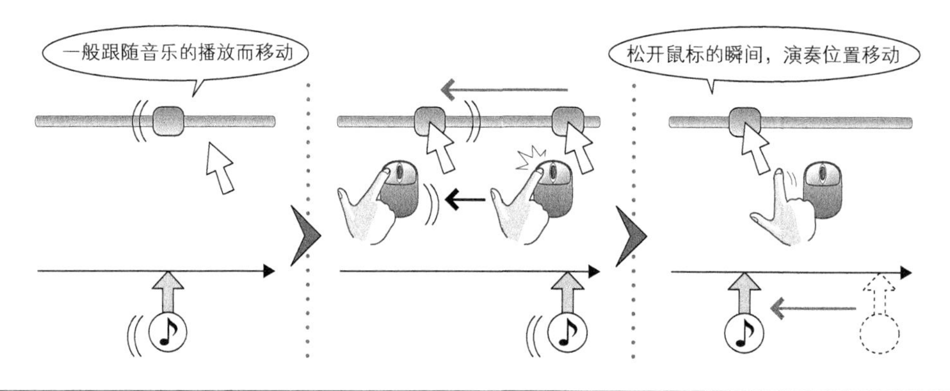

⇧ 图 5.22　定位条的操作

下面是定位条的相关源代码。

DevelopmentModeGUI.SeekSliderControl 方法

```
private void SeekSliderControl()
{
    Rect slider_rect = new Rect((Screen.width - 100) / 2.0f, 100, 130, 40);

    if(!m_seekSlider.is_now_dragging) {

        float new_position = GUI.HorizontalSlider(slider_rect,
            m_musicManager.beatCount, 0, m_musicManager.length);

        // 开始拖动
        if(new_position != m_musicManager.beatCount) {
```

（a）是否在拖动中？

（b）滑动条上的按钮是音乐的播放位置

（c）比较滑动条执行前后的按钮位置，如果不同则意味着拖动开始

```
            m_seekSlider.dragging_poisition = new_position;
            m_seekSlider.is_now_dragging = true;
        }

    } else {
        m_seekSlider.dragging_poisition = GUI.HorizontalSlider(slider_rect,
            m_seekSlider.dragging_poisition, 0, m_musicManager.length);
                                    (d)显示滑动条。按钮位于上一帧拖动的位置
        (e)松开左键后结束拖动，开始执行定位处理
        if(!m_seekSlider.is_button_down) {
            m_musicManager.Seek(m_seekSlider.dragging_poisition);
            m_eventManager.Seek(m_seekSlider.dragging_poisition);
            m_scoringManager.Seek(m_seekSlider.dragging_poisition);
            m_onPlayGUI.Seek(m_seekSlider.dragging_poisition);
            Seek(m_seekSlider.dragging_poisition);

            // 拖动结束
            m_seekSlider.is_now_dragging = false;           (f)将音乐的播放位置移
        }                                                      动到定位处
    }
}
```

（a）首先，检查现在是否在拖动中。如果不在拖动中（拖动开始前），则执行 if 以下的语句，否则执行 else 以下的语句。

（b）用 GUI.HorizontalSlider 来显示横向的滑动条。第二个参数表示滑动按钮的位置。如果不在拖动中，则表示音乐现在的播放位置。

（c）按钮被拖动时，GUI.HorizontalSlider 将返回拖动后的按钮位置；没有被拖动时，则将返回第二个参数传入的值。通过比较参数传入的值和返回值，可以判断拖动是否已经开始。

（d）接下来是拖动过程中的处理。和（b）相同，用 GUI.HorizontalSlider 显示滑动条。拖动过程中的按钮位置存储在参数 m_seekSlider.dragging_position 中，每帧都将调用 GUI.HorizontalSlider 更新这个值。

（e）按下鼠标左键后将停止拖动并查找按钮的位置。m_seekSlider.is_button_down 等于 Input.GetMouseButton(0) 的返回值。之所以不直接调用 Input.GetMouseButton(0)，是因为在脚本文档中，有如下关于 Input 类的说明。

Note also that the Input flags are not reset until "Update()", so its suggested you make all the

Input Calls in the Update Loop.

（Input 相关的标记在调用 Update() 前不会被更新。建议在 Update() 方法中调用 Input 相关的方法。）

事实上在 OnGUI 方法中调用 Input.GetMouseButton(0) 也没有问题，不过为了保险起见，我们还是通过 Update() 来调用。

（f）将音乐和标记的定位单元等的播放位置，移动到滑动条的按钮代表的位置。

❖ 5.6.6 显示标记的行号

如果想查看通过“显示时机的偏移值”和“定位条”修改的标记，只能使用文本编辑器打开。为了便于查找标记，我们将定义标记的文本文件中的行号显示在屏幕上（图 5.23）。

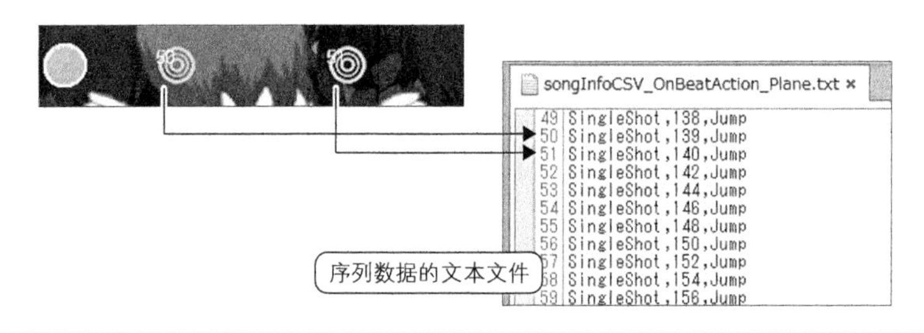

⇧ 图 5.23 显示标记的行号

为了实现这个功能，在读取数据时需要保存文本文件中的行号。这个值在游戏中不会被使用到，是专门用于调整程序功能的。

❖ 5.6.7 小结

在反复试验的过程中，“能够马上看到结果”非常重要。有时候可能会有“也许不行，不过万一可以了呢”这样的想法，这时就建议去尝试一下。很多意外的新发现，往往都是通过这样的尝试得来的。请读者不要认为这是在做无用功，而应该将其作为对游戏的投资。

Chapter 6: All Direction Shooting/Star Biter

第6章

全方位滚动射击游戏

噬星者

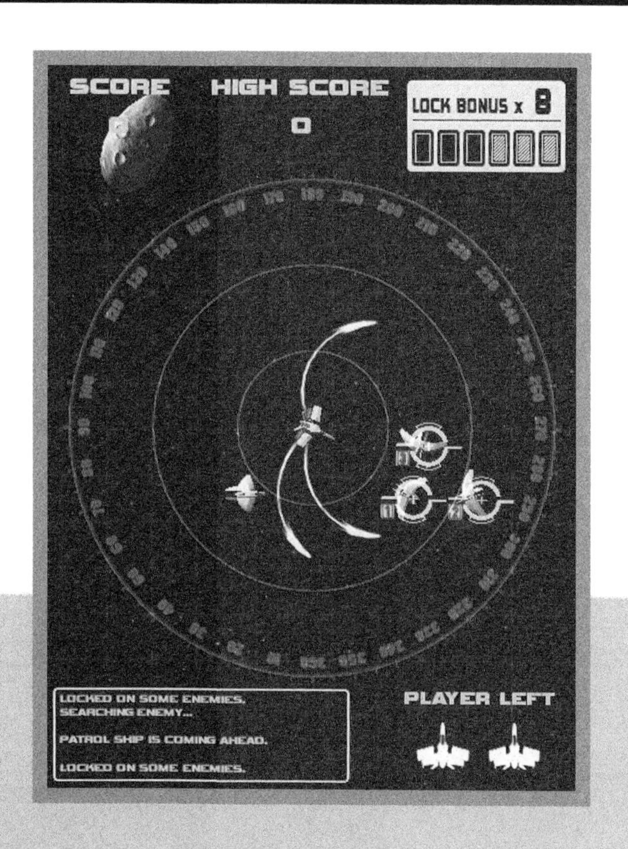

锁定，激光制导，消灭敌机！

6.1 玩法介绍 *How to Play*

✓ 锁定，激光制导，消灭敌机！

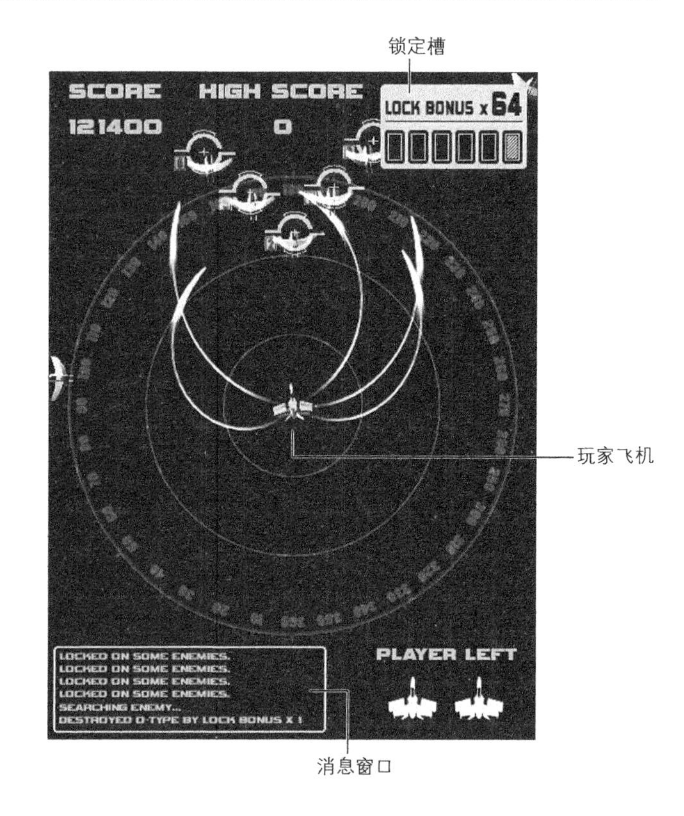

✓ 鼠标控制！

- 使用鼠标控制玩家飞机的方向

✓ 一举歼灭将得高分！

- 能够一次性集中锁定多架敌机
- 同时消灭多架敌机将得高分

✓ 左键发射索敌激光！

- 持续按下左键将发射索敌激光

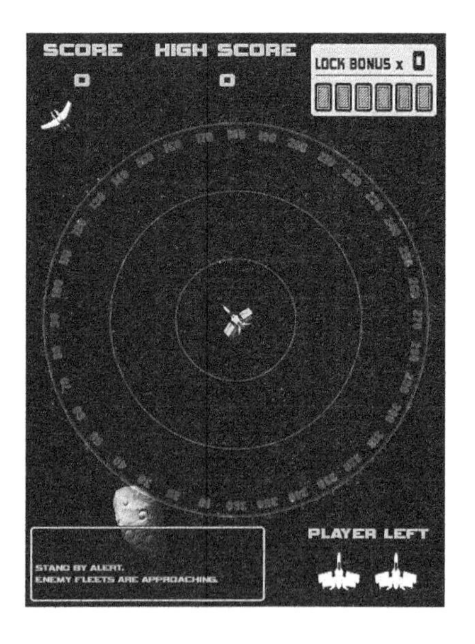

✓ **锁定！**

● 索敌激光和敌机相遇则将其锁定

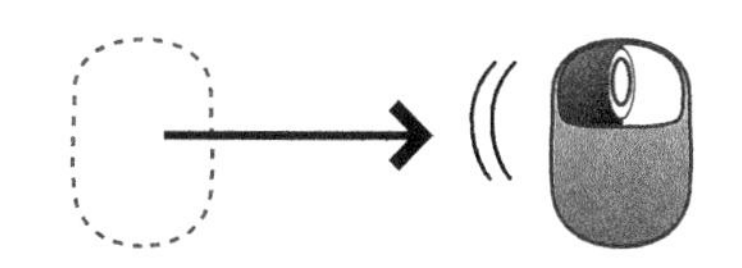

✓ **使用激光制导攻击！**

● 松开左键后，将使用激光制导进行攻击

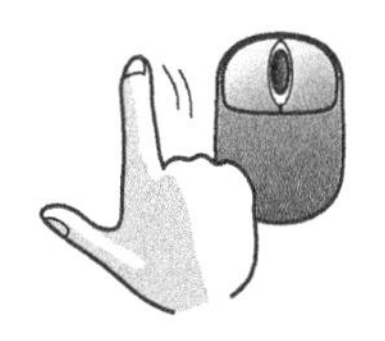

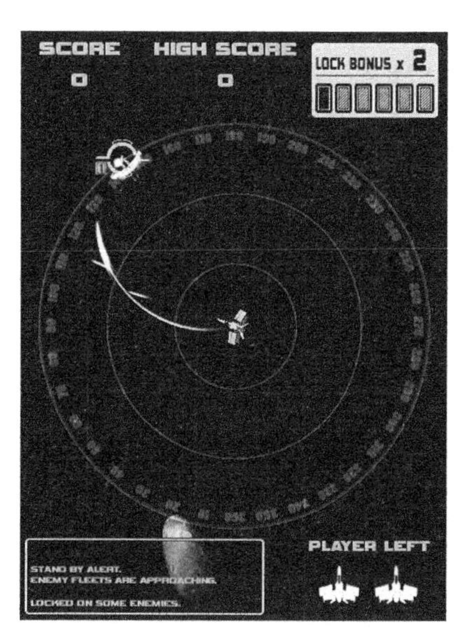

6.2 功能强大的激光制导 *Concept*

射击游戏是种类繁多的游戏中拥有极高人气的一种游戏类型。其历史非常悠久，并且已经被开发出了很多种类的游戏系统。即使只根据画面滚动的方向，也可分为纵轴滚动、横轴滚动以及朝着画面内部前进的 3D 滚动。

在 3D 技术成为主流之后，即使是平面游戏，背景和玩家角色使用多边形绘制的情况也越来越多。随着渲染技术的不断打磨，现在很多游戏的画面品质丝毫不输给电影。

这次我们开发的《噬星者》，虽然是经典的科幻题材，不过游戏内容却是全方位滚动这种略显疯狂的类型。由于美术设计师的天才创意，游戏中还加入了能够锁定敌机并进行攻击的激光制导功能。对游戏内容和程序制作而言，这都是非常重要的一部分。

游戏的关键词是**强大的激光制导**。

被制导的激光在攻击时看起来就像突袭猎物的蛇，《噬星者》这个名字正是因此而来的。

另外，在游戏制作的过程中，碰撞处理是一个难点。游戏中能够“锁定多架敌机一次性消灭”的特性会导致玩家飞机不射击仅移动的时间变得较长。这样玩家飞机和从画面外飞来的敌机发生碰撞的情况将很频繁。我们通过优化敌机的移动算法解决了这个问题。请读者在试玩游戏时留意一下这方面的处理。

❖ 6.2.1 脚本一览

文件	说明
EnemyType01ChildController.cs	敌机模型“类型 01”的动作控制（编队部下）
EnemyType01Controller.cs	敌机模型“类型 01”的动作控制（单独，编队队长）
EnemyType02ChildController.cs	敌机模型“类型 02”的动作控制（编队部下）
EnemyType02Controller.cs	敌机模型“类型 02”的动作控制（单独，编队队长）
EnemyType03ChildController.cs	敌机模型“类型 03”的动作控制（编队部下）
EnemyType03Controller.cs	敌机模型“类型 03”的动作控制（单独）
EnemyType03LeaderController.cs	敌机模型“类型 03”的动作控制（编队队长）
EnemyType04Controller.cs	敌机模型“类型 04”的动作控制（单独）
EnemyMaker.cs	生成敌机
EnemyStatus.cs	敌机状态管理
EnemyStatusBoss.cs	boss 状态管理
PlayerController.cs	玩家动作控制
PlayerShotController.cs	玩家普通射击时的动作控制
PlayerShotMaker.cs	生成玩家的普通射击
PlayerStatus.cs	玩家状态管理
StageController.cs	场景舞台控制
StarController.cs	控制背景星球的运动
StoneController.cs	控制岩石的运动
PrintMessage.cs	消息窗口中的消息显示控制
AudioBreaker.cs	声音播放结束后销毁游戏对象
AudioMaker.cs	控制声音的同时播放
ScoutingLaser.cs	索敌激光的控制，制导激光的生成
ScoutingLaserMeshController.cs	生成用于索敌激光的碰撞检测的网格
LockonLaserMotion.cs	激光制导控制
LockonSightController.cs	锁定瞄准器的显示控制

❖ 6.2.2 本章小节

- 索敌激光的碰撞检测
- 不会重复的锁定
- 激光制导
- 消息窗口

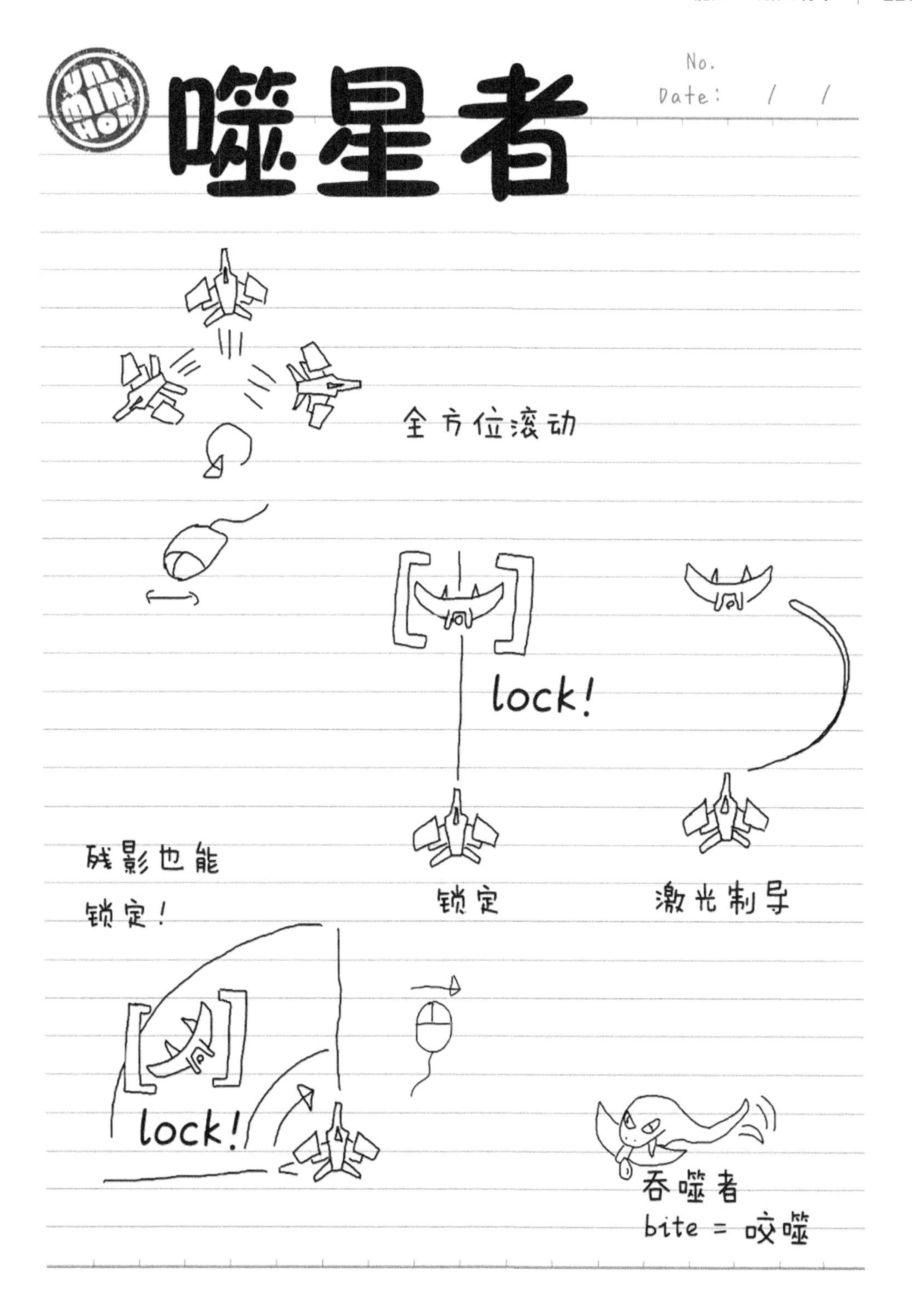
噬星者
No.
Date: / /
全方位滚动
lock!
锁定
激光制导
残影也能
锁定!
lock!
吞噬者
bite = 咬噬

6.3　索敌激光的碰撞检测

Tips

❖ 6.3.1　关联文件

- ScoutingLaser.cs
- ScoutingLaserMesh.cs

❖ 6.3.2　概要

《噬星者》中的玩家飞机除了普通射击外，还配备了可以自动跟踪敌机的激光制导。为了发射制导激光，必须先用索敌激光探测敌机并将其锁定。“索敌”一词就是寻找敌人的意思。

⇧ 图 6.1　锁定

通过鼠标操作使玩家飞机旋转，索敌激光就会绘制出扇形残影，进入该范围的敌机将被一次性锁定（图 6.1）。这可以说是《噬星者》的最大特色。

下面我们将讨论如何探测到进入索敌激光捕获范围的敌机，以及如何判断锁定成功。

❖ 6.3.3　索敌激光的碰撞检测

索敌激光朝着敌机方向射出，与敌机交会后即可锁定目标。利用碰撞检测我们可以很容易地感知到对象之间是否发生了重合。为了使玩家飞机发起攻击时生成的矩形区域和敌机进行碰撞检测，需要设定敌机的碰撞形状。

如图 6.2 所示，对索敌激光也要设置符合其探测区域的碰撞形状。这样就可以通过碰撞事件探测到索敌激光和敌机发生了重叠。不过这里需要注意的是，应当把碰撞形状设置为**触发器**（trigger）。

触发器也是碰撞器的一种，只不过在这种情况下，发生碰撞的两个物体不会被彼此弹开，而是将保持原有状态继续运动。

图 6.3 描述了游戏对象发生碰撞时，采用普通碰撞器和触发器的区别。

如图中（1）所示，当使用普通碰撞器时，游戏对象会在发生碰撞的瞬间停下，彼此不会发生重叠。这是因为对象间发生了所谓的**挤压**。碰撞后物体将被弹开，或者在发生碰撞的位置停下来，至于具体是哪种情况，还要取决于对象间的弹性和摩擦等物理特性。

但是，如果碰撞对象的一方使用了触发器，情况将如图中（2）所示。碰撞对象将穿透彼此，各自保持接触前的速度继续前进。碰撞事件不会影响对象的运动。

射击游戏中发生的碰撞基本上不外乎是如下两种情况：像“玩家飞机的子弹和敌人”那样碰撞后二者都消失，以及像“玩家飞机的子弹和敌人的子弹”那样碰撞后彼此穿透。大部分时候把对象设置为触发器就行了。

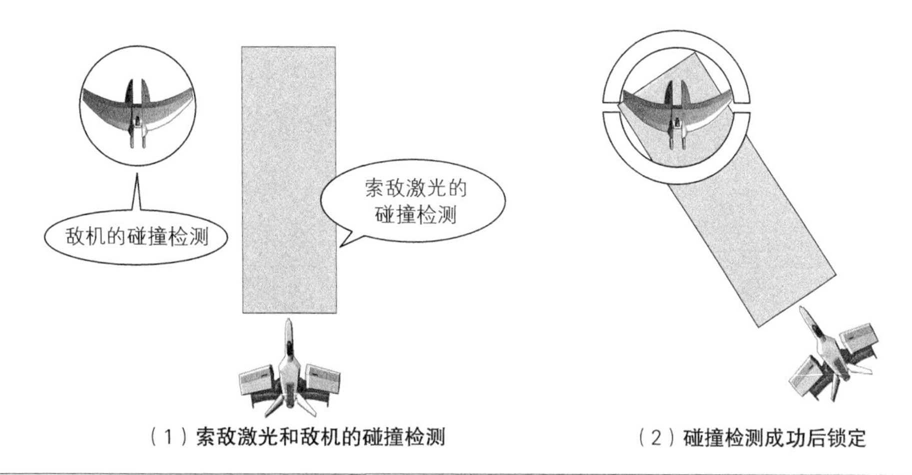

（1）索敌激光和敌机的碰撞检测　（2）碰撞检测成功后锁定

↑图 6.2　索敌激光的碰撞检测

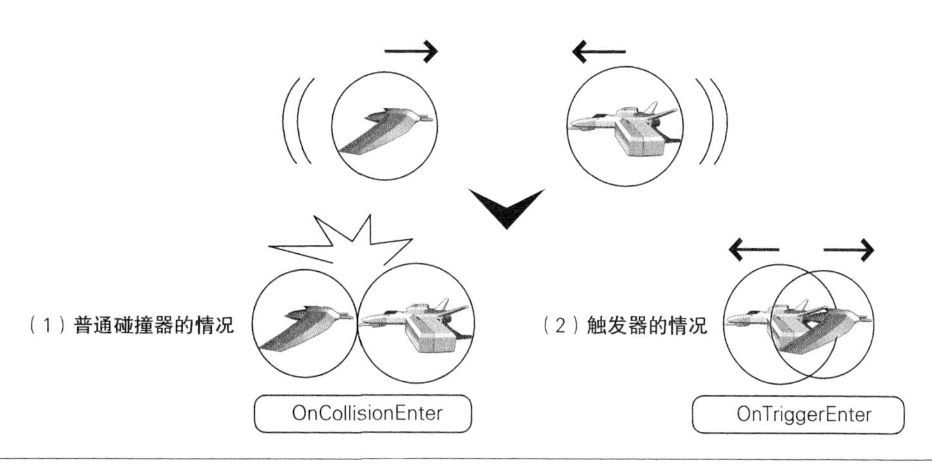

（1）普通碰撞器的情况　（2）触发器的情况

↑图 6.3　普通碰撞器和触发器的区别

索敌激光如果采用普通碰撞器的话将会把敌人弹开，所以必须设置为触发器。

关于索敌激光的碰撞还有一个必须考虑的问题。这就是快速转弯时的**穿透**问题（图 6.4）。

Unity 中为了减少碰撞处理的计算量，即使对象正在移动，也采用 Update() 被调用瞬间的对象的位置坐标来进行碰撞检测，并不考虑对象以何种方向和何种速度运动。

《噬星者》中玩家飞机总是跟随鼠标光标运动，当玩家用鼠标做出类似画圆等操作时飞机将高速旋转。同时，索敌激光总是笔直地伸向玩家飞机的前方，这就导致了在执行碰撞检测时有可能出现如图 6.4（1）所示的穿透敌机的情况。

一种解决方法是，将碰撞检测的计算方式改为 Continuous（连续的）。前面提到的 Discrete（离散的）计算方法中，只使用每一帧内的瞬间位置。而 Continuous 的计算方法中，会将相邻几帧的位置坐标连起来作为碰撞检测的形状。这样即使物体在高速运动时也不会发生穿透的现象。

虽然看起来 Continuous 是一种好方法，不过它具有运算量大且无法使用网格碰撞器等缺点。也许将来的 Unity 版本会解决这些问题，但这里我们将使用如图 6.4（2）所示的生成扇形碰撞网格的方法来处理。虽然这种方法比 Continuous 稍微麻烦一些，不过它的应用范围很广，所以我们不妨借此机会学习一下。

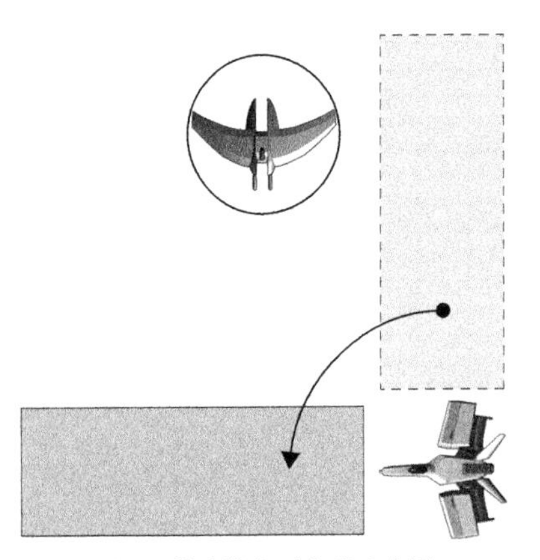
（1）快速转弯时将发生穿透

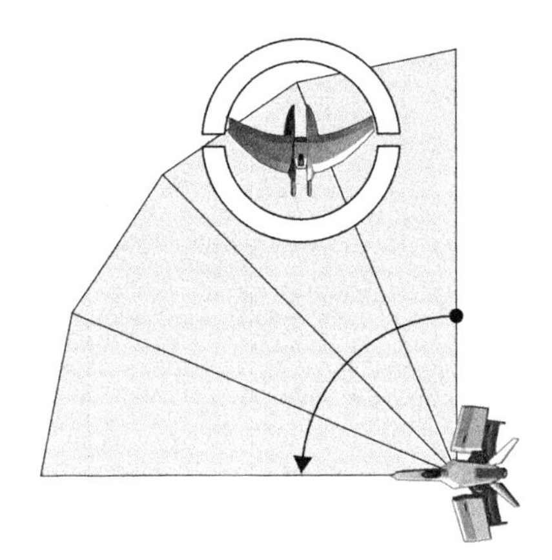
（2）生成扇形的碰撞区域

⇧ 图 6.4 玩家飞机快速转弯时

❖ 6.3.4 碰撞网格的生成方法

我们在 10.4 节中将详细说明如何在 Unity 中创建网格。《迷踪赛道》游戏中创建了用于显示和用于碰撞检测的网格，而在《噬星者》的索敌激光中，我们只需要创建用于碰撞检测的网格。由于形状比较单一，因此步骤比《迷踪赛道》更为简单。这里我们只对生成网格的必要步骤进行讲解。

创建碰撞网格大概需要以下两步。

- 获取顶点的位置坐标
- 连接三角形的顶点绘制出多边形（顶点数组）

因为索敌激光朝着玩家飞机的前方直线延伸，所以发生旋转时将描绘出扇形的轨迹。而 Unity 中的网格不论用于显示还是用于碰撞检测都必须由三角形构成。因此，对于扇形的轨迹，可以像切蛋糕一样，从中心向外周以均等的角度进行切分，利用三角形来近似地表现出扇形。

图 6.5 中，顶点 0 是扇形的中心，顶点 1 至顶点 5 在圆弧上按相等的间隔排列。

不难看出，顶点 0 到顶点 1 的直线表示旋转开始时的索敌激光，顶点 0 到顶点 5 的直线表示旋转结束时的索敌激光。这两条直线中间的扇形区域就是我们将要生成的碰撞形状。

计算出图 6.5 中的各顶点位置后，需要生成用于决定各三角形中的顶点的排列顺序的数据。仍以上图为例，可知：

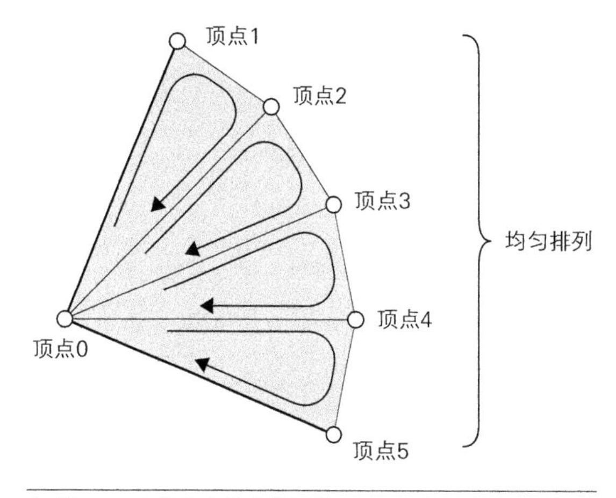

⇧ 图 6.5　索敌激光的碰撞网格

0 号三角形：顶点 0 → 顶点 1 → 顶点 2

1 号三角形：顶点 0 → 顶点 2 → 顶点 3

...

n 号三角形：顶点 0 → 顶点 n + 1 → 顶点 n + 2

计算规则非常简单。

那么我们来看看生成碰撞网格的相关代码。

ScoutingLaserMeshController.makeFanShape 方法（摘要）

```
public void makeFanShape(float[] angle)
{
    float startAngle;                    // 圆的开始角度
    float endAngle;                      // 圆的结束角度
    float pieceAngle = PIECE_ANGLE;      // 1 个多边形的角度（圆的光滑度）
    float radius = FAN_RADIUS;           // 圆的半径

    startAngle = angle[0];
    endAngle = angle[1];

    // ----------------------------------------------------------------
    // 准备
    if(Mathf.Abs(startAngle - endAngle) > 180f) {
        if(startAngle < 180f) {
            startAngle += 360f;
        }
        if(endAngle < 180f) {
            endAngle += 360f;
        }
    }
```

（a）如果出现横跨 0 度的情况，则 + 360 度

```
Vector3[] circleVertices;          // 构成圆的各个多边形的顶点坐标
int[]     circleTriangles;         // 多边形的面信息（顶点连接信息）

if(startAngle > endAngle) {
    float tmp = startAngle;
    startAngle = endAngle;
    endAngle = tmp;
}

// 三角形的数量
int triangleNum = (int)Mathf.Ceil((endAngle - startAngle) / pieceAngle);

// 创建数组
circleVertices = new Vector3[triangleNum + 1 + 1];
circleTriangles = new int[triangleNum * 3];

// ---------------------------------------------------------------------
// 生成多边形

circleVertices[0] = Vector3.zero;
for(int i = 0; i < triangleNum + 1; i++) {
    float currentAngle = startAngle + (float)i * pieceAngle;

    // 防止超过终值
    currentAngle = Mathf.Min(currentAngle, endAngle);
    circleVertices[1 + i] = Quaternion.AngleAxis(
        currentAngle, Vector3.up) * Vector3.forward * radius;
}

// 索引
for(int i = 0; i < triangleNum; i++) {
    circleTriangles[i * 3 + 0] = 0;
    circleTriangles[i * 3 + 1] = i + 1;
    circleTriangles[i * 3 + 2] = i + 2;
}

// ---------------------------------------------------------------------
// 生成网格

mesh.Clear();

mesh.vertices = circleVertices;
mesh.triangles = circleTriangles;
```

（b）如果开始 > 结束，则互相交换（角度必须开始 < 结束）

（c）存储顶点的数组

（d）计算顶点坐标

（e）圆弧上的顶点 角度：currentAngle 半径：radius

（f）顶点的排列顺序

（g）把生成的顶点和索引设置到网格

```
    mesh.Optimize();
    mesh.RecalculateBounds();
    mesh.RecalculateNormals();

    meshCollider.mesh = mesh;

    // 修改mesh后，必须将enabled从false改为true
    meshCollider.enabled = false;
    meshCollider.enabled = true;
}
```

（h）必须将 enabled 从 false 改为 true，这样才能让变化反映出来

图 6.6 中显示了代码中的一些变量。请参考下面的说明进行理解。

（a）首先对圆弧的开始角度 startAngle 和终止角度 endAngle 横跨 0 度的情况进行处理。

请考虑一下图 6.7（1）的情况。以时钟为例，圆弧从 1 点钟方向开始，跨越 12 点旋转到 11 点钟位置。为了生成扇形形状，需要对从 startAngle 到 endAngle 的角度进行分割。因为旋转以顺时针方向为正，所以该角度将穿过 6 点钟方向。但事实上索敌激光的轨迹是从 12 点方向穿过的，这样就变得截然相反了。

为了避免出现这种情况，当 startAngle 和 endAngle 横跨 12 点钟方向所代表的 0 度时，我们给 startAngle 增加 360 度。图 6.7（2）是将各角度排列在直线上的结果。沿顺时针方向，角度越大越靠右。图 6.7（3）表示将 startAngle 加上 360 度以后的情况。可以看到 startAngle 和 endAngle 的起始关系发生了改变，表示角度的方向的箭头跨越了 360 度（= 0 度）这一界限。因为圆的一周是 360 度，所以即使加上 360 度也不会改变其在圆周上的位置。

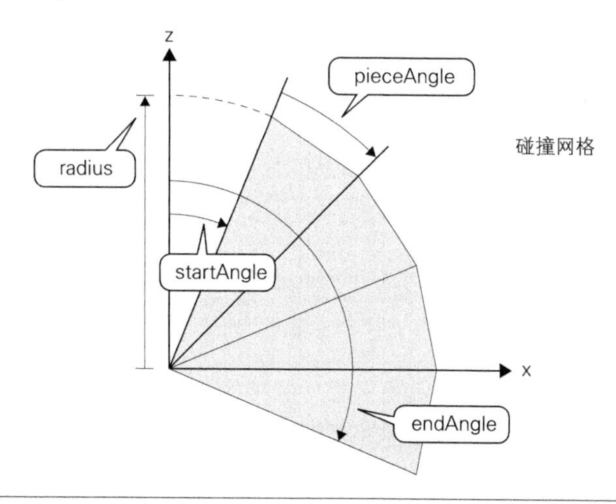

⇧ 图 6.6 makeFanShape 函数中的参数

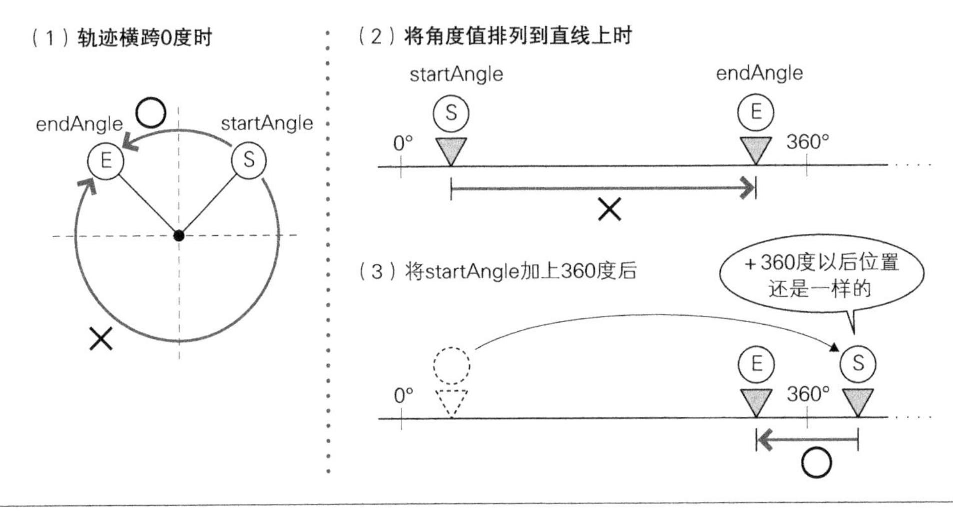

⇧ 图 6.7 轨迹横跨 12 点钟方向时的情况

（b）这里使 endAngle 的值总是大于 startAngle，因为 Unity 中规定“顶点顺序为顺时针方向的表面为正面”。关于这一点我们后续会再做详细说明。

计算出分割扇形所需要的三角形数量。只要将从 endAngle 到 startAngle 的角度除以一个三角形所占的中心角度 pieceAngle，再将所得值加 1 后取整即可。

（c）需要注意数组的容量应确保顶点都能被存储。请再次参考图 6.5，可以看到当三角形的个数为 triangleNum 时，圆弧上将出现 trigangleNum + 1 个顶点。最后追加的一个顶点表示圆中心的顶点。

（d）准备好数组以后，将实际的顶点存入该数组。首先将中心顶点作为数组的第一个元素存入，可以将其值设置为代表原点的 Vector.zero。

（e）接下来计算圆弧上的顶点坐标。圆弧上的顶点坐标可以通过将距离原点 radius 的 Z 轴上的点“Vector3.forward * radius”绕 Y 轴旋转 currentAngle 度计算得出。

（f）顶点的位置坐标全部计算完毕后，将各三角形的顶点按顺序放入数组 circleTriangles 中。前面我们已经总结了一个简单的规则，即

n 号三角形： 顶点 0 → 顶点 n + 1 → 顶点 n + 2

步骤（b）中使 endAngle 一定大于 startAngle 就是为了方便这里的顶点排序。如果 endAngle 比 startAngle 小，为了让顶点仍按顺时针方向排列，就必须变成

n 号三角形： 顶点 0 → 顶点 n + 2 → 顶点 n + 1

（g）当顶点的位置坐标和索引数组都准备好后，将它们设置到网格碰撞器。

（h）最后将网格碰撞器的 enabled 成员按 false、true 的顺序代入，否则网格的变化将无法反映出来。请读者记住这个流程。

❖ 6.3.5 确认碰撞网格

现在让我们来确认一下制作好的索敌激光的碰撞网格是否符合我们的期望。

碰撞网格通常不会被绘制在游戏画面上。虽然也可以添加 MeshRenderer 组件用于调试，不过通过同时显示场景视图和游戏视图，即可方便地查看碰撞网格。

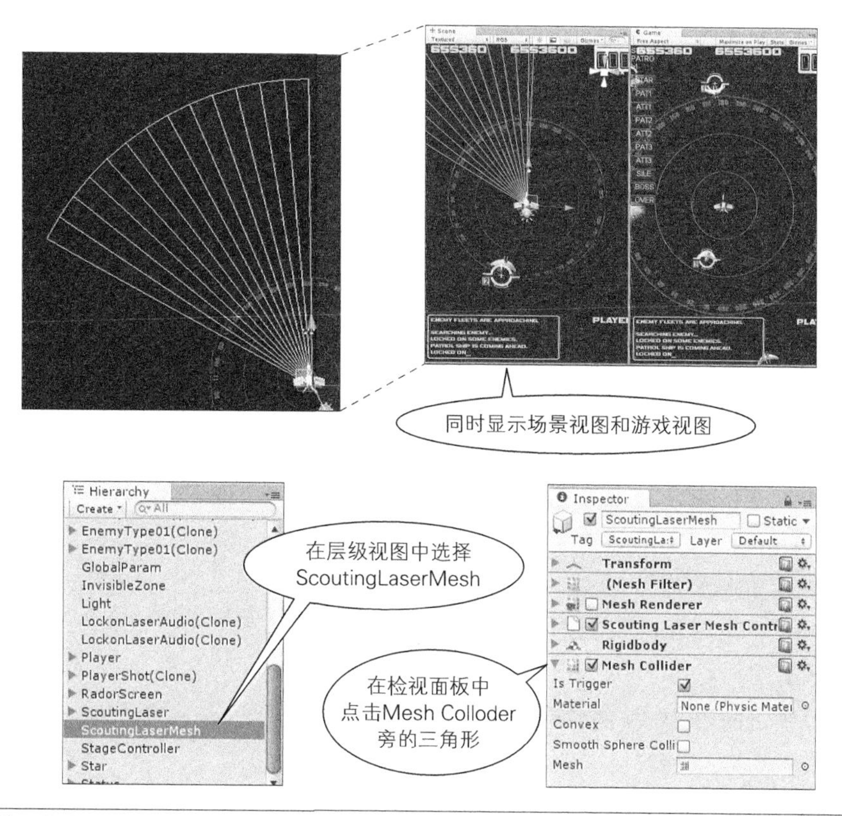

⇧ 图 6.8 碰撞网格的确认

在 Unity 编辑器中把窗口的布局设为 Tall，并将 Game 标签页拖曳到场景视图上，能看到图 6.8 所示的分割显示画面。在层级视图中选择 ScoutingLaserMesh 对象后，点击检视面板中 Mesh Collider 旁的三角形。这样一来，当玩家飞机旋转时，索敌激光的碰撞形状就通过线框图显示出来了。

❖ 6.3.6 小结

本节内容涉及了很多数学计算，还必须为这些计算准备很多数据，可能有些读者理解起来比较困难。不过网格的生成在特效等很多场合中都能应用，是一项非常有效的技术。看到线框图显示的碰撞形状伸缩的样子后，估计有些读者已经跃跃欲试想开发个精彩的特效了吧。

6.4 不会重复的锁定 *Tips*

❖ 6.4.1 关联文件

- ScoutingLaser.cs

❖ 6.4.2 概要

在《噬星者》游戏中，当锁定敌机时，在播放音效的同时会显示“锁定标记”，右上角的“锁定槽”将消失一个。另外玩家可以注意到，即使用索敌激光再次定位已经被锁定的敌机，也不会重复锁定。这是因为,《噬星者》中不允许对同一敌机锁定多次。

只有 BOSS 飞机允许被锁定两次以上，不过这其实是分别对组成 BOSS 飞机的多个部分进行锁定。一个对象只能被锁定一次，这个原则是不变的。

❖ 6.4.3 锁定的管理

为了防止对同一架敌机锁定两次以上，首先需要对大量敌机做出明确区分。《噬星者》中，同一种类的敌机会同时大量出现。这样一来，只通过“预设类型”是无法对其进行区分的。

Unity 中允许对对象设置**实例** ID（instance ID）。每个对象的实例 ID 各不相同，不同的对象不能同时使用同一个实例 ID。

这种不会重复的特性称为 Uniq。Uniq 一词在英文中的本意是“唯一的”。“唯一的值”就是“不会重复的值”，实例 ID 就是这种“唯一的值”。《噬星者》中就是使用这样的实例 ID 来管理已经锁定的敌机的。

当前已经锁定的敌机的实例 ID 都被记录在**锁定列表**中（图 6.9）。锁定列表的槽数等于一次能够锁定的敌机的最大数量。

下面我们以锁定两架敌机的情况为例来说明锁定列表的工作流程。请读者参照图 6.10 进行理解。

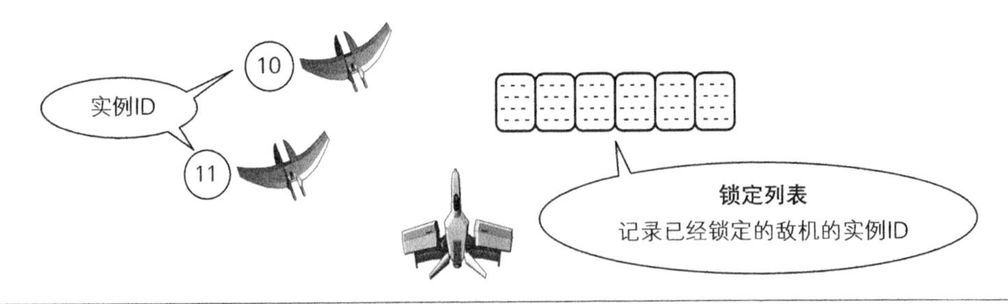

⇧图 6.9 锁定列表

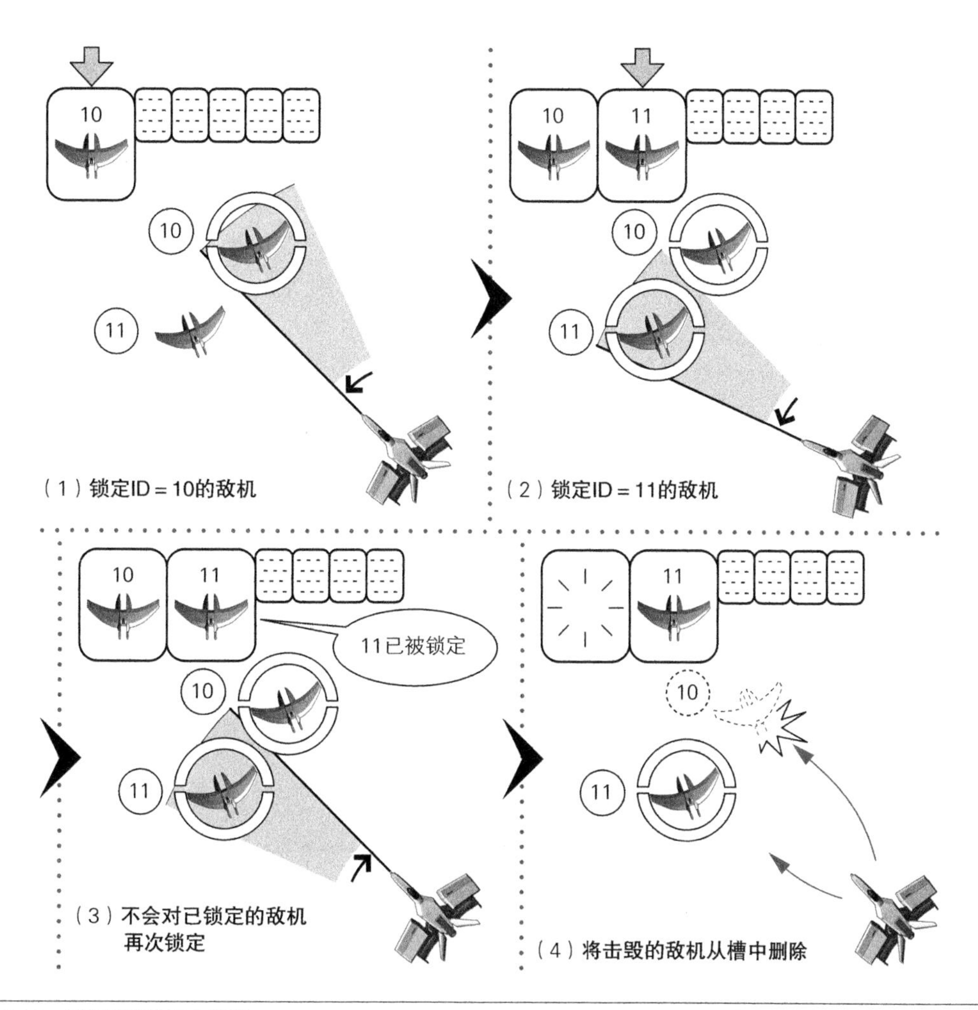

⇧ 图 6.10 锁定列表的运作流程

现在玩家飞机前方有两架敌机。实例 ID（以下简称为 ID）分别为 10 和 11。

（1）玩家飞机一边发射索敌激光，一边稍微向左侧旋转。这时 ID ＝ 10 的敌机进入了索敌激光的轨迹内，因此从锁定列表中查询 ID ＝ 10 的敌机。在锁定列表中没有 ID ＝ 10 的记录，意味着该敌机未被锁定过，于是就锁定该敌机，并将 ID ＝ 10 记录到锁定列表中。

（2）玩家飞机在 ID ＝ 10 的敌机被锁定的位置继续左转，锁定 ID ＝ 11 的敌机后也把 ID ＝ 11 记录到锁定列表中。

（3）锁定 ID ＝ 11 的敌机后，玩家飞机在该处停下，开始向右旋转。索敌激光在碰撞检测的过程中将再次命中 ID ＝ 11 的敌机。但是因为锁定列表中已经存在了 ID ＝ 11 的记录，所以不会再次对其执行锁定处理。这是避免对同一对象进行多次锁定的机制中最关键的地方。

（4）玩家飞机向锁定的敌机发射制导激光。制导激光击中 ID = 10 的敌机后，从锁定列表中删除 ID = 10 的记录。如果忘记删除，就可能会造成锁定列表的存储空间不足而无法锁定敌机，因此在击毁敌机后一定要将相应记录从锁定列表中删除。

了解了锁定列表的工作流程后，让我们看看实际的代码。

ScoutingLaser.Lockon 方法（摘要）

```
public void Lockon(Collider collider)
{
    // 锁定敌机
    if(collider.gameObject.tag == "Enemy") {
        int targetId = collider.gameObject.GetInstanceID();
        bool isLockon = IncreaseLockonCount(targetId);



        // ------------------------------------------------------------
        // 锁定
        if(isLockon) {
            // 决定锁定编号
            int lockonNumber = getLockonNumber();
            if(lockonNumber >= 0) {
                // 将锁定的敌机添加到锁定列表中
                lockedOnEnemyIds[lockonNumber] = targetId;
            }
        }
    }
}
```

（a）取得实例 ID

（b）加上锁定的数量
当列表中 ID 已经存在时，或者达到允许锁定的最大数量时，该操作失败

（c）取得锁定编号
列表没有空位时返回 -1

（d）将锁定的敌机添加到列表中

ScoutingLaser.Lockon 方法在 ScoutingLaserMeshController 的 OnTriggerEnter 中被调用。collider 参数也是通过 OnTriggerEnter 直接传入。

（a）首先判断和索敌激光的碰撞区域（触发器）发生碰撞的对象是否为敌机。如果是敌机，则取得该对象的实例 ID。

（b）接下来加上已锁定的敌机数量。如果锁定列表中已经含有指定的实例 ID，也就是说敌机对象已经被锁定过，IncreaseLockonCount 方法将返回 false。当锁定数量达到了允许的最大值时，也进行同样的处理。如果函数返回 true，则意味着该敌机对象未被锁定

过，处理将继续进行。

（c）在锁定列表中，取得记录新锁定的敌机的位置（锁定编号）。如果锁定列表中已没有空位，getLockonNumber 方法将返回 -1。因为已经通过 IncreaseLockonCount 方法检查过允许锁定的最大数量，所以此时锁定列表中一定存在空位。不过为了增强代码的健壮性，我们依然将该错误检查添加到代码中。

❖ 6.4.4 小结

现在读者应该能够理解实例 ID 的用处了吧。《噬星者》中为了管理锁定的敌机，使用了“记录处理过的对象”这一实例 ID 的典型用法。在“需要对大量同类型的对象进行区分”的情况下，往往都可以使用实例 ID 来解决问题。

6.5 制导激光 *Tips*

❖ 6.5.1 关联文件

- LockonLaserMotion.cs

❖ 6.5.2 概要

《噬星者》中，敌机一旦被锁定就无法逃脱，一定会被制导激光击中。这是一种非常优秀的攻击武器。如果从武器的性能来考虑，最好使激光朝着敌机直线飞去，不过考虑到游戏的画面表现效果，我们使其沿着曲线向敌机飞去（图 6.11）。

下面我们对这种兼顾性能和视觉效果的制导激光的制作方法进行说明。

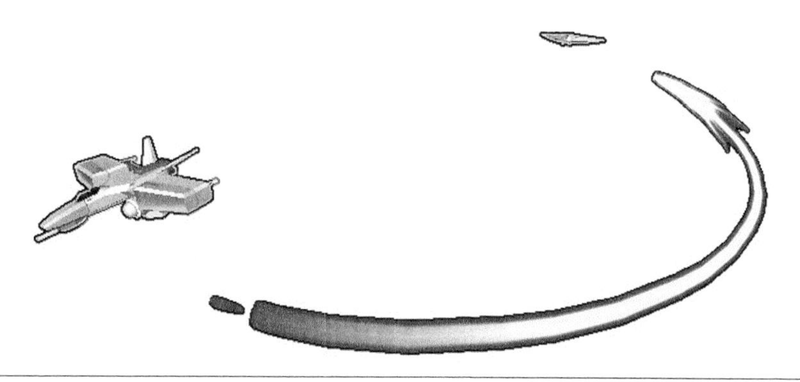

⇧ 图 6.11 制导激光的轨迹

❖ 6.5.3 根据 TrailRenderer 生成网格

首先我们来对显示制导激光需要用到的 TrailRenderer 组件进行讲解。

制导激光像彗星一样拖着长长的尾巴显示在画面上。虽然看起来好像有细长的网格，但事实上激光前端的对象并没有使用用于显示的 MeshRenderer。使用了 TrailRenderer 的对象在移动时，会像图 6.12 那样沿着运动轨迹自动生成细长的网格。当然它也支持贴图。

图 6.13（1）是使用了 TrailRenderer 的制导激光在游戏中的画面表现，（2）是将其用线框图显示的结果。可以看到，沿着制导激光的轨迹生成了很多细长的网格。

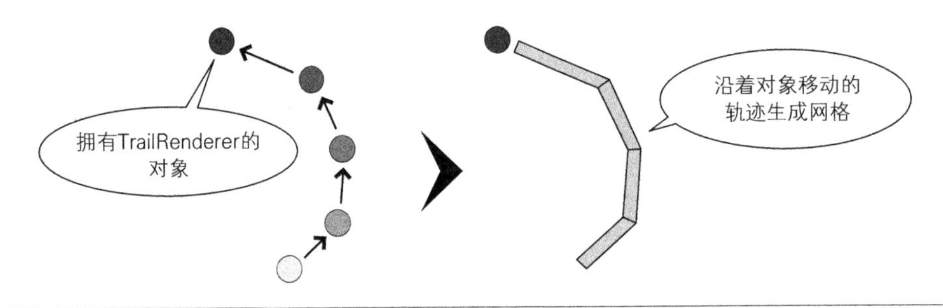

⇧ 图 6.12 TrailRenderer

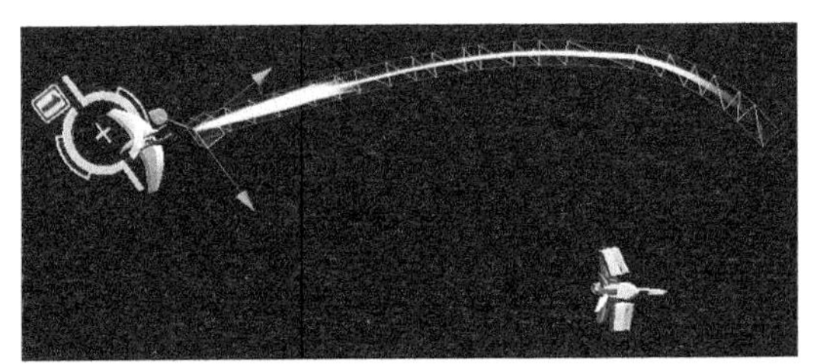

（1）根据Trail Renderer绘制的结果

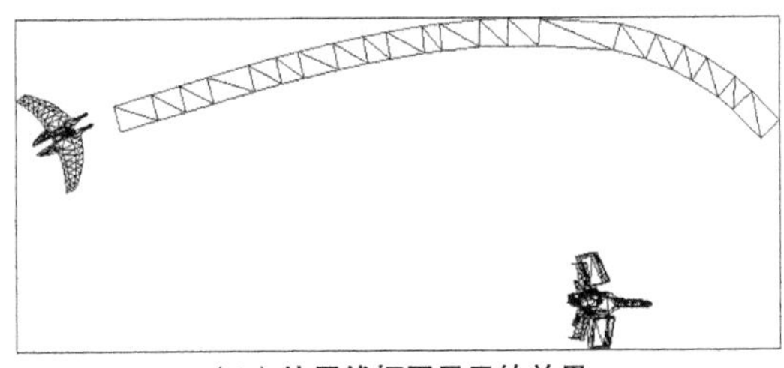

（2）使用线框图显示的效果

⇧ 图 6.13 TrailRenderer 生成的网格

❖ 6.5.4 制导激光的移动

根据上文可知，如果使用了 TrailRenderer，轨迹的绘制就会变得比较容易。在位于头部的对象动起来后，TrailRenderer 就会沿着其移动的路径绘制出长长的激光轨迹。

那么现在我们来考虑在每帧的 Update 方法中该如何更新对象的移动方向。由于制导激光朝着敌机飞去，因此首先需要把握好玩家和敌机的位置关系。

在图 6.14 中，位于箭头顶端的白色圆圈表示游戏对象。可以把箭头看作是 TrailRenderer 描绘的轨迹。从发射的那一瞬间开始，制导激光一直朝着上方沿直线前进。由于 TrailRenderer 的作用，激光将不断地往下延伸。敌机位于激光前进方向左侧 90 度的位置。如果此时将激光的前进方向左传 90 度，它将朝着敌机飞去。

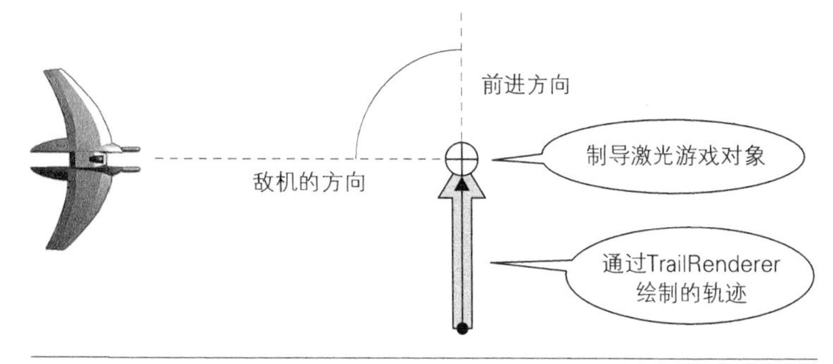

⇧ 图 6.14 制导激光游戏对象

游戏中的制导激光是沿着曲线轨迹向敌机飞去的。但是如果每一帧更新时都将其角度改变为朝向敌机的话，就会出现图 6.15（1）那样的直线运动的情况。为了解决这个问题，我们需要对每次改变方向时转动的角度添加一个最大值限制。具体来说，就是先计算出当前前进方向到敌机方向需要旋转的角度，再将其乘以一定的比例，把最终得到的值作为旋转角度。

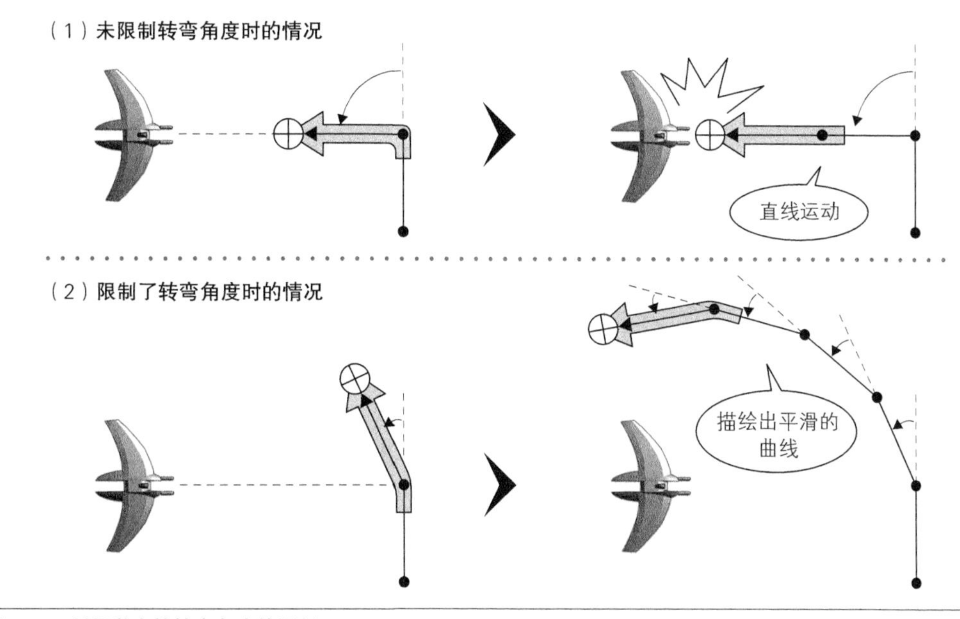

⇧ 图 6.15 制导激光的转弯角度的限制

请参考图 6.15（2）进行理解。假设每次改变方向只允许旋转 30% 的角度。

这种情况下，当敌机位于前进方向左侧 90 度时，可以算出旋转角度是 90 度的 30% 等于 27 度。之所以不把角度的限制设定为诸如 30 度这样固定的数值，是为了使激光的运动轨迹显得更平滑。在激光和敌机的角度差比较大时能够急转弯，反之当角度相差不多时又能够缓慢地改变方向，这样就能绘制出较为平滑的曲线。

虽然加入了旋转角度的限制后激光的运动轨迹变得平滑了，但是也带来了新的问题——激光变得难以击中敌机了。因为添加了旋转角度的限制，这意味着激光不能直接朝敌机方向飞去，而只能朝着敌机方向每次改变一定的角度。有时就会出现在敌机周围持续绕圈的情况（图 6.16）。

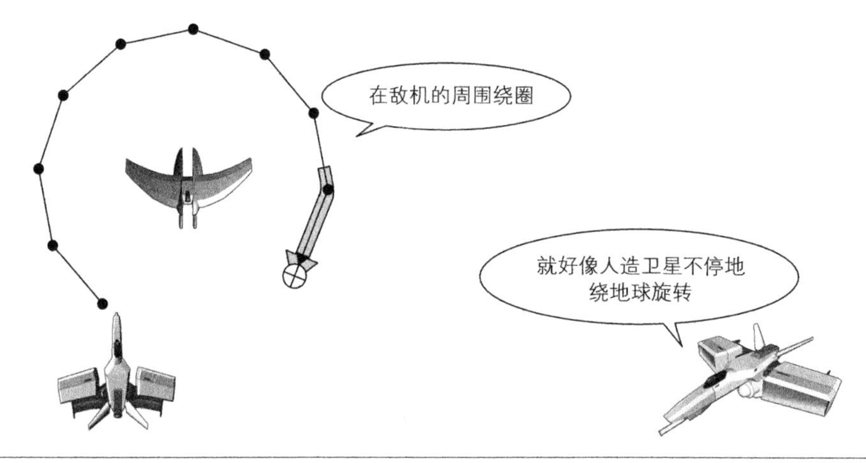

⇧ 图 6.16 限制旋转角度带来的问题

为了避免这种情况，我们让前面提到的转弯角度的百分比值随时间逐渐变大。也就是说，发射后经过的时间越长，转弯角度就越大。

从图 6.17 中可以看到转弯的角度越来越大。在发射后不久的①处，转弯角度的比例很小，只朝着敌机方向改变了一点点方向。②处的转弯角度的比例稍微增加了一些，前进方向的改变也更大了。到③的位置后，继续增加转弯角度的比例，直接转向敌机方向。原来情况下激光有可能在敌机周围持续绕圈，现在将沿着一条类似漩涡状的轨迹击中敌机。

下面我们通过实际的代码，来再次梳理整个流程。

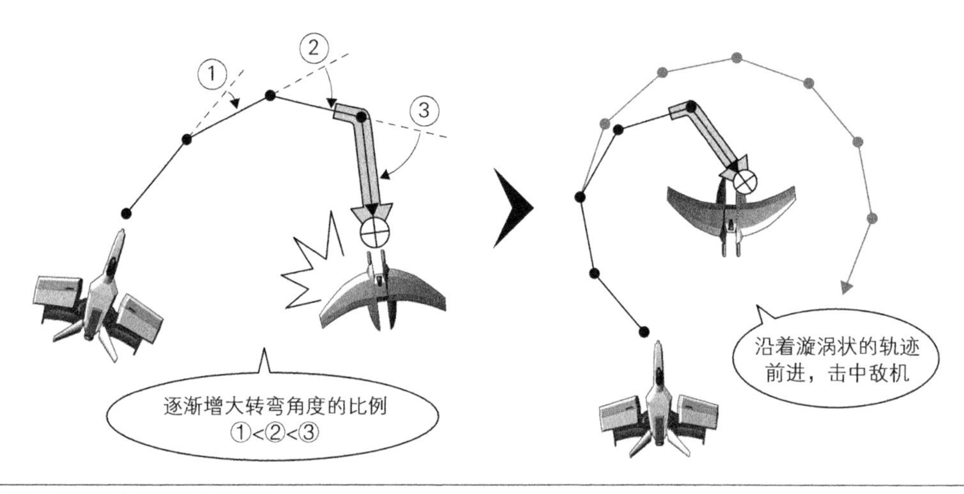

⇧ 图 6.17 逐渐增大转弯角度的情况

LockonLaserMotion.ForwardLaser 方法（摘要）

```
private void ForwardLaser()
{
    // 仅在有敌机时进行处理
    if(targetEnemy) {
        // 取得敌机的方向
        Vector3 enemyPosition = targetEnemy.gameObject.transform.position;
        Vector3 relativePosition = enemyPosition - transform.position;
        Quaternion targetRotation = Quaternion.LookRotation(relativePosition);

        // 算出锁定激光从现在方向到敌机方向
        // 按一定比例旋转后的角度
        float targetRotationAngle = targetRotation.eulerAngles.y;
        float currentRotationAngle = transform.eulerAngles.y;

        currentRotationAngle = Mathf.LerpAngle(
            currentRotationAngle,
            targetRotationAngle,
            turnRate * Time.deltaTime);

        Quaternion tiltedRotation =
            Quaternion.Euler(0, currentRotationAngle, 0);

        // 逐渐增加转弯角度的比例
        //（防止激光进入一直循环旋转而无法命中敌机的状态）
        turnRate += turnRateAcceleration * Time.deltaTime;

        transform.rotation = tiltedRotation;
        transform.Translate(
            new Vector3(0f, 0f, laserSpeed * Time.deltaTime));
    }
}
```

（a）targetRotation: 从自己所在位置看到的敌机方向

（b）从 currentRotationAngle（前进方向）朝着 targetRotationAngle（敌机方向）按 turnRate 比例旋转

（c）逐渐增加转弯角度的比例（增大转弯角度）

（d）改变前进方向

（e）前进

（a）首先求出从自己所在位置看到的敌机的方向。通过 Quaternion.LookRotation 方法使用向量计算出旋转角度。

（b）接下来，通过 turnRate 比率计算出现在的前进方向 currentRotationAngle 和敌机方向 targetRotationAngle 的补间值。这相当于前面提到的从当前方向向敌机方向旋转一定比例的角度。这是程序中最重要的地方。为了不受帧率（游戏循环的时间间隔）变化的影响，不要忘记乘上 Time.deltaTime。

（c）最后，更新转弯角度的比例，再通过旋转改变前进方向后继续向前，处理就结束了。

❖ 6.5.5 稍作尝试

最后，让我们通过实际的游戏来看看程序是如何运作的（图 6.18）。

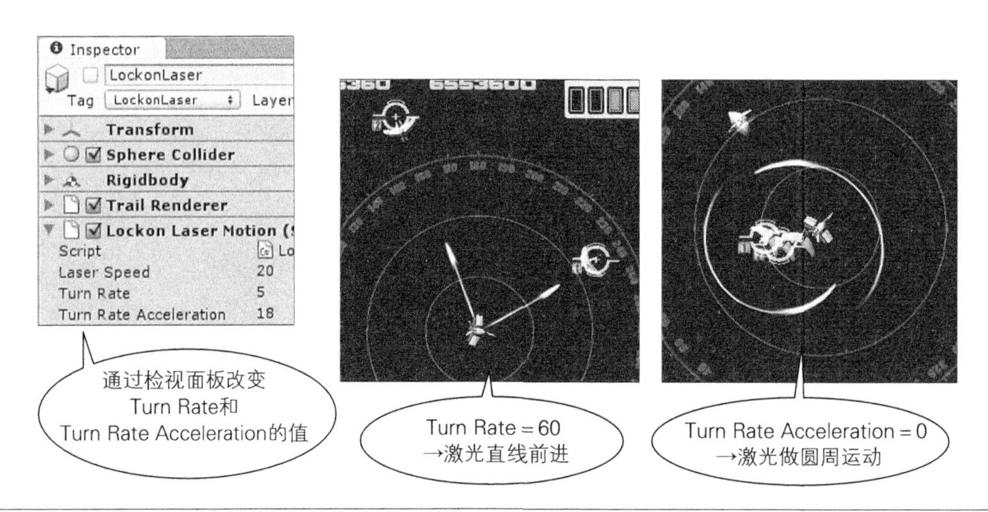

⇧ 图 6.18 改变转弯限制时的制导激光

请在项目视图中选择 Prefabs/Lockon/LockonLaser。可以在检视面板中看到 Lockon Laser Motion 脚本标签。我们通过改变其中的 Turn Rate 和 Turn Rate Acceleration 的值来看激光的运动将如何变化。

Turn Rate 的值决定了每帧刷新时激光前进方向的改变程度。如果这个值很大，运动中的激光的转弯幅度就大。当这个值被设置为 60 左右时，因为激光很快就调整好了方向，于是将沿着直线向敌机飞去。反之如果这个值比较小，因为激光每次只改变很小的方向，所以将会沿着一条平缓的曲线绕着敌机慢慢接近。

Turn Rate Acceleration 表示每帧刷新时 Turn Rate 的增加值。其值为 0 时意味着转弯的角度是固定的，这样很可能就会造成激光始终在敌机外围不停做圆周运动的情况。

❖ 6.5.6 小结

现在读者应该可以理解激光沿着平滑曲线前进的秘密了。这种算法也常常在制导导弹或者敌人 AI 逻辑中使用。如果敌机总是笔直地冲向玩家角色，玩家可能会对这种强大的敌机感到束手无策，这时不妨像这样对敌机添加转弯角度的限制。建议读者在掌握了某种方法以后，在开发过程中多加思考，看看能否使用这种方法来解决其他问题。

6.6 消息窗口 Tips

❖ 6.6.1 关联文件

- PrintMessage.cs

❖ 6.6.2 概要

《噬星者》中会根据游戏的状况在画面左下角显示各种消息（图 6.19）。内容一般是电脑返回的报告信息，或者从“司令部”发来的指令，这些都是丰富游戏的重要元素。

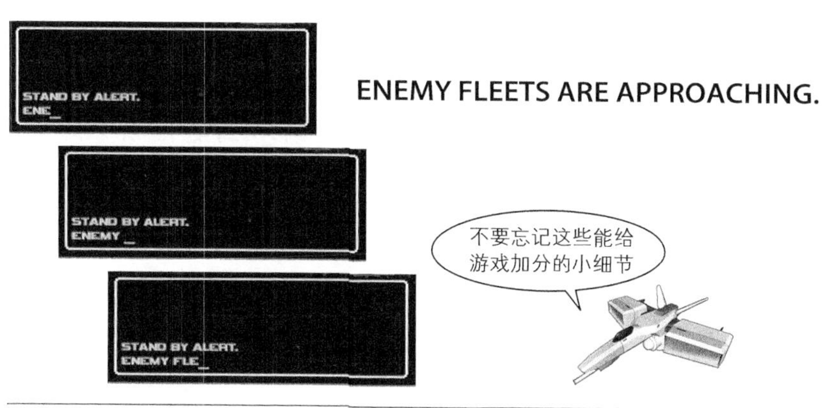

⇧ 图 6.19　消息窗口

消息中的文字会按顺序逐个显示出来，就好像有人在打字机上操作那样。虽然这只是个很小的功能，但却能给游戏增色不少，下面我们就来介绍它的制作方法。

❖ 6.6.3 消息队列和显示缓冲区

游戏中的各种消息都在消息窗口中显示。每行消息并非一次性地显示出来，而是从头开始按顺序逐字显示。为了实现这种显示方法，消息窗口的内部构造如图 6.20 所示。

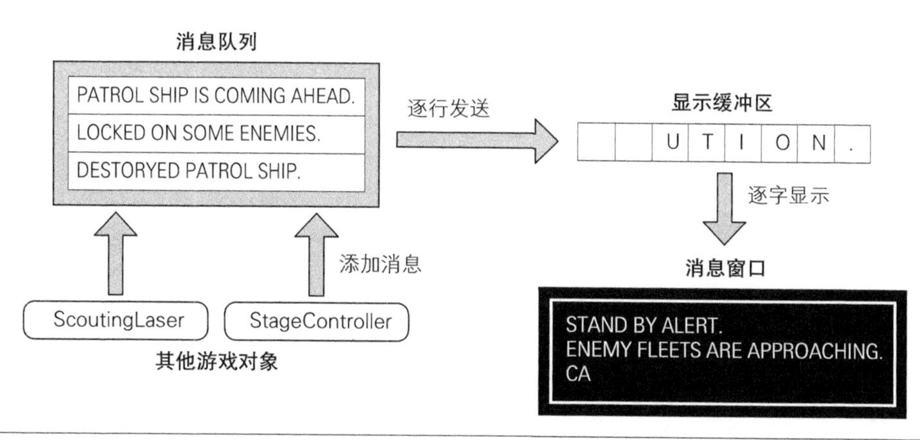

⇧ 图 6.20　消息窗口的内部构造

首先是用于显示的**消息窗口**。它拥有橘色的边框，并且使用特定的字体显示文字。

其次是令消息逐字显示的**显示缓冲区**。一行消息被放入缓冲区后，将从行首开始逐字显示到消息窗口中。

最后是**消息队列**。它用于存储所有其他游戏对象发来的显示请求。

下面我们来看看消息显示的处理流程（图6.21、图6.22）。

（1）首先，游戏开始后在窗口内显示开始消息。显示缓冲区和消息队列的状态均为空。

（2）然后收到了从其他游戏对象发来的两条显示消息的请求。每个请求各一行文本。这些消息都将被追加到消息队列中。

（3）从队列头部开始逐个取出消息，将其移动到缓冲区中。因为缓冲区只能存储一行文本，所以只会移动队列中的第一条消息“CAUTION.”。为了方便后续处理，我们在移动消息的同时，还把它按照字母单位拆分成数组。

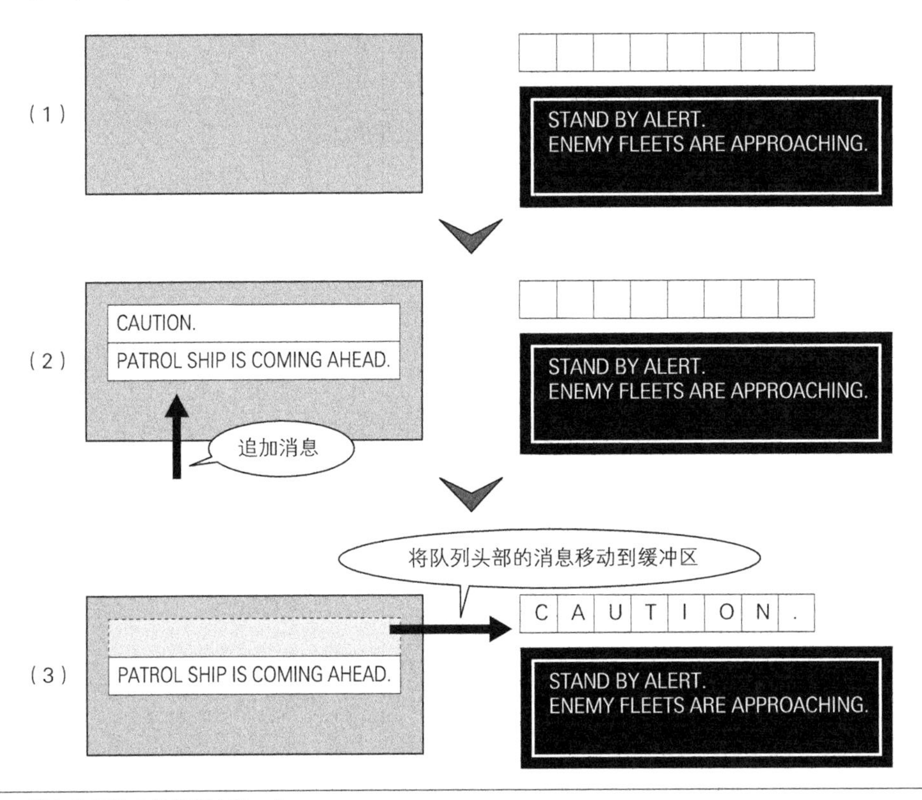

⇧ 图6.21 消息窗口的工作机制（其一）

（4）将缓冲区头部的字母C显示到窗口中。显示完毕后将文字从队列中删除。

（5）接下来，显示缓冲区中的第二个字母A。这时如果有新的消息显示请求到达，就将其追加到消息队列的末尾。

（6）当缓冲区中的文字全部显示出来后，再次将队列头部的消息移动到缓冲区中。和之前一样，从头开始按顺序逐个显示缓冲区的文字。当然如果队列为空则不会移动任何消息。此时将回到状态（1），继续等待消息的到来并将其追加到队列中。

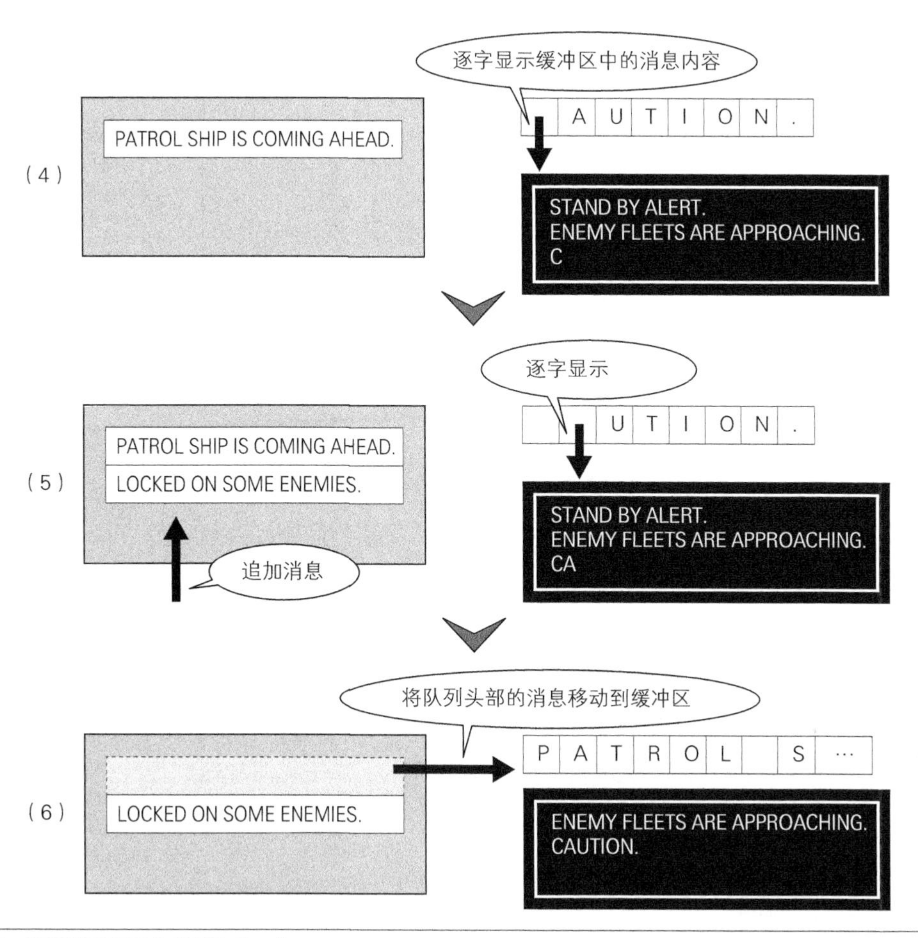

⇧ **图 6.22　消息窗口的工作机制（其二）**

消息队列和显示缓冲区的关系，就类似医院的“候诊室”和“治疗室”。治疗室中只能有一位病人接受医生的诊断治疗。如果没有候诊室，在治疗的过程中将有越来越多的患者陆续挤入治疗室，或许后来的某些患者只能选择回家。而如果设立了候诊室，即使后续来了很多患者，治疗室中仍然能够有条不紊地进行治疗。

因为显示缓冲区中只能逐字显示消息，因此处理完所有的消息将会花费一些时间。这期间可能会有其他游戏对象发来显示消息的请求。在这种情况下，如果因为缓冲区正在处理显示而不能追加消息，就可能会降低消息窗口的易用性。

下面我们来看看进行消息窗口的处理的相关代码。

PrintMessage.Update 方法（摘要）

```
void Update() {

    // 确认有没有必须显示的消息
    if(messages.Count > 0) {
        // 显示到 sub screen 的过程中将不对新消息进行处理
        if(!isPrinting) {
            isPrinting = true;

            string tmp = messages[0] as string;
            messages.RemoveAt(0);

            StartCoroutine("PlayMessage", tmp);
        }
    }
}
```

（a）如果显示缓冲区没在进行处理，则继续 isPrinting: 如果显示缓冲区正在进行处理，则该值为 true

（b）设置表示显示缓冲区正在处理的标志位（处理完毕后在 PlayMessage 方法中设置为 false）

（c）将队列头部的消息移动到缓冲区

（d）开始显示缓冲区的处理

首先是从消息队列往显示缓冲区转送消息的 Update 方法。

（a）首先确认显示缓冲区是否正在进行消息的处理。如果显示缓冲区正在处理消息，那么将不能移动新消息。只有当缓冲区把上一次的消息全部显示完毕后，才能开始移动下一条消息并进行显示。

（b）将用于表示缓冲区正在处理的标记成员 isPrinting 设置为 true。当显示缓冲区的处理结束后，PlayMessage 方法将把 isPrinting 的值设为 false。

（c）将队列头部的消息移动到显示缓冲区。事实上真正将消息送到缓冲区的代码位于（d）处，这里提前将其存储于变量 tmp 中。

（d）指定消息，开始显示缓冲区的处理。

接下来是显示缓冲区的处理方法 PlayMessage。

PrintMessage.PlayMessage 方法（摘要）

```
IEnumerator PlayMessage(string message)
{
    char[] charactors = new char[256];

    charactors = message.ToCharArray();

    // 获取显示的文字
    string subScreenText = subScreenGUIText.text;
    subScreenText += "\n";
```

（a）将文本分割为一个个的文字

（b）窗口所有的文本

```
    int additionNum = ADDITION_NUM + messages.Count;   // (c)一次显示的文字数量(固定值+队列中滞留的行数)

    for(int i = 0; i < charactors.Length; i += additionNum) {
        // (d)删除末尾的光标(_)
        if(subScreenText.EndsWith(CURSOR_STR)) {
            subScreenText =
                subScreenText.Remove(subScreenText.Length - 1);
        }

        for(int j = 0; j < additionNum; j++) {         // (e)将消息中的文字追加到窗口的文本中
            if(i + j >= charactors.Length) {           //   (一次追加 additionNum 个文字)
                break;
            }
            subScreenText += charactors[i + j];
        }

        // 追加光标
        subScreenText += CURSOR_STR;
        // (f)删除滚出窗口区域外的行
        string[] lines = subScreenText.Split("\n"[0]);
        if(lines.Length > MAX_ROW_COUNT) {
            subScreenText = "";

            for(int j = lines.Length - MAX_ROW_COUNT;   // (g)在尾部追加 MAX_ROW_COUNT 行
                    j < lines.Length; j++) {
                subScreenText += lines[j];
                if(j < lines.Length - 1) {
                    subScreenText += "\n";
                }
            }
        }

        subScreenGUIText.text = subScreenText;   // (h)将全体文本设置到窗口中
        yield return new WaitForSeconds(0.001f);   // (i)暂时中断处理
    }

    // 消息全文显示完毕后，不再显示光标
    if(subScreenText.EndsWith(CURSOR_STR)) {
        subScreenText = subScreenText.Remove(subScreenText.Length - 1);
        subScreenGUIText.text = subScreenText;
    }

    // 结束显示处理
    isPrinting = false;   // (j)将"缓冲区处理中"标志位设置为 false
}
```

（a）为了后续的处理需要，首先将文本按文字单位分解为数组。

（b）将需要在窗口中显示的消息文本整个复制到 subScreenText 中。如果窗口中显示了多行消息，则将所有行结合起来变成一个字符串代入。

（c）计算出每次显示的文字个数 additionNum。如果该值固定，那么当短时间内有大量消息到达时将无法追加显示。为了避免这种情况，可以将 additionNum 值加上队列中滞留的行数。这样，等待显示的消息数量越多，显示的速度就越快。

（d）在循环刚开始时，删除文本末尾的光标（_）。如果没有这步操作，光标将会夹杂在文本中出现。

（e）从缓冲区中取出 additionNum 个文字，追加到窗口的文本中。

（f）窗口最多允许显示 MAX_ROW_COUNT 行文本。超出后将导致内容向上滚动从而出现在窗口区域之外，把这些滚出窗口区域范围的内容从窗口显示的文本中删除。

（g）对窗口内的文本进行一次清空，之后再新添加 MAX_ROW_COUNT 行。这之前的内容都将被舍弃。通过这个处理，从窗口上方滚出窗口区域的文本将不再显示在画面上。

（h）将窗口的文本内容设置到 GUI 的 text 成员中。更新画面上的显示内容。

（i）为了让窗口中的文字看起来是逐个显示的，需要暂时中断处理。通过 yield return 中断的处理，在一定时间后，将在同一地方再次恢复处理。

（j）显示完一行文本后，将用于表示缓冲区正在进行处理的标志位 isPrinting 重新设置为 false。

上述过程就是消息窗口逐字显示消息内容的工作流程。

❖ 6.6.4　小结

这次我们尝试了逐字显示消息文本的方法，以及使陈旧的消息依次滚出消失的方法。射击游戏中游戏关卡开始时，以及冒险类游戏中进行对话时，常常需要显示文本消息。这种情况下，不只满足于把消息显示出来，花些心思改善它的表现方式也是很有趣的。

第7章

消除动作解谜游戏

吃月亮

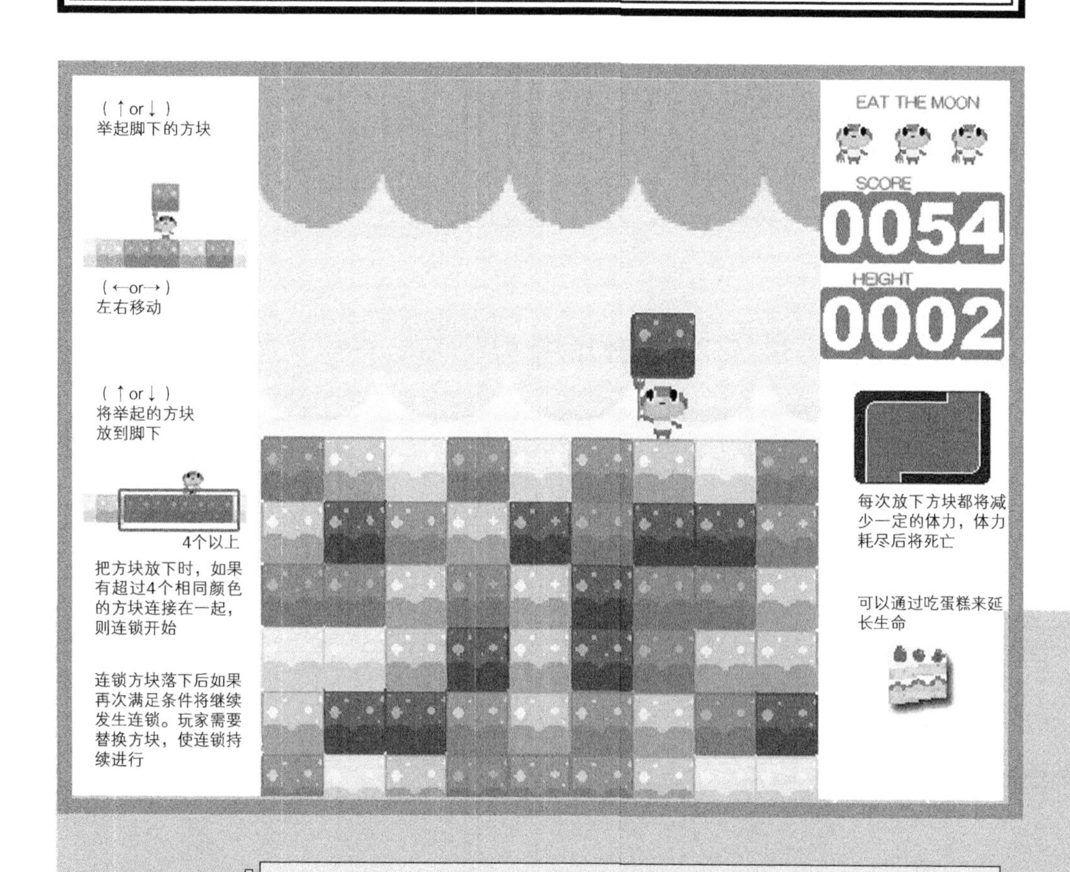

将同色方块摆在一起→消除→连锁，不断往上爬！

7.1 玩法介绍 *How to Play*

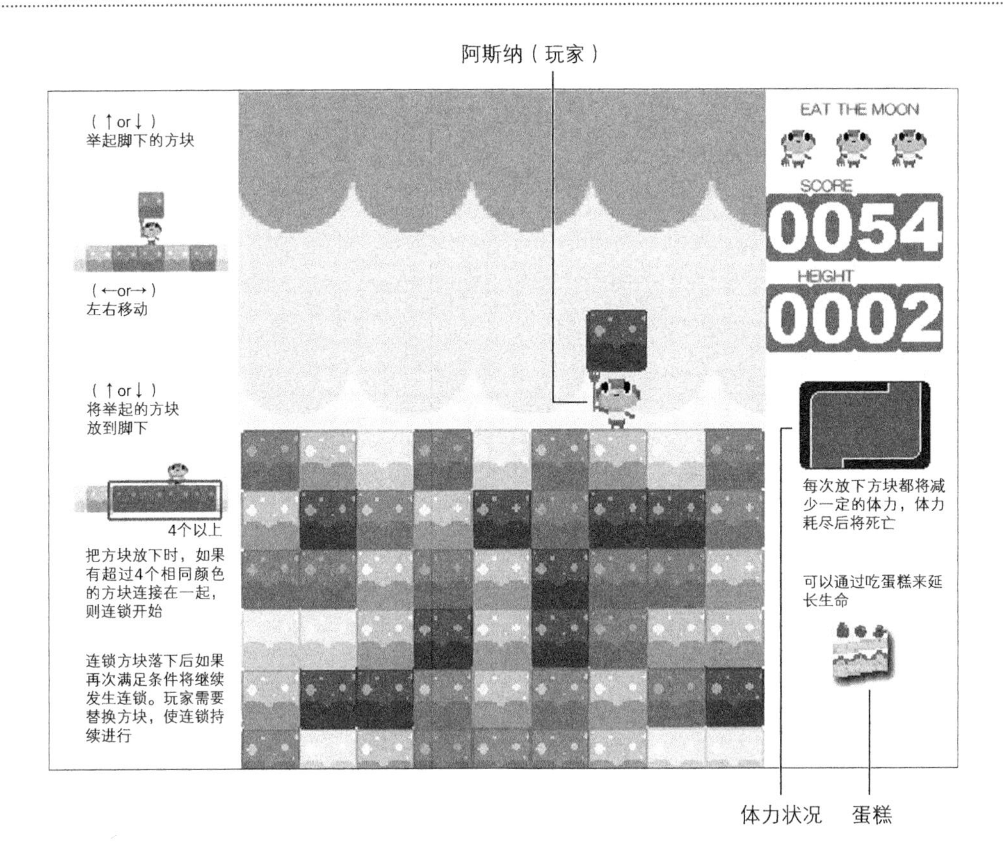

✓ 通过举起和放下方块，来改变它们的排列顺序！

- 通过左右方向键移动玩家角色“阿斯纳”
- 通过上下方向键举起或者放下方块

✓ 将相同颜色的方块摆在一起！

- 当有 4 个以上相同颜色的方块连在一起时，这些方块都将被消除

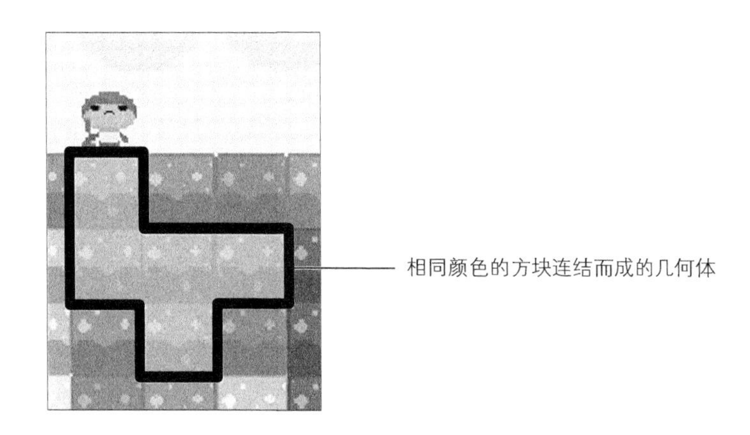

✓ 相同颜色的方块连在一起后将触发连锁！

- 方块在画面下方消失前若再次和同色的方块连在一起，则将触发连锁
- 每次连锁发生后，都会从上面落下一些方块
- 一点点往上爬，最后到达月球时意味着游戏成功

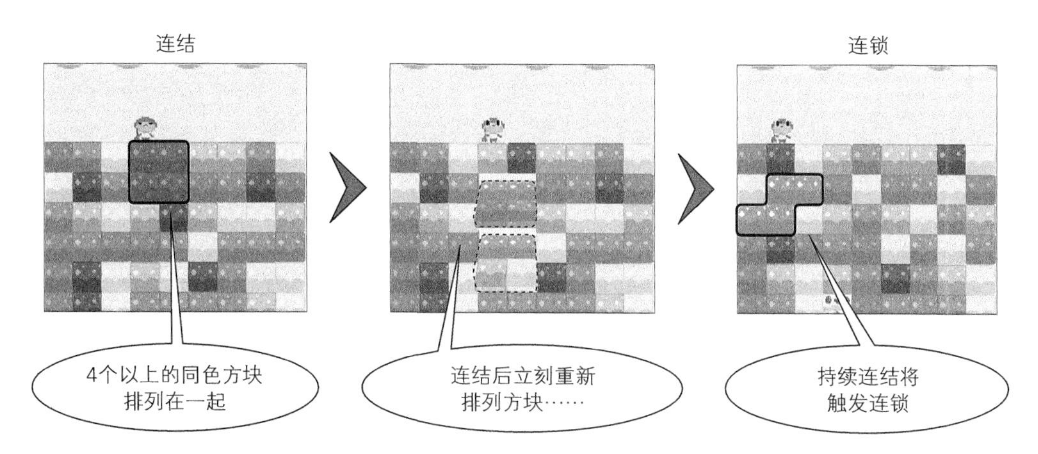

✓ 需要注意的体力状况！

- 每次举起放下方块都将消耗一定的体力
- 体力减少到一定程度游戏将失败
- 偶尔出现的蛋糕可以补充体力

7.2　爽快的连锁和有趣的方块移动　*Concept*

相信读者一定都玩过这类被称为**掉落消除**的游戏。这种游戏的玩法一般是想办法排列落下的方块，从而避免让它们堆积起来。

消除游戏和其他类型的游戏的最大区别是游戏规则的多样性。甚至可以说“有多少种游戏就有多少种规则”。开发解谜游戏时，往往需要在编程之前首先对游戏规则苦苦思索一番。

不过话说回来，这个难点也为制作人展示自己的水平提供了一个平台。有很多人只开发解谜类游戏，我们这次的游戏的灵感正是从一名解谜类游戏爱好者制作人那里得来的。

游戏的关键词是**爽快的连锁**和**有趣的方块运动**。

方块连续消除的过程叫作**连锁**，这是解谜游戏的一大魅力。这里我们把方块消除的条件放宽一些，让那些不擅长此类游戏的玩家也能够很容易地享受到这个爽快的连锁过程。

另外一个值得关注的地方是方块的运动。虽然这和游戏的规则并无直接关系，但是为了看起来比较有趣，我们试着让它在运动时有种翻滚的感觉。

在《吃月亮》游戏中，从游戏的类型出发对游戏内容进行了思考。近几年游戏业界很少出现新的游戏类型。虽然有些遗憾，不过这绝不意味着从目前存在的这些游戏类型中不可能产生新的灵感。稍微用心下点功夫，完全有可能制作出新的有趣的游戏。

虽说“看月亮不如吃丸子”[①]，不过不知道大家有没有想过：如果月亮就是个丸子的话会怎样呢？不论如何，这一章就让我们一起来试着完成这个消除游戏吧。

❖ 7.2.1　脚本一览

文件	说明
SceneControl.cs	游戏整体控制
PlayerControl.cs	控制“阿斯纳”
Block.cs	方块的基类（颜色设定等 StackBlock、CarryBlock 共通的处理）
StackBlock.cs	控制画面下方堆积的方块
StackBlockControl.cs	控制画面下方堆积的方块全体（决定哪个方块播放哪种动画等）
RotateAction.cs	方块旋转时的动作
CarryBlock.cs	“阿斯纳”举起的方块
BlockFeeder.cs	决定新出现的方块颜色
ConnectChecker.cs	判断相邻的方块颜色是否相同
BGControl.cs	背景滚动控制
GUIControl.cs	体力标识等 GUI 显示
ScoreControl.cs	得分时的动画
TitleSceneControl.cs	主题画面
GoalSceneControl.cs	控制胜利场景

① 日本的一句俗语。——译者注

举起↑ 移动→ 放下↓

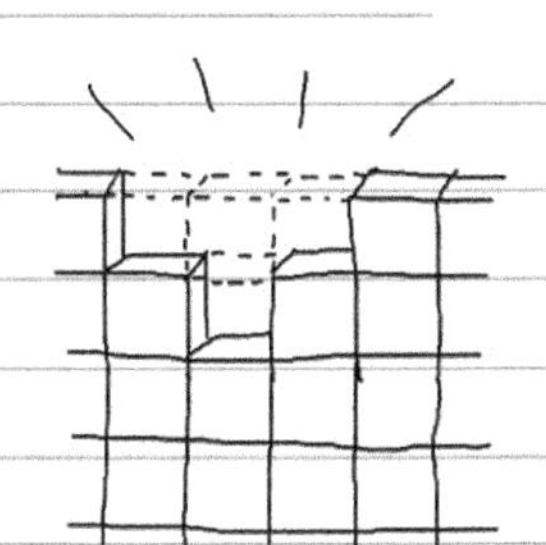

相同颜色的方块

超过4块将被消除!

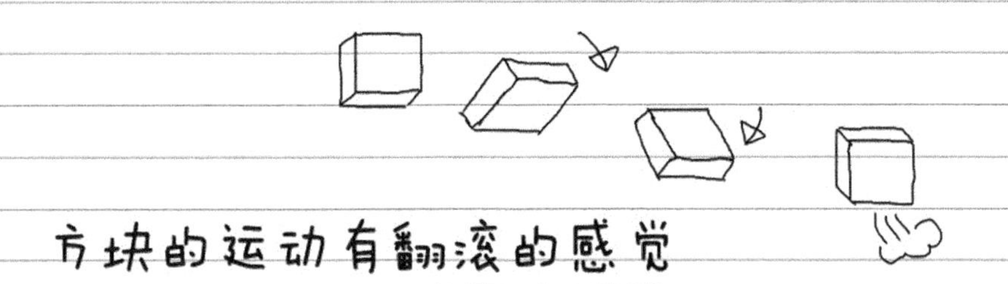

❖ 7.2.2 本章小节

- 同色方块相邻与否的判断
- 方块的初始设置
- 动画的父子构造关系
- 方块的平滑移动

7.3 同色方块相邻与否的判断 *Tips*

❖ 7.3.1 关联文件

- ConnectChecker.cs

❖ 7.3.2 概要

首先我们来完成游戏中最重要的判断“相邻的方块颜色是否相同”的逻辑。

《吃月亮》游戏中，为了让方块的消除更容易，放宽了对排列规则的限制。有些游戏只允许纵向排列或者横向排列，而在我们这个游戏中，横向纵向都可以。而且对数量也不做限制。“同色方块相连组成的几何体”的大小和形状多种多样。玩家能够通过连接大量的方块生成一个巨大的几何体，由此带来的那种爽快感正是本游戏的一个亮点（图 7.1）。

这里，我们将介绍对游戏中可能出现的各种方块组合都能进行检测的方法。

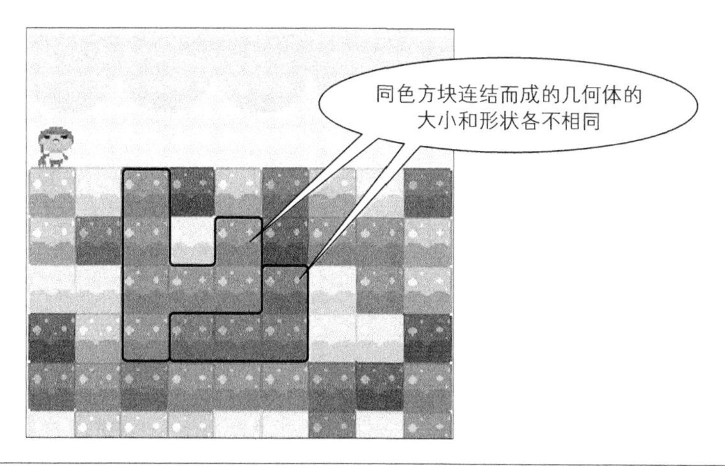

⇧ 图 7.1 同色方块组成的几何体

❖ 7.3.3 连结与连锁

在开始下面的解说前，先说明一下本章会用到的两个术语。

《吃月亮》中，同种颜色的方块在纵横方向有超过 4 个连在一起时就会被消除。我们把“超过 4 个同色方块连到一起”称为**连结**。连结后的方块将变灰，并和其下方的方块交换位置。这种“上下交替”的动作将一直持续到灰色的方块消失在画面底部。像这样不断地重新排列方块，一直产生连结的过程称为**连锁**（图 7.2）。

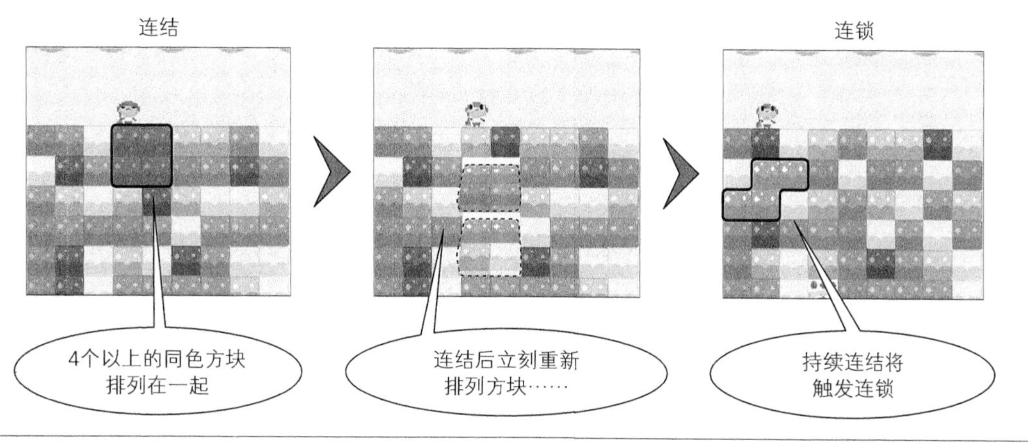

⇧ 图 7.2　连结和连锁

❖ 7.3.4　不停地检测相邻方块

按照图 7.3 的设定，我们来考虑一下方块颜色的检测步骤。

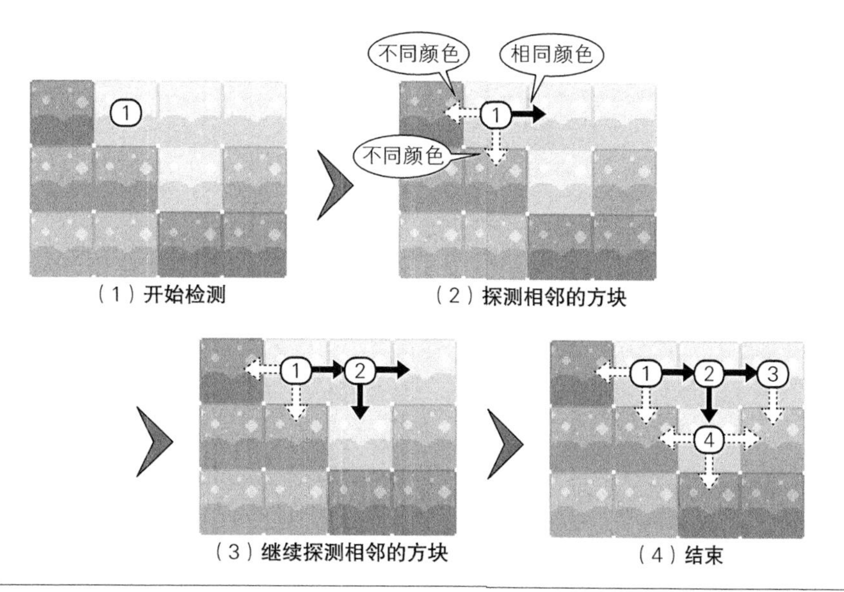

⇧ 图 7.3　检测连结的步骤

（1）首先选择用于连结检测的起始方块。例如图中的方块 1。

（2）检测上下左右四个方向的相邻方块颜色是否与起始方块相同。因为这里的起始方块已经位于最上面一排，所以不需要再往上探测。黑色箭头表示该相邻方块颜色相同，白色虚线箭头表示颜色不同。可以看到，图中只有右侧的方块是颜色相同的。

（3）上下左右相邻的方块中如果有与起始方块颜色相同的方块，则以该相邻方块为中心循环进行该判断。现在方块 2 将成为新的“中心方块”。注意不要执行左侧的判断。由于是在循环进行同一件事情，因此如果向反方向执行处理，将导致循环永远不会结束。

（4）可以看到，方块 2 的右侧和下方存在与其同色的方块 3 和方块 4，因此再依次对这两个方块进行循环处理。由于二者的周围都不存在与其同色的方块，于是处理结束。连结数量为 4。

如果相邻的方块颜色相同，则按同样的逻辑对该相邻方块进行处理。像这样，对处理的结果对象再次进行同样处理的过程称为**递归处理**。读者可能都听说过这个术语。简单举例来说，阶乘的计算就是一个非常有名的递归处理的例子。整数 n 的阶乘计算公式为：

n 的阶乘 = n ×（n − 1）×（n − 2）× ⋯ ×1

依次对 n 进行减 1 操作并乘以其值，一直乘到 1，就可以算出阶乘。

例如，当 n 等于 4 和 5 时的情况分别如下：

4 的阶乘 = 4 × 3 × 2 × 1

5 的阶乘 = 5 × 4 × 3 × 2 × 1

可以看到，5 的阶乘等于 5 ×4 的阶乘。同样地，4 的阶乘等于 4×3 的阶乘，3 的阶乘等于 3×2 的阶乘。明白这个规律后，我们可以写出下列用于计算阶乘的代码。

阶乘的计算（在这个游戏项目中不会用到这个）

```
public uint kaijo(uint x)
{
    if(x <= 1) {
        return(1);                          (a)1 的阶乘等于 1
    } else {
        return(x * this.kaijo(x - 1));      (b)n 的阶乘 =n×（n−1）的阶乘
    }
}
```

（a）1 的阶乘等于 1，所以这里不需要递归操作，直接返回 1。

（b）n 的阶乘可以通过 n 乘以 n – 1 的阶乘算出，而通过将参数 n – 1 传入 kaijo 方法即可算出 n – 1 的阶乘。这就是**递归调用**。

❖ 7.3.5　递归调用

请参考图 7.4 的例子来理解如何通过递归调用来进行连结检测。为了便于理解，我们的检测只会向右进行。

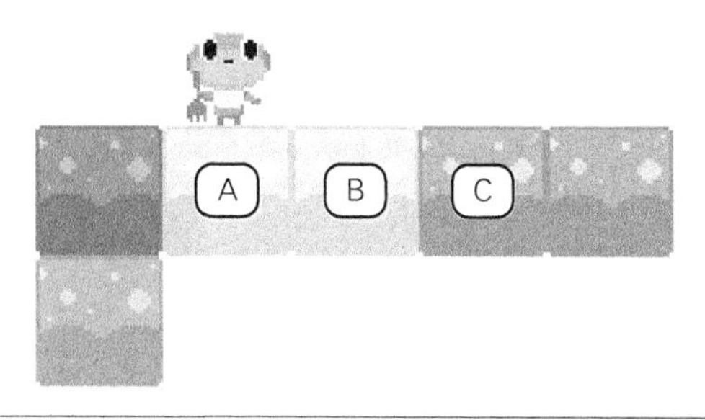

⇧ 图 7.4　连结检测例子中的方块排列顺序

下面我们来看图 7.5。图中纵向排列的三个平行四边形表示了 check_connect_recurse 方法。从第二个四边形开始，大小多少有些变化，不过内在逻辑是完全相同的。

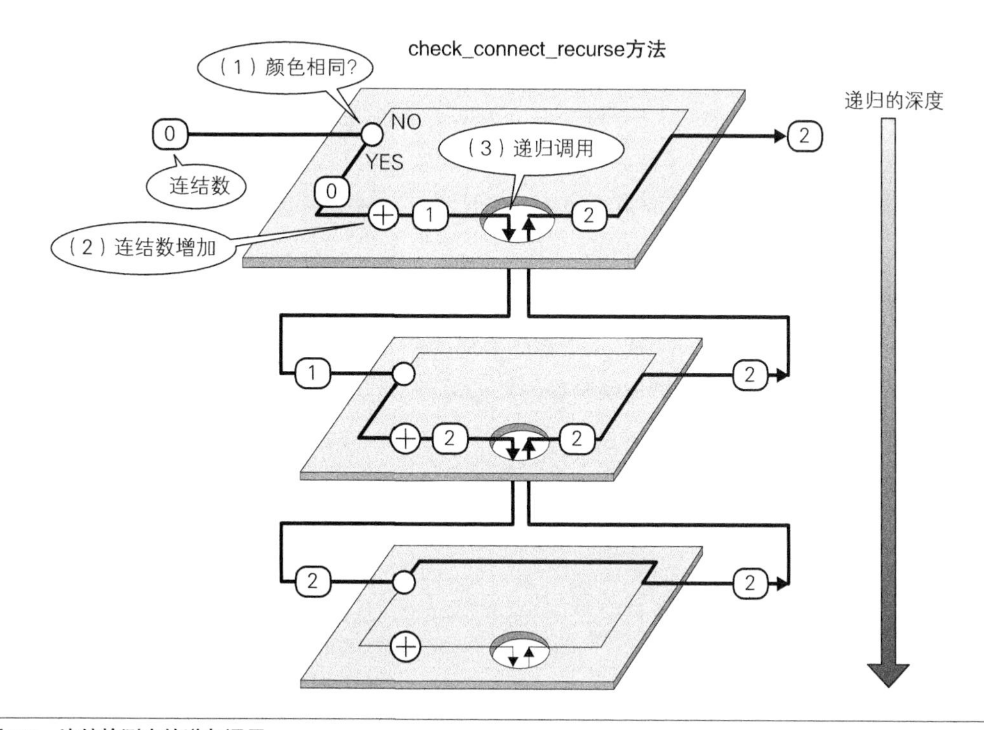

⇧ 图 7.5　连结检测中的递归调用

可以看到，从平行四边形的空穴能降到下面的阶层。这就代表调用自身方法的“递归调用”。我们把“调用自身方法的次数”称为**递归的深度**。在图 7.5 中，越往下的阶层，其递归的深度就越大。其实每一阶层都代表相同的函数，只是在调用方式上和普通的函数有所不同。

接下来我们将详细描述这个递归过程。

check_connect_recurse() 被调用时，连结数的初始值为 0。这是因为作为参数传入的连接数，是“到上一个方块为止的连结数”。

（1）最初的分支判断用于检测方块的颜色。第 1 个方块的颜色没有特别要求，条件成立则选择恰当的分支，继续往下执行。

（2）连结数增加。此时连结数变为 1。

（3）位置（3）处存在一个空穴，从这里下到下一阶层。下一阶层表示的同样是 check_connect_recurse 方法。

这里要注意的是：阶层的深度 = 递归调用的次数。

第 2 阶层开始处理时连结数为 1。由于方块 B 和方块 A 的颜色相同，所以往下方的分支前进，连结数增长为 2。然后再进入下面的阶层。这就是第二次“递归调用”了。

第 3 阶层对方块 C 进行检测。该方块和 B 的颜色不同，所以选择上方的分支继续前进。上方的分支既不会增加连结数也不存在递归调用，这样就退出了该方法。

第 3 阶层处理结束后该跳到哪里执行呢？包括 C# 在内的很多编程语言，在函数调用结束后都将“跳转到该函数被调用处的下一行代码”。根据这个原则，第 3 阶层的处理结束后，将直接跳到第 2 阶层的空穴处。

跳回到第 2 阶层后没有什么特别的处理，于是将第 3 阶层处理得到的连结数 2 作为返回值结束。

第 1 阶层处理结束后将回到 check_connect_recurse 方法最初被调用的位置。最终 check_connect_recurse 方法输出的连结数为 2。这意味着检测到有两个同色方块相邻。

那么接下来就让我们看看连结数递归检测处理的脚本代码。

ConnectChecker.check_connect_recurse 方法（摘要）

```
private int check_connect_recurse(
    int x, int y, Block.COLOR_TYPE previous_color, int connect_count)
{
    StackBlock.PlaceIndex block_index;
    do {
        block_index.x = x;
        block_index.y = y;
        （a）如果已经检测过则忽略
        if(this.is_checked(block_index, connect_count)) {
            break;
        }
```

```
        (b)判断方块的颜色
        if(previous_color == Block.COLOR_TYPE.NONE) {
            (b1)第 1 个方块
            this.connect_block[0] = block_index;
            connect_count = 1;
        } else {
            (b2)依次判断第 2 个方块以后的方块颜色是否和前面的方块相同
            if(this.blocks[x, y].color_type == previous_color) {
                this.connect_block[connect_count] = block_index;
                connect_count++;  ——(b3)连结数增加
            }
        }
        (c)第 1 个方块或者和前面的方块颜色相同的情况下，对相邻
           方块进行检测
        if(previous_color == Block.COLOR_TYPE.NONE ||
                this.blocks[x, y].color_type == previous_color) {
            (c1)指定右侧的方块，递归调用
            if(x < StackBlockControl.BLOCK_NUM_X - 1) {
                connect_count = this.check_connect_recurse(
                    x + 1, y, this.blocks[x, y].color_type, connect_count);
            }
            对除右以外的其他方向循环进行同样的处理
        }
    } while(false);

    return(connect_count);
}
```

（a）如果将要检测的方块在之前已经被检测过，则忽略该方块。请回忆一下我们在图 7.4（3）中不断对相邻方块的颜色进行判断时，需要防止回到原来的方向。

（b）检测方块的颜色。这对应图 7.5（1）中的处理。

（b1）没有必要对第 1 个方块进行颜色检测，直接把连结数置为 1。

（b2）从第 2 个方块开始，依次判断其颜色是否和前面的方块相同。

（b3）如果和前面的方块颜色相同，则增加连结数。这对应图 7.5（2）的处理。

（c）如果该方块和前面方块的颜色相同，则继续检测周围邻接的方块。previous_color 等于 Block.COLOR_TYPE.NONE 时意味着这是第 1 个方块。第 1 个方块时也需要对邻接的方块进行检测。

（c1）指定右侧邻接的方块，递归调用自身 check_connect_recurse 方法。如图 7.5（3）所示。

在实际的游戏中，连结检测不只对右方向进行判断，而是对上下左右四个方向进行同样的循环操作。同时，为了在形成环状连接的情况下不重复判断，还将对那些已经检测过的方块进行忽略（图 7.6）。

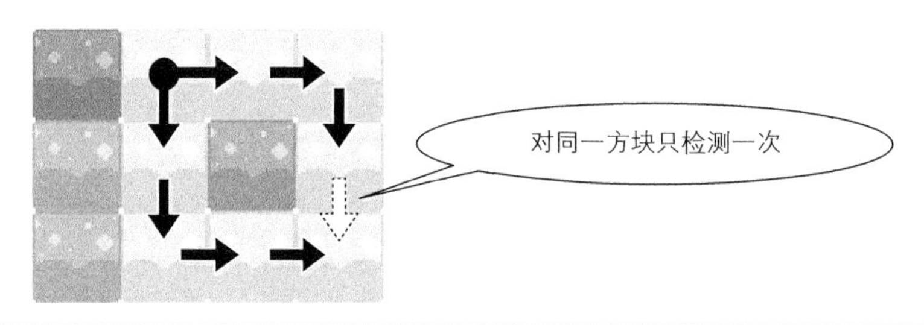

⇧ 图 7.6 对同一方块只检测一次

这对应源代码中（a）处开始的部分。如前所述，这一处理还兼具防止返回原方向进行检测的功能。

❖ 7.3.6 用于测试连结检测的项目

随书下载文件中除了游戏项目外还包含了一个用于测试的项目（图 7.7）。创建该项目的目的是编写连结检测的方法并对其动作进行确认。

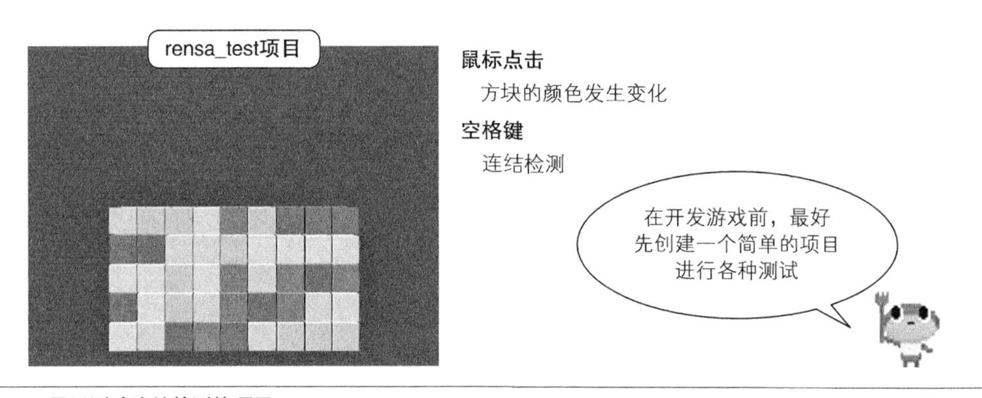

⇧ 图 7.7 用于测试连结检测的项目

通过点击鼠标使方块的颜色发生变化，并按下空格键执行连结检测。被判定为连结的方块将以半透明显示。用于连结检测的 check_connect_recurse 方法和游戏中使用的方法大体相同。

《吃月亮》中，方块能够和“上下左右四个方向”的相邻方块进行连结，因此递归调用也应该按“上下左右四个方向”执行。请参考 SceneControl.check_connect_recurse 方法中的如下部分。

SceneControl.check_connect_recurse 方法（摘要）

```
if(x > 0) {
    connect_count = this.check_connect_recurse(
        x - 1, y, this.blocks[x, y].color, connect_count);   左
}

if(x < BLOCK_NUM_X - 1) {
    connect_count = this.check_connect_recurse(
        x + 1, y, this.blocks[x, y].color, connect_count);   右
}

if(y > 0) {
    connect_count = this.check_connect_recurse(
        x, y - 1, this.blocks[x, y].color, connect_count);   上
}

if(y < BLOCK_NUM_Y - 1) {
    connect_count = this.check_connect_recurse(
        x, y + 1, this.blocks[x, y].color, connect_count);   下
}
```

修改这段代码可以改变方块连结的规则。例如，把前半部分的检测左右方向的相邻方块的代码段注释掉后，游戏将变为只允许同色方块纵向连结。反之，如果将后半部分注释掉，则将只允许同色方块横向连结。

另外，在 SceneControl.CheckConnect 方法中有下列代码。

SceneControl.CheckConnect 方法（摘要）

```
for(int y = 0; y < BLOCK_NUM_Y; y++) {
    for(int x = 0; x < BLOCK_NUM_X; x++) {
        int connect_num = this.check_connect_recurse(
            x, y, BlockControl.COLOR.NONE, 0);
        if(connect_num >= 4) {   (a)同色方块超过4块连在一起则判定为连结
```

（a）处的数字 4 决定了“几块相同颜色的方块连在一起将被认为是连结”。《吃月亮》中这个值为 4，修改这个数字将改变作为连结所需的方块数量。

至于修改代码将引起连锁检测的何种变化，请读者自行试验。

❖ 7.3.7 防止无限循环检测

在编写递归调用的代码时，有个必须注意的地方，就是要防止**无限循环**。由于递归调用会在方法执行的过程中再度调用自身，因此必须在恰当的时候终止该方法的执行。

如果递归调用不间断地持续运行，那么该方法将永不结束，程序将无法执行后续的操作。

我们的程序理论上是不会出现无限递归的情况的。不过，这仅限于程序编写正确的前提下。在开发的过程中往往会频繁犯错。下面就让我们添加一些安全对策，这样即使程序中出现了 bug，也不会导致无限递归。如果读者已经打开了 rensa test 项目，请再次打开游戏主项目。用于防止无限递归的代码位于 ConnectChecker 类的 check_connect_recurse 方法中。

ConnectChecker.check_connect_recurse 方法（摘要）

```
private int check_connect_recurse(
    int x, int y, Block.COLOR_TYPE previous_color, int connect_count)
{
    do {
        （a）循环次数超过方块的最大数时，很有可能是出现 bug 了
        if(connect_count >= StackBlockControl.BLOCK_NUM_X *
                            StackBlockControl.BLOCK_NUM_Y) {
            Debug.LogError("Suspicious recursive call");
            break;
        }
        （b）如果已经检测过则忽略
        if(this.is_checked(block_index, connect_count)) {
            break;
        }
```

（a）该代码用于防止无限循环。connect_count 表示有多少个同色方块的连结在一起。这个数目绝对不可能超过方块的最大个数。如果出现了那样的情况，则很有可能是出现了某种 bug。这时就需要中止该递归调用，并调用 Debug.LogError 方法来显示错误消息。这样我们很容易就能够知道游戏发生了错误。

（b）该代码用于防止对同一方块进行重复检测。如果没有这行代码，递归调用将一直进行，程序将陷入死循环。读者可以注释掉（b）和（a）下面的其他代码，看看会对程序执行造成何种影响。

本例中出现了数组访问越界的错误，在写程序的过程中可能会犯各种各样的错误，甚至会导致 Unity 崩溃。为了防止出现此类错误，应当尽量添加这种能够检测出不合理状况的代码。

❖ 7.3.8　小结

大部分动作解谜类游戏中都会包含这种“同色排列”的规则。打算开发解谜游戏的读者一定要掌握本章介绍的递归调用方法。另外，为了保证程序能够安全运行，一定不要忘记添加错误检测的代码。虽然看起来比较麻烦，但是这对开发出高质量的游戏来说是很有帮助的。

7.4　方块的初始设置

Tips

❖ 7.4.1　关联文件

- BlockFeeder.cs
- StackBlockControl.cs

❖ 7.4.2　概要

在游戏中，方块消失后将从画面下方出现新的方块。另外，连锁发生后将从上方落下一排方块。这些之后补充上来的新方块的颜色排列情况，将决定后续的连结操作的难易度，同时也会影响连锁发生的难易度。

在游戏启动时，必须首先用方块来填充画面。同样，这些方块的颜色排列顺序也将决定游戏的难易程度。

启动时的配置在游戏中只会被用到一次。反过来说，每次配置肯定都会被执行一次。换言之，游戏的初始配置就是首次玩游戏的玩家首次接触到的游戏画面。为了能够让玩家在短时间内体验到这个游戏的乐趣，这是一个非常重要的环节。

《吃月亮》中对连结检测的时机做了限定。即使一开始就有 4 个相同颜色的方块摆放在一起，玩家也需要在执行了放下方块的操作后才能触发连结。为了看看这种情况的实际效果，我们让游戏在一开始就有一处 4 个同色方块并列的情况。

为了能让玩家体会到自己动手产生连结的成就感，我们再生成一些“只需一步操作就能完成连结”的方块排列。

当然，因为玩家会反复玩这个游戏，所以每一次出现的模式都不能相同。

总结起来大概有这么几点。

- 随机出现
- 出现一处排列好的 4 个方块（最多 1 处，最少也是 1 处）
- 出现很多排列好的 3 个方块

接下来就让我们编写代码来实现这种配置吧。

❖ 7.4.3　颜色的选择方法

首先考虑一下很多同色方块排在一起的情况。如图 7.8 所示，我们来考察这个已经配置好部分方块的情况。

为了决定下一步该放置何种颜色的方块，首先要检测当前放置的方块的颜色。当然此时仅检测新方块放置处的上下左右是不够的。应该按照方块连结的规则，把那些同色相邻的方块都考虑进来。

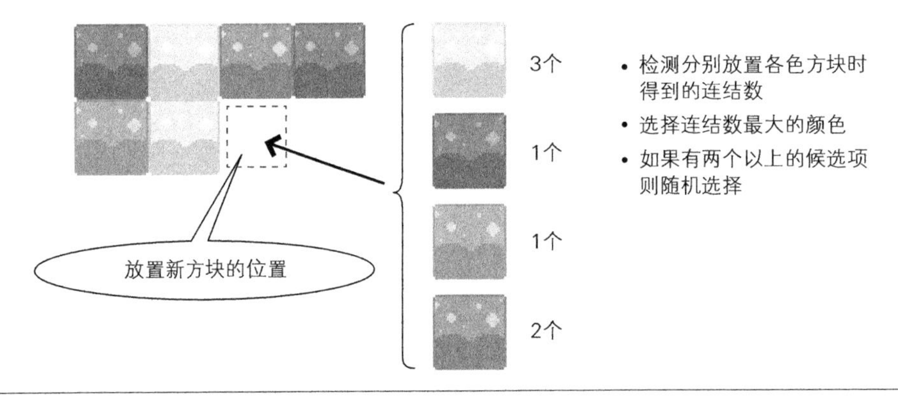

⇧ 图 7.8　放置各色方块时的连结数

和连结处理类似，我们也可以写一个程序来计算同色连结数，不过这里我们使用和游戏中的连结检测相同的方法。依次将各色方块填入，并调用连结检测的方法，这样就能够得到各色方块的连结数。虽然这个方法有点“土”，不过在颜色种类不多的情况下倒是非常实用的办法。

通过 BlockFeeder.getNextColorStart 方法可以得知放入各色方块时所对应的连结数。

BlockFeeder.getNextColorStart 方法（摘要）

```
public Block.COLOR_TYPE getNextColorStart(int x, int y)
{
    // 提前算出放入各色方块时分别有多少个同色方块连结
    for(int i = 0; i < (int)Block.NORMAL_COLOR_NUM; i++) {
        blocks[x, y].setColorType((Block.COLOR_TYPE)i);   ——(a)放入第i种颜色的方块
        connect_checker.clearAll();
        this.connect_num[i] = connect_checker.checkConnect(x, y);   ——(b)统计连结数
    }
```

（a）将第 i 种颜色的方块放到位置（x, y）处。这是为了后续能够在（b）处调用 StackBlockControl.check_connect_sub() 计算连结数。

（b）统计连结数。

可以使用 StackBlockControl.check_connect_sub 方法检查游戏中的连结数。

StackBlockControl.check_connect_sub 方法（摘要）

```
private bool check_connect_sub()
{
    for(int y = GROUND_LINE; y < StackBlockControl.BLOCK_NUM_Y; y++) {
        for(int x = 0; x < StackBlockControl.BLOCK_NUM_X; x++) {

            统计连结数
            int connect_num = this.connect_checker.checkConnect(x, y);

            // 如果相邻的同色方块数量不到 4 个，则不执行消除
            if(connect_block_num < 4) {
                continue;
            }
```

可以看到，两处都使用了 ConnectChecker 类的 checkConnect 方法。

可能很多读者会想："既然有相同的逻辑要处理，那么调用同一个方法来实现，这不是很自然的事情吗?" 这话并没有错。不过，在实际进行游戏开发的过程中，往往会因为类的功能和依赖性等问题，导致很难重复使用同一个方法。所以我们在设计类的时候，要尽可能地在合理范围内分解类的功能，以便将来重复利用。

分别算出放入各色方块时对应的连结数以后，选择连结数最大的那个。如果有两个以上的备选项，则采用随机选择的方式。然而，如果按这样的规则排列，将导致所有的方块都为同一种颜色，因此还必须限制排列在一起的同种颜色的方块数量。

《吃月亮》中，同色方块凑齐 4 个就会发生连结，所以 4 个就是上限。如果该色方块的连结数已经等于 4，则将该颜色从候补项中剔除。同时，因为限定了"只能有一处 4 个同色方块排列在一起的情况"，所以生成了一处排列好的 4 个同色方块以后，就不能再选择那些连结数已经为 3 的方块了。

这样就满足了前面列出的条件。不过按照这个顺序从左上角开始执行后，又会出现图 7.9 那样的状况，即首先出现 4 个同色方块排列在一起，接着循环出现 3 个同色方块排列在一起的情况。

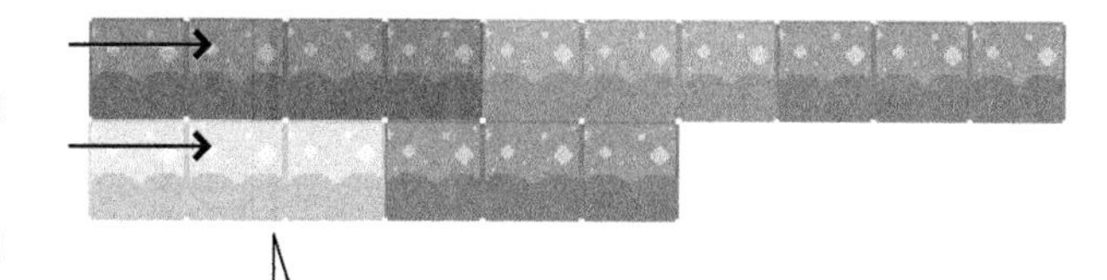

⇧ 图 7.9　从左上角开始按顺序摆放方块时的情况

❖ 7.4.4　随机选取方块的摆放位置

为了避免出现这种情况，我们不从左上角开始摆放，而是随机决定每次放置方块的位置（图 7.10）。

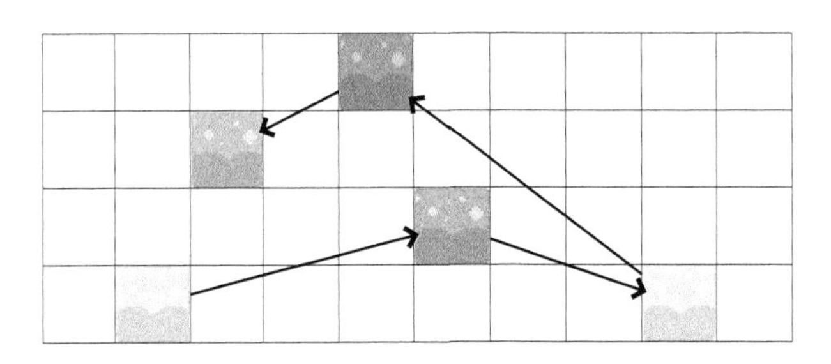

⇧ 图 7.10　随机选择方块的放置位置

在处理的前半阶段，因为存在较多的空白位置，所以各种颜色的连结数都是 1。在多种颜色的连结数相同的情况下，从中随机选择一种，这样就会让各种颜色的方块随机分散开。

随着处理的进行，方块逐渐被填入，各种颜色的连结数开始产生差异。这时程序将倾向于选取连结数较大的颜色（图 7.11）。

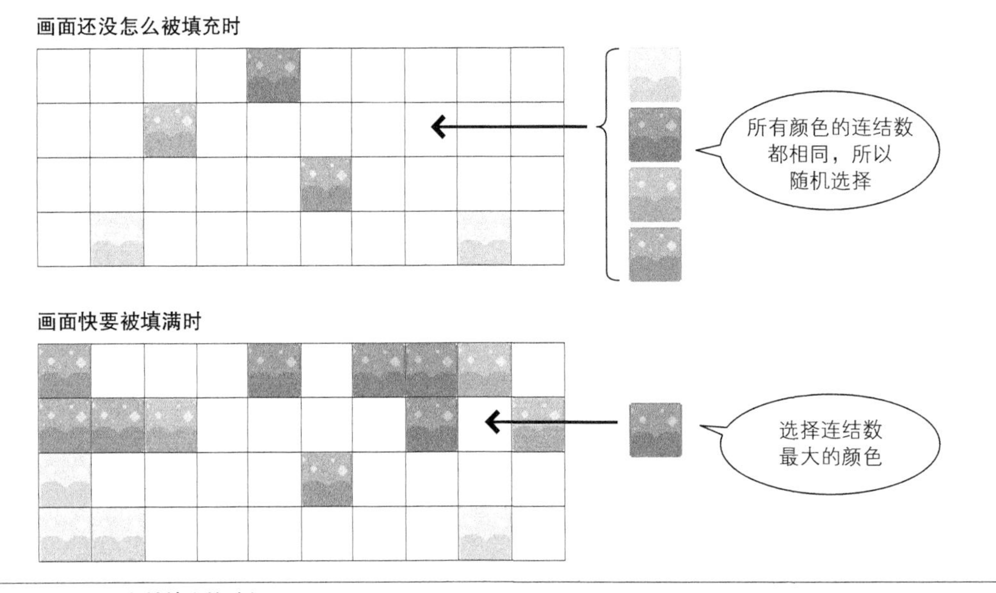

⇧ 图 7.11　画面逐渐被填充的过程

随机选择方块摆放位置的处理是通过 StackBlockControl.setColorToAllBlock 方法的下列代码进行的。

StackBlockControl.setColorToAllBlock 方法（摘要）

```
public void setColorToAllBlock()
{
    // 打乱顺序
    for(int i = 0; i < places.size() - 1; i++) {
        int j = Random.Range(i + 1, places.size());
        places.swap(i, j);
    }
```

将第 i 项的位置和第 i + 1 项之后的某个位置（随机选取）交换

初始状态下，数组 places 中存储了按照从左上到右下的顺序表示方块位置的 BlockIndex 参数值。因为在决定方块颜色时将从 places 的第一个元素开始逐个取出方块的位置索引，所以需要对这个数组进行洗牌，从而保证取出方块的顺序是随机的。

“随机选择方块的摆放位置”只是一个条件，还必须确保所有的位置都会被放置方块。不允许某些位置空着，也不允许两个方块放在同一个位置。正因为如此，才需要对一个按顺序排列的数组进行洗牌。

请大家试着将这部分代码注释掉后再次执行，会发现方块会有序地排在画面上（图 7.12）。

从左上开始往右下方向排列时

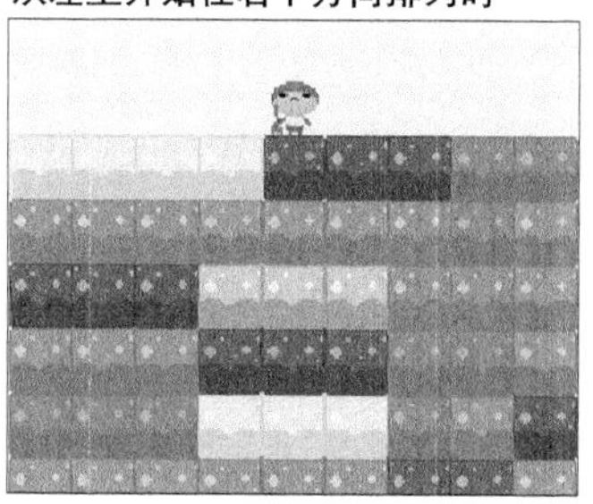

打乱顺序排列时

不是随机决定方块的颜色，而是随机决定方块的摆放位置

⇧ 图 7.12　从左上开始排列的情况和随机排列的情况的对比

❖ 7.4.5　小结

在游戏开发过程中常常会面临“想对整体进行随机处理，但是又希望某一部分可以自由控制”的情形。本例中，如果将方块的初始配置等完全随机化，就可能导致游戏的难易度无法控制，甚至出现方块无法被消除的排列模式。这种情况下，可以考虑“对某些因素进行随机化处理”，说不定就能找到很好的解决方法。

7.5　动画的父子构造关系　*Tips*

❖ 7.5.1　关联文件

- StackBlock.cs
- RotateAction.cs

❖ 7.5.2　概要

正如开头所提到的那样，对于《吃月亮》中方块的消失方式，游戏设计师是花了一番心思的。

方块消除后，其所在位置会被新的方块填充。基本规则是下方的方块往上填充到空出来的位置。如果不遵循这个规则，会导致无法预测方块的布局变化，玩家生成连锁就比较困难。

为了让方块的运动更加有趣，我们在确保方块按照该规则替换的同时，让它一边翻滚一边进行上下位置的交换。

举起方块时，方块列的滑动也是个重点。人们往往认为动画和游戏性的关系不太大，但是良好的动画设计能够让玩家明确感受到当前操作引起了何种变化，会让游戏的操作体验更好。

在游戏中，玩家获得蛋糕后方块的颜色也会发生变化。我们让它在颜色变化的同时也做一次翻滚。

这样，游戏将在不同的条件下有不同的表现。把这些特性添加完成以后，游戏的质量应该会大幅提升了。下面我们来讲解如何同时协调这些动画。

❖ 7.5.3　方块的运动

首先让我们来确认一下方块运动的几种模式（图 7.13）。

（a）首先是上下**滑动**。举起方块或者放下方块时将发生滑动。

（b）第二种是变灰的方块在画面下方消失时将发生**替换**。一边旋转一边完成上下方块的交换。注意因为这里旋转轴不是方块的中心，所以不仅角度会发生变化，位置坐标也会改变（图 7.14）。

（c）第三种是获取蛋糕时的**颜色变换**。方块绕中心轴纵向旋转，同时改变颜色。

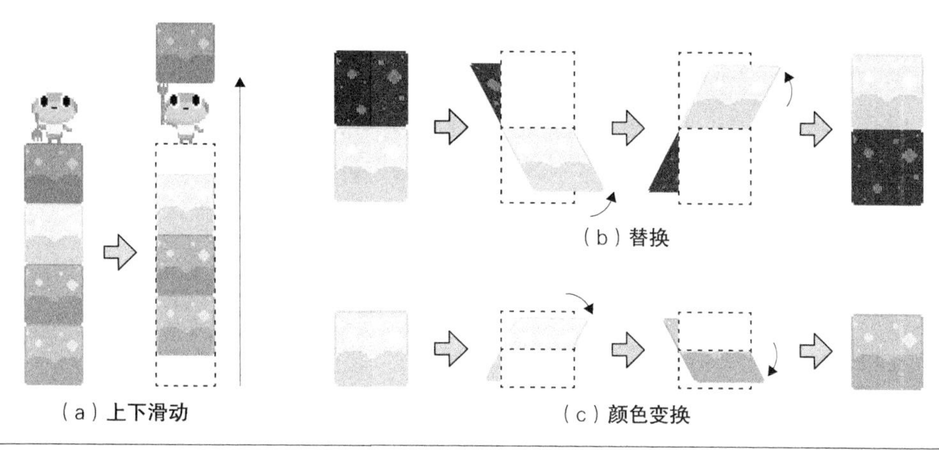

⇧ 图 7.13　方块的运动

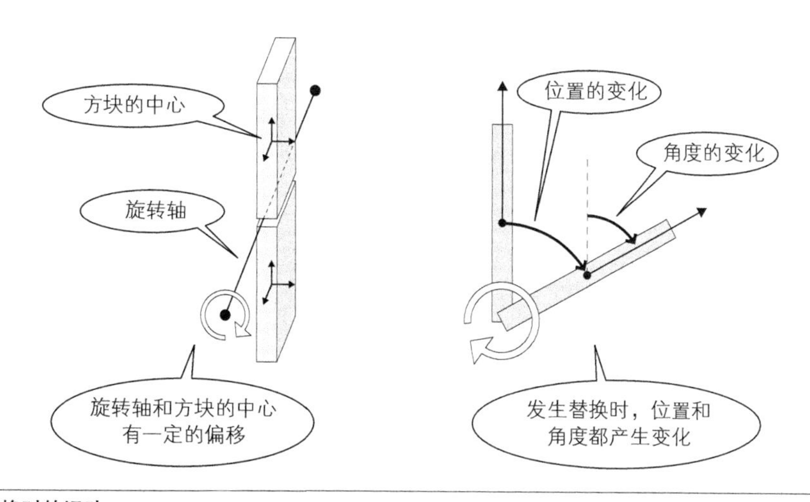

⇧ 图 7.14　替换时的运动

每个单独的动作都是比较简单的，程序的编写也不难。但是如果这些动作同时发生，方块的动作将变得非常复杂。图 7.15 描述了当蓝色方块执行替换时全体开始滑动的情况。图的下半部分是对蓝色方块的运动进行侧面观察的结果。可以看到方块的位置同时受到滑动和替换的影响，运动的方式变得复杂了。

像这样多个性质各异的动作同时发生时，把它们拆解为父子构造关系的多个对象，每个对象各代表一种运动方式，代码编写起来会更容易（图 7.16）。

代表方块的运动方式的对象可以分为以下几种。

- 只执行上下滑动的父对象
- 父对象的子对象，只执行替换
- 再下一级的子对象，只执行颜色变换

只有末端的对象会把模型显示在画面上。也就是说，“上下滑动的对象”“执行替换的对象”都无法被看见，而“颜色变换的对象 ”则被附加了方块的模型。

如果使用这种方法来处理的话，就需要搞清楚各个层级的对象是如何计算自己的位置坐标和旋转角度的。出于此目的，我们准备了下面这个工程来进行验证。

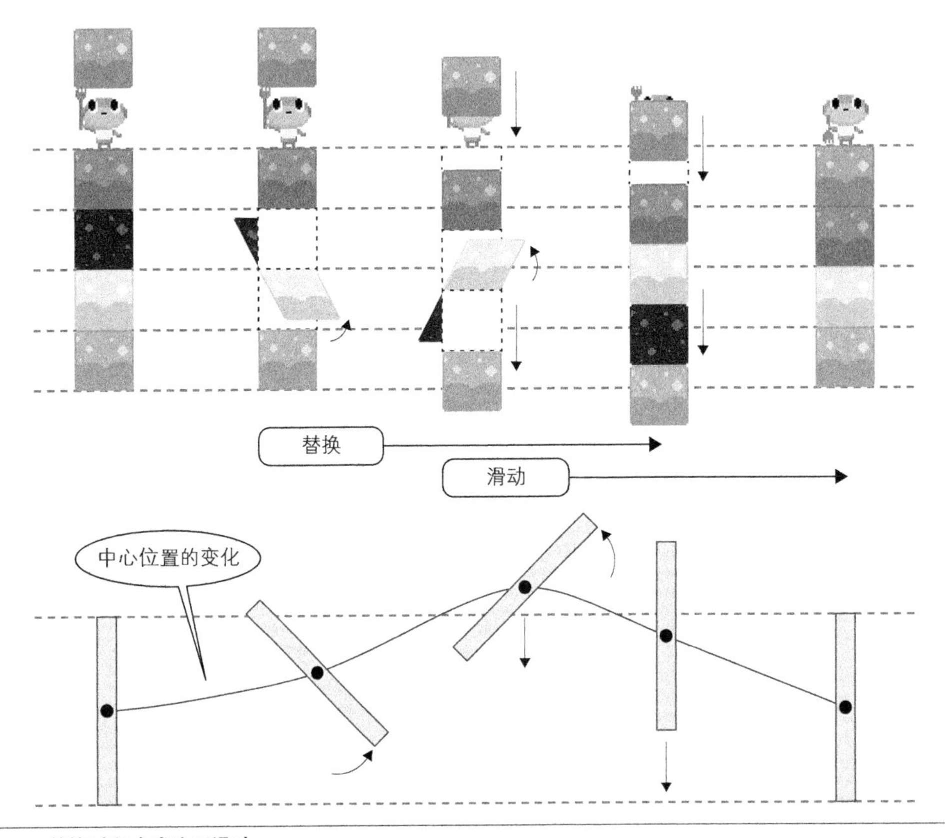

介 图 7.15 替换过程中发生了滑动

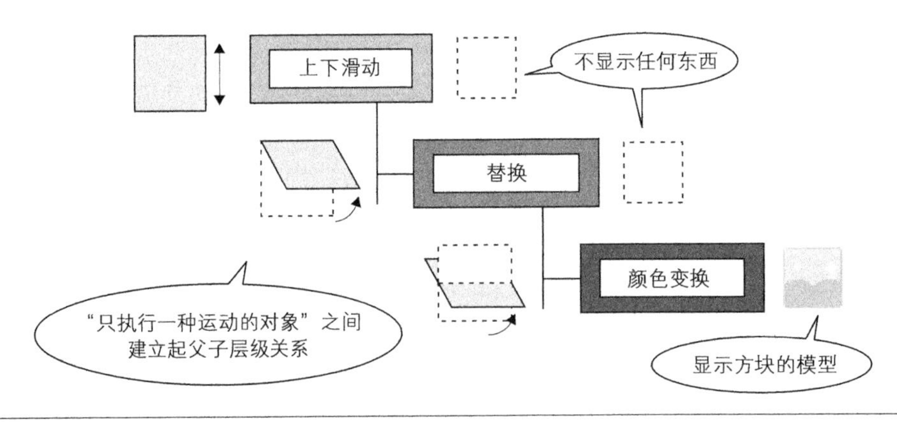

介 图 7.16 对象间的虚拟父子构造关系

❖ 7.5.4 动画的父子构造——用于测试的项目

在对象为父子构造关系和非父子构造关系这两种情况下，各个组件的位置和角度计算方法的差异可以使用anim_hierarchy项目来比较（图7.17）。这里通过方向键和Z / X键来操作小车对象。

如图7.18所示，可以通过左右方向键使小车对象左右移动。底座上有一个U字形的边框，该边框被铰链固定在底座上，使用上下方向键可以让它像门一样打开或关闭。U字形边框中有块面板，其中心轴被固定在U字形边框上。按下Z键或X键可以令其旋转。

anim_hierarchy项目

左右：左右方向键
左右移动
上下：上下方向键
U字形边框的旋转
Z / X键
面板的旋转

⇧图7.17 anim_hierarchy项目

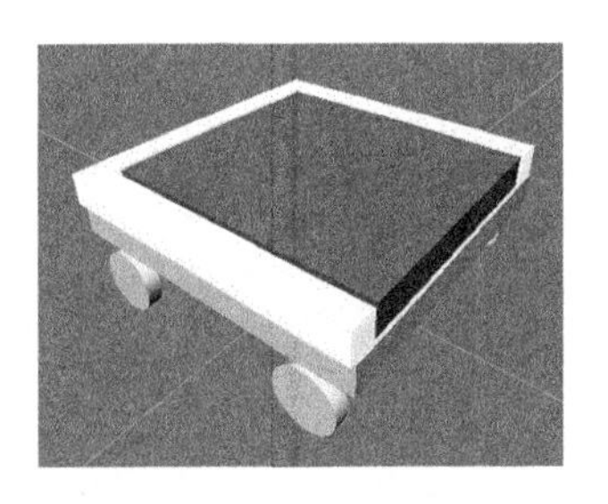

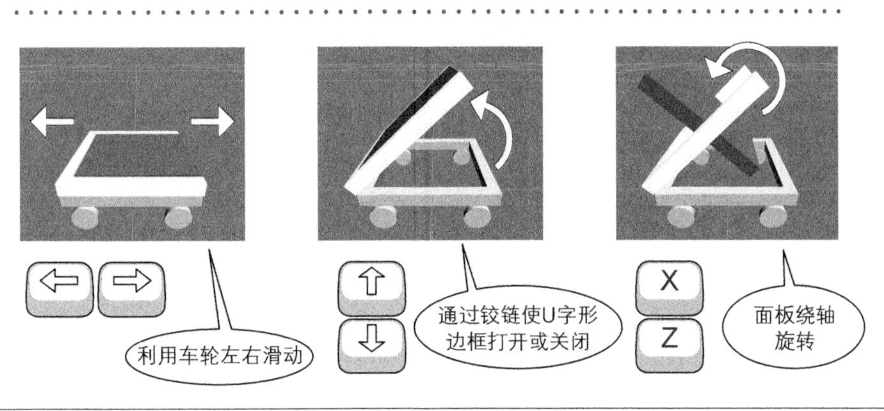

⇧图7.18 小车对象

为了模拟这样的运动，我们把小车分为“底座”“U字框”和“面板”3个组件（图7.19）。

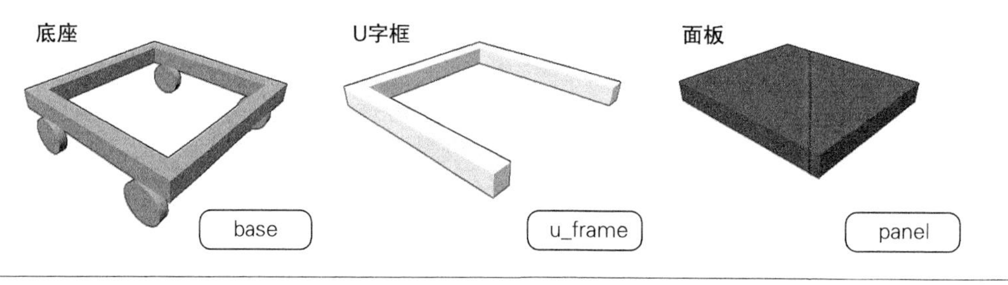

⇧ 图 7.19 小车对象的组件

图 7.20 中显示了两台小车。

位于里面的小车，各个组件按照父子层级关系构造而成。最顶层的父对象是 daisha，其子对象为 U 字框 u_frame，最下层对象是面板 panel。而靠外面的小车的各组件之间不是父子层级关系，Base、u_frame、panel 都位于同一层级，各自独立。为了描述方便，我们修改了一下名字，注意这里 daisha 和 base 其实是相同的对象。

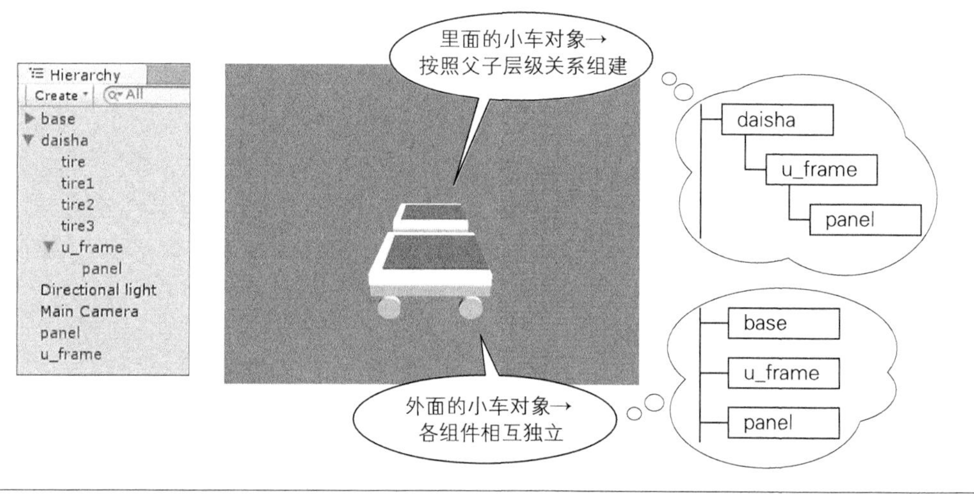

⇧ 图 7.20 两台小车的层级构造的差异

搞清楚对象的层级结构后，我们来运行项目，看看小车的运动情况。

组件为父子构造关系的小车，各个组件的层级结构很好地反映在了位置和旋转状态上。当底座左右移动时，U 字框和面板都随之一起移动。相反，当面板转动时，U 字框和底座并不会转动。这是因为，对于存在父子构造的模型而言，其位置和旋转拥有“子对象会受到父对象的影响，但是父对象不会受到子对象的影响”的性质。

与之不同的是，靠外边的不存在父子构造的小车，各个组件是彼此分离的（图 7.21）。

⇧ 图 7.21 不参考父子构造时对位置和角度的计算情况

请对 DaishaControl.cs 中的代码进行如下修改，并再次运行项目。

DaishaControl.Start、DaishaControl.Update 方法（摘要）

```
void Start()
{
#if false          ← 将 false 变为 true
    // 不参考父子构造关系
#else
    // 参考父子构造关系
#endif
}

void Update()
{
#if false
    // 不参考父子构造关系
#else
    // 参考父子构造关系
#endif
}
```

可以看到，即使是没有父子构造关系的小车，各个组件也正确地运动了（图 7.22）。

那么我们来看看这两种情况下位置和角度的计算过程。不参考父子构造关系时的计算情况如图 7.23 所示，各个组件的位置和角度都是分别进行计算的。

⇧ 图 7.22 参考父子构造关系时对位置和角度的计算情况

原点处位置坐标和角度的值都为 0。当然由于其坐标是三维向量的关系，正确的说法应该是“XYZ

的值都为 0”。加上角度可以用四元数描述，严格来说是一个“单位四元数”。

通过底座的移动量和到原点的距离可以算出底座的位置。同样，通过原点和各自的旋转量可以算出 U 字框和面板的角度。正是因为采用这样的方式对每个组件独立计算，才导致了各个组件彼此分离。

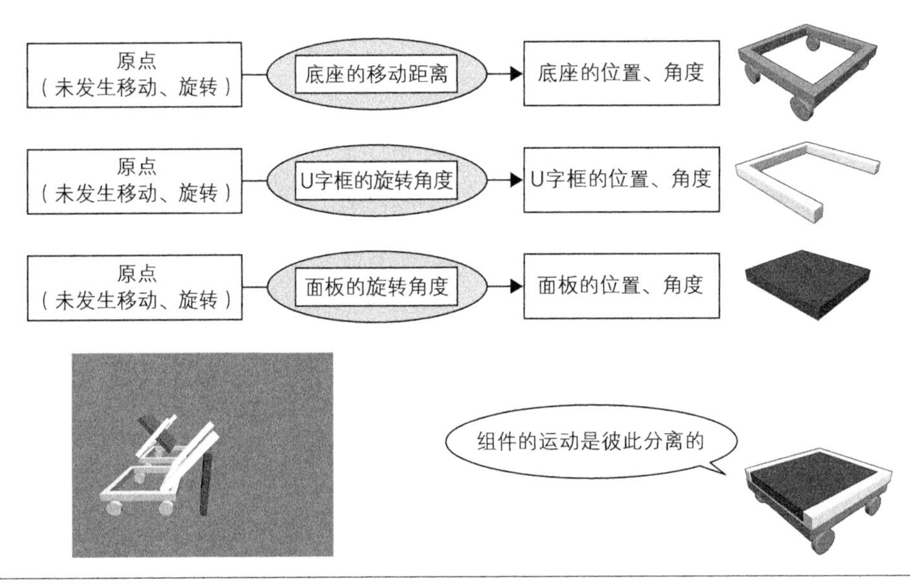

⇧ 图 7.23　不参考父子构造时的计算方法

下面我们再通过图 7.24 看看参考父子构造时的计算方法。首先，通过原点和底座的移动量计算出底座的位置。这一步和之前的情况是相同的。

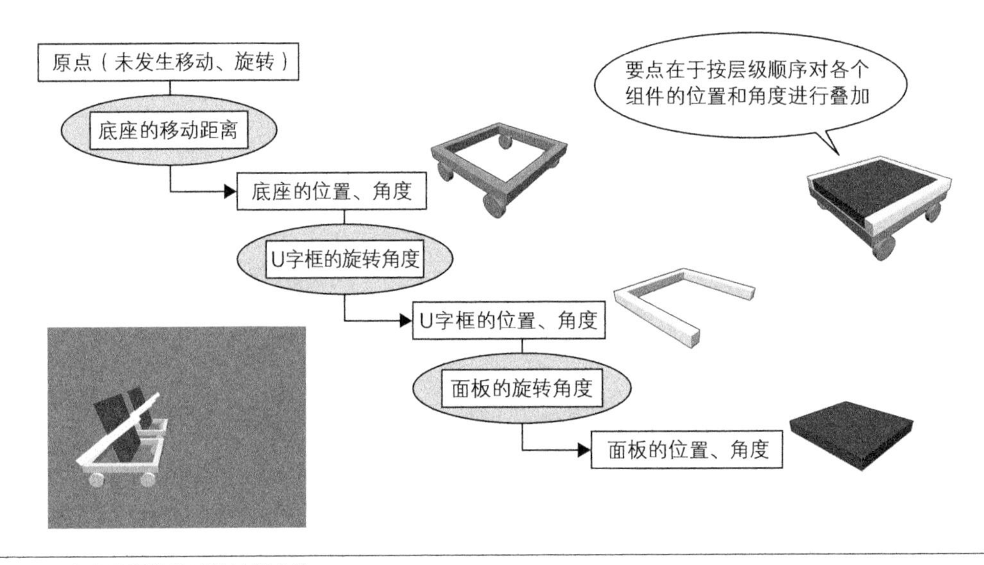

⇧ 图 7.24　参考父子构造时的计算方法

接下来，根据“底座的位置、角度”和U字框的旋转量，计算出U字框的位置和角度。请注意上一种计算方式是根据原点和U字框的旋转量来计算的，这是一个重要的区别。

同样，再根据“U字框的位置、角度”和面板的旋转量，计算出面板的位置和角度。

处理具备父子构造关系的对象时，Unity内部都是这样计算的。正因为如此，各个部件才能整体地移动、旋转。

下面我们看看这部分的代码。

DaishaControl.Update 方法（摘要）

```
void Update()
{
    {  (a)将位置坐标和角度设为原点
        this.panel.go.transform.position = Vector3.zero;
        this.panel.go.transform.rotation = Quaternion.identity;
    }
                                                        (b1)将位置、角度复制到
    {  (b)底座的移动                                        底座的 transform
        this.panel.go.transform.Translate(this.base_position);

        this.transform.position = this.panel.go.transform.position;
        this.transform.rotation = this.panel.go.transform.rotation;
    }
                                                        (c1)考虑到初始位置
    {  (c)U字框的旋转
        this.panel.go.transform.Translate(this.u_frame.init_position);
        this.panel.go.transform.Rotate(Vector3.forward, this.u_frame.angle);

        this.u_frame.go.transform.position =
            this.panel.go.transform.position;
        this.u_frame.go.transform.rotation =
            this.panel.go.transform.rotation;
    }

    {  (d)面板的旋转
        this.panel.go.transform.Translate(this.panel.init_position);
        this.panel.go.transform.Rotate(Vector3.forward, this.panel.angle);
    }
}
```

（a）将位置坐标和角度设置为原点。图7.24中，最后求出的是面板的位置和角度，在计算的过程中可以得到底座和U字框的位置和角度。因此，使用变量this.panel.go.transform来存储面板最终的位置和角度，依次将其信息复制到底座和U字框的transform中。

（b）底座开始移动。

（b1）之前的计算结束后，this.panel.go.transform 将表示底座的位置和角度信息。因为后续 U 字框和面板的计算中将不断地覆盖这个值，所以这里将底座的位置和角度赋值给 this.transform。

（c）U 字框发生旋转。

（c1）按下按键时，U 字框只会旋转，而不会产生位置的移动。但是，由于 U 字框位于底座上方，因此当小车位于原点时，transform.position 为非零值。通过 Start 方法取得该偏移值，以供每一帧计算时使用。

（d）面板发生旋转。表示面板位置和角度的 this.panel.go.transform 中已经包含了底座和 U 字框的位置和角度信息。此时如果面板自身发生了移动和旋转，可以直接求出将底座和 U 字框的旋转考虑在内的面板的位置和角度。

按以上步骤执行后，就像具备父子构造关系时那样，我们可以正确计算出各个游戏对象的位置和角度了。

❖ 7.5.5 《吃月亮》中面板的位置和角度的计算

那么下面我们看看这种“通过父子构造关系来计算位置和角度”的方法，在《吃月亮》中是如何运用的。

小车对象的“底座的移动”“U 字框的旋转”“面板的旋转”分别对应方块的“滑动”“替换”和“颜色变换”（图 7.25）。

- 底座的移动 = 滑动
- U 字框的旋转 = 替换
- 面板的旋转 = 颜色变换

方块的情况下，实际上并不存在类似于小车对象的底座、U 字框这样的模型。只在内部计算位置和角度时使用。可以认为方块实际上相当于“只显示面板的小车”。

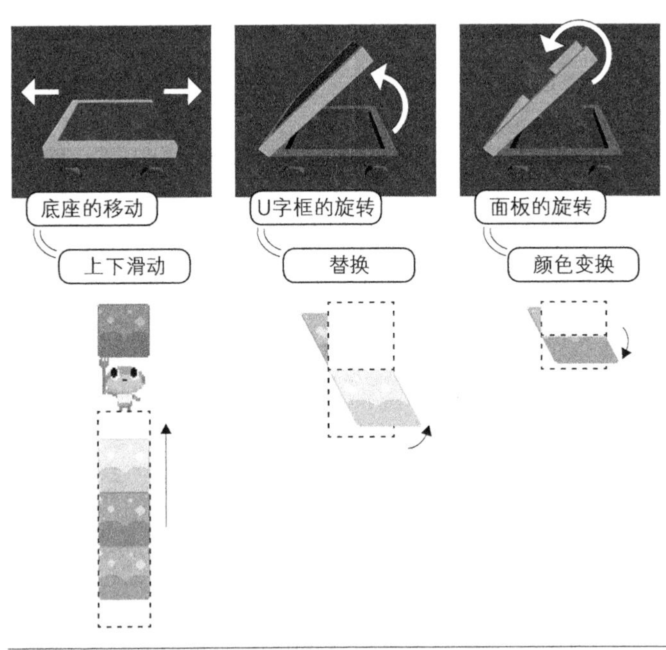

⇧ 图 7.25 小车对象和方块运动的对应关系

StackBlock.Update 方法（摘要）

```
void Update()
{
    (a)坐标格上的位置一直固定，旋转角度用 0 初始化
    this.transform.position =
        StackBlockControl.calcIndexedPosition(this.place);
    this.transform.rotation = Quaternion.identity;

    this.transform.Translate(this.position_offset);   ——(b)滑动
    this.swap_action.execute(this);                   ——(c)替换
    this.color_change_action.execute(this);           ——(d)颜色变换
}
```

（a）首先，使用网格上的坐标和数字 0 分别对坐标和角度进行初始化。方块在画面的下半部分按照纵横 5×9 的布局排列，大部分情况下，方块被固定在该网格上。StackBlockControl.calcIndexedPosition 方法用于计算网格编号（比如“第 1 行第 3 列”）所对应的位置坐标。角度通过旋转量为 0 的单位四元数来设置。

（b）完成初始化以后，开始计算作为最顶端的父对象的滑动动作对位置变化的影响。因为滑动只会改变位置而不涉及旋转，所以只需要通过 Transform.Translate 方法进行平移计算。将网格上移动的距离存入 position_offset 中。

（c）替换和颜色变换的计算都通过 RotateAction.execute 方法来进行。

每个步骤都会把组件自身控制的动作反映到 Transform 中，可以注释掉某些代码来剔除与其相应的动作。当然插入新的动作也非常简单。

下面是替换和颜色变换时用于计算旋转的 RotateAction.execute 方法。

RotateAction.execute 方法（摘要）

```
public void execute(StackBlock block)
{
    //（略）旋转中心和旋转角度的计算

    // 以 rotation_center 为中心，进行相对旋转
    block.transform.Translate(rotation_center);       ——┐ 旋转中心和 rotation_center 产生偏移
    block.transform.Rotate(Vector3.right, x_angle);     │
    block.transform.Translate(-rotation_center);      ——┘
}
```

鉴于旋转中心和对象的中心有一定的偏移，RotateAction.execute 方法似乎比较复杂，但基本上还是简单地围绕着一轴旋转。

通常对象是绕着其自身的中心进行旋转的，如图 7.26（1）所示。发生替换时，旋转轴将与对象的中心发生偏移，如图 7.26（2）所示，整个过程大概有如下步骤。

（1）朝着旋转中心移动。

（2）旋转。

（3）朝着与开始方向相反的方向移动。

注意这里的移动量是从对象的中心到旋转位置的相对移动量。

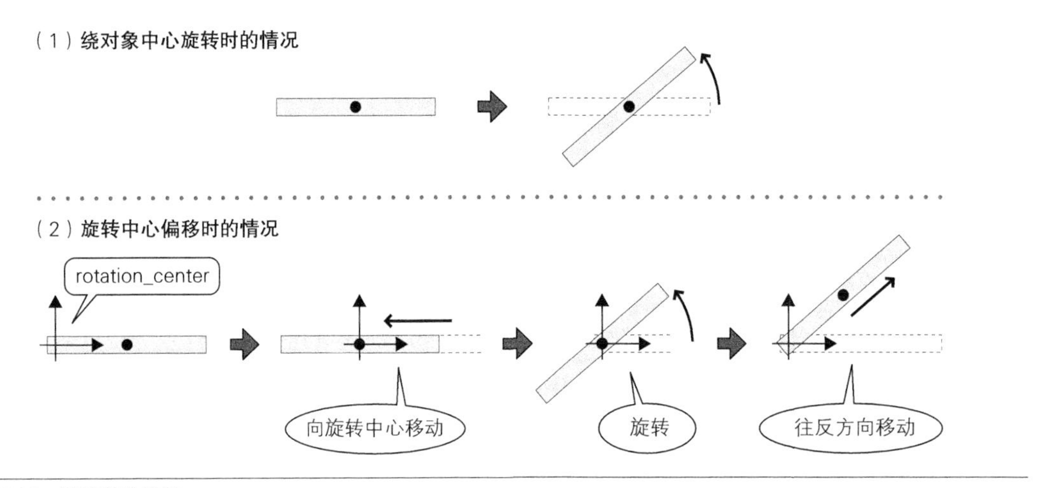

⇧ 图 7.26　轴偏移的旋转

❖ 7.5.6　小结

对象的父子结构，常常用于处理类似人体的关节这种含有多个组件的游戏对象。不仅限于此，正如《吃月亮》这样，当一个对象需要同时进行多个性质完全不同的运动时，也常常可以派上用场。今后读者遇到“动作太过复杂，程序难以编写”的情况时，不妨尝试一下这种解决思路。

7.6　方块的平滑移动　*Tips*

❖ 7.6.1　关联文件

- StackBlock.cs
- StackBlockControl.cs

❖ 7.6.2　概要

方块按照 9 行 6 列的布局排列在画面上。从这种整齐的排列方式可以想到，程序内部是使用二维数组来进行管理的。如果数组内的位置可以直接映射到画面上，那么查询特定位置的方块的颜色将非常简单。

方块发生移动时需要做什么样的处理呢？最简单的处理当然是直接修改方块的位置坐标。

不过这种修改位置坐标的方法会导致数组的索引和画面上的位置不一致。游戏的核心在于“排列相同颜色的方块”，程序中会频繁地查询方块的颜色。因此，把常用处理的使用方法变得简单一些是比较好的。

现在我们以滑动为例，来说明数组内的方块将如何移动。

❖ 7.6.3 数组的索引和画面上的位置

我们通过 Stack Block Control 类中的二维数组 blocks[x, y] 来管理方块对象。[x, y] 是数组的索引，同时也代表了画面上的位置。比如画面上“第 X 行第 Y 列”的方块，就对应于数组中的 [x, y] 元素。

请参考图 7.27（1）。左侧的白色长方形表示数组 blocks 中的一列，右侧是在画面上显示的面板。在该状态下，数组的索引和方块在画面上的位置是一致的，因此白色长方形指向面板的箭头呈水平方向。

如果移动方块时改变了它的位置坐标，就像图 7.27（2）那样，两者之间的箭头将不再保持水平。这是因为该数组的纵向索引 y，和画面上的网格位置 y 已经不再一致。

再看图 7.27（3）。这是不改变位置坐标只复制颜色时的情况，箭头保持水平方向。

下面稍微具体地比较一下数组的内容。

图 7.28 的表格显示的是管理方块的数组 blocks 的一部分内容。第一行“数组的索引”指 blocks 的索引，“网格上的位置”指“数组的索引”指向的方块在画面上的位置，“颜色”指该方块的颜色。图 7.28 的（1）～（3）分别对应图 7.27 的（1）～（3）。

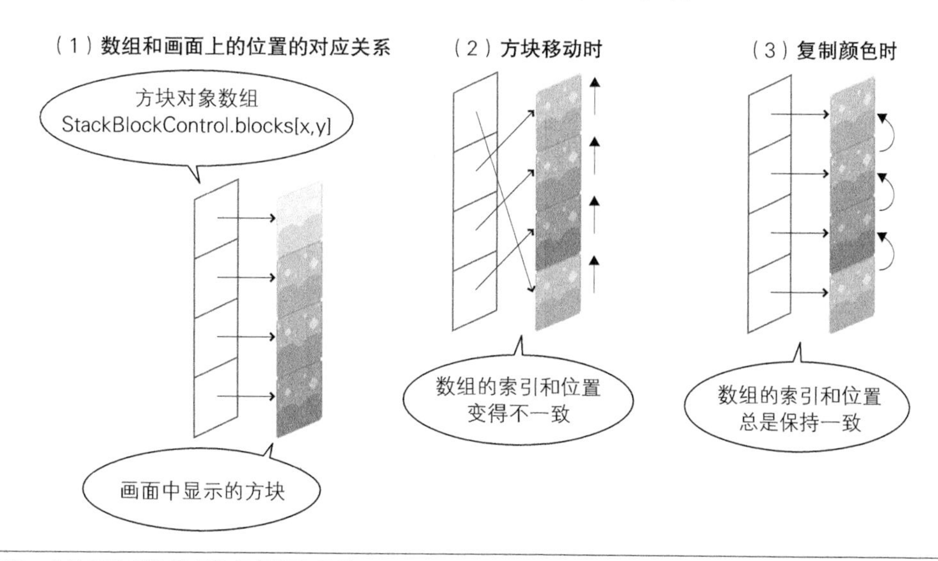

⇧ 图 7.27 方块移动时的情况和复制颜色的情况

（1）初始状态

数组的索引	网格上的位置	颜色
[0, 0]	(0, 0)	
[0, 1]	(0, 1)	
[0, 2]	(0, 2)	
[0, 3]	(0, 3)	

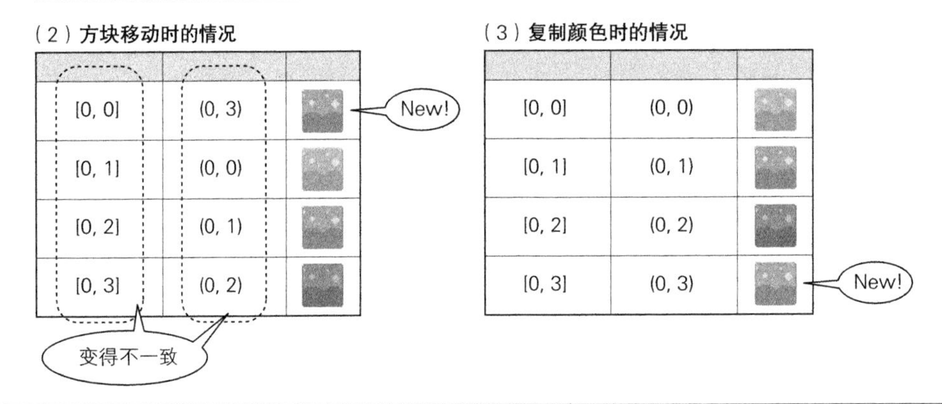

（2）方块移动时的情况

[0, 0]	(0, 3)	New!
[0, 1]	(0, 0)	
[0, 2]	(0, 1)	
[0, 3]	(0, 2)	

（3）复制颜色时的情况

[0, 0]	(0, 0)	
[0, 1]	(0, 1)	
[0, 2]	(0, 2)	
[0, 3]	(0, 3)	New!

⇧ 图 7.28　方块移动时和复制颜色时的数组

图 7.28（2）中，数组的索引和网格上的位置不一致。比如最上方的元素，blocks[0, 0] 所指向的方块实际在网格上的位置是 (0, 3)。

如果这样的话，为了寻找特定位置的方块，就必须从数组的头部开始遍历所有方块，直至找到该元素。

getBlock 方法

```
StackBlock getBlock(int x, int y)
{
    foreach(var block in this.blocks) {
        if(block.place == new StackBlock.PlaceIndex(x, y)) {
            return(block);
        }
    }

    return(null);
}
```

遍历所有方块

目标方块在网格上的位置坐标是（x, y）

与之相对，图 7.28（3）表示的是不移动方块的位置，而是将颜色复制到上方的方块中的情况。

这种情况下，索引以及画面上的位置一直保持相等。取得特定位置的方块的代码也非常简单。

getBlock 方法

```
StackBlock getBlock(int x, int y)
{
    return(this.blocks[x, y]);
}
```

(x,y) 位置存放的方块正是 blocks[x,y] 指向的方块

不过这个方法有个缺点：方块只能按照网格单位进行移动。因为该方法是通过数组元素的复制来实现方块移动的。

在实际的游戏中，方块是以比网格宽度小很多的单位平滑地移动的。这是因为方块的位置信息除了固定的网格坐标之外，还有能够自由设置的坐标偏移值。下面我们就针对这个偏移值进行详细讲解。

❖ 7.6.4　桶列[①] 方法

由于方块在画面上的位置和数组的索引存在着对应关系，所以方块只能像图 7.29（1）那样按照网格单位移动。为了让它能够进行更短距离地平滑移动，需要存储方块的坐标位置和网格位置有一定的偏移。

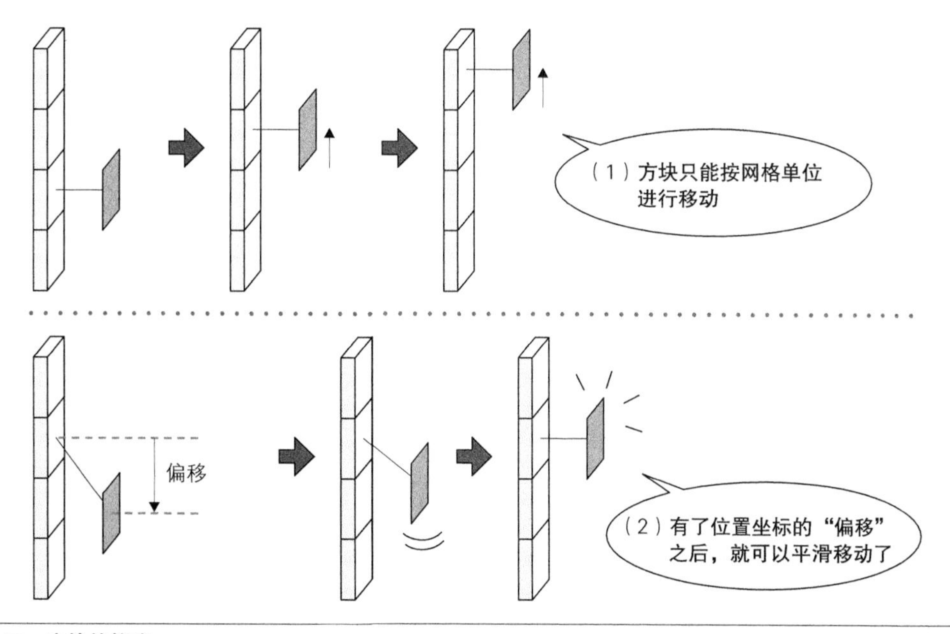

⇧ 图 7.29　方块的偏移

① bucket brigade，本意是指救火时所有人排成一列逐个传递水桶的高效工作方式。——译者注

这个偏移量是如何起作用的呢？我们以阿斯纳把方块从脚底举起的过程为例来进行说明（图 7.30）。

和堆积在画面下方的方块不同，阿斯纳举起的方块通过 CarryBlock 类来管理。游戏中只会生成一个这样的对象。CarryBlock 方块对象和阿斯纳一起移动，并且只有在被举起的时候才会显示。

阿斯纳把方块举起后，其站立位置下的整列方块将逐个往上移动。这时我们并不修改方块的位置坐标，仅对颜色等内部信息进行复制。最上面的方块颜色被复制给 CarryBlock，最下面的方块被设置为新的颜色。

然后整体向下偏移一个方块的距离。参考图 7.30 右侧的状态。可以看到，和最初的状态相同，同样的位置显示同样颜色的方块。这个过程在一次 Update() 中完成，从画面上完全察觉不到方块的移动。玩家也不可能知道内部已经发生了这样的桶列过程。到此为止，平滑移动的准备工作就完成了。

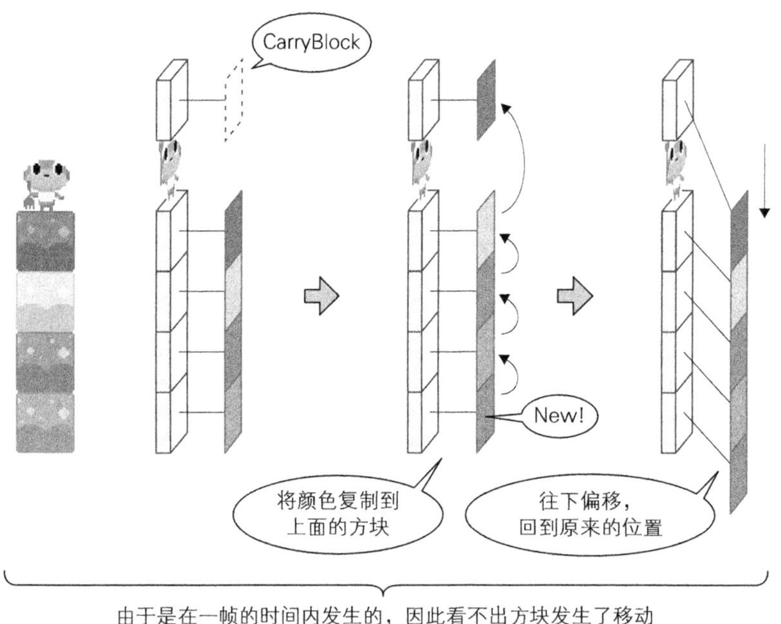

↑ 图 7.30 举起方块的瞬间

每帧处理中对方块的偏移往 0 方向进行补间（图 7.31）。

这样，方块就能够朝着网格位置平滑移动了。可以看到刚开始移动得稍微快些，而后速度逐渐变慢，缓缓往上移动。

接下来我们看看 StackBlock.Update 方法中，执行偏移量补间的代码。

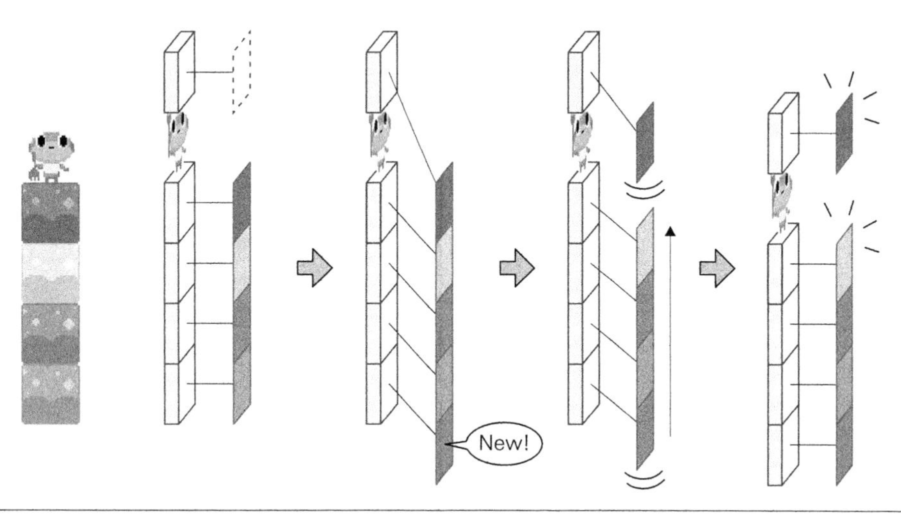

⇧ 图 7.31　经过若干帧后偏移变为 0

StackBlock.Update 方法（摘要）

```
float position_offset_prev = this.position_offset.y;

if(Mathf.Abs(this.position_offset.y) < 0.1f) {  ―― (a)如果偏移量已经变得非常小则结束

    this.position_offset.y = 0.0f;  ―― (b)下一帧不再进行补间处理，设置为 0

} else {
    if(this.position_offset.y > 0.0f) {

        (c)减去偏移值
        this.position_offset.y -=  OFFSET_REVERT_SPEED * Time.deltaTime;

        (d)保证所有的偏移值不小于 0
        this.position_offset.y = Mathf.Max(0.0f, this.position_offset.y);

    } else {
        this.position_offset.y -= -OFFSET_REVERT_SPEED * Time.deltaTime;
        this.position_offset.y = Mathf.Max(0.0f, this.position_offset.y);
    }
}

this.transform.Translate(this.position_offset);
```

（a）偏移值已经变得非常小以后，结束补间处理。偏移值可能有正有负，比较前先取得绝对值。

（b）为了从下一帧开始不再进行补间，这里设置为 0。

（c）对偏移值往 0 方向进行补间。这里的偏移值是正数，所以执行减法。

（d）减法运算的结果如果变为负数，就有可能出现正负值循环交替，导致补间过程永远不会结束。为了预防这种情况，需要确保减法运算的结果不小于 0。

❖ 7.6.5 小结

到这里滑动操作的讲解就结束了。复制、往相反方向偏移，然后缓缓返回，看起来好像非常麻烦，但通过使数组的索引和画面上的位置保持一致，能够为后续的程序处理带来很多方便。

请读者朋友一定要掌握这种桶列的解决思路。

第8章

跳跃动作游戏

猫跳纸窗

跳起来撞破窗户纸！

8.1 玩法介绍 *How to Play*

✓ 瞄准窗户纸起跳!

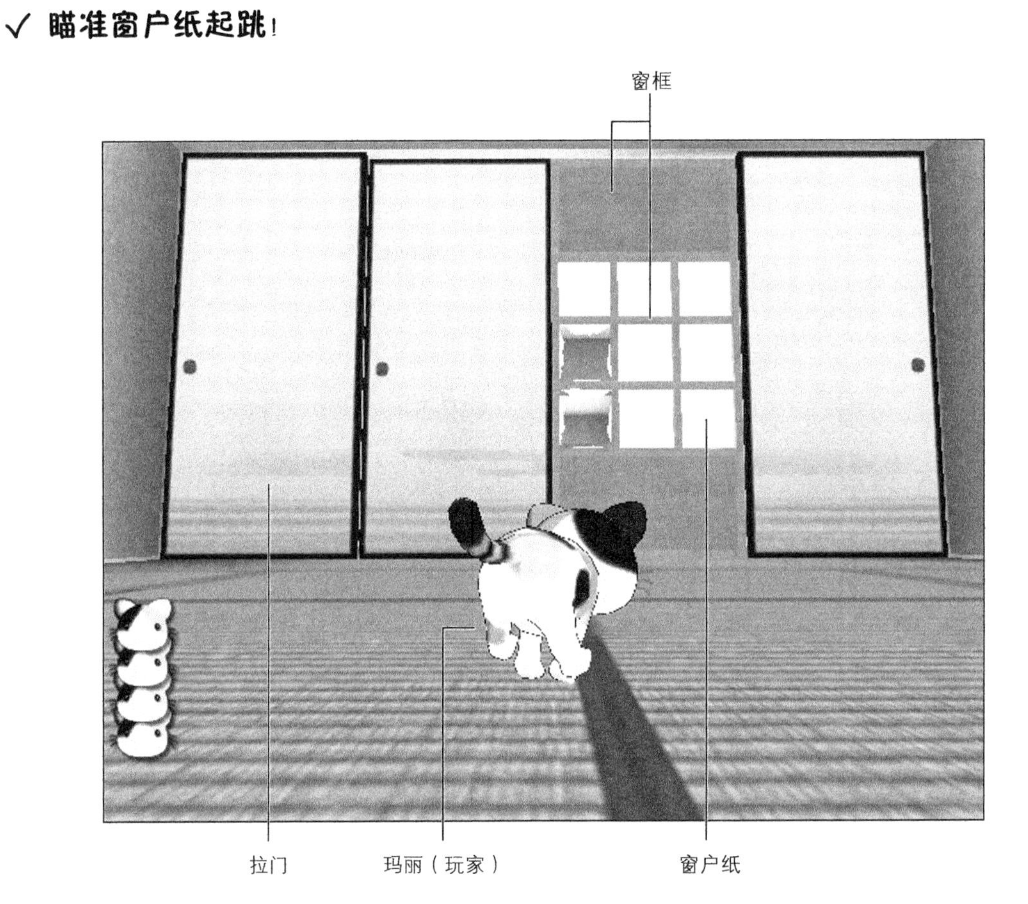

- 按 Shift 键启动游戏！玛丽开始跑动
- 光标键控制左右移动，空格键控制跳跃
- 长按空格键可以调整跳跃的高度

✓ 撞破窗户纸！

- 在恰当的位置撞破窗户纸就能够穿过去
- 灵活调整跳跃的高度，来瞄准最佳位置吧

✓ 撞到拉门或者窗框则游戏失败！

- 如果撞到拉门或窗框，就算作游戏失败

8.2 刺激的跳跃 *Concept*

有一种叫作“struck out”的游戏，玩家使用棒球或者高尔夫球朝纵横 3 行 3 列的面板投掷。

电子游戏的魅力之一是玩家可以在游戏中变成跟平日的自己截然不同的其他角色，比如高强的格斗家，或者幻想世界中的勇者等，甚至也可以是人类以外的其他东西。

“如果我变成了○○，我一定会去干△△。”

最近经常从国外的游戏制作人那里听到一个词语——experiment。体验，其实就是“成为什么，去做什么”的意思吧。

有一天，笔者和一位热爱猫类游戏的游戏制作人（《吃月亮》的作者）谈论起了“猫类游戏的魅力”，正当我们谈得正嗨时，突然产生了这样一个念头：“如果自己变成了一只猫，从窗户纸破窗而出的话……”

游戏的关键词是**刺激的跳跃**。

和 struck out 游戏类似，这个游戏需要突破窗户纸，所以能够使玩家瞄准目标跳跃的操作性非常重要。

游戏业界有个“猫咪三倍法则”的说法。意思是说因为猫的可爱，游戏（可能）会变得比原来有趣三倍。当然这肯定也不是单纯地依赖猫的魅力就可以实现的。

为了实现很多人都曾有过的“变成一只猫，撞破窗户纸跳出去”这个想法，于是我们制作了《猫跳纸窗》这个游戏。

❖ 8.2.1 脚本一览

文件	说明
TitleControl.cs	主题画面
SceneControl.cs	游戏流程管理
NekoControl.cs	控制猫
NekoColiResult.cs	猫的碰撞结果
StepSoundControl.cs	播放猫的脚步声
RoomControl.cs	控制所有的房间（房间模型的移动等）
FloorControl.cs	控制单间房间（窗户的关闭等）
ShutterControl.cs	窗户、拉门的共通处理
ShojiControl.cs	控制窗户
ShojiPaperControl.cs	控制单张窗户纸（状态［普通 / 破损 / 铁板］管理等）
CameraControl.cs	镜头控制
LevelControl.cs	根据难易程度来改变窗户的关闭方式等
GlobalParams.cs	管理场景中使用到的共通参数

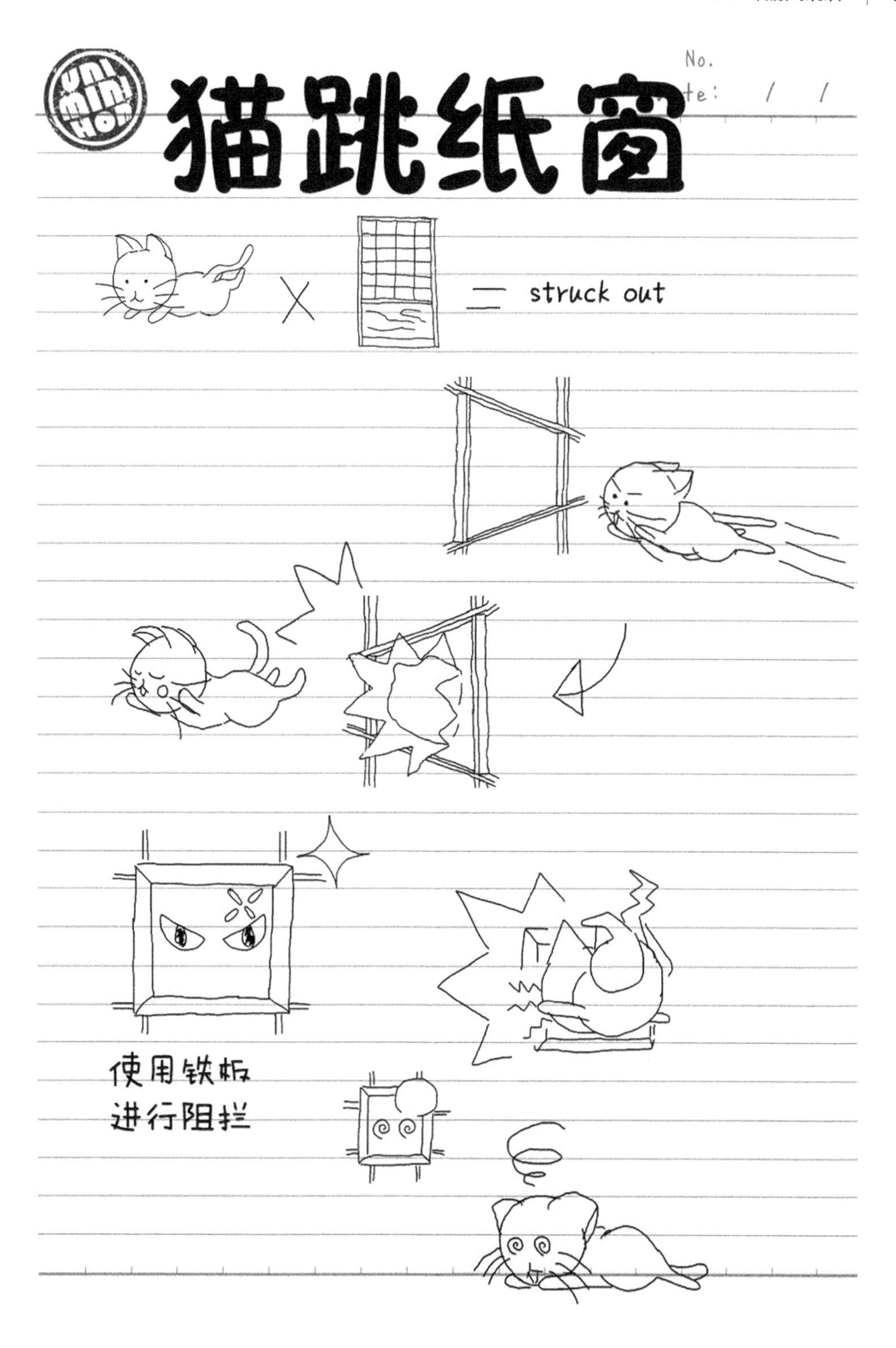
No.
te: / /
猫跳纸窗
struck out
使用铁板
进行阻拦

❖ 8.2.2　本章小节

- 角色的状态管理
- 能够调整高度的跳跃
- 窗户纸的碰撞检测

8.3　角色的状态管理　*Tips*

❖ 8.3.1　关联文件

- NekoControl.cs

❖ 8.3.2　概要

在动作游戏中，角色能够根据玩家的操作执行各种各样的动作，比如奔跑、跳跃或投掷某些物体等，在有些游戏中还能在水里游或者在空中飞（图 8.1）。为了能够让角色执行各种动作，必须确定这些动作“在什么时候执行什么样的行为”。

这里我们就来讨论一下尽管非常原始但是却很重要的“动作（状态）管理”的方法。

⇧ 图 8.1　动作

❖ 8.3.3　角色的动作

首先我们来看看玛丽都能执行哪些动作（图 8.2）。

⇧ 图 8.2　玛丽的动作

（1）首先是最基本的“站立”。这是游戏刚开始时和失误后重新开始游戏时的状态。如果玩家没有任何操作，将一直保持这个状态。

（2）处于站立状态时按下 Shift 键，玛丽将开始跑动。根据游戏的规则，玛丽无法在途中停止奔跑。一旦按下按键，角色将一直跑动直到遇到失败。

（3）接下来是“跳跃”。在“站立”或者“奔跑”状态下，按下空格键角色将会起跳。通过调整空格键的按下时长，可以改变跳跃的高度。

（4）最后是“倒下”。一旦在奔跑或者跳跃过程中撞到了窗框或拉门，玛丽就会倒下。

下面我们使用“状态”来表示“动作”，这一般称为**步骤管理**或者**状态管理**。游戏开发中，有时要通过例如“主题画面 / 角色选择 / 游戏中”等来管理游戏现在所在的画面，或者通过“按下按键瞬间 / 持续按住”来管理按键状态，这些场合都会涉及状态管理。在这次制作的游戏中，我们将通过状态管理的方法来管理角色的动作。

❖ 8.3.4 状态的迁移

角色的状态会随着玩家的输入和碰撞的结果而产生变化，我们称之为**状态迁移**。“迁移”意味着“变化”。例如，站立的角色在收到鼠标或者触屏操作后开始跑动，这时状态就从“站立”迁移到了“奔跑”。图 8.3 是这个游戏中玛丽的所有状态迁移图。

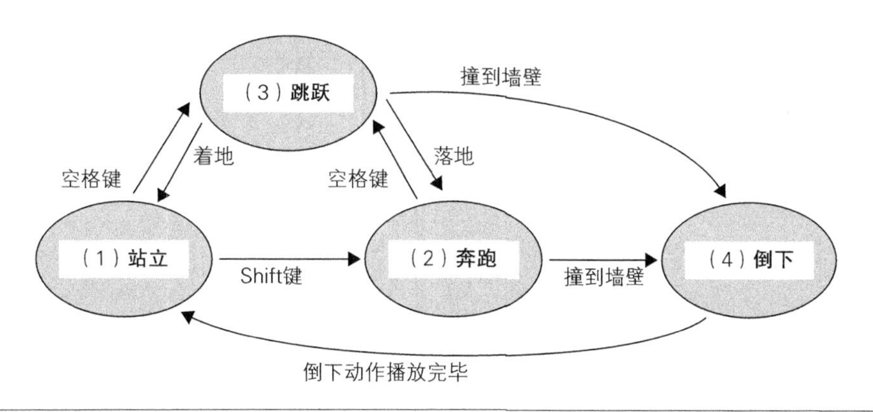

⇧ 图 8.3　玛丽的状态迁移

游戏刚开始时角色处于站立状态。这时若按下 Shift 键，玛丽就将开始跑动。从图 8.3 中可以看到，“站立”伸出的箭头指向“跑动”，下方有“Shift 键”的字样。这表示在站立状态时按下 Shift 键将迁移到奔跑状态。

处于奔跑状态时按下空格键将迁移到“跳跃”状态。和“站立”到“奔跑”的迁移不同，“跳跃”状态不能永远保持。玛丽跳跃到一定高度后，总会在某个时间点落回地面。

落回地面后又回到“奔跑”状态。可以看到从“跳跃”状态伸出的箭头指向“奔跑”。

我们通过玛丽的 Y 坐标来判断是否落地。地面的高度为 0，一旦 Y 坐标变得小于 0，则意味着已经着陆。有些游戏的地面可能凸凹不平或者有杂物，这种情况下可以通过碰撞结果来检测。

《猫跳纸窗》游戏中，玛丽在站立时或者奔跑时都可以跳跃。但跳跃着地之后，必须返回跳跃前的状态。因为“如果在站立状态下突然起跳，落地后却开始奔跑”，这样总会让人感觉有些不自然。因此，跳跃结束后将迁移到之前的状态。

在奔跑或者跳跃过程中撞到窗框或者拉门时，玛丽将被向后弹开。这是失败时的倒下动作。标注了“撞到墙壁”的箭头表示此刻的状态迁移。不仅在跳跃过程中可以迁移到倒下状态，即使未按下跳跃键，处于奔跑状态的玛丽也可能发生碰撞，所以这里把“奔跑”和“跳跃”都设置为“倒下”的迁移条件。

建议读者带着“玩家角色能够做什么”的问题，像上述过程这样考虑一下各种状态的迁移条件。当状态的数量越来越多时，迁移图将变得复杂而且难以理解。这种情况下就没有必要刻意画出整体的迁移图，只挑选一些迁移条件较为复杂的状态画出来进行分析就好。

❖ 8.3.5 状态管理的流程

状态管理主要有以下三个工作。

（1）迁移。 （2）初始化。 （3）执行。

就像之前所说的那样，“迁移”决定了状态该如何变化。“初始化”仅在每次状态迁移时执行一次。最后的“执行”是每帧都会对各个状态进行的处理。

在状态的执行步骤中，除了会用到播放动画的 Animation 组件外，还经常用到用于物理计算的 Rigidbody 组件。另外还需要根据移动速度动态调整动画的播放速度，或者根据键盘的输入改变角色方向等。就像“管理”一词的本意，状态管理通过向各个组件发出指令从而控制角色的动作，在游戏中起到了管理控制的作用。

图 8.4 是总结了上述 3 项处理的流程图。

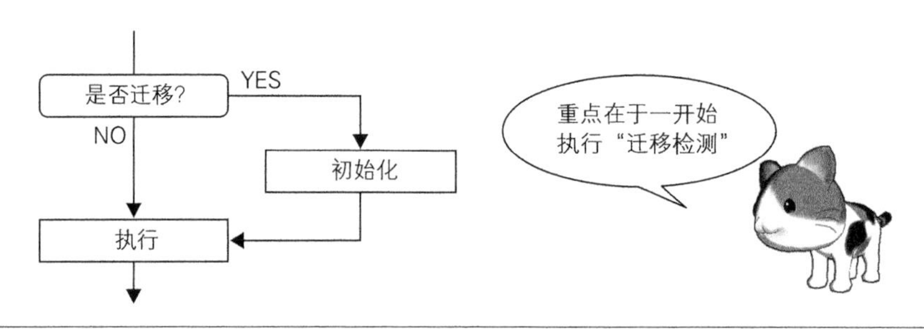

⇧ 图 8.4 状态管理流程

这里有非常重要的一点，就是在每帧处理最开始时执行迁移检测。我们看下面的示例代码。

step_goal_execute() 有可能不被执行

```
switch(this.step) {
    case MOVE:
    {
        // 执行 "MOVE"
        this.transform = Vector3.right * speed;

        (a) X 坐标超过得分线后，将迁移到得分状态

        if(this.transform.x > goal) {
            this.transform =
                Vector3(goal, this.transform.y, this.transform.z);
            // 迁移到 "GOAL" 状态
            this.step = GOAL;
            this.step_goal_init();    ※ 请注意这里的 step_goal_init() 结束后将中断 switch 语句，因此 step_goal_execute() 将不会被执行
        }
    }
    break;

    case GOAL:
    {
        this.step_goal_execute();
    }
    break;
}
```

MOVE 状态下只会沿着 X 轴方向移动，X 坐标超过得分线后就迁移到 GOAL 状态。从（a）行开始，程序会检测角色是否进入了得分线，并比较 X 坐标，若满足条件，则迁移到“得分”状态。

虽然表面上看起来没有什么问题，不过请注意在这段代码中，只有在迁移到“得分”状态的瞬间，step_goal_execute() 是不会被调用的。当（a）的 if 条件成立时，this.step 将被赋值为 GOAL，然后结束 switch 语句，因此语句“case GOAL:”不会被执行。

同一个状态却被放在两个不相关的处理中进行，对状态管理而言这不是一个好的做法[①]。假设在绘制画面时用到了只在 step_goal_execute() 中才会被更新的值，那么在状态迁移的这一帧中就可能会出现 bug，导致绘制错误。

我们来对代码做如下修改。

---

① step_goal_init 和 step_goal_execute 都属于 GOAL 状态，但是却在执行不同处理的代码中运行。——译者注

step_goal_execute() 一定会被执行

```
// 迁移检测
switch(this.step) {
    case MOVE:
    {
        (a)设置“到达 GOAL”的标记后，迁移到得分状态
        if(this.is_reach_goal) {
            this.step = GOAL;
            this.step_goal_init();
        }
    }
    break;
}
// 执行
switch(this.step) {
    case MOVE:
    {
        // 执行“MOVE”
        this.transform = Vector3.right * speed;

        if(this.transform.x > goal) {
            this.transform =
                Vector3(goal, this.transform.y, this.transform.z);
            this.is_reach_goal = true;   (b)设置“到达 GOAL”的标记
        }
    }
    break;

    case GOAL:
    {
        this.step_goal_execute();
    }
    break;
}
```

和刚才的代码不同，位置(b)处只是记住“到达 GOAL”这个事件，实际的迁移要等到下一帧开始后在位置(a)处进行。

当然这种方法也有个缺点，就是状态的迁移会延迟一帧。不过该方法却实现了“在任何时候状态的执行处理都会被调用”，总的来说还是利大于弊。

实际游戏中使用的状态管理的代码如下所示。

NekoControl.Update 方法（摘要）

```
void Update()
{
    （a）统计迁移到当前状态后经过的时间
    this.step_timer += Time.deltaTime;
    // --------------------------------------------------------------- //
    （b）判断是否迁移到下一个状态
    if(this.next_step == STEP.NONE) {
        switch(this.step) {
            case STEP.STAND:
            {
                // 按下 Shift 键开始跑动
                if(Input.GetKeyDown(KeyCode.LeftShift)) {
                    this.next_step = STEP.RUN;
                }
                // 按下空格键起跳
                if(Input.GetKeyDown(KeyCode.Space)) {
                    this.next_step = STEP.JUMP;
                }
            }
            break;
        }
    }
    // --------------------------------------------------------------- //
    （c）状态迁移时的初始化
    if(this.next_step != STEP.NONE) {
        switch(this.next_step) {
            case STEP.STAND:
            {
                // 播放站立的动画
                animator.SetTrigger("begin_idle");
            }
            break;
        }
        （d）更新“现在的状态”
        this.step = this.next_step;
        this.next_step = STEP.NONE;
        this.step_timer = 0.0f;
    }
    // --------------------------------------------------------------- //
```

```
    (e)各个状态的执行处理
    switch(this.step) {
        case STEP.STAND:
        {
        }
        break;
    }
}
```

上述代码中，为了说明处理的大致流程，把除“站立”外的其他状态都省略了。this.step 指现在的状态，this.next_step 表示下次迁移的状态。当 this.next_step 的值为 STEP.NONE 时，将不发生迁移。

（a）首先，更新迁移到当前状态后已经过的时间。比如在“经过一定的时间后再迁移到其他状态”等情况下，会用到这个值。

（b）然后执行状态迁移判断。之所以要判断 this.next_step 是否等于 STEP.NONE，是为了防止覆盖其他类发出的状态迁移请求。

举例来说，当玛丽撞到障碍物时，NekoColiResult.resolve_collision_sub 方法中将调用 NekoControl.beginMissAction 方法，该方法会把 this.next_step 设置为 STEP.MISS。但如果此刻玛丽突然碰到了地面，按照迁移图将发生从 STEP.JUMP 到 STEP.RUN 的迁移，从而就能避免程序出现 bug。

为了应对这种情况，在收到来自外部的请求已经决定进行状态迁移的情况下，程序将忽略内部指定的状态迁移。

（c）状态发生迁移后，开始新状态的初始化处理。在刚才的例子中，在确定迁移状态后立即执行了相应的初始化，考虑到有可能出现多个状态迁移到同一个状态的情况，还是统一管理会比较好。

（d）在初始化的最后，更新当前状态 this.step 的值，清空 this.next_step 的值。注意这里如果没有把 this.next_step 清空成 STEP.NONE，将导致下一帧继续发生迁移。最后将状态迁移后经过的时间设置为 0。

（e）最后，执行各个状态。因为站立状态没有什么特别的处理，所以这里代码为空。

❖ 8.3.6 小结

《猫跳纸窗》这个游戏中，代表玩家角色的“玛丽”的动作并不太多。通过这个例子，我们可以很好地理解“状态管理”的基本思路。

就像刚开始时提到的那样，角色动作控制之外的其他场合也常常会使用到“状态管理”。如果读者想更进一步地了解状态管理的相关运用，可以试着探索一下《猫跳纸窗》和其他示例游戏中是如何对其进行使用的。

8.4　可以控制高度的跳跃　*Tips*

❖ 8.4.1　关联文件

- NekoControl.cs

❖ 8.4.2　概要

《猫跳纸窗》游戏中，玩家的目标是用身体撞破窗户纸。如何完美地进行瞄准跳跃可以说是游戏玩法的精髓。小猫并不能在空中飞翔，所以在空中时无法像在地面上那样自由控制。跳跃的高度也是一样（图 8.5）。控制的难度过高或者过低都会令游戏变得无趣。掌握好这个分寸非常重要。

⇧ 图 8.5　对操作的适当控制

❖ 8.4.3　跳跃的物理规律

我们使用具备碰撞检测和自由落体功能的 Rigidbody 组件作为玛丽的游戏对象。为了让 Rigidbody 这种按物理规律运动的对象发生跳跃，应该执行什么样的处理呢？

图 8.6 中描述了跳跃时玛丽的动作。为了让这一遵循物理规律进行运动的角色发生跳跃，需要给它添加一个向上的速度。这个速度在物理学上叫作**初速度**。

以初速度向空中起跳后，受重力的影响速度将逐渐下降，当值变为 0 时就开始落下。这个速度为 0 的瞬间，就是跳跃的顶点。经过顶点后就开始向下加速。

“速度受重力影响开始下降”“重力具有一定的值”“速度为 0 时意味着到达顶点”，从这几条特性可以看出，跳跃的高度和初速度的大小成正比。

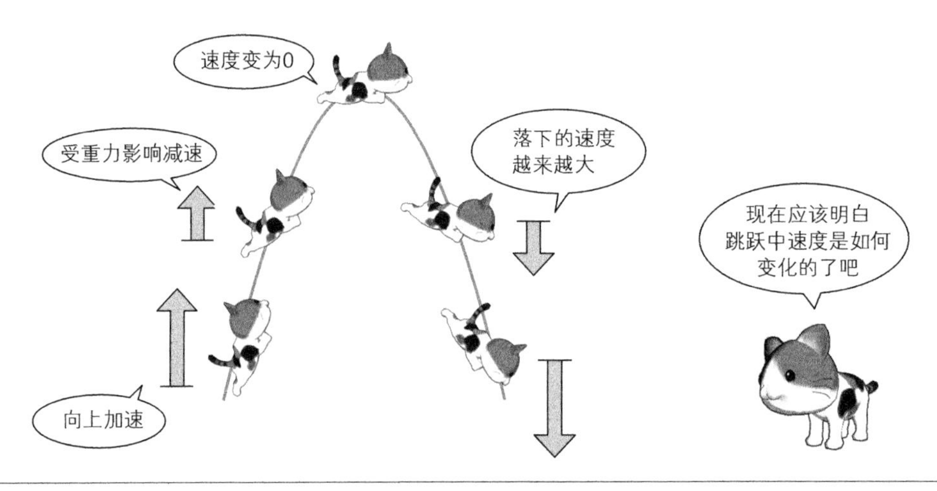

⇧ 图 8.6 玛丽的跳跃

❖ 8.4.4 自由控制跳跃高度的操作

一种改变跳跃高度的方法是通过改变初速度的大小来实现。可以想象，急速跳起将跳得更高，缓缓跳起则会跳得低一些。有一些游戏通过按下按键一段时间后放开，也就是通过控制“蓄力”的长度来改变跳跃的高度。

不过，“蓄力”的办法在起跳后就无法调整高度，在起跳的瞬间就必须“一锤定音”。当然如果包含这种方式的话游戏性可能会更好，只是在《猫跳纸窗》中采用这种方式太难了。

另外一种调整高度的方法是，在跳跃的途中允许玩家撤销。按下按键后角色起跳，在途中松开按键则取消跳跃。在玛丽到达某个适当高度的瞬间松开按键，就能够控制角色跳跃到期望的高度。

尽管说是“取消跳跃”，但是在松开按键的瞬间中止跳跃过程是很不自然的，因此在松开按键的瞬间，我们不是简单地停止跳跃，而是将速度的 Y 分量乘以某个缩放值（图 8.7）。

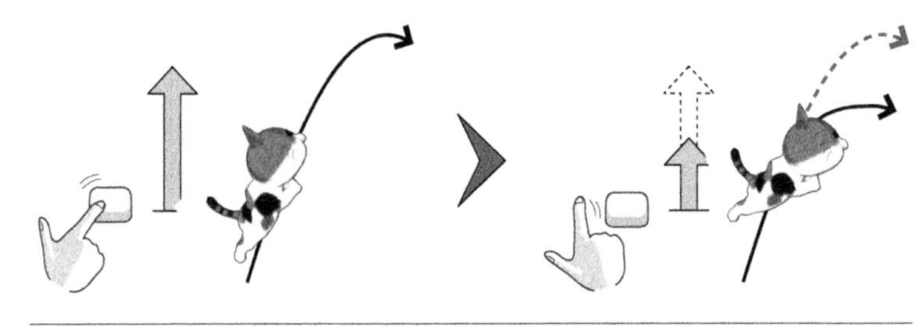

⇧ 图 8.7 松开跳跃键的瞬间，向上的速度开始减小

这个缩放值和跳跃轨道的关系如图 8.8 所示。缩放值越大离原轨道越近，反之则离原轨道越远。其值为 0 时，则在按键松开的瞬间就开始下落。

如果缩放值（图 8.8 中的 K）比较大的话，从按键松开到开始下落的时间会比较长，变得难以控制。反之，如果缩放值较小的话，则经过很短的时间就会开始下落，这就要求玩家在操作时能做到快速反应。

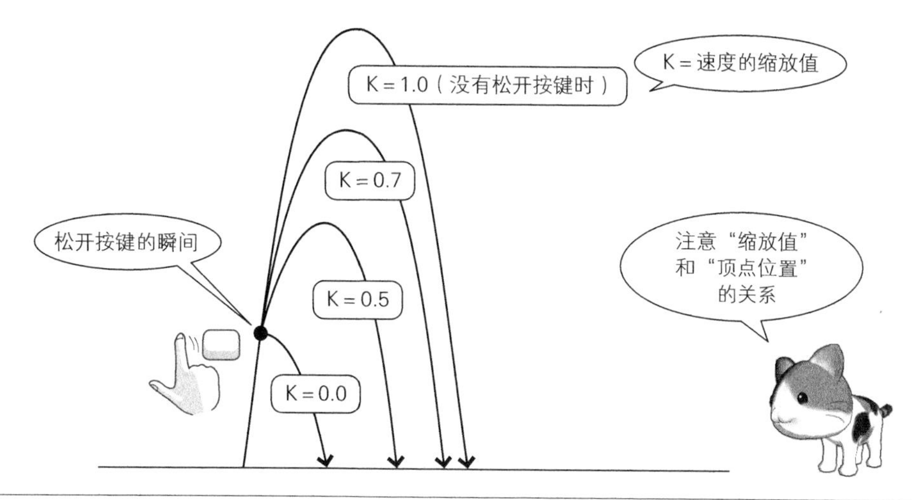

⇧ 图 8.8　缩放值和跳跃轨道的关系

缩放值的取值因游戏而异。总的来说，松开按键后，如果速度余量太小，就会导致对象运动起来有飘忽的感觉；而如果速度余量太大，又难以调整高度。所以结合游戏的易玩性设置合理的缩放值是非常重要的。

另外，缩放值太小的情况下，取消时运动轨迹将和跳跃轨道产生大幅偏移。这将带来一些不自然的感觉，因此调整缩放值的时候还需要把这个因素考虑进去。

还有一点需要注意的是，一次跳跃过程中不允许出现两次以上的“松开按键后减速”的操作。

图 8.9（1）是连续按下跳跃键时的情形，可以看到减速处理被执行多次。再看图 8.9（2），该图表示的下落过程中松开按键时的情形。为了防止出现这些不自然的运动状况，需要执行“防止连续按键”和“下落过程中不允许操作”等检测。

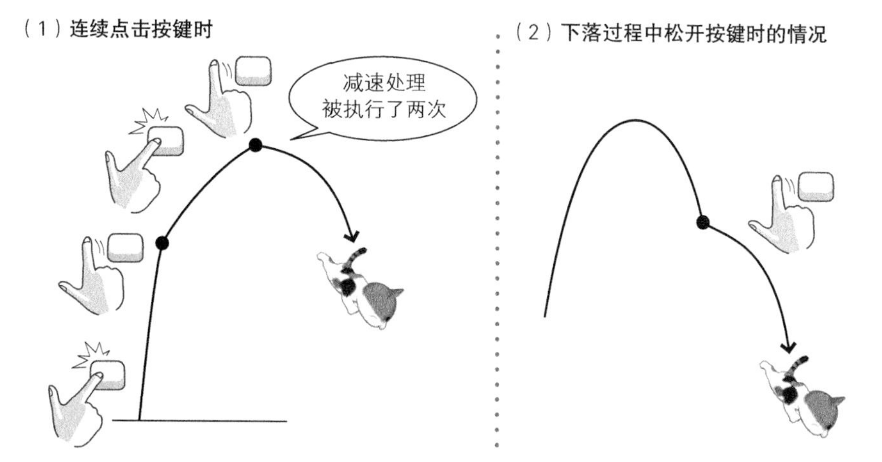

⇧ 图 8.9　连续按键时的情况和下落过程中松开按键时的情况

下面我们来看看跳跃控制的代码。

NekoControl.Update 方法（摘要）

```
// 跳跃过程中松开按键时的上升速度的缩放值
public const float JUMP_KEY_RELEASE_REDUCE = 0.5f;

void Update()
{
    switch(this.step) {
        case STEP.JUMP:
        {
            Vector3 v = this.GetComponent<Rigidbody>().velocity;

            // 跳跃过程中若松开按键，上升速度将减小
            //（可以通过调整按下按键的时长来控制跳跃的高度）
            do {
                if(!Input.GetKeyUp(KeyCode.Space)) {
                    break;
                }
                （a）一旦松开按键就不允许再次执行（防止多次按下）
                if(this.action_jump.is_key_released) {
                    break;
                }
                （b）落下过程中不允许执行
                if(this.GetComponent<Rigidbody>().velocity.y <= 0.0f) {
                    break;
                }
                （c）速度的 Y 分量乘以缩放值
                v.y *= JUMP_KEY_RELEASE_REDUCE;
                this.GetComponent<Rigidbody>().velocity = v;
                （d）设置“处理完毕”标记
                this.action_jump.is_key_released = true;
            } while(false);
        }
        break;
    }
}
```

这段代码实现了 8.3 节中所讲解的从跳跃动作开始到松开按键的全过程。

（a）如果松开按键时减速处理已经被执行过了，则取消后续处理。

（b）检查速度的 Y 分量，如果速度朝下，则不执行减速处理。

（c）这里是真正的取消跳跃的处理。速度的 Y 分量乘以缩放值 JUMP_KEY_RELEASE_REDUCE 后，上升速度将变小。

（d）为了防止连续按键执行两次以上的减速处理，设置处理完毕的标记。这个标记会在（a）中使用到。

❖ 8.4.5 小结

减速处理时用到的缩放值 JUMP_KEY_RELEASE_REDUCE 在 NekoControl.cs 开始处被定义。至于调整这个值会引起跳跃动作的何种变化，请读者自行修改代码体验一下。

也可以试着设定比 1 大的值，或者负数值。虽然在《猫跳纸窗》中不能使用这些值，不过这样设置后会发现运动将变得非常有趣。“一个游戏的 bug 在另外一个游戏中却可能派上用场”这种事情并不罕见。建议读者平时多做一些这样的尝试，或许将来在某个场合就能派上用场。

8.5 窗户纸的碰撞检测 *Tips*

❖ 8.5.1 关联文件

- NekoColiResult.cs

❖ 8.5.2 概要

玛丽向窗户纸跳去，也许能够完美地撞破窗户纸，也许会撞在周围的木头边框上被弹回。玩家角色必须跳起来穿过一片狭窄的区域，这正是游戏的乐趣所在。

要么撞破窗户纸，要么撞到窗框上被弹回。也就是说，碰撞对象的不同将导致碰撞后的处理也不同。在碰撞检测相关的章节中我们已经介绍了一些这方面的内容，不过这里的碰撞检测和其他游戏略有不同。

民间有个说法：“不论多窄的空间，只要猫头能通过，则全身都能通过”。要让玩家体验到类似于小猫穿越狭小空间的感觉，我们还需要实现一些功能来引导玛丽移动。

❖ 8.5.3 “碰撞”的内部实现机制

首先我们来讲讲普通的碰撞处理过程在程序内部是如何进行的。在 Unity 中，只需添加组件就可以实现碰撞处理，而不需要自己去实现碰撞。话虽如此，但并不是说理解它的内部原理就是浪费时间。为了能够更熟练地使用，或者在遇到相关问题时能够很快地找到解决方法，我们不妨来学习一下。

图 8.10 是操作游戏摇杆使其向墙壁倾斜时的情形。玩家角色将沿着墙壁平行移动，但不会嵌入墙壁中，这是因为发生了碰撞处理。

在这种情况下，程序内部会执行什么样的处理呢？让我们来看图 8.11。

（1）移动处理开始前的状态。前一帧的处理，也就是 Unity 中所有的 GameObject 的 Update 结束后游戏画面上显示的状态。

（2）角色沿着速度向量的方向移动。速度向量有时通过物理计算求出，有时直接从摇杆和鼠标的输入获得。在《猫跳纸窗》这类动作游戏中，通常是“XZ 方向的速度分量根据玩家的操作获得，Y 方向的分量则通过物理计算得来，并受到重力的影响”。

（3）移动的最终结果是，角色和墙壁的碰撞发生重叠。这样下去不仅画面上会显示嵌入墙壁的状态，最终对象也将穿透墙壁。为了防止出现这样的情况，需要对角色位置进行校正使其恰好到不嵌入墙壁的程度。这个“调整到不嵌入墙壁的位置”的处理，一般就称为**碰撞处理**。

⇧ 图 8.10 操作摇杆持续向墙壁倾斜时

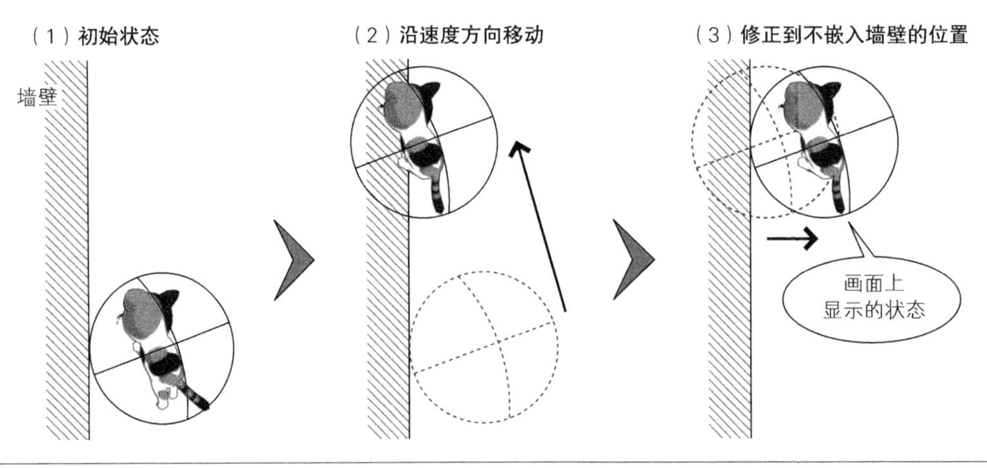

⇧ 图 8.11 碰撞的内部处理

尽管计算的过程中会出现图 8.11（2）那样嵌入墙壁的状态，但是在碰撞处理结束后画面上将显示出图 8.11（3）的样子。因此可以看到对象沿着墙壁移动。

碰撞处理大致可以分为两部分。第一部分是用于检测角色和哪个碰撞器发生相嵌的**干涉检测**。第二部分是将角色位置修正到不会嵌入碰撞器的**挤出**过程。

如果要对碰撞处理做详尽的解说，可能一本书都说不完。这里我们只需要知道角色移动会不停地重复“嵌入碰撞器、被挤出”这个过程就行了。

❖ 8.5.4 窗户对象

在讲解《猫跳纸窗》中出现的问题点之前，我们先来介绍一下组成窗户对象的各个部分的名称，这在下文的解说中会使用到（图 8.12）。

窗户由“窗框”和“格子眼”两类对象构成。

窗框指的是窗户的木框。它由细长的木条纵横组合成格子形状，再结合上下的木板组成窗户。

格子眼指的是格子形状的中间部分，或者说“贴窗户纸的地方”可能比较好理解。格子眼和玛丽发生碰撞后，其状态可能会发生从“纸”变化为“破损”，或者在特定的条件下还能变为不允许穿过的“铁板”状态。

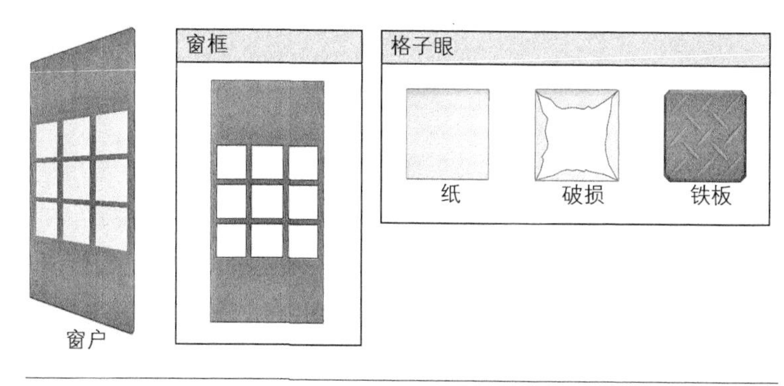

⇧ 图 8.12 窗户对象的各个部分的名称

后续内容中我们将使用以上名词来指代窗户的各个部分。

❖ 8.5.5 矛盾的碰撞结果

下面我们来进入正题。

Unity 中提供了 OnCollisionEnter 方法。如果在添加到角色上的脚本（组件）中定义了该方法，那么每次发生碰撞时都将调用它。读者可能会想，把撞破窗户纸和撞到窗框的失败处理都放在 OnCollisionEnter 中就可以了。但是，如果按照这种方法编写代码，运行后就会发现存在很多问题。

虽然游戏中的目标就是撞破窗户纸，但是实际上玩家很难精确地撞到纸的中心部分。大多数情况下，玛丽会和周边的木框“擦身而过”。在极端情况下，如图 8.13 所示，玛丽还可能会正面撞到两张纸的中间，即窗框所在区域。

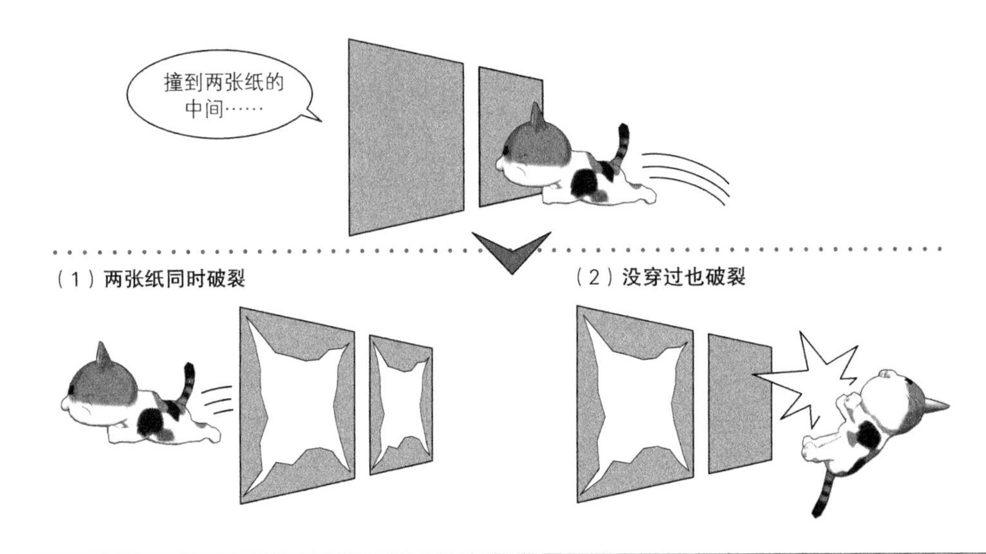

⇧ 图 8.13　玛丽和窗户碰撞时出现的问题

很明显，不论哪种碰撞情况，结果要么是玛丽撞破窗户纸穿过，要么是没撞破被弹开。但是，有时游戏中也会出现如图 8.13 所示的结果：玛丽穿过的格子以及相邻格子的窗户纸同时破裂（左图），或者玛丽未能穿过格子但是纸张却破裂了（右图）。

为什么会出现这样的情况呢？请读者回忆一下前面提到的碰撞处理的流程。

图 8.14 是正面撞向两张纸之间的窗框区域时的情况。为了便于说明，请注意这里角色的碰撞器被稍微放大了。在实际的游戏中，为了保证玛丽能够从窗框之间穿过，需要对玛丽和窗户的碰撞器进行巧妙的调整。

前面已经说过“碰撞处理的过程中角色会嵌在墙壁里”，图 8.14（2）就表示该状态。可以看到角色和窗框以及左右侧的两张窗户纸等多个碰撞器嵌在一起。当然表现在画面上的是挤出后的状态，如图 8.14（3）所示，看起来玛丽仅和窗框发生了碰撞。

现在我们来确认一下 Unity 中 OnCollisionEnter 的结构。该函数有一个 Collision other 参数。这个参数表示和当前对象发生干涉的对象，也就是碰撞的另一方。在图 8.14 的例子中，它代表窗框、窗户纸 A 或者窗户纸 B 对象。

同时撞到多个对象时，OnCollisionEnter 将被调用多次，每次撞到的对象都会被作为参数传入。因此如果在 OnCollisionEnter 中直接进行纸张破裂等处理的话，将同时出现下列现象（图 8.15）。

- 撞到窗框上导致游戏失败
- 窗户纸 A 破裂
- 窗户纸 B 破裂

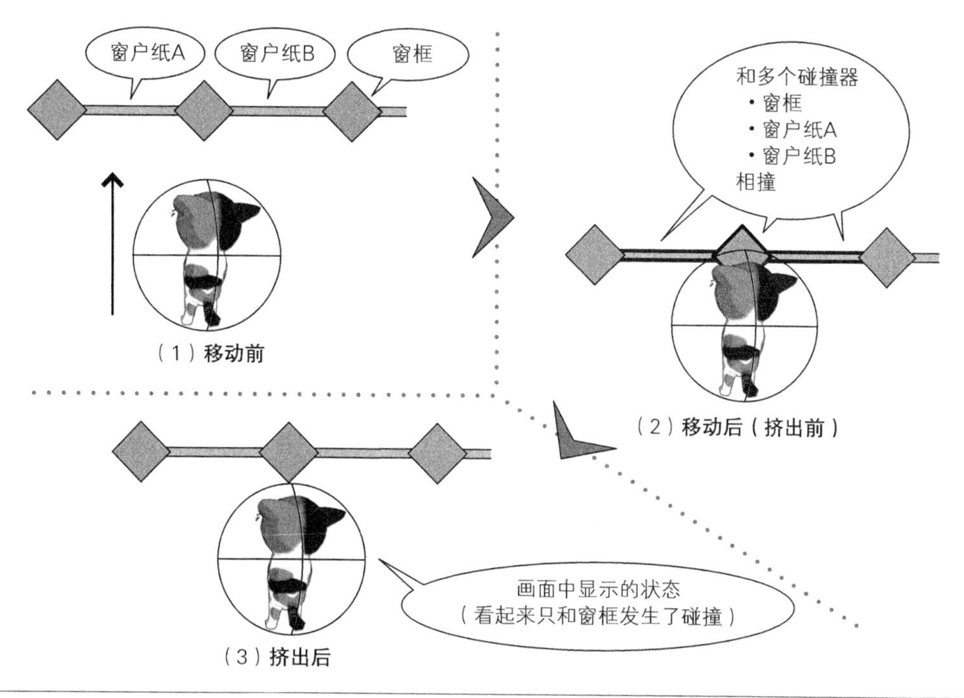

⇧ 图 8.14 玛丽正面撞向窗框时

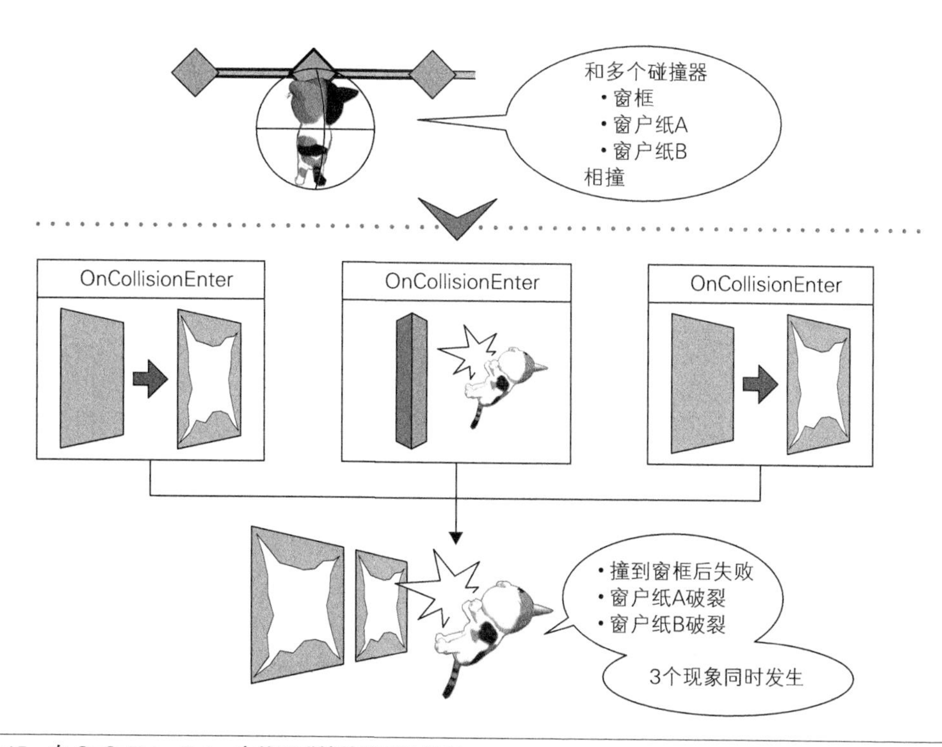

⇧ 图 8.15 在 OnCollisionEnter 中处理碰撞结果时的情况

为了解决这个问题，《猫跳纸窗》中采用了如图 8.16 所示的方法。

首先，函数中只记住 OnCollisionEnter 中参数指定的对象，也就是发生碰撞的对象，而不执行“窗户纸破裂”“玛丽被弹回”等处理。仅仅记录该对象而已。

碰撞发生后，在下一帧的 Update 中从记录下的多个碰撞器中选择一个。根据选择的碰撞器的不同，可能会出现一张窗户纸破裂，或者撞到窗框导致失败的结果。通过进行这样的处理，就可以防止出现“纸张被撞破游戏却失败了”的矛盾状况。

下面将对如何选择碰撞对象进行说明，游戏中存在的碰撞情况分为以下 3 种。

（1）只碰到“格子眼”。

（2）只碰到“窗框”。

（3）同时碰到“格子眼”和“窗框”。

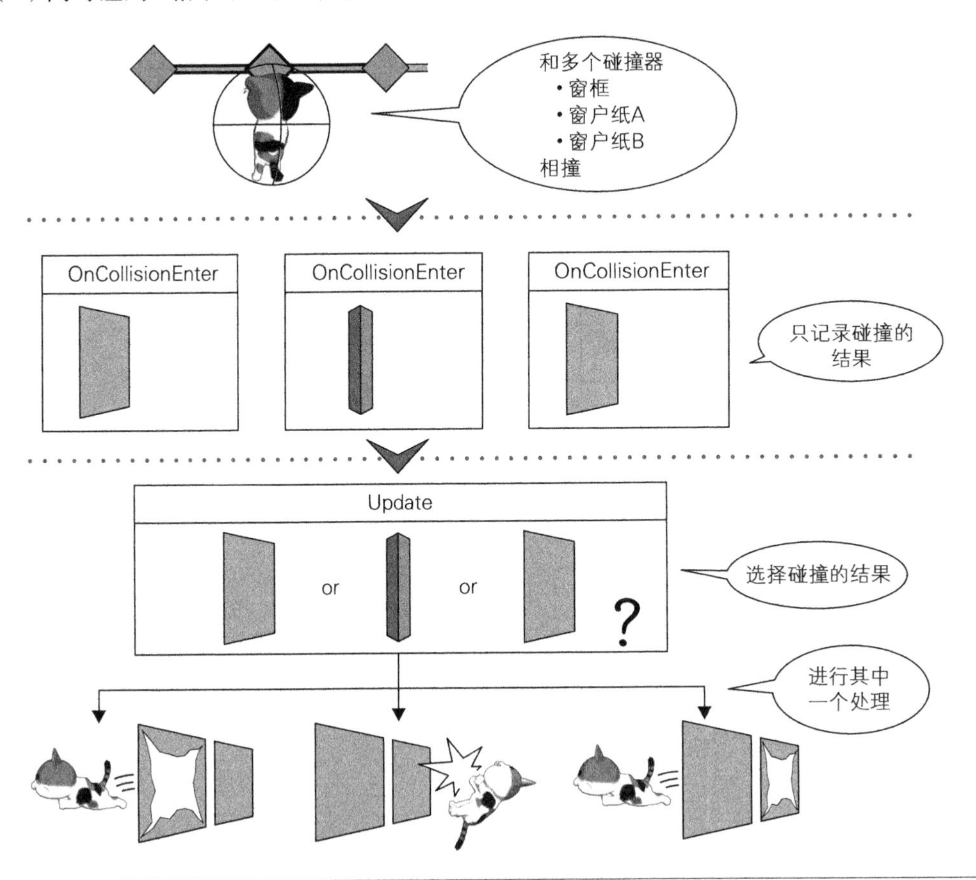

⇧ 图 8.16 记录碰撞结果，从中选择一个进行处理

只和格子眼发生碰撞时的情况比较简单。窗户纸破裂，玛丽或者穿过格子眼，或者撞到铁板。只需要考虑“格子眼”的状态即可。

第 2 种情况，即只和窗框发生碰撞时，必须根据碰撞位置的不同执行下列处理判断，大概分为 3 部分。

- 撞到靠近格子眼中心的位置
- 正面撞向格子眼周边的窗框
- 撞到格子之外的部分（上下板块部分）

第 3 种情况，即同时碰到“窗框”和“格子眼”时，处理过程和第 2 种情况雷同。由于玛丽总是朝着窗户正面进行碰撞，和窗框接触后必然进一步和格子眼接触，因此和窗框发生碰撞时，没必要区分是否和格子眼发生了碰撞。

下面我们对第 2 种情况进行更为详细的讨论。

首先算出“碰到了哪个格子眼”。因为格子眼排列得很有规则，所以计算很简单。上下板块，也就是不包含格子眼的部分中，表示格子眼的索引值为负数或者超出最大值。图 8.17 中用虚线绘制格子的地方，就是上下板块。这样即使碰撞发生在格子眼以外的区域，也能够通过索引的计算结果判断出来。

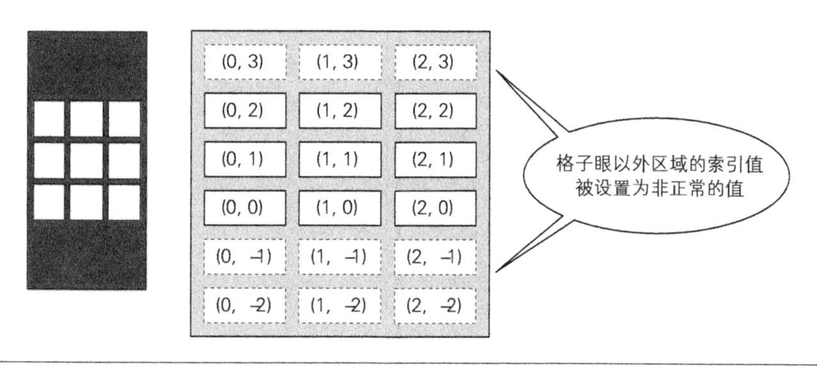

⇧ 图 8.17 “格子眼”的索引

如果发生碰撞的位置位于格子眼内部，则继续判断该位置与格子眼中心的偏移值。

请看图 8.18。如果距离格子眼中心的距离过大，和格子周围的边框发生了接触，就判定为失败；反之，如果偏移距离较小，则判定为能够顺利穿过格子眼，此时的处理过程和上述第 1 种情况相同。这种情况下，为了防止和窗框碰撞而被弹回，需要引导玛丽朝格子中心移动。这部分内容稍后再做说明。

偏移格子眼中心多少会导致和窗框碰撞呢？起决定性作用的是“偏移阈值”，它对游戏的难易程度有很大影响。如果把这个值设置得够大，即使正面撞向边框，也会被认定为顺利穿过格子眼；相反，如果这个值设置得很小，稍微擦到边框就会被判定为失败。

接下来让我们来看看碰撞发生时调用的 OnCollisionEnter 方法的代码。

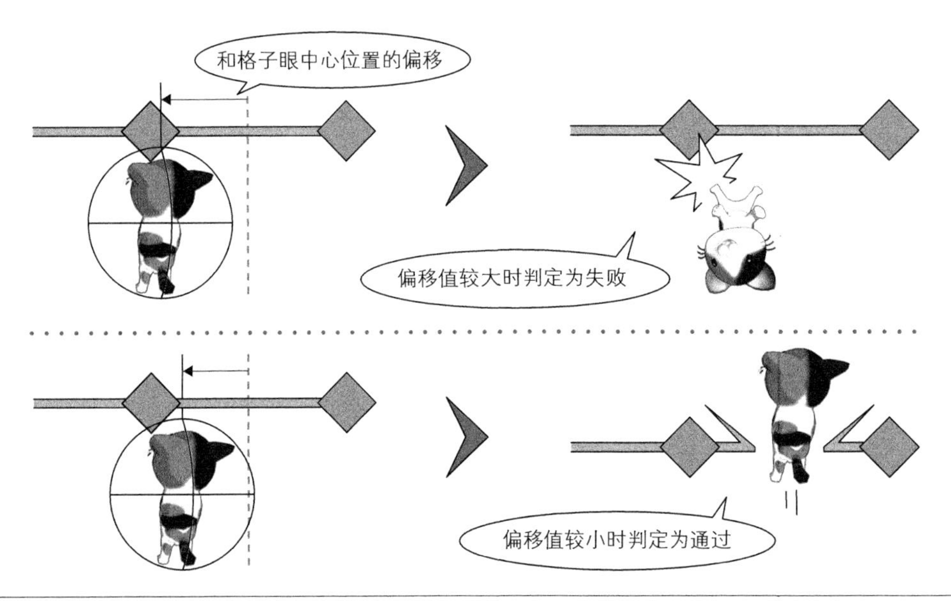

⇧图 8.18 根据距离格子眼中心的远近，处理有所不同

NekoControl.OnCollisionEnter 方法（摘要）

```
void OnCollisionEnter(Collision other)
{
    // 检测是否和窗户发生了碰撞
    do {
        if(other.gameObject.tag != "Syouji") {
            break;
        }

        ShojiControl shoji_control =
            other.gameObject.GetComponent<ShojiControl>();

        if(shoji_control == null) {
            break;
        }

        (a)和窗户发生碰撞后记录下相关信息
        Vector3 position = this.transform.TransformPoint(
            NekoControl.COLLISION_OFFSET);

        ShojiControl.HoleIndex hole_index =
            shoji_control.getClosetHole(position);
        this.coli_result.shoji_hit_info.is_enable      = true;
        this.coli_result.shoji_hit_info.hole_index     = hole_index;
```

```
        this.coli_result.shoji_hit_info.shoji_control = shoji_control;
    } while(false);

    // 是否和拉门发生碰撞?
    do {
        if(other.gameObject.tag != "Obstacle") {
            break;
        }

        (b)记住和拉门发生了碰撞
        this.coli_result.obstacle_hit_info.is_enable = true;
        this.coli_result.obstacle_hit_info.go         = other.gameObject;
        this.coli_result.obstacle_hit_info.is_steel   = false;
    } while(false);
}
```

在 NekoControl 组件的 OnCollisionEnter 方法中，首先检测碰撞对象是否为窗户。这使用了 Unity 的标签功能。

（a）碰撞对象为窗户时，把相关信息记录在碰撞结果的管理类 NekoColiResult 中。OnCollisionEnter 中只做记录而不执行弹回等处理。

（b）和拉门发生碰撞时，记录为“障碍物”。拉门将被视作导致游戏失败的障碍物。

为了处理方便，对象和含有窗户纸的“格子眼”发生碰撞时，采用触发器来处理。下面来看一下 OnTriggerEnter。

NekoControl.OnTriggerEnter 方法（摘要）

```
void OnTriggerEnter(Collider other)
{
    // 是否穿过了格子眼?
    do {
        if(other.gameObject.tag != "Hole") {
            break;
        }
        SyoujiPaperControl paper_control =
            other.GetComponent<SyoujiPaperControl>();

        if(paper_control == null) {
            break;
        }
```

```
        // 记录下通过了格子的触发器

        if(paper_control.isSteel()) {
            (a)如果是铁板的话，将其视作障碍物处理
            this.coli_result.obstacle_hit_info.is_enable = true;
            this.coli_result.obstacle_hit_info.go        = other.gameObject;
            this.coli_result.obstacle_hit_info.is_steel  = true;
        } else {
            (b)和窗户纸发生碰撞时
            NekoColiResult.HoleHitInfo hole_hit_info;

            hole_hit_info.paper_control = paper_control;
            this.coli_result.hole_hit_infos.Add(hole_hit_info);
        }
    } while(false);
}
```

OnTriggerEnter 处理的内容和 OnCollisionEnter 大体相同，不过只有“格子眼（窗户纸）”的触发器这一个对象。

（a）“格子眼”的状态，除了“窗户纸”“破裂的窗户纸”之外，还有不允许穿越的“铁板”。“铁板”的碰撞处理和拉门的碰撞处理类似，都被作为碰撞后导致游戏失败的障碍物处理。

（b）铁板以外的情况下，作为“格子眼”进行记录。因为可能同时和两个以上的“窗户纸”或者“破裂的窗户纸”状态下的“格子眼”发生碰撞，所以这里使用数组来进行存储。

最后，我们来看看用于选择碰撞结果的 NekoColiResult.resolve_collision_sub 方法。

NekoColiResult.resolve_collision_sub 方法（摘要）

```
private void resolve_collision_sub()
{
    bool is_collied_obstacle = false; ——— 是否和障碍物（碰撞后会导致失败的物体）碰撞的标记

    (a)首先检测是否和拉门／铁板发生了碰撞
       即使和拉门／铁板发生了碰撞，因为添加了格子眼时不打算作为失败处理
    if(this.obstacle_hit_info.is_enable) {
        is_collied_obstacle = true;
    }
```

```
if(this.shoji_hit_info.is_enable) {
    // 是否和窗框发生了碰撞?
    ShojiControl shoji_control = this.shoji_hit_info.shoji_control;
    ShojiControl.HoleIndex hole_index = this.shoji_hit_info.hole_index;

    if(shoji_control.isValidHoleIndex(hole_index)) {
        SyoujiPaperControl paper_control =
            shoji_control.papers[hole_index.x, hole_index.y];

        if(paper_control.isSteel()) {  // 格子眼的状态是铁板时
            is_collied_obstacle = true;
        } else  {                      // 格子的状态是“窗户纸”“破裂的窗户纸”时
            // 往“格子眼”引导时的目标位置
            Vector3 position = NekoColiResult.get_hole_homing_position(
                    shoji_control, hole_index);

            Vector3    diff = this.neko.transform.position - position;

            if(Mathf.Abs(diff.x) < THROUGH_GAP_LIMIT &&
                    Mathf.Abs(diff.y) < THROUGH_GAP_LIMIT) {
                is_collied_obstacle = false;

                this.lock_target.enable     = true;
                this.lock_target.hole_index = hole_index;
                this.lock_target.position   = position;

                // 向“格子眼”模型通知玩家的碰撞事件
                paper_control.onPlayerCollided();
            } else {
                is_collied_obstacle = true;
            }
        }
    } else {
        // 和格子眼以外的其他区域碰撞时
        is_collied_obstacle = true;
    }
} else {

    if(this.hole_hit_infos.Count > 0) {
        // 只和“格子眼”发生了碰撞
        HoleHitInfo hole_hit_info = this.hole_hit_infos[0];
```

(b) 检测碰撞发生的位置(hole_index)是格子眼还是其他区域

(c) 比较“碰撞位置和格子眼中心的距离”和阈值(THROUGH_GAP_LIMIT)

阈值范围内

(d) 清除“和障碍物发生了碰撞”标记

(e) 记录下碰撞的格子眼(引导的目标位置)

阈值范围外

设置“和障碍物发生了碰撞”标记

(f) 未和窗框碰撞时的情况。检测是否只和“格子眼”发生了碰撞

```
			SyoujiPaperControl paper_control = hole_hit_info.paper_control;
			ShojiControl shoji_control = paper_control.shoji_control;

			paper_control.onPlayerCollided();

			// 穿过“格子眼”(引导)
			ShojiControl.HoleIndex hole_index = paper_control.hole_index;
			Vector3 position = NekoColiResult.get_hole_homing_position(
				shoji_control, hole_index);

			this.lock_target.enable = true;
			this.lock_target.hole_index = hole_index;
			this.lock_target.position   = position;
		}
	}

	if(is_collied_obstacle) {
		if(this.neko.step != NekoControl.STEP.MISS) {
			this.neko.beginMissAction(this.is_steel);
		}
	}
}
```

(g)记录发生碰撞的格子眼(引导的目标位置)

(h)和障碍物发生碰撞时，做失败处理

(a)首先检测是否和拉门或铁板发生了碰撞，如果是则将标记 is_collied_obstacle 设置为 true。

(b)如果和窗框发生了碰撞，则通过 ShojiControl.isValidIndex 判断碰撞位置处于格子内，还是格子外。如图 8.17 所示，格子眼的索引值在格子以外的区域为非正常值。如果碰撞所在位置的索引值为非正常值的话，就可以判断出是格子之外的区域，也就是上下的板块部分。

(c)如果碰撞区域位于格子眼，则计算出碰撞位置距离格子中心的距离。如果这个偏移值在阈值范围内，则判定为对象擦过窗框穿过格子眼；反之，如果不在阈值范围内，则判定为正面和窗框发生碰撞，游戏失败。

(d)穿过格子眼后，将 is_collied_obstacle 设置为 false。这是为了在同时和格子眼以及拉门或铁板发生碰撞时，如果碰撞位置和格子眼中心较近，也不会判定为失败而允许通过。

(e)如果能够穿过格子，为了引导玛丽向格子中心移动，需要记录下发生碰撞的格子。引导处理在后面会详细说明。

(f)如果没有和窗框发生接触，则检测是否和格子眼发生了碰撞。和格子的碰撞信息存储在数组中，可能含有多个值。不过，既然没有和窗框碰撞，就说明碰撞发生在格子眼中心附近，这种情况下不可能出现同时和两个格子眼碰撞的情况。因此，这里只需要把数组的第一个元素当作碰撞的格子眼来处理。

（g）和（e）的处理类似，为了后续的引导处理，这里先将发生碰撞的格子眼记录下来。

（h）最后，如果 is_collied_obstacle 等于 true，表明正面和拉门、铁板或者窗框发生了碰撞，判定为游戏失败。

这个方法的判断条件比较多，程序的流程如图 8.19 所示。请读者再次结合代码回顾一下处理的整个流程。

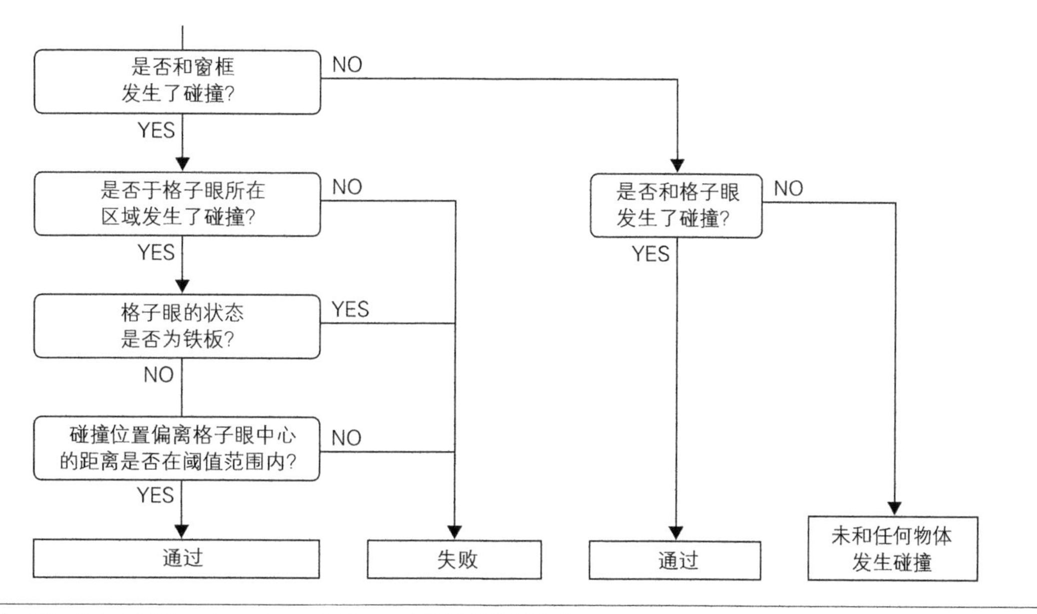

⇧ 图 8.19　NekoColiResult.resolve_collision_sub 方法的处理流程

❖ 8.5.6　平滑地穿过格子眼

前面我们已经说过“即使和窗框发生了碰撞，如果碰撞位置距离格子眼中心较近，也允许穿过而不判定为失败”。但是，正面和窗框碰撞后，受碰撞的影响飞行中的对象将骤停并开始下坠。为了防止出现这种令人遗憾的结果，需要执行下列操作。

（1）保持玛丽前进方向的速度为固定值。

（2）设置窗框的碰撞器形状的切面为菱形。

（3）引导玛丽朝格子眼中心运动。

（1）保持玛丽前进方向的速度为固定值

从和窗框发生碰撞到完全穿过格子，需要保持玛丽向前的速度为固定值。跳跃时通常不需要调整前进方向的速度。这是因为在没有阻力的情况下即使不加速物体也能持续前进。但是，当发生碰撞时将发生减速处理，所以需要重新设置为起跳瞬间的速度。

（2）设置窗框的碰撞器形状的切面为菱形

设置窗框的碰撞器形状的截面为菱形，也是为了让玛丽能够平滑地穿过格子眼。由于各个面都相对玛丽的移动方向倾斜 45 度，因此能够使玛丽更容易朝向格子眼的中心方向移动（图 8.20）。

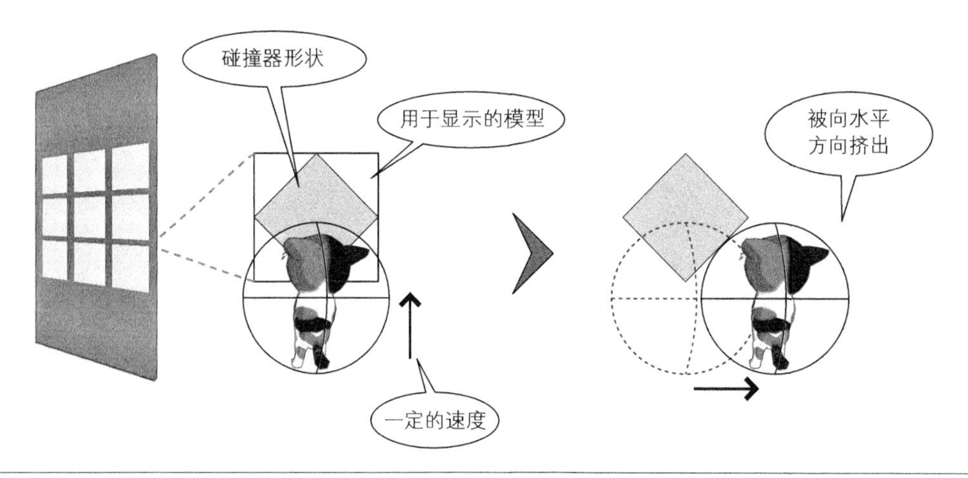

⇧ 图 8.20 窗框碰撞器对应的"挤出"方向

（3）引导玛丽朝格子眼中心运动

根据碰撞器的选择确定玛丽将穿过格子眼后，把碰撞事件通知给"格子眼"对象。这是为了把对象的状态从"纸"变为"破裂"。

同时，开始引导玛丽往将要穿过的格子眼的中心方向移动（图 8.21）。这样玛丽就可以避开格子周边的窗框前进。待穿过格子眼前进一定距离后，再解除该引导处理。前面提到的保持前进方向的速度为固定值的处理也在此时结束。

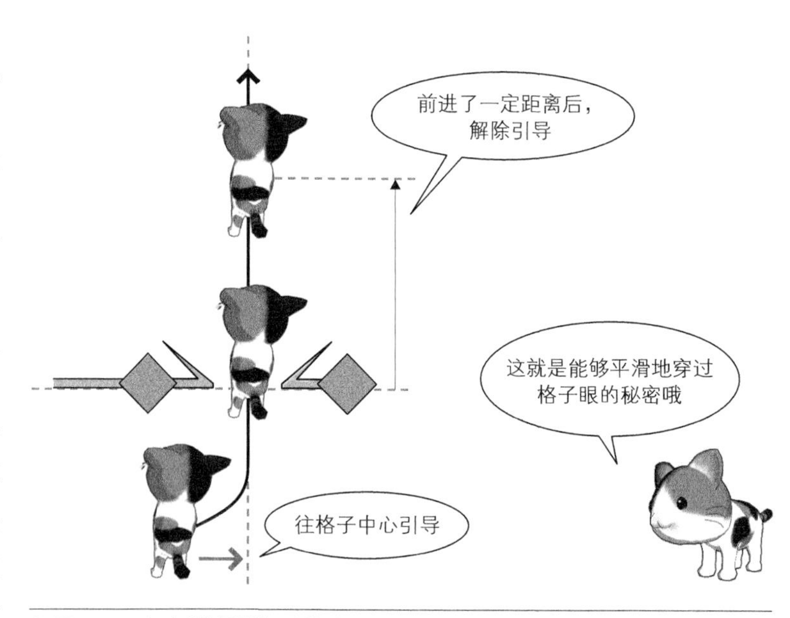

⇧ 图 8.21 穿过"格子眼"时的引导处理

接下来我们看看这个处理所对应的程序代码。

NekoControl.Update 方法（摘要）

```
void Update()
{
    // ---------------------------------------------------------------- //
    // 各个状态的执行处理

    switch(this.step) {
        case STEP.JUMP:
        {
            Vector3 v = this.GetComponent<Rigidbody>().velocity;

            // 和窗框发生碰撞时，朝格子眼中心方向引导
            if(this.coli_result.shoji_hit_info.is_enable) {
                v = this.GetComponent<Rigidbody>().velocity;

                （a）如果正在引导中，求出指向引导的目标位置的速度向量
                if(this.coli_result.lock_target.enable) {
                    v = this.coli_result.lock_target.position -
                        this.transform.position;
                }

                （b）把速度的 Z 分量设置为“起跳时的速度”
                v.z = this.action_jump.launch_velocity_xz.z;

                this.GetComponent<Rigidbody>().velocity = v;
            }
        }
        break;
    }
}
```

引导处理只在跳跃过程中进行。上面这段代码是“跳跃”状态的执行内容。

（a）引导的目标位置有效，也就是说正在执行引导时，将速度向量指向目标位置。

（b）将起跳瞬间的速度的 Z 分量赋值给当前速度的 Z 分量。因为玛丽的运动方向为朝向画面内，所以这里的 Z 分量也是朝向画面内的。朝着画面内前进的速度就是穿过窗户的速度。

引导过程中如果玛丽仅朝着格子眼的中心点前进的话，就会导致到达目标后停下而无法穿过窗户。正因为如此，才需要将朝向画面内的速度赋值给 Z 分量。这样引导就不但在 XY 方向

进行，同时还将沿着一条“穿过格子眼中心的直线”向画面深处前进。结合前面的图 8.21，应该可以理解玛丽沿着这条直线前进的过程。

引导过程仅在 this.coli_result.lock_target.enable 的值为 true 时执行，这个值在我们之前提到的 NekoColiResult 类的 resolve_collision_sub 方法里设置，在 resolveCollision 方法中解除。

NekoColiResult.resolveCollision 方法（摘要）

```
public void resolveCollision()
{
    // 穿过“格子眼”再前进一段距离后，解除引导
    if(this.lock_target.enable) {
        if(this.neko.transform.position.z >
                this.lock_target.position.z + UNLOCK_DISTANCE) {
            this.lock_target.enable = false;
        }
    }
}
```

UNLOCK_DISTANCE= 解除引导时的距离

引导过程中玩家无法进行操作，所以必须在适当的时候解除引导。引导的目的是使角色能够平滑地穿过格子，所以当远离格子一定距离后就可以进行解除。

❖ 8.5.7 小结

碰撞过程中的精确计算，并不一定会给游戏带来最好的结果。玩家所期待的“要是能……的话会更有趣”和绝对精确的计算结果往往有很大差异。

本章我们介绍的处理过程，从物理和数学角度来说可能并不是完全正确的。但是从游戏的易玩性来考虑，这种“偷工减料”的非精确计算是非常必要的。

第9章

角色扮演游戏

村子里的传说

通过拖曳控制角色移动，进行冒险！

9.1 玩法介绍 *How to Play*

✓ 通过拖曳控制角色移动，进行冒险！

✓ 通过拖曳移动角色！

- 通过拖曳移动角色
- 拖放时在别的角色附近着地后，有可能触发事件

✓ 每个角色都有事件发生！

- 每个角色都会触发各种事件

勇者和村民的对话

✓ 人人都是主人公！

- 勇者以外的其他角色也会触发事件
- 偶尔会出现冒险的提示
- 在和各种角色对话的过程中逐渐展开故事情节

村民和长老的对话

9.2　移动简单，人人都是主人公　*Concept*

我们在开发游戏的时候常常会想挑战各种各样的游戏类型。虽然持续地把某种类型的游戏做到极致也是一种乐趣，不过如果能够创作出自己未曾尝试过的类型的作品，那也是令人兴奋的。

说到“各种各样的游戏类型”，一定离不开 RPG。如果有人问起最喜欢的游戏类型是什么，应该会有很多朋友回答 RPG 吧！

最近的 RPG 大作越来越多，很少有光凭个人之力能够开发出来的。不过，除去丰富的剧本和电影级的 CG 影片等，单纯就游戏的乐趣而言，以“迷你小游戏”的规模还是很有可能创作出非常有趣的游戏的。

本章我们将完成一个舞台被限制在“单画面”的狭小范围内并且拥有完整故事情节的游戏。

游戏的关键词是**移动简单，人人都是主人公**。

笔者用 Unity 制作游戏原型时，一边通过鼠标移动对象，一边突发奇想：“如果能这样移动的话应该很有意思吧！”于是就试着在游戏中利用拖曳让角色动起来。

对于除主人公勇者之外的其他角色，也采用这样的操作方法使其动起来，当然其他角色也能够触发事件。在这个狭小的世界里，人人都可以成为主人公。

制作出来的游戏有一种难以描述的特色，笔者觉得很满意，后来制作团队也一致认为还不错。

❖ 9.2.1　脚本一览

文件	说明
EventManager.cs	管理事件的生成和执行等
Event.cs	事件本身的执行（Actor 的执行）
EventCondition.cs	事件触发条件的游戏参数
EventActor.cs	Actor 的基类
EventActorDialog.cs	dialog 指令的 Actor（显示台词）
EventActorText.cs	text 指令的 Actor（显示字幕）
EventActorSet.cs	set 指令的 Actor（对游戏内的参数设置值）
ObjectManager.cs	管理角色等对象
BaseObject.cs	对象的基类
DraggableObject.cs	能被拖曳移动的对象
TreasureBoxObject.cs	宝箱对象
HouseObject.cs	房子对象
TextManager.cs	控制台词和字幕的出现
ScriptParser.cs	解析事件脚本的文本文件
MouseDragRaycaster.cs	控制角色随鼠标拖曳移动
TerrainSoundPlayer.cs	角色落地时的处理

※ 因为本工程的脚本数量过多，所以这里只列出一些具有代表性的。

No.

Date: / /

村子里的传说

❖ 9.2.2　本章小节

- 事件和 Actor
- 游戏内参数
- 读取事件文件
- 特殊事件

9.3　事件和 Actor　　*Tips*

❖ 9.3.1　关联文件

- EventManager.cs
- Event.cs
- EventActor.cs

❖ 9.3.2　概要

《村子里的传说》中没有战斗和角色成长等要素，我们把精力放在事件系统的开发上。虽然游戏的规模不大，但是包括登场人物的台词、字幕显示、音效播放，以及游戏状态参数的管理等基本功能都具备。如果用心写好**事件脚本**，也能做出一个非常精彩的游戏。

事件脚本系统由各种功能组成，全面理解它并不容易。这里我们先对**事件**的数据结构以及用于执行脚本指令的 Actor 进行说明。

❖ 9.3.3　事件

《村子里的传说》中角色通过鼠标拖曳进行移动。若在拖曳中松开按钮，角色将落向地面，着陆瞬间如果周围存在其他角色，则会触发事件（图 9.1）。除主人公勇者以外的其他角色也可以被拖曳。当然也能够触发事件。

现在我们来列出这个事件系统的需求定义。

（1）角色落地后会触发事件。

（2）根据近处存在的角色触发不同的事件。

（3）状态不同将导致触发的事件也不同。

（4）如果没有符合条件的事件则什么也不发生。

拖动过程中角色一直浮在空中。落地时会播放动画，玩家的操作就类似于在象棋游戏中移动棋子，事件只会在“落地 = 停止移动”的瞬间发生。另外，后续内容中我们把放开拖动中的角色的行为称为**拖放**。

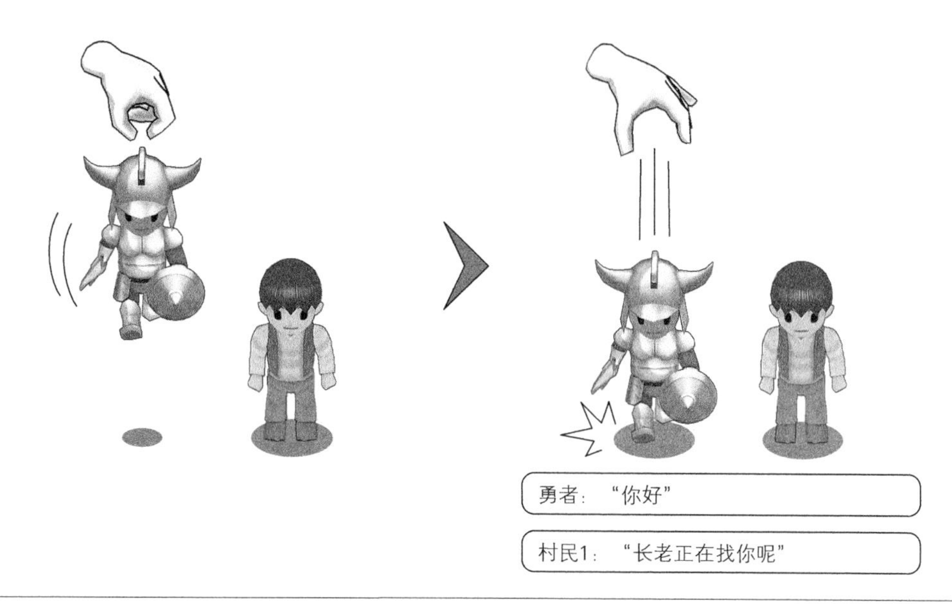

⇧ 图 9.1 拖曳移动

落地瞬间周围的角色决定了触发什么事件（图 9.2）。例如，当勇者落在长老的身边时，会触发勇者和长老的对话；当长老落在村民 1 的身边时，将触发长老和村民 1 的对话。

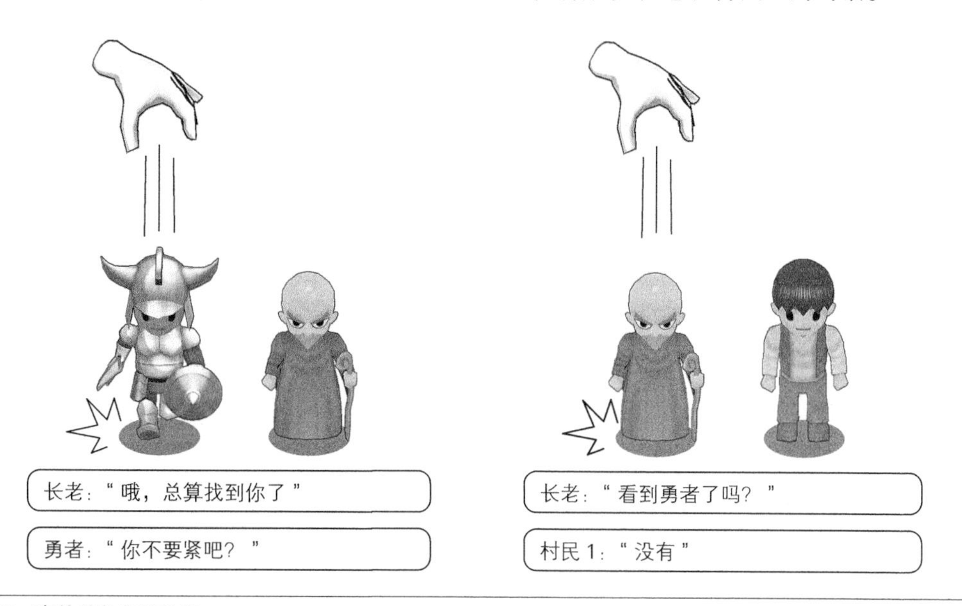

⇧ 图 9.2 事件随角色而改变

至于角色是被拖放到该处的还是本来就在该处，对此不需要做区分。因此在刚才的情况中，无论是勇者被拖放到长老的身边，还是长老被拖放到勇者的身边，都将触发相同的事件。

事件的触发条件除了角色类型外还有**游戏内参数**。比如在勇者和村民 1 的事件中，勇者是否拥有药水将导致对话内容有所不同。如图 9.3 所示，勇者的“拥有药水”参数值为 0 和 1 时将被定义为不同的事件。

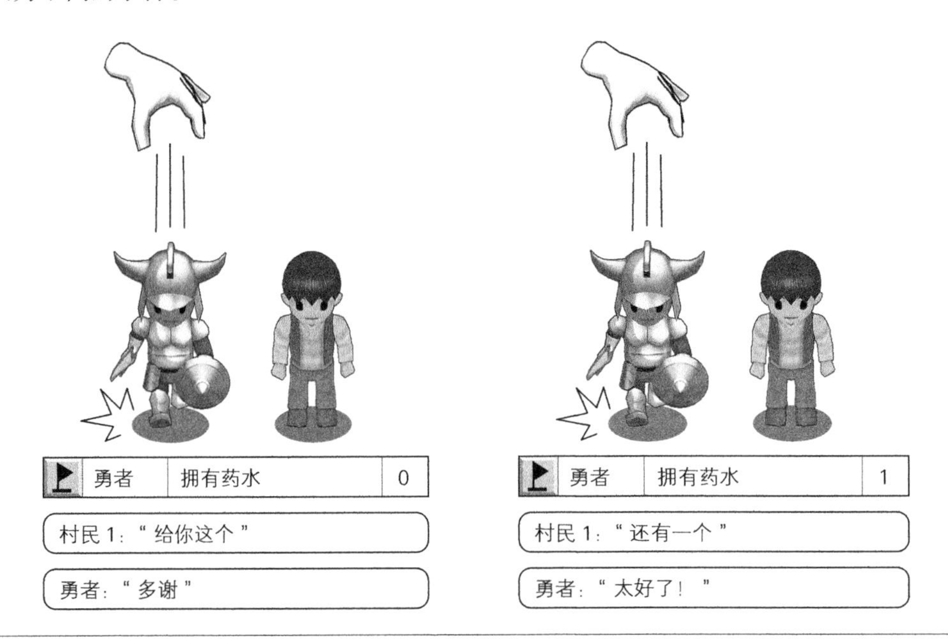

⇧ 图 9.3　事件随游戏内参数而改变

如果周围不存在角色或者不存在相匹配的条件，则不触发任何事件。

那么现在就让我们通过一个事件例子来熟悉用于定义事件的事件脚本。这种脚本和 C# 相比语法更加简单，代码很容易读懂。详细的事件脚本编写方法请参考随书下载文件中的相关文件。

图 9.4（1）表示勇者和村民 1 的事件。在事件脚本中，一个事件从 Begin 开始，在 End 处结束。

```
Begin
    事件内容
End
```

可以在一个文件中编写多个事件。target 表示登场角色，dialog 表示角色的台词，图 9.4 的（2）和（3）分别表示勇者和长老、长老和村民 1 的事件。

下面是使用了游戏内参数的事件例子。图 9.5（1）和（2）都是勇者和村民 1 的对话，勇者拥有药水时和没有药水时将触发不同的事件。因为包含了游戏内参数的读写，所以脚本可能会比较长，但是并不复杂。

在 condition 中指定用于触发事件的游戏内参数及其值。每个角色都可以创建游戏内参数，例如我们使用勇者 Hero 和参数名 has_potion 的组合来指定表示“勇者拥有药水”的游戏内参数。

```
condition Hero has_potion 0
condition Hero has_potion 1
```

事件脚本的编写者可以任意创建游戏内参数。

（1）勇者和村民1的事件

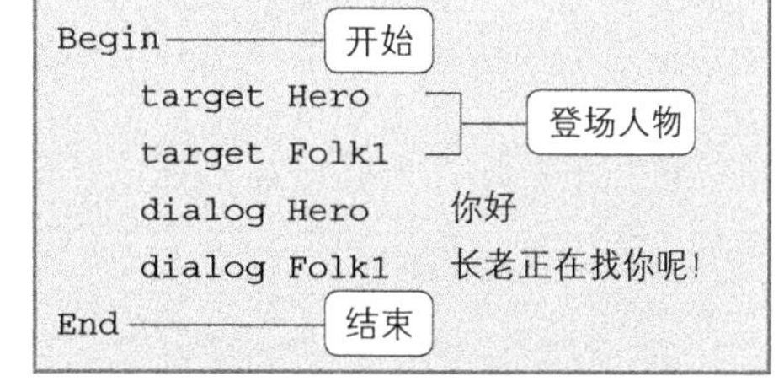

```
Begin
    target Hero
    target Folk1
    dialog Hero      你好
    dialog Folk1     长老正在找你呢!
End
```


（2）勇者和长老的事件

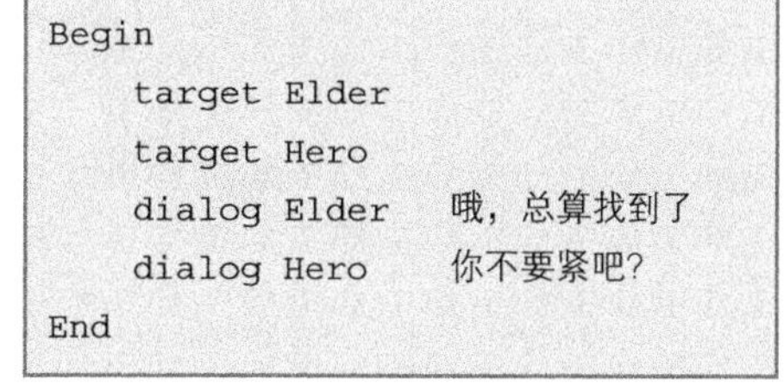

```
Begin
    target Elder
    target Hero
    dialog Elder     哦，总算找到了
    dialog Hero      你不要紧吧?
End
```

（3）长老和村民1的事件

```
Begin
    target Elder
    target Folk1
    dialog Elder     看到勇者了吗?
    dialog Folk1     没有
End
```

⇧ 图 9.4　各个角色对应的事件脚本

（1）没有药水时的事件

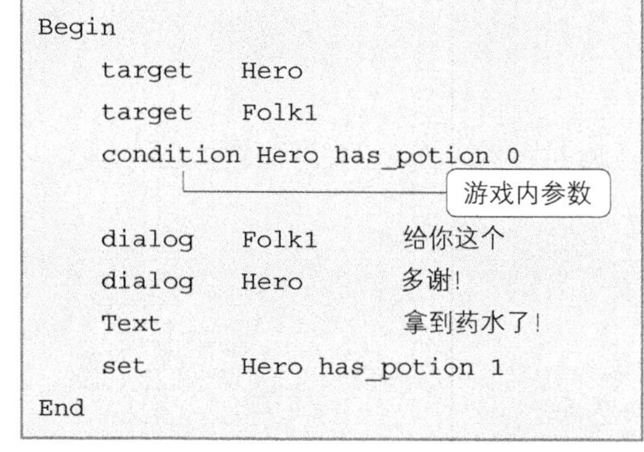

```
Begin
    target    Hero
    target    Folk1
    condition Hero has_potion 0

    dialog    Folk1      给你这个
    dialog    Hero       多谢!
    Text                 拿到药水了!
    set       Hero has_potion 1
End
```


（2）拥有一个药水时的事件

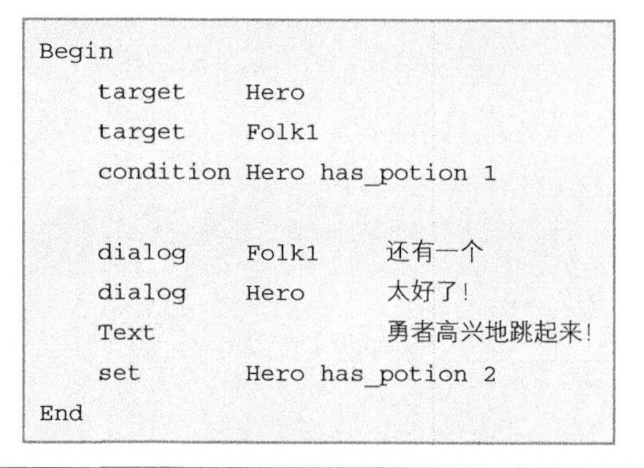

```
Begin
    target    Hero
    target    Folk1
    condition Hero has_potion 1

    dialog    Folk1      还有一个
    dialog    Hero       太好了!
    Text                 勇者高兴地跳起来!
    set       Hero has_potion 2
End
```

⇧ 图 9.5　使用游戏内参数的事件

❖ 9.3.4　事件的数据结构

接下来我们看看程序中是如何管理事件的。

程序中管理事件需要下列 3 种数据（图 9.6）。

（1）登场角色。

（2）游戏内参数的值。

（3）指令。

登场角色，顾名思义就是事件中出现的角色。游戏内参数的值表示触发事件的参数及其值。

最后的“指令”指的是类似“角色说台词”“显示字幕”这样的事件内容。事件处理时将从上开始按顺序执行这些指令。提起“执行脚本中编写的指令”，可能有些人会认为这就类似于“在 Unity 中编写 C# 脚本开发游戏”。事件脚本可以说是一种极其简单的编程语言。

下面我们来看用 C# 编写的程序中的事件数据类。

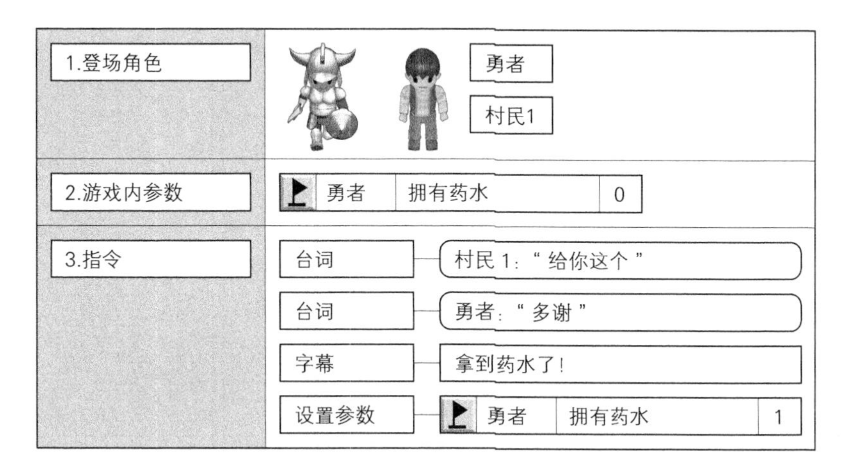

图 9.6 事件数据

事件数据的定义

```
class Event                                        事件
{
    private string[]            m_targets;         登场人物
    private EventCondition[]    m_conditions;      参数的条件
    private string[][]          m_actions;         指令
}

class EventCondition                               游戏内参数的条件
{
    private BaseObject          m_object;          角色
    private string              m_name;            标记名称
    private string              m_compareValue;    触发事件所需的值
}
```

Event 类的结构大致如图 9.6 所示。

m_targets 成员中存储着事件的登场角色。事件中的登场角色数量并无特别要求，所以这里使用变长数组。

m_conditions 表示游戏内参数的条件。EventCondition 类中存储着游戏内参数和事件触发的条件值。当角色 m_object 的游戏内参数 m_name 的值等于 m_compareValue 时，将触发事件。

m_actions 中存储着事件的指令，其中各指令是按照事件脚本中书写的顺序存入的。事件脚本中的各行内容被按照单词单位分解，每行对应一个“字符串数组”。所有的行凑在一起，成为一个“字符串数组”的数组。下面让我们来看个例子。

图 9.6 的事件中的事件脚本如下所示。

事件脚本

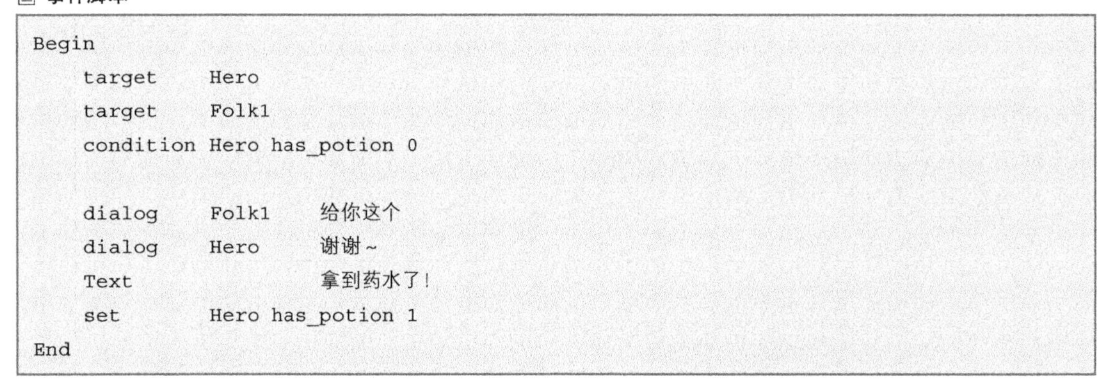

```
Begin
    target    Hero
    target    Folk1
    condition Hero has_potion 0

    dialog    Folk1    给你这个
    dialog    Hero     谢谢~
    Text               拿到药水了!
    set       Hero has_potion 1
End
```

事件脚本中的各个指令被存储在如图 9.7 所示的“数组的数组”中。

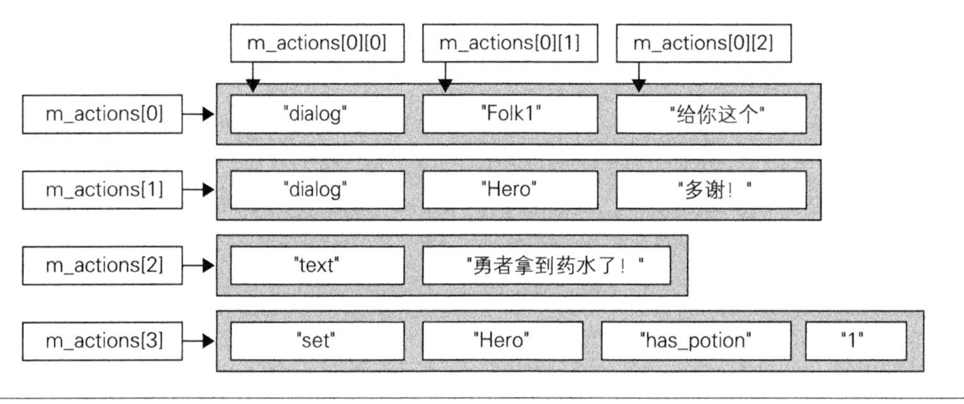

⇧ 图 9.7　指令的“数组的数组”

根据指令的不同，每行对应的单词数量也是不同的。有些指令可能还含有允许被省略的“选项”，这种情况下该选项的省略与否也会导致单词数量有所变化。在这个例子中，dialog 行有三个单词，text 有两个，set 有四个，每个指令对应的个数都不相同。在类似这种“想把长度各异的多个数组整理到一个对象中”时，使用“数组的数组”会很方便。

和“数组的数组”非常类似的有二维数组，不过二维数组的各行长度都是相同的。

❖ 9.3.5　Actor

执行事件时，程序依照脚本中的顺序逐个执行指令。用于执行指令的类叫作 Actor。例如执行 dialog 指令的 EventActorDialog 类，在执行处理时将在气泡中显示参数指定的字符串。

虽然每个指令的执行都需要各自的 Actor，但实际上处理过程中的显示和等待结束等基本都是共通的。如果每个指令的调用代码都必须单独写一份的话将会很麻烦。

所以，我们准备了一个类作为所有 Actor 的基类，各个 Actor 类都继承该类（图 9.8）。

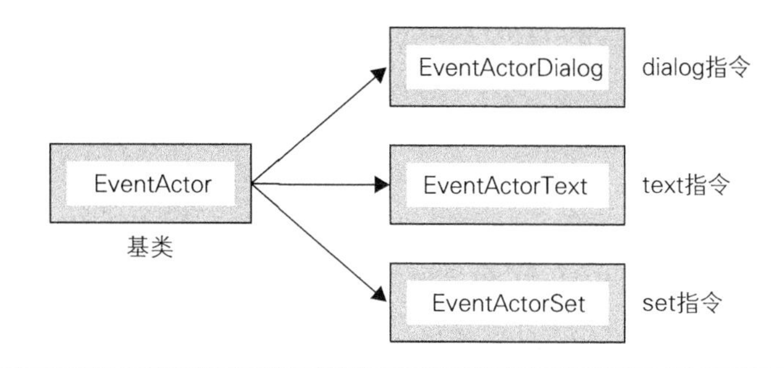

↑ 图 9.8　Actor 类

“事件的开始”“每帧的执行”这些方法都在基类 EventActor 中声明，方法体在派生出的各个指令的 Actor 中定义。这样就可以把各个指令所对应的 Actor 类作为 EventActor 类型的对象来处理。从管理事件的类中调用 EventActor 类的方法时，实际将调用到 EventActorDialog 类和 EventActorSet 类的方法。

图 9.9（1）是 dialog 指令开始执行时的状态。事件类中调用的是 EventActor 类型的 start 方法，但是执行的是该对象实际的类型，即派生类 EventActorDialog 类的 start 方法。同样，图 9.9（2）中调用了 set 指令的 start 方法，执行的是 EventActorSet 类的 start 方法。

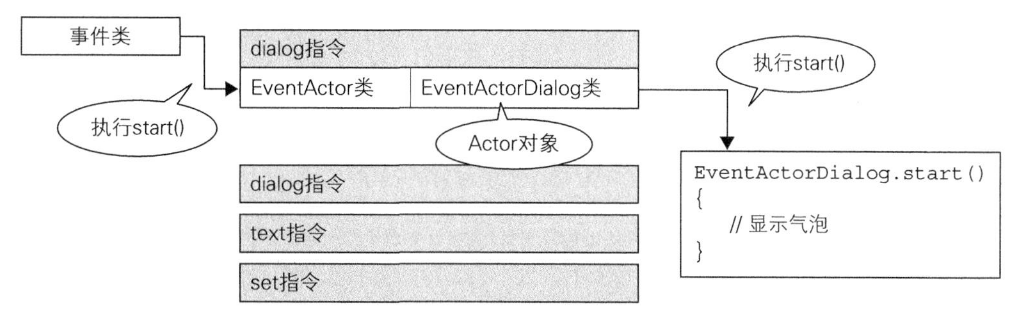

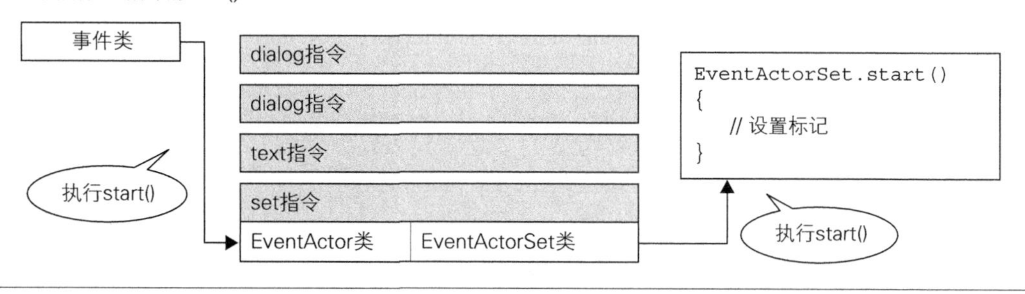

↑ 图 9.9　Actor 类的方法被调用时的情况

那么我们来看代码中类的定义。首先是基类 EventActor。

EventActor 类

virtual：派生类中被重写

```
abstract class EventActor
{
    public virtual void start(EventManager evman)   {}
    public virtual void execute(EventManager evman) {}

    public virtual bool isDone() { return true; }

    // 执行结束后是否需要等待鼠标点击
    public virtual bool isWaitClick(EventManager evman) { return true; }
}
```

接下来是 dialog 指令对应的 EventActorDialog 类和 set 指令对应的 EventActorSet 类的 start 方法。

EventActorDialog.start、EventActorSet.start 方法

dialog 指令的 Actor

override: 覆盖父类方法

```
class EventActorDialog : EventActor
{
    public override void start(EventManager evman)
    {
        // 显示对话文字
        TextManager textman = TextManager.get();
        textman.showDialog(m_object, m_text, 50.0f, 10.0f, 15.0f);
    }
}
```

set 指令的 Actor

```
class EventActorSet : EventActor
{
    public override void start(EventManager evman)
    {
        // 设置游戏内参数
        m_object.setVariable(m_name, m_value);
    }
}
```

这里要说明的是 virtual 关键字和 override 关键字。通常情况下，派生类中的方法即使和父类中的方法名字相同，也会被视作不同的方法。在这个例子中，EventActorDialog 类的对象中会

同时存在 EventActor 类的 start 方法和 EventActorDialog 类的 start 方法。

但如果在定义方法时加上了 virtual 和 override 的话，该方法将被视作“覆盖”父类的方法。由于 EventActorDialog 类覆盖了 EventActor 类的 start 方法，因此 EventActorDialog 类的对象中只有一个 start 方法。这就是如图 9.9 所示的通过 EventActor 类调用各个 Actor 方法完成指令的原理。更具体的内容请参考 C# 的入门书。

这里的事件脚本也可以作为“在什么情况下需要用到 override”这一问题的一个答案。

❖ 9.3.6 事件的执行

有了事件 Actor 就可以执行事件脚本的指令了。下面我们就让事件的内容得到完全执行。

图 9.10 表示执行一个事件时的处理流程。

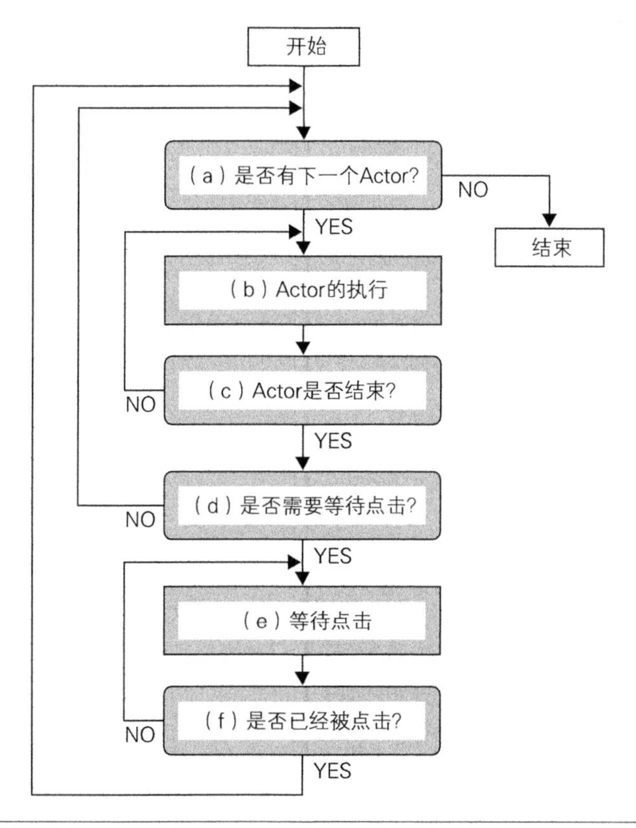

⇧ 图 9.10 事件的执行流程

图 9.10 中有个“等待点击”环节。这指的是当一个 Actor 处理结束后，程序等待玩家点击鼠标的状态。这样角色台词或字幕等就不会自动消失，玩家就能看到最后的内容。虽然播放音效之类的处理在完成后会直接进入下一条指令，但是一般来说大部分指令完成后都会等待玩家

的点击。这里也基本上设置为指令处理之间都等待玩家的点击，如果不希望等待，可以重载 isWaitClick 方法。

事件全体的执行程序如下所示。

Event.Execute 方法（摘要）

```
public void execute(EventManager evman)
{
    // ------------------------------------------------------------ //

    switch(m_step) {
        （e）等待点击
        case STEP.WAIT_INPUT:
        {
            if(Input.GetMouseButtonDown(0)) {          （f）是否已被点击?
                m_currentActor = null;
                m_nextStep = STEP.EXEC_ACTOR;
            }
        }
        break;

        case STEP.EXEC_ACTOR:
        {
            if(m_currentActor.isDone()) {          （c）Actor 处理是否已结束?
                // 等待输入?
                if(m_currentActor.isWaitClick(evman)) {          （d）等待点击?
                    m_nextStep = STEP.WAIT_INPUT;
                } else {
                    // 如果不等待则立刻进入下一个 Actor
                    m_nextStep = STEP.EXEC_ACTOR;
                }
            }
        }
        break;
    }

    // ------------------------------------------------------------ //

    while(m_nextStep != STEP.NONE) {
        m_step         = m_nextStep;
        m_nextStep     = STEP.NONE;

        switch(m_step) {
```

```
            case STEP.EXEC_ACTOR:
            {
                m_currentActor = null;

                while(m_nextActorIndex < m_actions.Length) {
                    m_currentActor = createActor(evman, m_nextActorIndex);
                    ++m_nextActorIndex;
                    if(m_currentActor != null) {
                        break;
                    }
                }

                if(m_currentActor != null) {
                    m_currentActor.start(evman);
                } else {
                    m_nextStep = STEP.DONE;
                }
            }
            break;
        }
    }

    // ------------------------------------------------------------ //

    switch(m_step) {
        case STEP.EXEC_ACTOR:
        {
            m_currentActor.execute(evman);
        }
        break;
    }
}
```

（a）是否存在下一个 Actor？

（a1）创建第 n 个指令的 Actor（不存在指令时则为 null）

（a2）开始下一个 Actor

（b）执行 Actor

图 9.10 中的（a）～（f）对应程序中执行这些处理处的注释。

（a）查找将要被执行的 Actor。采用这样的处理是为了应对不存在任何 Actor 时的情况。虽然在脚本中不可能产生那样的数据，但为了保险起见，一般都采用这样的循环操作。

（a1）createActor() 方法用于生成第二个参数处的指令的 Actor。在这个例子中，将生成第 m_nextActorIndex 个指令的 Actor。该方法生成的都是与各个指令相对应的从 EventActor 派生而来的类对象，因此返回值必然是 EventActor 类型。如果第二个参数值大于指令数组 m_actions 的长度，则创建失败，返回 null。

（a2）成功创建 Actor 的情况下，则执行指令的开始方法 start。因为 m_currentActor 的类型为 EventActor，所以这里调用的是与各指令对应的 Actor 的 start 方法。

（b）执行 Actor。

（c）检测 Actor 是否执行结束。大部分 Actor 都像 dialog 一样很快就会执行结束，对于那些需要花费一些时间才能完成的处理，则将等待用户的输入，就像 choice 一样。

（d）Actor 执行结束后，检测在进入下一个 Actor 前是否需要等待鼠标点击。大部分 Actor 在结束后都需要等待点击，但是也有像 set 指令这样不需要等待点击的 Actor。

❖ 9.3.7 试着执行一个事件

《村子里的传说》的事件脚本系统是一个比较庞大的系统，实现它需要编写大量的代码。即使是大概划分一下，也需要下列几个部分（图 9.11）。

（1）载入事件脚本的文本文件。

（2）判断是否满足事件的发生条件。

（3）执行一个事件。

（4）按顺序执行事件指令（Actor）。

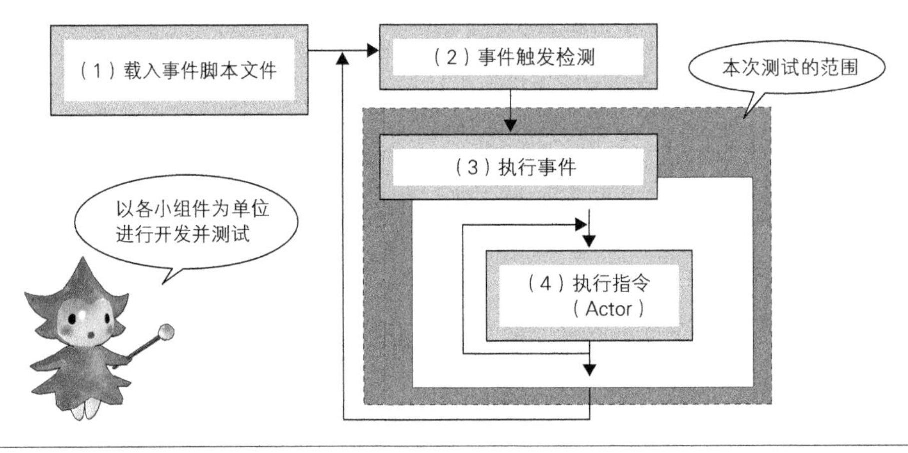

⇧ 图 9.11 事件系统全体

（1）将事件脚本的文本文件载入程序。事件脚本和模型与纹理等资源不同，属于项目外部创建的文件，在使用时必须自己读取。另外，还需执行一个被称为 Parse 的处理，把读入的文件转换为内部可识别的格式。

（2）《村子里的传说》中，事件发生的条件是“拖放的角色着陆了”。除了拖放的检测，还需要结合登场角色和游戏内参数等，搜索满足该发生条件的事件。

（3）（4）按顺序逐个执行事件脚本中的指令。

虽然距离全部完成还有很多事情要做，但是进行到这一步已经可以进行测试了。出于这个目的，我们编写了一个用于测试的程序。

Scripts 文件夹下有个 EventManager.cs.simpleEventTest 文件，请把这个文件重命名为 EventManager.cs，然后执行。

EventManager 类（EventManager.cs.SimpleEvent 文件）

```
class EventManager:MonoBehaviour
{                                                      (a)事件的数据
    private void Start()
    {
        string[]   targets = { "Hero", "Elder" };  ———— 登场角色
        string[][] actions = {
            new string[] { "text",          "事件测试" },
            new string[] { "dialog", "Hero", "你好" },  ———— 指令
        };
      (b)事件的创建和开始
        m_activeEvent = new Event(targets, null, actions, false, false);
        m_activeEvent.start();
    }

    private void Update()
    {
        if(!m_activeEvent.isDone()) {
            m_activeEvent.execute(this);       ———— (c)执行事件直到最后
        }
    }
}
```

（a）定义作为事件基础的数据。在程序还没有读取文件功能的情况下，如果想对执行部分进行测试，推荐使用这样的方法在程序中生成数据结构体和数组。

（b）生成事件。使用（a）中定义的登场角色和指令列。第二个参数表示游戏内参数的条件，因为这里暂不使用，所以设置为 null。

当事件属于 **prologue 事件**时，把第四个参数指定为 true。prologue 事件指的是读入脚本文件后立即自动执行的事件，一般在展示章节标题等场合中会被使用到。

最后是指定继续执行事件的参数。设置为 true 意味着在事件结束后如果存在满足发生条件的事件，则接着执行该事件。如果在结束后需要根据 choice 指令选择事件分支，则应该设置为 false。

（c）执行事件直到完毕。

❖ 9.3.8 小结

在开发庞大的系统时，不建议一次性完成整个系统，最好将其分解为多个较小的模块，一边测试一边开发。尽管整个系统看起来比较复杂，但事实上它往往是由若干个简单的模块组合而成的。

读者或许注意到了图 9.11 中的程序执行顺序和实际开发的顺序并不一致。这也是开发大系统的一种技巧。如果不能执行指令，则将无法创建事件，而且事件类未完成的话也无法读取脚本数据。在这种情况下，使用程序来生成数据是一种很有效的方法。

当读者对游戏制作越来越熟练后，可以使用这种方法去尝试开发复杂的系统。

9.4 游戏内参数 *Tips*

❖ 9.4.1 关联文件

- EventCondition.cs

❖ 9.4.2 概要

在《村子里的传说》中，除了登场人物之外，为了让故事剧情的发展状况以及角色拥有的道具等都能够成为事件的发生条件，我们创建了**游戏内参数**。读者应该都听说过**标志位**这个概念吧。举例而言，当我们需要管理类似“若和村民 1 交谈，村民 2 将会给予道具”这样的游戏进度时，可以用标志位来记录“和村民 1 交谈了”这件事。

游戏内参数就起到了这种类似于标志位的作用。

❖ 9.4.3 游戏内参数

游戏内参数含有名称和值，在各个角色中分别定义。可以使用 set 指令改变其数值（图 9.12）。

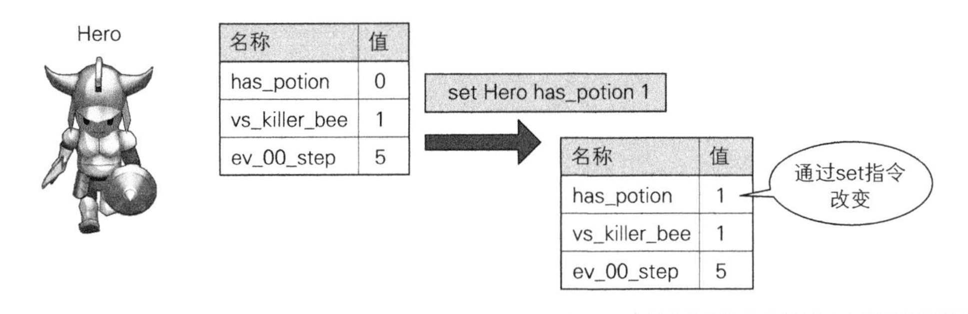

⇧ 图 9.12 游戏内参数

在游戏中，角色中设置的游戏内参数都可以在检视面板中看到（图 9.13）。请在层级视图中点击要查看的游戏内参数所属的角色。

检视面板中显示了 DraggableObject 或者 BaseObject 组件。其中的 Debug_variables 就是角色中设置的游戏内参数。

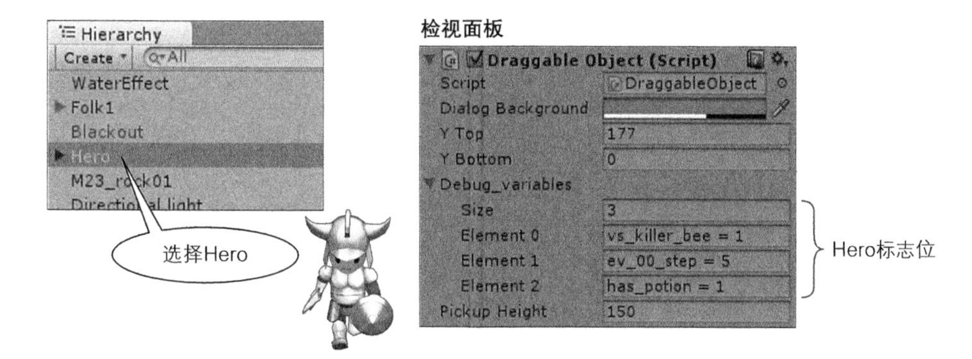

↑ 图 9.13 检视面板中显示的游戏内参数

下面我们来详细看看 set 指令的作用。

（1）如果标志位不存在则追加

（2）如果标志位存在则修改其值

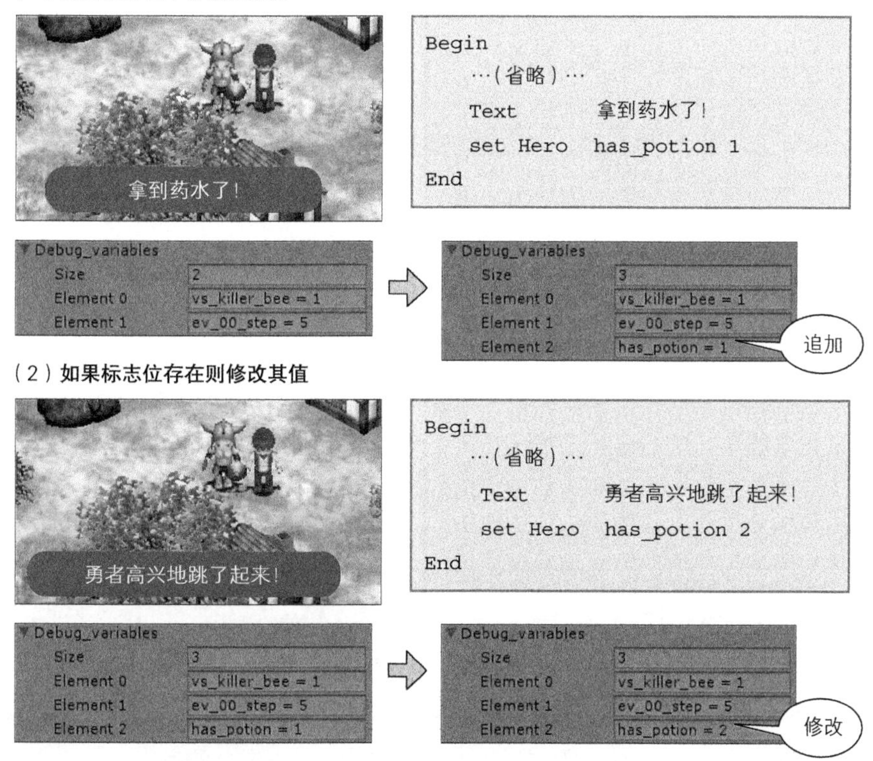

↑ 图 9.14 设置勇者的游戏内参数的过程

图 9.14 表示了在勇者中设置游戏内参数 has_potion 时的情形。图 9.14（1）的左侧中因为从未设置过 has_potion，所以勇者对象不持有该参数。执行指定 has_potion 的 set 指令后，has_potion 就会被添加到游戏内参数一览中，如图右侧所示。图 9.14（2）中因为已经存在了 has_potion，所以将直接修改其数值。

下面是通过 condition 指令读取游戏内参数的过程（图 9.15）。

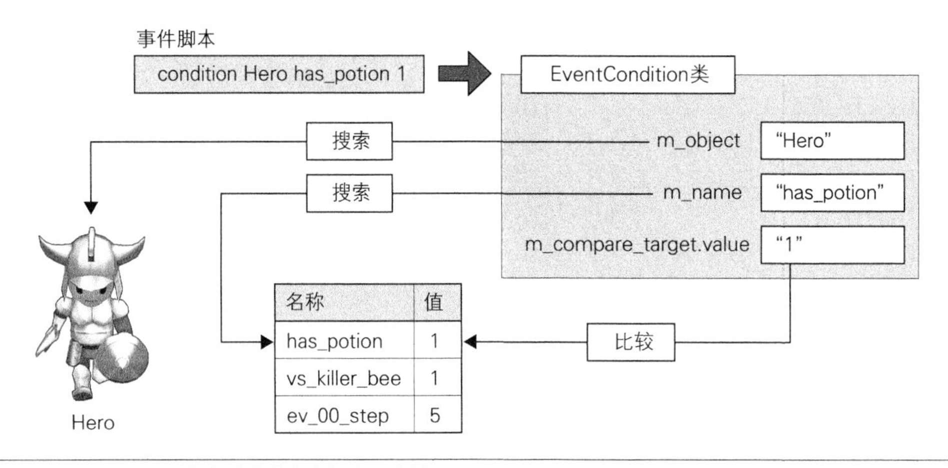

⇧ 图 9.15　通过 condition 指令对游戏内参数进行比较

在事件开始时，condition 指令会检测指定角色的游戏内参数是否等于指定的数值。如果角色拥有的值等于指令所指定的数值，则事件的触发条件成立。

比较按照下列步骤进行，我们把这个过程称为游戏内参数的**评价**。

（1）查找指定的角色。

（2）从该角色的游戏内参数列表中查找指定的参数。

（3）对该值进行比较。

如果游戏内参数存在并且值相等，就意味着“评价成功”；反之如果值不相等，则“评价失败”。

根据事件的创建方法，有时候可能 condition 指令的评价会先于 set 进行。这种情况下则进行特殊处理，把该值和 0 相比较（图 9.16）。

游戏内参数 has_potion 记录了勇者是否拥有药水。未拥有药水时发生从村民 1 处得到药水的事件，has_potion 被设置为 1。在这个事件中，has_potion 被首次赋值，同时它还被指定为事件的触发条件。如果按照“游戏内参数不存在则评价失败”处理，生成参数的事件将不会被执行。

因此，在找不到游戏内参数的情况下，如果指令指定的值等于 0，则认为评价成功。虽然用 set 指令也能将值设置为数值 0，但是这里的 0 可以理解为未定义的意思。

下面是执行游戏内参数的评价的 Eventcondition.evaluate 方法。

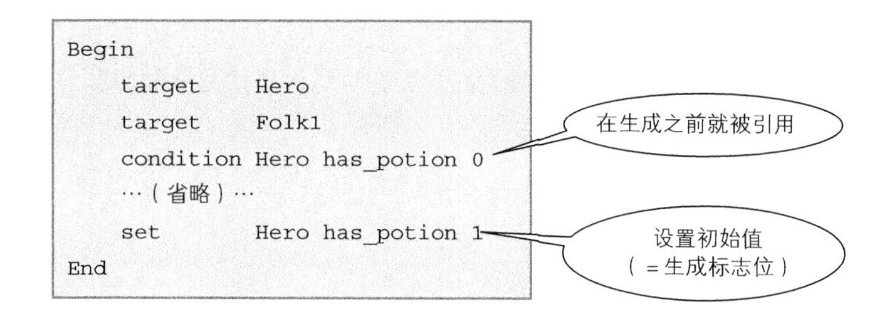

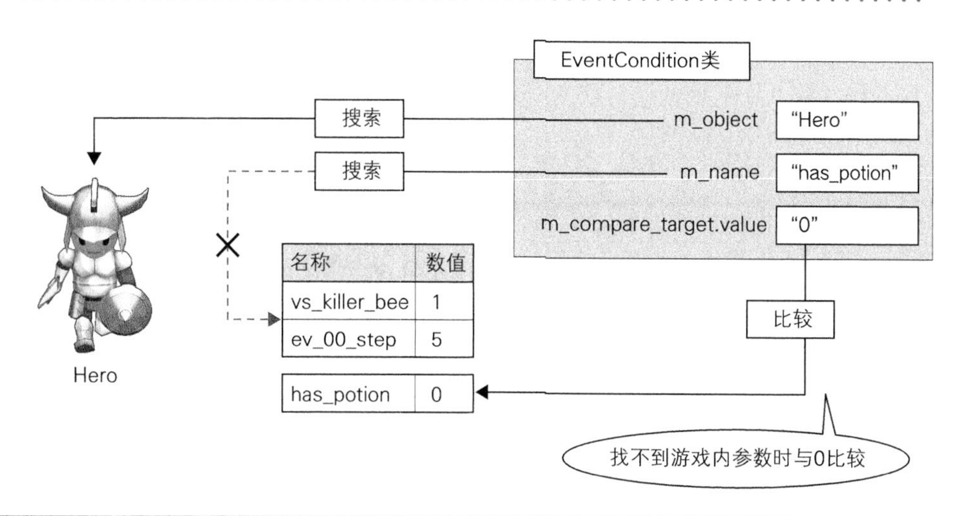

图 9.16 角色中找不到指定的游戏内参数时

EventCondition.evaluate 方法（摘要）

```
public bool evaluate()
{
    string value = m_object.getVariable(m_name);

    if(value == null) {
        value = "0";
    }

    return m_compareValue == value;
}
```

（a）取得在角色中设置的值（set 指令）

（b）找不到的话则和 0 比较

（a）getVariable 方法将在角色中查找指定名称的游戏内参数，并返回其值。如果找不到该游戏内参数，则返回 null。

（b）如果找不到游戏内参数，则将其 value 设置为 0。

❖ 9.4.4 小结

EventCondition.evaluate 方法中对从未赋值的情况和特意设置值为 0 的情况没做区分。《村子里的传说》中这样做是为了简化事件脚本的编写，当然也可以采用别的做法。重要的是必须明确“当游戏内参数不存在时该如何处理”。至于实际该怎么执行“评价”，具体还要取决于游戏的内容和“事件脚本的编写难度”。

9.5 事件文件的读取 *Tips*

❖ 9.5.1 关联文件

- ScriptParser.cs

❖ 9.5.2 概要

用于存储事件数据的事件脚本是文本文件。为了读取数据以在游戏内使用，首先需要把文件的内容转换为结构体和类的数据。这叫作文本文件的**语法解析**，或者 Parse。

下面就来讲解如何对事件脚本的文本文件进行解析，并将其转换为游戏执行中能够处理的形式。

❖ 9.5.3 文件的读取

允许在单个事件脚本文件中编写多个事件。每个事件由 Begin 开始，以 End 结束。事件的内容包括登场角色、触发事件所需的游戏内参数及其值、字幕和台词等指令（图 9.17）。程序将逐个读取事件的文本内容，并生成事件类 Event 的对象，然后循环该过程直到文本文件结束。

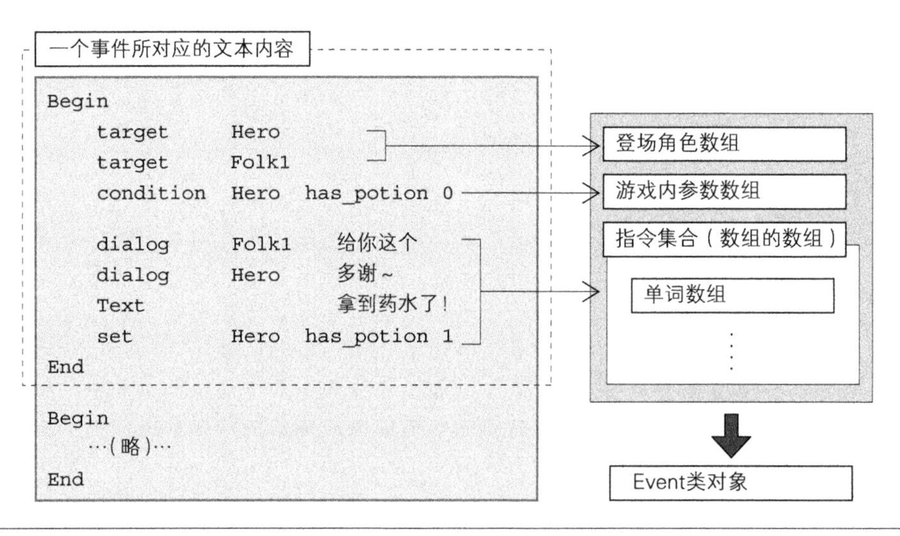

⇧ 图 9.17 一个事件所对应的数据

图 9.18 是从文本文件解析到事件生成这一整个过程的流程图。

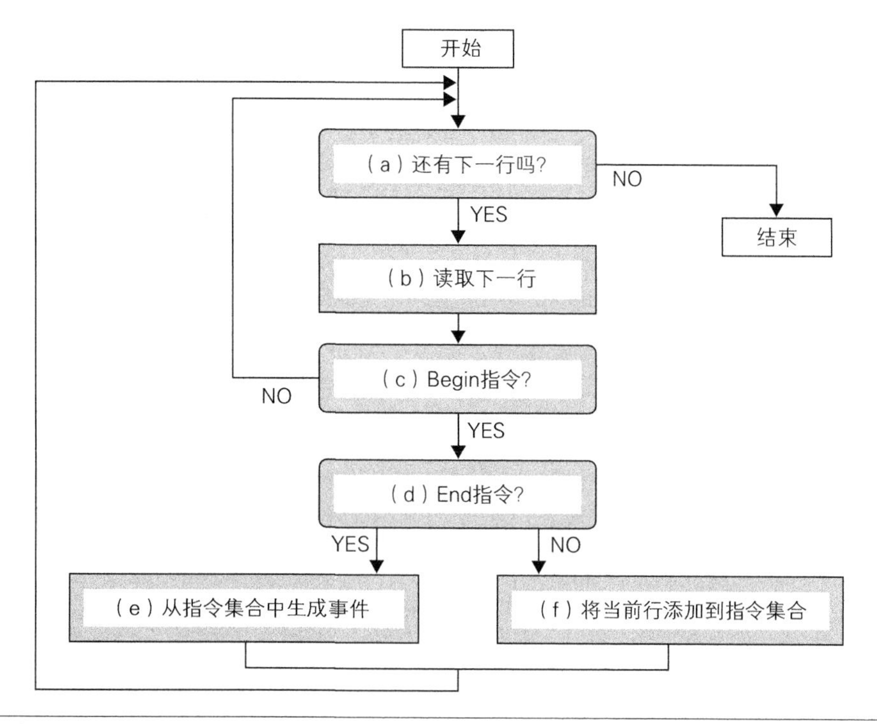

⇧ 图 9.18 事件文本的解析

现在我们对照着图 9.18 来看脚本解析的代码。

ScriptParser.parseAndCreateEvents 方法（摘要）

```
public Event[] parseAndCreateEvents(string[] lines)
{
    bool isInsideOfBlock = false;
    Regex tabSplitter = new Regex("\\t+"); // 事件的指令行数据中允许通过多个制表符对内容分割
    List< string > commandLines =
        new List< string >();
    List< Event >  events = new List< Event >();

    foreach(string line in lines) {
        // 除去注释
        int    index = line.IndexOf(";;");
        string str   = line.Substring(0, index);

        // 忽略前后的空格
        str = str.Trim();
```

（a）（b）读取下一行到 line（循环直到读完所有行）

```
        switch(str.ToLower())
        {
            (c) Begin 指令的处理
            case "begin":
                isInsideOfBlock = true;        (c1) 设置"位于 Begin ~ End 脚本块中"标志位
                break;

            (d) End 指令的处理
            case "end":                        (d1) 将指令行分解为"数组的数组"
                // 分解指令行数据
                List< string[] > commands = new List< string[] >();
                foreach(string cl in commandLines) {
                    string[] tabSplit = tabSplitter.Split(cl);
                    commands.Add(tabSplit);
                }
                // 清空指令行数据
                commandLines.Clear();          (e) 从指令集合(commands)中生成事件

                Event ev = createEvent(commands.ToArray());
                events.Add(ev);

                isInsideOfBlock = false;       (d2) 清除"位于 Begin ~ End 脚本块中"标志位
                break;

            (f) 把当前行追加到指令集合中(位于 Begin、End 之外时)
            default:
                if(isInsideOfBlock) {
                    commandLines.Add(str);     (f1) 如果"位于 Begin ~ End 脚本块中",则添加当前行到指令集合中
                }
                break;
        }
    }

    return events.ToArray();
}
```

(a) 数组 lines 中的一个元素存储文本文件中的一行字符串。从这个数组中逐个取出字符串进行处理，直到所有行结束。

(c) 这是当前行为 Begin 指令时的处理。

(c1) 生成事件时，需要事件中的各个指令作为参数，因此必须整理出从 Begin 到 End 的所有行的内容。这里通过表示“位于 Begin～End 脚本块中”的标志位(isInsideOfBlock)来标记“指令遍历”的开始。

（d）这是当前行为 End 指令时的处理。

（d1）commandLines 中一个元素就代表一行指令字符串。处理时将字符串逐行取出，按单词进行分解，将结果作为字符串数组添加到 commands 中。commands 被定义为 `List<string[]> commands = new List<string[]> ();`，这是一个“单词数组”的数组。

（d2）当（e）中生成事件后，取消“位于 Begin～End 脚本块中”标志位。

（e）使用 Begin 到 End 之间的行作为指令列生成事件。

（f）当前行位于 Begin、End 之外时的处理。

（f1）如果“位于 Begin～End 脚本块中”标志位被标记为 true，则将当前行添加到 commandLines。在（d1）、（e）中生成事件时会用到 commandLines。如果不在 Begin 到 End 范围内，则不执行任何操作。

接下来是生成事件类 Event 的对象的代码。

ScriptParser.createEvent 方法（摘要）

```
private Event createEvent(string[][] commands)
{
    List< string >           targets    = new List< string >();
    List< EventCondition > conditions = new List< EventCondition >();
    List< string[] >         actions    = new List< string[] >();

    foreach(string[] commandParams in commands) {        （a）对所有行循环操作
        switch(commandParams[0].ToLower()) {             （b）按照“开头的单词 = 指令名”选择分支
            （c）target 指令（角色）
            case "target":
                targets.Add(commandParams[1]);
                break;

            （d）condition 指令（游戏内参数）
            case "condition":                                                （d1）查找角色
                BaseObject bo = m_objectManager.find(commandParams[1]);

                EventCondition ec = new EventCondition(
                    bo, commandParams[2], commandParams[3]);
                conditions.Add(ec);
                break;                     （d2）根据角色、游戏内参数和值生成 EventCondition

            （e）其他的指令
            default:
```

```
                actions.Add(commandParams);
                break;
        }
    }

    (f) 生成事件
    Event ev = new Event(
        targets.ToArray(), conditions.ToArray(), actions.ToArray());

    return ev;
}
```

（a）从 commands 中取出一行“字符串的数组”。commandParams 中存放的是各个指令按单词分解后的字符串数组。

（b）由于每行内容都以指令开始，因此 commandParams 的第 1 个元素就是指令名称。

（c）如果是 target 指令，则第 2 个单词表示角色名称。将其添加到用于存储事件登场角色的数组 targets 中。

（d）condition 指令时的情况。

（d1）查找第 2 个单词所指定的角色。

（d2）第 3 个单词是游戏内参数的名称，第 4 个单词是事件发生时游戏内参数的值。结合（d1）中找到的角色，生成 EventCondition 类对象。

（e）若是 target 和 condition 之外的情况，则直接往下执行，因此需要先把指令名称和参数等信息全部保存到指令数组 commandParams 中。

（f）指定登场角色、游戏内参数和指令列，生成事件。

❖ 9.5.4 小结

《村子里的传说》的事件脚本中，指令的数量不多，某些地方和编程语言有些相似。当然 C# 这类编程语言中有括号等各种符号，另外制表符和换行也允许自由输入，因此语法解析过程会更加复杂。但是基本的原理是一致的。

如果读者觉得已有的编程语言不能满足需求的话，不妨去尝试创建一种自己专用的编程语言，应该也是非常有意思的。

9.6 特殊的事件 *Tips*

❖ 9.6.1 关联文件

- EventActorChoice.cs
- EventActorMessage.cs
- TreasureBoxObject.cs

❖ 9.6.2 概要

《村子里的传说》中是通过和人物的对话来推进游戏剧情的。事件的主要功能是设置游戏内参数推进剧情发展，以及通过对话和字幕将故事内容传达给玩家。这样看来只需显示文本就够了，不过我们还试着开发了其他一些具有特殊功能的事件（图 9.19）。

⇧ 图 9.19 具有特殊功能的事件

❖ 9.6.3 选项指令

有时候需要在事件中向玩家提问，并根据玩家的回答改变对话内容。可能剧情走向也会随之产生分支。为了实现这种功能，我们准备了 choice 指令（图 9.20）。

（1）拥有选项的事件

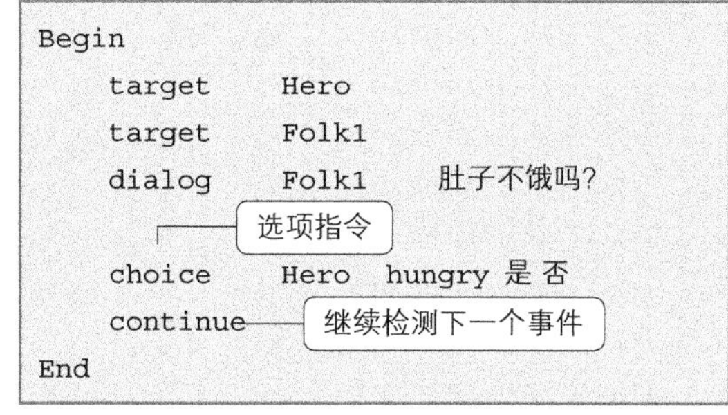

```
Begin
    target    Hero
    target    Folk1
    dialog    Folk1    肚子不饿吗?
                                    选项指令
    choice    Hero     hungry 是 否
    continue                         继续检测下一个事件
End
```

（2）当选择了“是”时

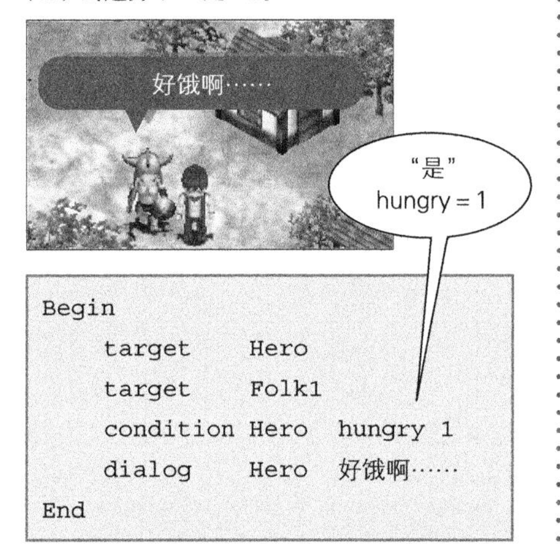


```
Begin
    target    Hero
    target    Folk1
    condition Hero    hungry 1
    dialog    Hero    好饿啊……
End
```

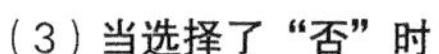
（3）当选择了“否”时

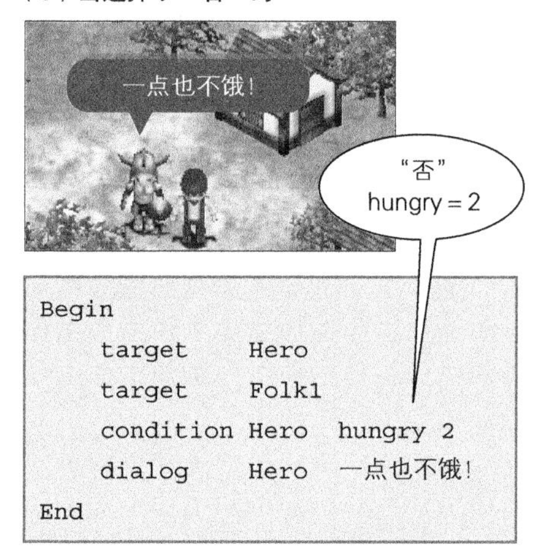


```
Begin
    target    Hero
    target    Folk1
    condition Hero    hungry 2
    dialog    Hero    一点也不饿!
End
```

⇧ 图 9.20 拥有选项的事件

（1）choice 指令可以将指定的选项作为按钮显示在画面上。玩家点击鼠标后，选择的结果就会存入指定角色的游戏内参数中。选择的结果就是选项的编号。在这个脚本中，当选择“是”时，角色 Hero 的游戏内参数 hungry 就会被设置为 1；当选择“否”时，则会被设置为 2。

还有一个要注意的是 continue 指令。通常情况下，一次只会执行一个事件。即使同时有多个事件满足发生条件，也只有第一个事件会被执行。continue 指令用于在事件执行结束后继续查找满足发生条件的事件。

（2）continue 指令在（1）的事件结束后会再次查找满足触发条件的事件。当选择“是”时，hungry 被设置为 1，显示“好饿啊……”台词的（2）的事件满足发生条件，因此继续执行。

（3）同样，当选择“否”时，hungry 被设置为 2，将往下执行“一点也不饿!”事件。

❖ 9.6.4 宝箱事件

大部分情况下玩家都是在对话中得到道具的，除此之外在地图的特定位置也可能会得到。如果只是简单地拾取掉落的东西，未免显得太过单调，因此我们试着让它出现“打开宝箱后，道具从里边弹出来”的效果（图 9.21）。

（1）打开宝箱事件

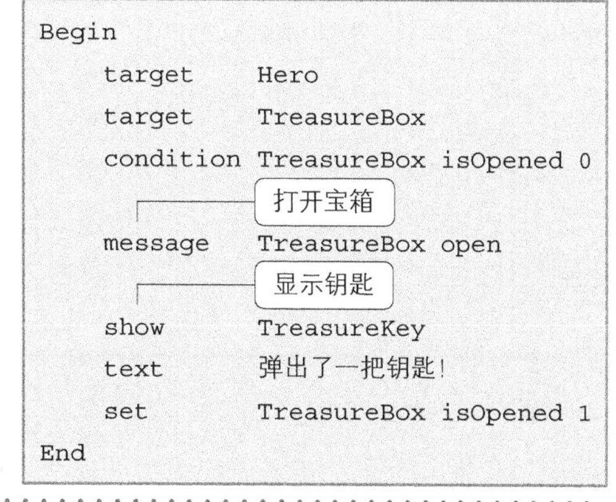

```
Begin
    target     Hero
    target     TreasureBox
    condition  TreasureBox isOpened 0
    message    TreasureBox open
    show       TreasureKey
    text       弹出了一把钥匙!
    set        TreasureBox isOpened 1
End
```


（2）拾取钥匙事件

```
Begin
    target     Hero
    target     TreasureKey
    hide       TreasureKey
    set        Hero        has_key  1
    text       钥匙到手了!
End
```


介 图 9.21 宝箱事件

因为事件触发需要指定登场角色，所以我们在打开宝箱事件中指定“宝箱”作为登场角色。事件的登场角色除了人类和怪物之外还可以是某些“非生命体”，但如果宝箱和钥匙这些对象都可以拖曳移动，处理起来可能会不方便，所以我们不采用 DraggableObject 组件，而选择将 BaseObject 组件挂载到这些对象上。

另外一个要点是 message 指令。事件脚本中打开宝箱需要一个“打开宝箱的指令”，但是除宝箱外的其他角色不能够使用“打开宝箱的指令”。如果每次出现这种针对特定对象的处理时都专门新建一个指令的话，指令的数量会越来越多。为了解决这个问题，我们创建了 message 指令，来进行针对特定对象的处理。

message 指令将指定的字符串作为消息传送给登场角色的对象，接收方的对象会事先进行应对消息内容的处理。

上面的例子中，open 消息会被送到宝箱对象 TreasureBox 中。在宝箱对象中，我们需要提前写好程序，使宝箱在收到 open 消息时播放打开盖子的动画。

拾取钥匙的事件中，在显示“拾到钥匙”字幕的同时，将使用 hide 指令隐藏钥匙对象。当然，这么做是为了体现出角色拾起了钥匙。

下面我们来看看 message 指令的 Actor 的代码。

EventActorMessage.execute 方法（摘要）

```
public override void execute(EventManager evman)
{
    （a）消息的处理（updateMessage）
    （若在执行中，则返回 true）
    if(!(m_to.updateMessage(m_message, m_parameters))) {
        m_isDone = true;    （b）消息处理结束后，Actor 也结束执行
    }
}
```

（a）调用目标对象的 updateMessage 方法。这个方法包含了各对象允许接收的消息的处理过程。

（b）消息处理结束后，updateMessage 方法将返回 false。Actor 的执行也在此时结束。

接下来是接收来自 Actor 的消息的角色，即这个例子中的宝箱的 Message 方法。

TreasureBoxObject.updateMessage 方法（摘要）

```
public override bool updateMessage(string message, string[] parameters)
{
    （a）消息的处理还没开始时
    if(!m_isAnimated) {
        switch(message) {
            （a1）open 方法
            case "open":
                this.play_open_animation();
                m_isAnimated = true;
                return true;    （a2）若消息正在处理，则返回 true
                // break;       因为有 return，所以不执行 break
            （a3）其他（无法识别的消息）
            default:
                Debug.LogError("Invalid message \"" + message + "\"");
                return false;    // 立即结束
                // break;
        }
```

```
    } else {
        if(this.is_animation_playing()) {
            return true;
        } else {
            // 动画播放结束
            m_isAnimated = false;
            return false;
        }
    }
}
```

(b)消息正在处理时

(b1)若消息正在处理(正在播放动画),则返回 true

(b2)消息处理结束后返回 false

(a)m_isAnimated 用于标记当前是否正在执行消息处理。首次收到消息时将执行 if 语句下的内容。

(a1)message 指令的第一个参数表示消息类型。这里将执行打开宝箱的 open 消息。

(a2)返回 true,通知 EventActorMessage 类已开始进行消息处理。

(a3)如果存在不能识别的消息,则立刻结束。因为这种情况有可能是事件脚本的编写错误,所以我们让它打印出错误消息。

(b)else 以下部分是消息正在执行时的情况。

(b1)动画播放过程中将返回 true。在 updateMessage 方法返回 true 期间,EventActorMessage 类将继续执行 Actor。

(b2)动画播放完成后将返回 false,结束消息处理。同时 Actor 的执行也将终止。

❖ 9.6.5 进入屋子的事件

作为 message 指令的使用例子,我们再介绍一个“进入屋子的事件”(图 9.22)。

在这个事件中,播放打开屋门的动画时会用到 message 指令。

《村子里的传说》中角色都是被“提起来”在空中移动的。即使房门打开,角色也无法走入家中。因此这里我们设计为房门打开后使屋顶消失,玩家从上方进入家中。

屋内发生的事件中,登场角色从 House 变成了位于屋内的 House_Inside 对象。为了防止位于“屋外”时触发“屋内的事件”,需要仔细调整作为事件开关的盒子碰撞器(BoxCollider)的大小。

（1）打开屋门的事件

```
Begin
    target    Hero
    target    House
    condition Hero  hasHouseKey 1
    condition House isOpened    0

    text      勇者使用了屋子的钥匙
                       打开屋门
    messsge   House open
                       屋顶消失
    hide      House_ceiling
    set       House isOpened    1
End
```

（2）在屋里拾取物体的事件

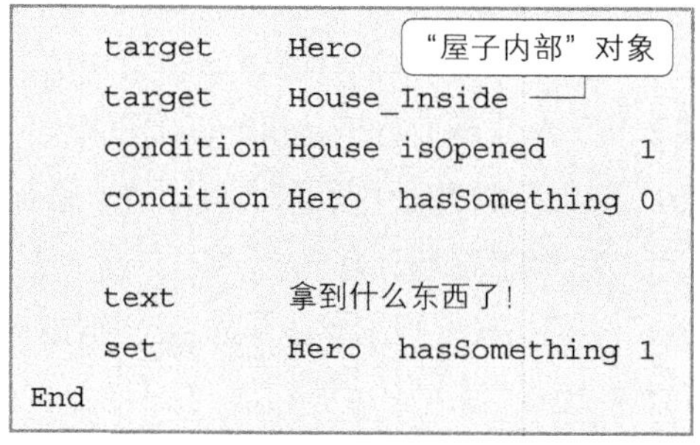

```
    target    Hero        "屋子内部"对象
    target    House_Inside
    condition House isOpened      1
    condition Hero  hasSomething 0

    text      拿到什么东西了！
    set       Hero  hasSomething 1
End
```

⇧ 图 9.22 进入屋子的事件

❖ 9.6.6 小结

message 指令最终是通过调用 C# 脚本来执行的，因此 Unity 能做到的它都能做到。但是如果每当有新功能要实现就添加新消息的话，那些通用的脚本就变得没有意义了。当然，如果只使用通用脚本的话，游戏又会变得太简单，这也是本末倒置的。

区分好“哪些用通用的指令来处理，哪些使用对象专用的消息来处理”是非常重要的。需要新指令时，可以先创建相应的消息，要在各种地方使用的话，再将其改为指令。

就像“屋顶消失后从上面进入屋子的事件”那样，有时候某些现存指令也会有一些出人意料的使用方法。

第10章

驾驶游戏

迷踪赛道

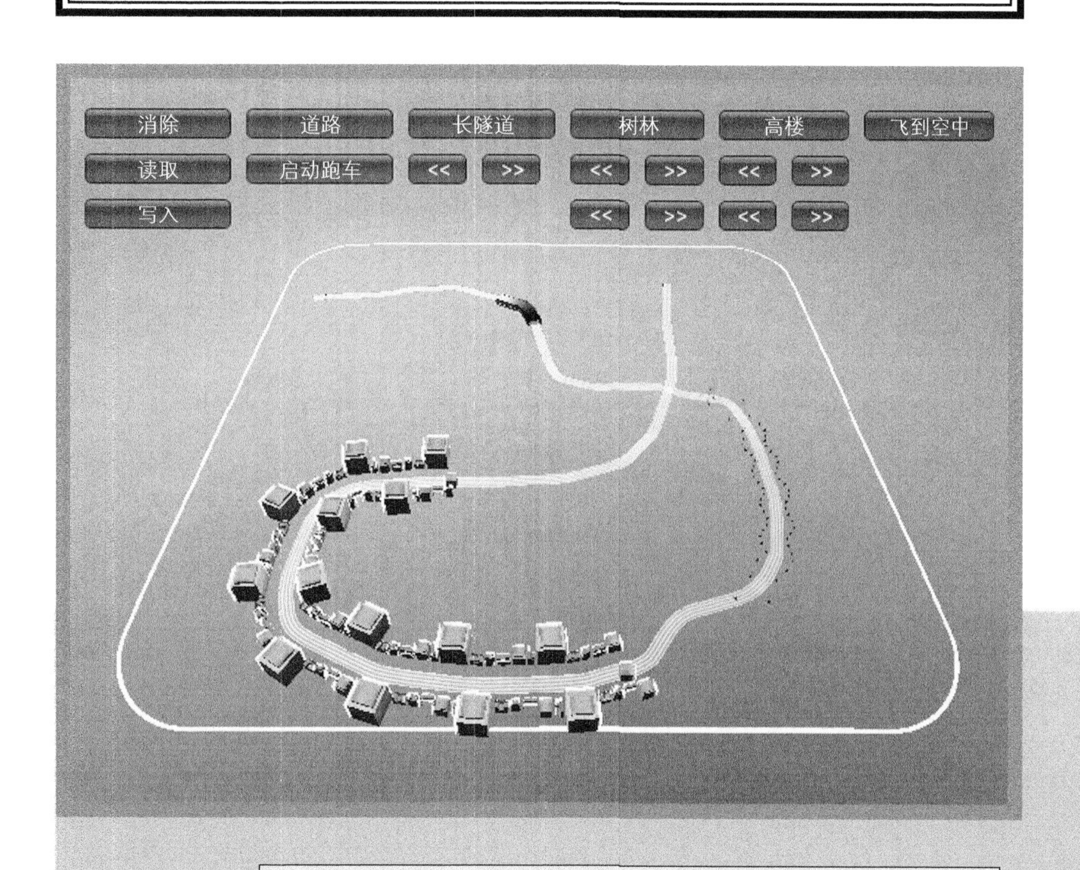

让赛车奔跑在自己创建的赛道上！

10.1 玩法介绍 *How to Play*

✓ 让赛车奔跑在自己创建的赛道上！

跑道创建模式

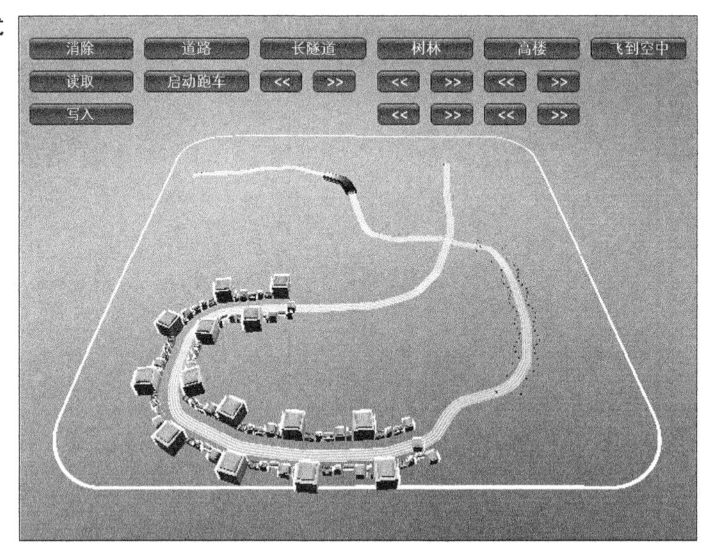

比赛模式

✓ 只需用鼠标划线！

- 创建自己专属的跑道
- 跑道的创建非常简单，只需用鼠标划线即可
- 跑道创建后立刻就可以投入使用

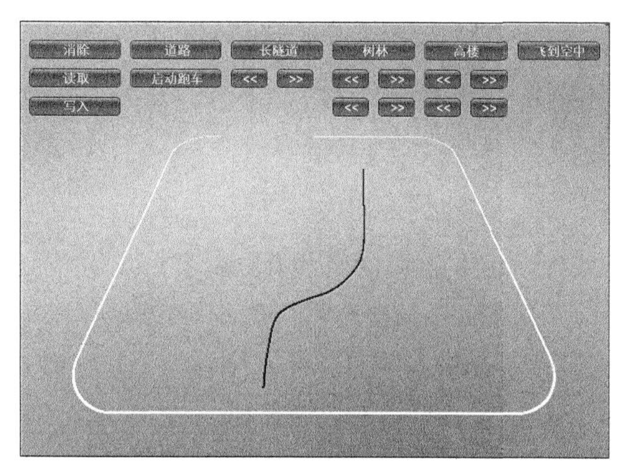

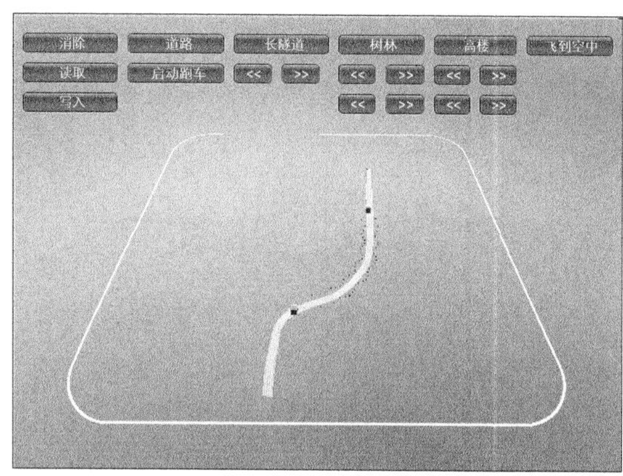

✓ 也可随意添加隧道和树林！

- 可以在任意位置安放隧道
- 可以创建树林，也可以创建出建筑林立的街道
- 还可以创建立交桥

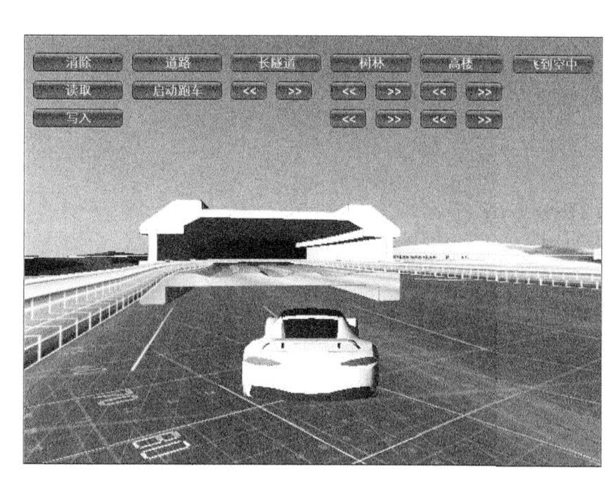

✓ 按钮功能一览

- **消除**：消除创建好的跑道
- **读取**：导入数据（只针对在 Unity 编辑器中执行的情况）
- **写入**：保存数据（只针对在 Unity 编辑器中执行的情况）
- **道路**：通过鼠标划线创建道路
- **启动跑车**：让赛车在创建好的跑道上奔跑
- **长隧道**：创建隧道
- **树林**：让树木排列在道路两侧
- **高楼**：让高楼排列在道路两侧

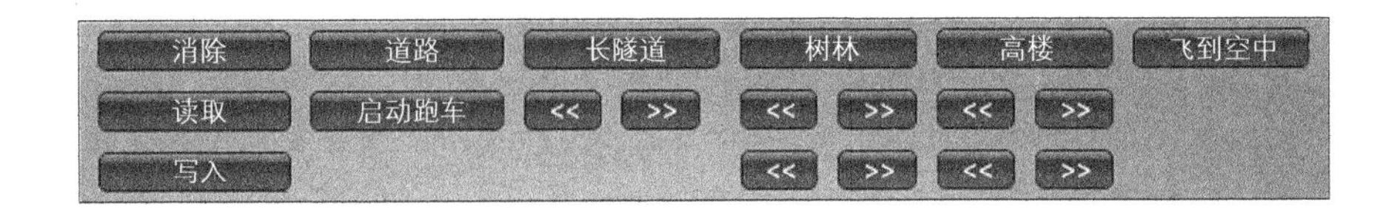

10.2　自行创建，即作即用　*Concept*

读者在玩游戏的时候，一定都有过“好想自己创建场景！”的冲动吧？近几年来游戏越来越多，制作相当庞大的作品也不少。即便如此，自己动手创作总是有不一样的乐趣。尤其对于本书的读者来说，应该更是如此吧。

这次我们试着开发一个允许自己创建跑道的赛车游戏。“创建跑道”听起来好像很简单，但是要一个人完成所有的工作也是相当困难的。这种情况下，我们把那些能够通过循环操作和简单的规则来实现的内容，通过程序来自动实现。最近流行的 procedure 概念大概就是这个意思。游戏关键词是**自行创建，即作即用**。

《迷踪赛道》(下面简称《迷踪》) 是一个试验性质的项目。虽然从规模上看它已不能算迷你小游戏，但是作为驾驶游戏又不够完整。为了让读者能初步体会到 procedure 的开发特点，我们决定用它作为示例游戏。既然是试验，一定会遇到不少挑战(事实上也的确如此)。希望读者能体会到我们的用意。

最后我们来介绍这个游戏的故事背景。

在很久以前，某地生活着一个叫“Nazorleba Hashirail 765 世”的贵族。有一天，Nazorleba 先生想在他广阔的领地上建立一个赛车场。然后……

画面风格在开发的过程中有比较大的变化，这是游戏开发中常有的事，请读者不要太在意。

❖ 10.2.1　脚本一览

文件	说明
ToolControl.cs	跑道编辑器的整体控制
GameControl.cs	比赛模式的控制
TitleSceneControl.cs	主题画面的控制
ToolGUI.cs	跑道编辑器的按钮
LineDrawerControl.cs	用鼠标划线所需的类
JunctionFinder.cs	寻找立交桥(粗线部分)
RoadCreator.cs	生成道路网格
TunnelCreator.cs	使隧道模型沿着道路变形
ForestCreator.cs	点缀树木实例
BuildingArranger.cs	排列大楼实例
ToolCameraControl.cs	跑道创建模式的镜头
GameCameraControl.cs	比赛模式的镜头
MousePositionSmoother.cs	鼠标光标的防抖控制

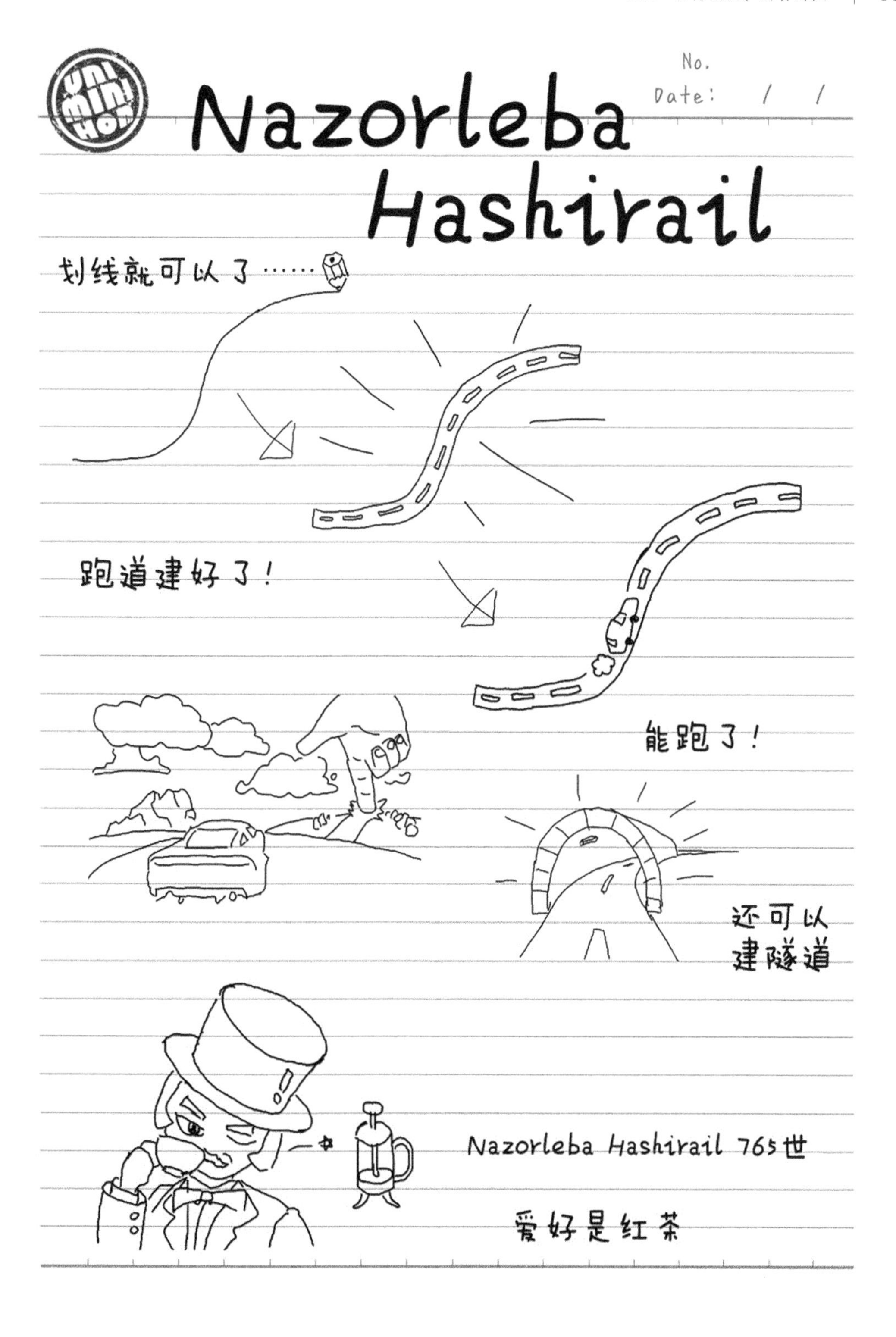

No.
Date:　/　/
Nazorleba
Hashirail
划线就可以了……
跑道建好了！
能跑了！
还可以
建隧道
Nazorleba Hashirail 765世
爱好是红茶

❖ 10.2.2 本章小节

- 透视变换和逆透视变换
- 多边形网格（polygon mesh）的制作方法
- 模型的变形
- 点缀实例

❖ 10.2.3 关于 Car Tutorial 脚本

本游戏中控制赛车运动的脚本是基于 Unity 官方提供的 Car Tutorial 脚本改造而来的。衷心感谢 Unity 的开发人员开源了通用性这么高的脚本。

10.3 透视变换和逆透视变换 *Tips*

❖ 10.3.1 关联文件

- ToolControl.cs

❖ 10.3.2 概要

游戏中的赛道是沿着鼠标描画的曲线自动生成的。首先我们就来编写这个绘制跑道曲线的代码。

读者可能会想：用鼠标画线不是很简单吗？但是请再仔细考虑一下。鼠标光标在二维平面上移动，而生成的跑道却在三维坐标系中。这就需要使用某种方法把鼠标的位置变换到游戏空间内的位置。在 3D 的工具和游戏中，我们经常点击空间中的某个位置，或者拖曳着游戏对象移动。虽然觉得这没有什么，但是这些功能都得益于程序内部使用的叫作**逆透视变换**的技术。

下面我们将介绍把二维坐标变换成三维坐标的逆透视变换方法以及它的本质**透视变换**原理（图 10.1）。

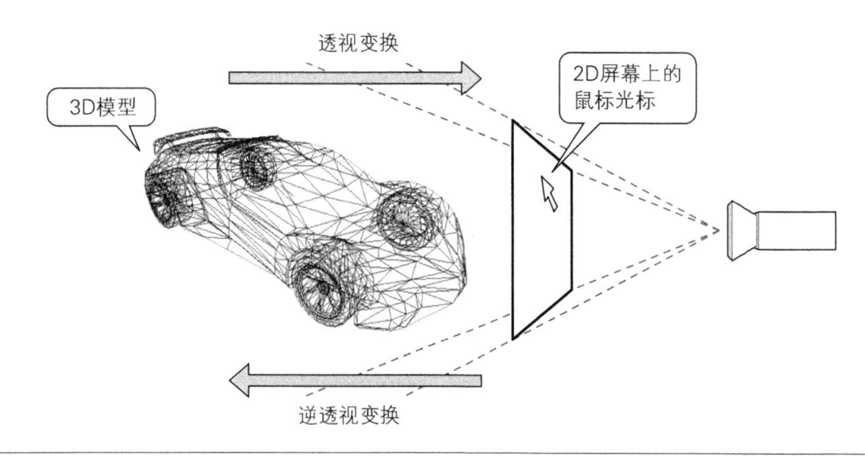

⇧ 图 10.1 透视变换和逆透视变换

❖ 10.3.3 透视变换

请读者回忆一下从窗户向外眺望时的情形，应该可以看到如图 10.2 所示的景色吧。现在假设您正在窗户的玻璃上对外面的风景进行写生。

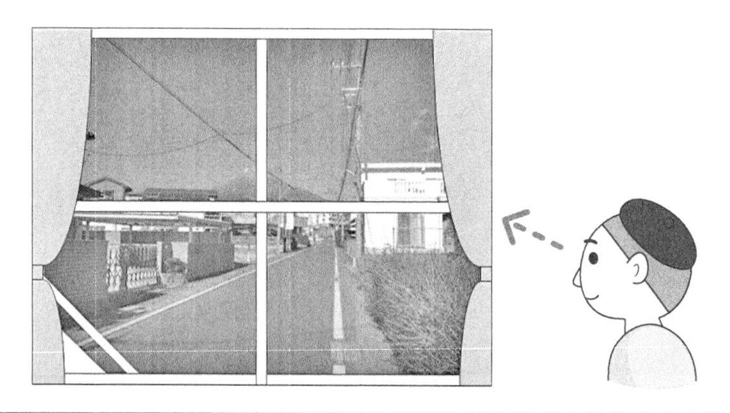

⇧ 图 10.2 从窗户眺望外面的景色

如果在窗户玻璃上直接“临摹”的话，可以画出和原风景相似的图形。现在用记号笔把透过玻璃能看见的建筑物和道路的轮廓描出来（图 10.3）。当然实际上并不一定非这么做不可。读者可以参考图 10.2，想象一下绘制出的是怎样的画面。

虽然有点粗糙，不过结果大概就像图 10.4 表示的那样。

⇧ 图 10.3 描出建筑和道路的轮廓

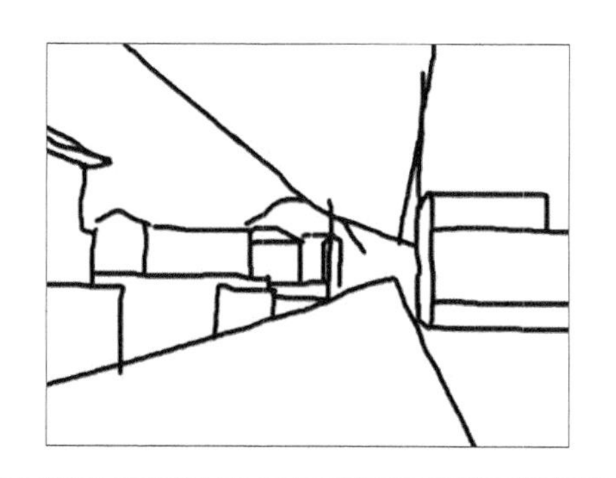

⇧ 图 10.4 描绘完成的作品

现在我们已经把窗外的景色绘制到玻璃上了。窗户外边是现实世界，窗户玻璃上是平面图形。三维的世界就这样被映射到二维的画面上了（图 10.5）。而通过计算来实现这样的事情，就叫作透视变换。

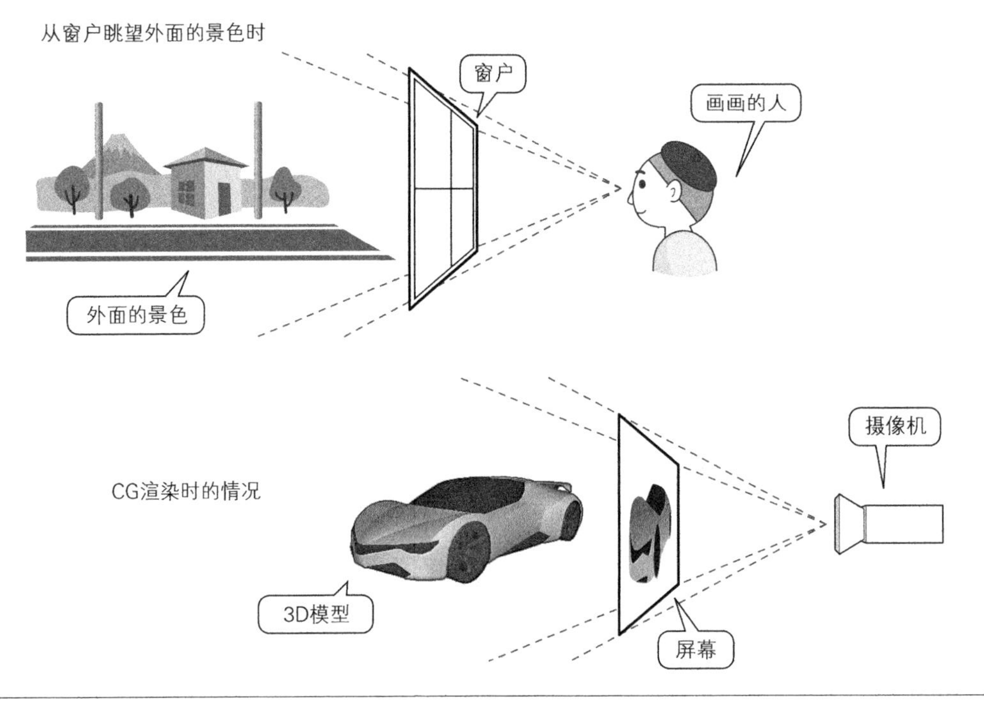

⇧ 图 10.5 三维世界和二维画面

窗外延伸的风景在 CG 中是使用 3D 模型的多边形数据来实现的。窗户对应显示的屏幕，画画的人所在的位置相当于摄像机的位置。

计算机不能像上面看到的那样描线，但是可以通过简单的公式把三维坐标变换为二维坐标。

请读者再次想象在窗户玻璃上描绘外面景色时的情形，如果能实际站在窗前向远处眺望更好。假设读者现在开始描画电线杆。电线杆的线条应该从哪画到哪呢？图 10.6 表示的是描画电线杆时，画画人的视线。可以看到，窗外电线杆的顶端、窗户玻璃上画出的电线杆顶端，以及画画人所处的位置都排列在一条直线上。

严格来说，“画画人所处的位置”应该是“眼睛的位置”。

- **三维空间内的点：**电线杆的顶端
- **投影在二维平面上的点：**电线杆图像的顶端
- **视点：**画画人的眼睛的位置

三点位于同一直线上，这是透视变换非常重要的一个性质。使用这个特性计算出“三维空间的点和视点的连线”和“屏幕”的交点，就可以计算出三维空间的点在二维平面上的位置（图10.7）。

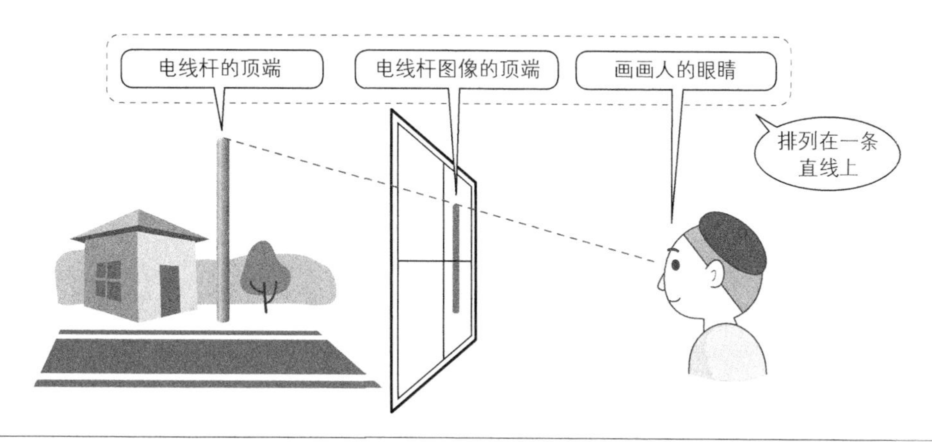

⇧图 10.6　画画人的视线

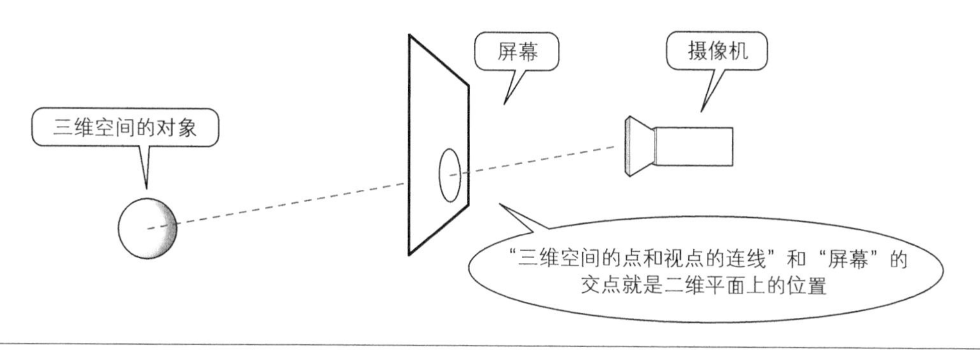

⇧图 10.7　通过透视变换求二维坐标的方法

❖ 10.3.4　逆透视变换

由于现在我们想把屏幕上的鼠标运动轨迹绘制到三维空间的地面上，因此需要执行透视变换的逆操作，也就是逆透视变换。

得到了“屏幕上的位置 = 鼠标光标的位置”和“摄像机的位置”后，接下来只需要把这条直线按照透视变换的反方向延伸即可。不过读者或许已经注意到了这里还缺少一个非常重要的信息。

请参考图 10.8，三个球被投影到屏幕上的同一位置。前面已经说过，“三维空间内的位置”“屏幕上的位置”和“摄像机”位于同一直线。换句话说就是：排列在穿过摄像机的同一条直线上的若干物体，投影到屏幕上时处于同一位置。

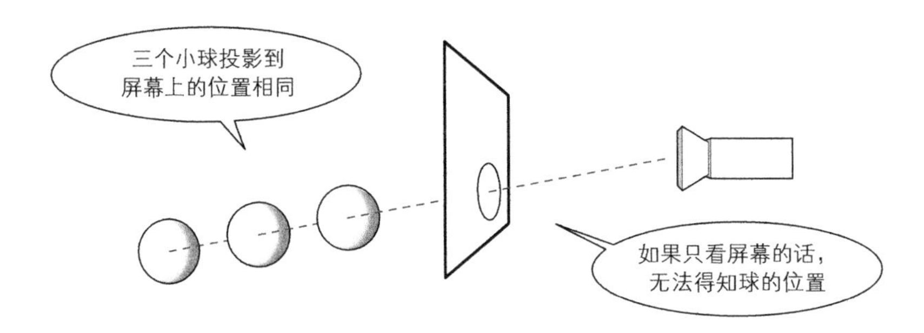

⇧图 10.8 同一条直线上排列的三个小球对应的屏幕上的位置

三个球和摄像机都位于同一直线上。从摄像机伸出的直线和屏幕的交点都相同，所以投影在屏幕上的位置都一样。如果忽略球的大小，仅通过屏幕上的画像将无法区分究竟是哪个球的投影。也就是说，经过透视变换后，物体的深度信息丢失了。

为了能用鼠标在三维空间内的地面上画线，我们需要把鼠标光标的位置转换为三维空间的坐标。但是仅通过鼠标光标的坐标无法求出三维空间内的具体位置，能够得到的结果只是“直线上的某个点”（图 10.9）。

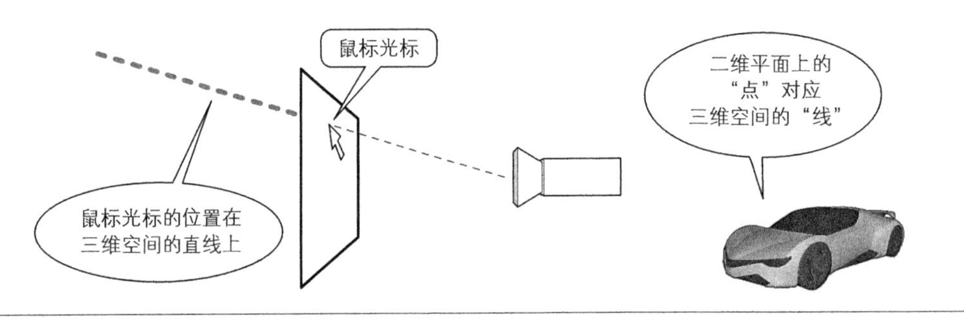

⇧图 10.9 二维平面上的“点”对应三维空间的“线”

有很多方法可以通过直线确定一点的坐标，由于这里我们已经知道了“鼠标光标执行逆透视变换后将被投影到地面上”，因此就可以根据直线和地面的交点来计算出坐标（图 10.10）。

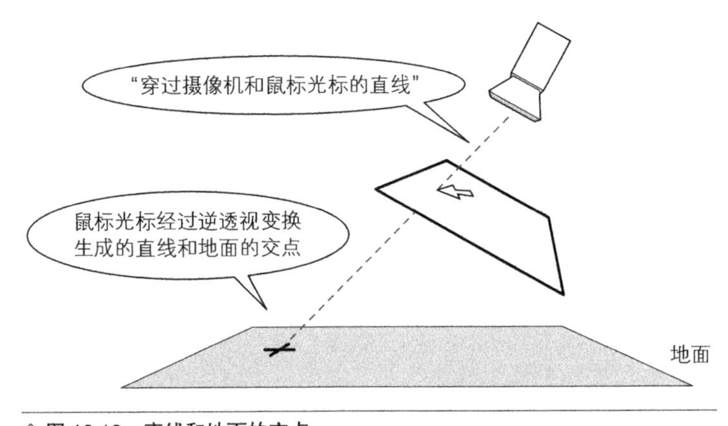

⇧图 10.10 直线和地面的交点

下面我们来看看实际的代码。理论的内容讲了很多，其实代码很简单。

ToolControl.unproject_mouse_position 方法

```
public bool unproject_mouse_position(
    out Vector3 world_position, Vector3 mouse_position)
{
    bool  ret;
    float depth;

    (a)用于检测和地面相交的平面
    Plane plane = new Plane(Vector3.up, Vector3.zero);

    (b)穿过摄像机位置和鼠标光标位置的直线
    Ray ray = this.main_camera.GetComponent<Camera>().ScreenPointToRay(
                  mouse_position);

    if(plane.Raycast(ray, out depth)) {           (c)求出直线和地面的交点
        world_position = ray.origin + ray.direction * depth;   (d)根据 Raycast 方法的结果计算交点的坐标
        ret = true;
    } else {
        world_position = Vector3.zero;
        ret = false;
    }

    return(ret);
}
```

（a）求出用于地面的碰撞检测的平面。地面是没有复杂的凹凸情况且高度为 0 的水平面。

（b）逆透视变换的重点是算出“穿过鼠标光标和摄像机位置的直线”。Unity 的 Camera 类中提供了 ScreenPointToRay 方法。Ray 是光线的意思，这也再次体现了透视变换时模拟光线路径的事实。

（c）经过（b）之前的处理，已经可以使用逆透视变换将鼠标光标位置转换为三维空间内的直线了，下一步只需要算出地面和直线的交点。这个可以简单地通过 Plane 类的 Raycast 方法完成。指定该直线为参数，就可以计算出平面与直线的交点。

（d）Ray 结构体内的直线信息包含了位于其上的一点 origin 以及直线的方向 direction。通过 Raycast 方法求出“到 origin 的距离”，然后按公式（d）计算出交点的坐标。

❖ 10.3.5 小结

本节我们对将二维坐标变换到三维坐标的逆透视变换方法进行了讲解。可能有些地方不太好懂，但逆透视变换是在各个领域都有着广泛应用的技术。结合透视变换的原理加深理解后，就会发现它可以运用到很多地方。

10.4 多边形网格的生成方法 *Tips*

❖ 10.4.1 关联文件

- LineDrawerControl.cs
- RoadCreator.cs

❖ 10.4.2 概要

在上一节中，我们成功地把鼠标光标的位置变换为了三维坐标。下面我们来说明如何沿着鼠标绘制出的曲线生成道路多边形。

需要的步骤大概分为两步（图 10.11）。

（1）生成一条穿过道路中心的线。

（2）由这条没有宽度的线条生成带状的多边形网格。

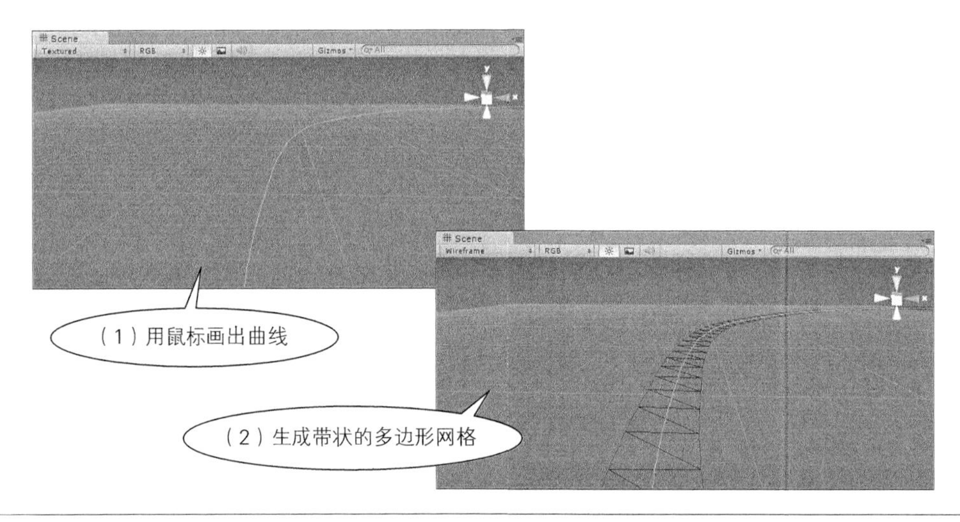

⇧ 图 10.11　画线并生成带状的多边形网格

大部分情况下，多边形的模型数据是通过建模软件来创建的。但是，如果要让模型的形状能随着用户操作和游戏的条件实时变化，则可能需要使用程序来生成模型数据。庆幸的是，Unity 提供了通过脚本来生成多边形形状数据的方法。

这次我们介绍的方法虽然只能由曲线生成带状的多边形，但是应用的范围非常广泛，比如剑的残影以及弯曲的激光等，都可以用这种方法制作。

❖ 10.4.3 生成道路的中心线

首先我们来考虑一下如何生成用于决定道路形状的中心线。最简单的做法是，在 Update 方法被调用时记录下鼠标光标的位置，然后直接把它们连起来作为道路的中心线。但是这种方法有个缺点，那就是顶点的间距不固定。

鼠标的光标在持续移动。如果每帧都记录的话，当鼠标移动相对缓慢时，被记录的点就比较多；而当移动迅速时，记录的点就比较少。因为生成道路网格时顶点的间隔等于一个多边形的长度，所以如果这个间隔值固定的话，后续的处理会更方便（图 10.12）。

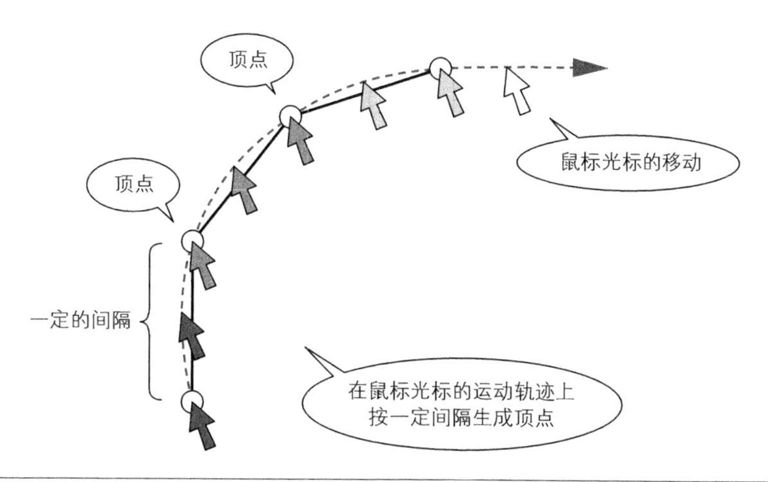

⇧ 图 10.12　在鼠标光标的运动轨迹上按一定间隔生成顶点

首先，通过上一节讲解的逆透视变换方法将鼠标光标位置变换为三维坐标。然后，和上次记录的位置进行比较，如果大于一定距离，则将其作为新的顶点添加到数组中。数组最后存储的是上次记录的位置。这个“上次记录的位置”和“这次取得的位置”之间的距离就是移动量。鼠标光标移动得越快，这个值就越大。当然，鼠标静止时该值为 0。

下面我们来看这个处理的代码。

LineDrawerControl.execute_step_drawing_sub 方法（摘要）

```
private void execute_step_drawing_sub(
    Vector3 mouse_position, Vector3 position_3d)
{
    float append_distance = RoadCreator.PolygonSize.z;

    while(true) {
        bool is_append_position;
```

顶点的间隔（= 道路多边形纵向的长度）

```
        // 检测是否需要追加当前顶点
        is_append_position = false;

        if(this.position_num == 0) {
            // 最初的一个应被无条件追加
            is_append_position = true;
        } else {
            (a) 如果和上一次追加的顶点距离超过一定值
            float l = Vector3.Distance(
                this.positions[this.positions.Count - 1], position_3d);
            if(l > append_distance) {
                is_append_position = true;
            }
        }

        if(!is_append_position) {
            break;
        }

        if(this.positions.Count == 0) {
            this.positions.Add(position_3d);
        } else {
            (b) 计算追加的顶点的位置
            Vector3 distance = position_3d -
                this.positions[this.positions.Count - 1];

            distance *= append_distance / distance.magnitude;
            this.positions.Add(
                this.positions[this.positions.Count - 1] + distance);
        }
    }
}
```

（a）将鼠标光标位置和上次追加的顶点位置进行比较，距离超过 append_distance，则追加此顶点。

（b）计算出追加的顶点的位置。计算条件有以下两个（图 10.13）。

- 该点位于连接“上一次追加的顶点”和“鼠标光标的位置”的直线上
- 该点和“上一次追加的顶点”之间的距离为 append_distance

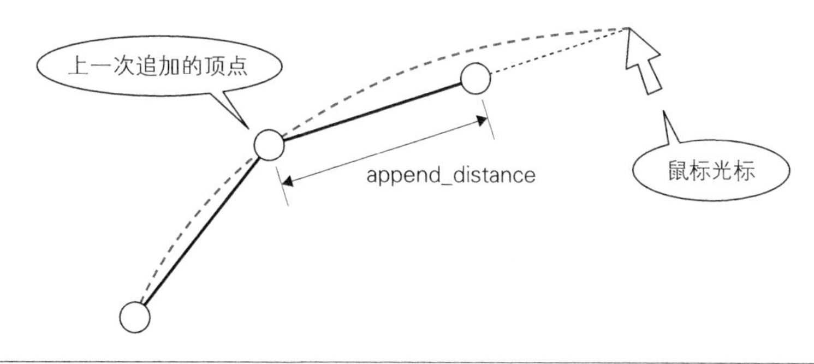

介 图 10.13 追加的顶点的位置

如果鼠标光标移动得非常快，可能导致一帧内的移动量超过 append_distance 的两倍。因此需要 while 循环处理，直到“数组最后的顶点和鼠标光标的距离”小于 append_distance。

❖ 10.4.4 多边形的生成方法

在生成道路多边形之前，我们先说明一下 Unity 中多边形的生成方法。多边形模型大体由下列几部分构成。

- 包含位置和纹理坐标等信息的顶点数据
- 三角形多边形的顶点顺序（顶点索引）
- 纹理和 shader 等的质感

纹理和 shader 虽然对外观有较大影响，但等到能够生成模型形状后再考虑也不迟。现在我们先来尝试生成模型的形状，分为下列几个步骤。

（1）把顶点的位置坐标保存到 Mesh 类的 vertices 数组中。
（2）如有必要，同时存储法线、纹理坐标、顶点颜色等信息。
（3）将各三角形对应的顶点索引信息保存到 triangles 数组中。

顶点位置和纹理坐标也许问题不大，某些读者可能对第三项的“顶点索引”不够了解。下面我们就对此稍做说明。

如图 10.14 所示，在生成三角形时，从 triangles[] 的头部开始，按三个一组分别取出索引信息，也就是说，

- **第一个三角形**：triangles[0]、triangles[1]、triangles[2]
- **第二个三角形**：triangles[3]、triangles[4]、triangles[5]

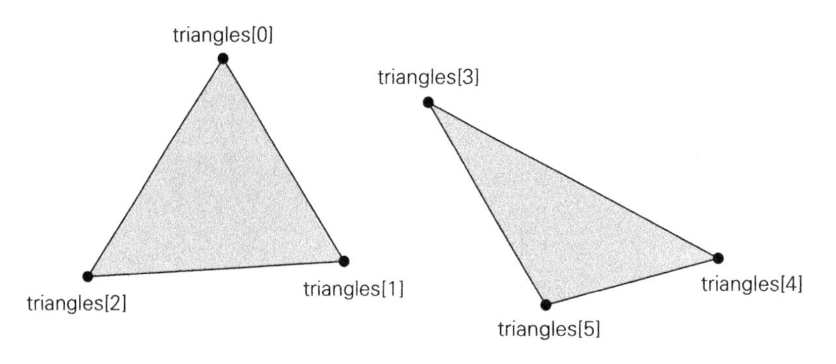

⇧ 图 10.14 三角形的各个顶点索引

triangles 数组中存储的是 vertices 数组的索引。例如，当 triangles[5] 的值为 10 时，表示第五个顶点的位置坐标为 vertices[10]。需要注意的是，不仅是位置坐标，法线和纹理坐标也会用到这个值。也就是说，在 vertices、normals、uvs 等数组中，相同的索引值代表的是同一个顶点。

下表是一个关于 triangles 数组的设定例子。

	顶点0	顶点1	顶点2	…
triangles	3	7	6	…
位置坐标	vertices[3]	vertices[7]	vertices[6]	…
法线	normals[3]	normals[7]	normals[6]	…
纹理坐标	uvs[3]	uvs[7]	uvs[6]	…

❖ 10.4.5 生成道路多边形

现在我们来试着生成道路多边形。

因为我们已经通过鼠标的轨迹生成了道路的中心线，现在就利用它生成多边形。中心线是连接各个顶点后生成的没有宽度的曲线，确切地说是由一系列短直线连接而成的。虽然中心线没有宽度，但是多边形是具有宽度的。

道路的宽度指的是和前进方向垂直的断面形状的宽度。为了生成这个断面形状，首先必须求出前进方向的向量（图 10.15）。

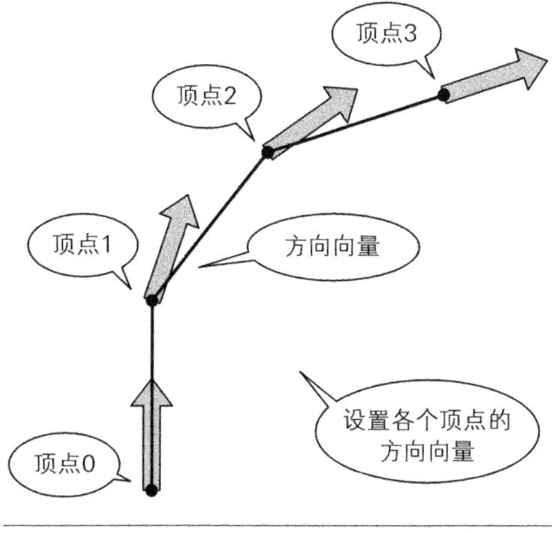

⇧ 图 10.15 顶点的方向向量

各个顶点的前进方向可以通过前后顶点的位置差运算得出。第一个顶点没有前一个顶点，因此把从其自身指向下一个顶点的向量作为其前进方向的向量。同样，最后一个顶点的前进方向，则通过前一个顶点和其自身的位置进行计算（图 10.16）。

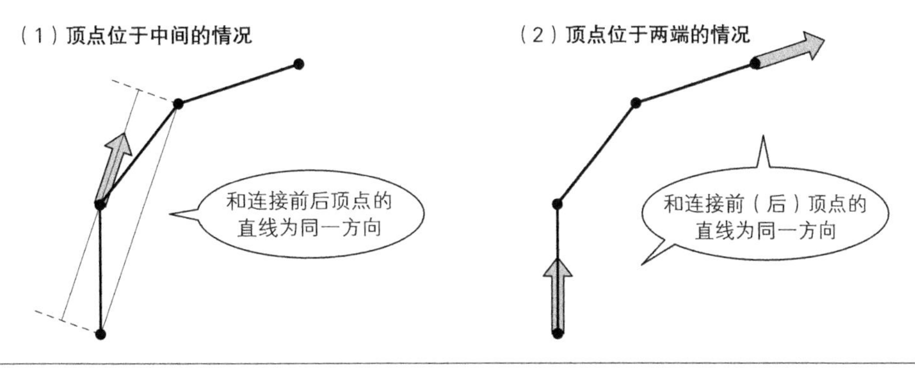

⇧ 图 10.16　方向向量的计算方法

求出方向向量后，将其绕 Y 轴旋转 90 度作为道路"断面"的方向向量。因为道路没有厚度，所以确切地说不存在所谓的"面"，但这里为了说明方便，姑且称之为"断面"。道路的多边形在中心线上紧密地排列在一起，前后两个多边形通过断面相连接。

算出断面的向量后，在中心的左右两侧，距离中心道路宽度那么远的位置处，放置用于生成道路多边形的顶点，把顶点的位置坐标存储到 vertices 数组中（图 10.17）。

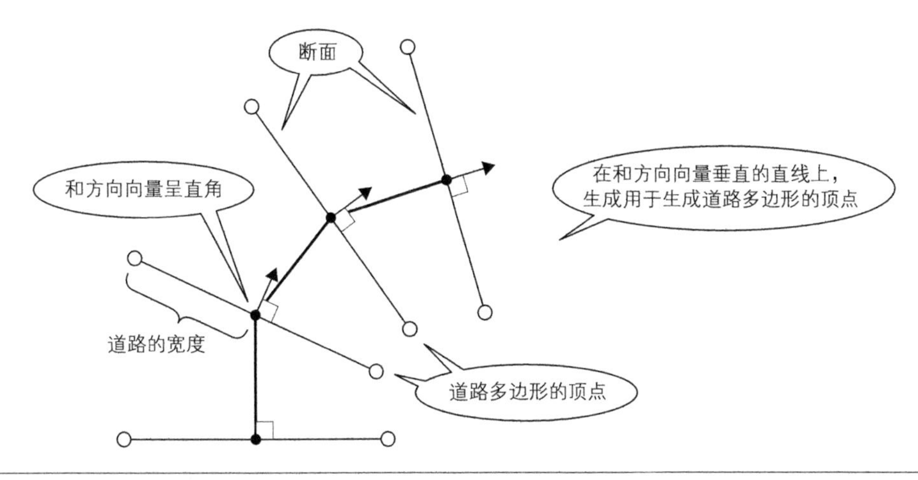

⇧ 图 10.17　用于生成道路多边形的顶点

之后再将前后两个断面形状的 4 个顶点连接起来，如图 10.18 所示，就生成了道路多边形。请注意 Unity 中将顶点按顺时针方向排列来表示一个面。

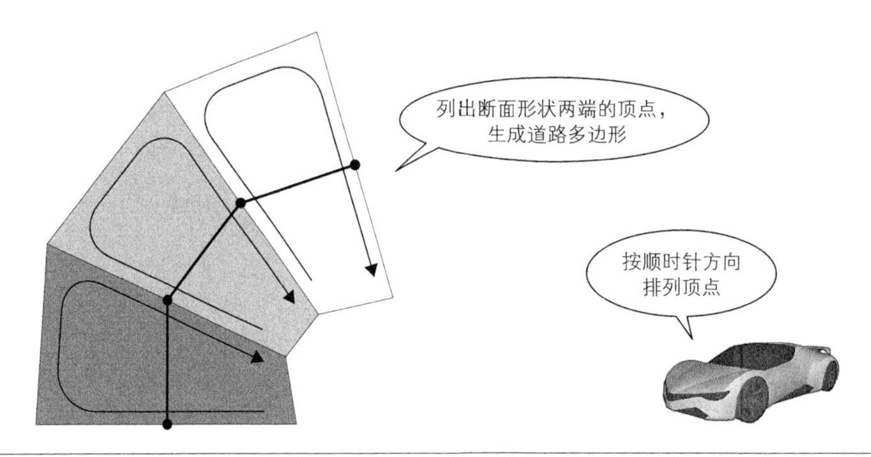

⇧ 图 10.18 连接顶点生成道路多边形

下面我们对道路多边形的顶点排列方法做进一步说明。

由中心线顶点生成的断面信息被存储在 Section 结构体数组中。Section 结构体中 positions[] 包含了道路左右两端的顶点（图 10.19）。

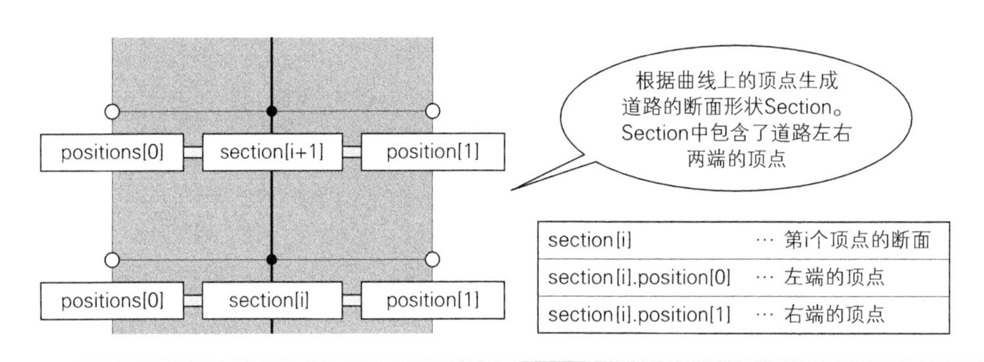

⇧ 图 10.19 断面形状 Section 结构体

还有一个必须注意的地方，那就是用于纹理贴图的纹理坐标。

图 10.20 中，第 i 个和第 i + 1 个多边形通过一个共有的断面连接在一起。第 i 个多边形的上侧边缘，和第 i + 1 个多边形的下侧边缘重叠了，并且两端的顶点也位于相同位置。但是进行纹理贴图时，对于那个共同的顶点而言，第 i 个多边形将绘制纹理的上端，第 i + 1 个多边形将绘制纹理的下端。虽然顶点位置相同，但是用于纹理查找的纹理坐标必须使用不同的值。

正如前面所说的那样，Unity 中在生成多边形时，位置坐标、纹理坐标、法线和顶点颜色是配套使用的。当位置坐标相同而纹理坐标却不同时，必须分别存储这两个位置坐标。

断面 Section 中 position[] 存储的每个顶点都会被保存到 vertices[] 中两次，以分别供前后两个多边形使用（图 10.21）。

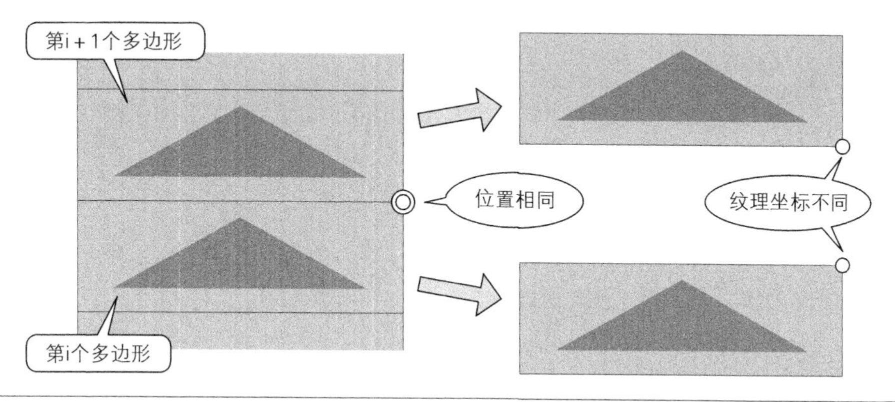

⇧图 10.20 重合顶点的纹理坐标

将每个断面左右端的顶点重复两次，共计 4 个顶点追加到 vertices[] 中。从第 i 个 section 开始，将保存如下 4 个顶点。

```
vertices[i * 4 + 0]
vertices[i * 4 + 1]
vertices[i * 4 + 2]
vertices[i * 4 + 3]
```

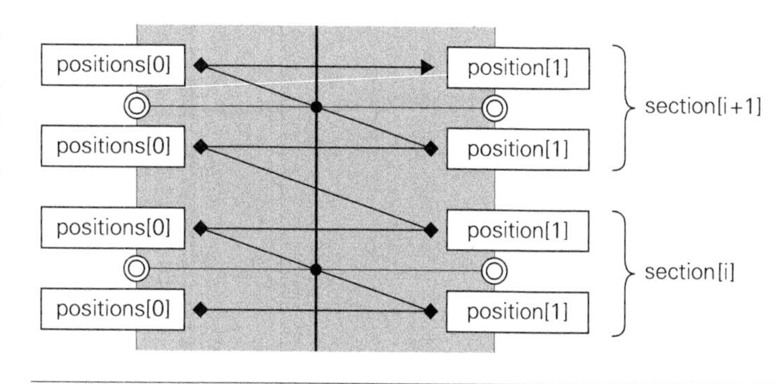

⇧图 10.21 断面两端的顶点两两排列

保存了顶点的位置坐标后，接下来就将其按顺序排列生成三角形。虽然到此为止我们一直把道路多边形当作四边形，但事实上 Unity 中所有多边形都必须拆成三角形处理。

请注意观察图 10.22 中由 section[i] 和 section[i + 1] 生成的四边形。相关顶点的索引情况如图 10.23 所示。

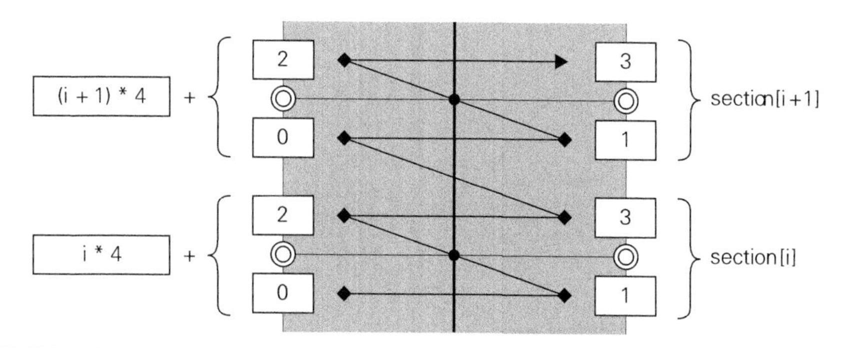

⇧图 10.22 vertices[] 内顶点的排列方法

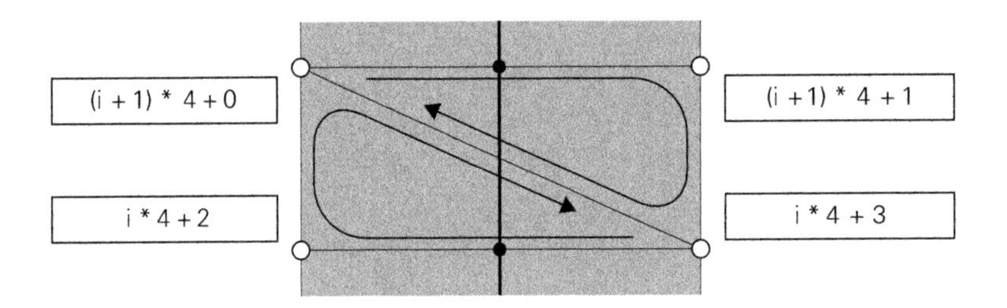

⇧ 图 10.23　由第 i 个和第 i+1 个 section 生成的四角形

可以看到，两个三角形的顶点各自按照下列顺序排列。

- 第 1 个：i * 4 + 3 → i * 4 + 2 → (i + 1) * 4 + 0
- 第 2 个：(i + 1) * 4 + 0 → (i + 1) * 4 + 1 → (i + 1) * 4 + 3

按照这个顺序将索引保存到 triangles[]，就能顺利地生成道路多边形。

RoadCreator.create_ground_mesh 方法（摘要）

```
private void create_ground_mesh(GameObject game_object, int start, int end)
{
    MeshFilter mesh_filter = game_object.GetComponent<MeshFilter>();
    Mesh       mesh        = mesh_filter.mesh;
    int        point_num   = end - start + 1;

    Vector3[]  vertices    = new Vector3[point_num * 4];
    Vector2[]  uvs         = new Vector2[point_num * 4];

    (a) 将顶点保存在 vertices[] 中                    (a1) 道路左右两端的顶点被存储两次
    for(int i = 0; i < point_num; i++) {
        vertices[i * 4 + 0] = this.sections[start + i].positions[0];
        vertices[i * 4 + 1] = this.sections[start + i].positions[1];
        vertices[i * 4 + 2] = this.sections[start + i].positions[0];
        vertices[i * 4 + 3] = this.sections[start + i].positions[1];

        uvs[i * 4 + 0] = new Vector2(0.0f, 0.0f);
        uvs[i * 4 + 1] = new Vector2(1.0f, 0.0f);       (a2) 一个道路四边形对应全体纹理
        uvs[i * 4 + 2] = new Vector2(0.0f, 1.0f);
        uvs[i * 4 + 3] = new Vector2(1.0f, 1.0f);
    }
    int position_index = 0;

    (b) 生成多边形索引
    for(int i = 0; i < point_num - 1; i++) {
```

```
        // 第一个三角形
        triangles[position_index++] = i * 4 + 3;
        triangles[position_index++] = i * 4 + 2;
        triangles[position_index++] = (i + 1) * 4 + 0;

        // 第二个三角形
        triangles[position_index++] = (i + 1) * 4 + 0;
        triangles[position_index++] = (i + 1) * 4 + 1;
        triangles[position_index++] = i * 4 + 3;
    }

    mesh.vertices  = vertices;
    mesh.uv        = uvs;
    mesh.triangles = triangles;
}
```

（a）将各个断面的左右端顶点都保存在 vertices 数组中。

（a1）顶点被存储两次。原因是前后多边形的 UV 坐标不同，这在前面已经提到过了。

（a2）按照一个四边形对应一张全体纹理图设定纹理坐标。

（b）生成多边形的索引。在一次循环中，将紧密相邻的的每个四边形分割为两个三角形，并把索引存放到 triangles 数组中。结合图 10.23 来看会比较容易理解各顶点索引的排列规律。

❖ 10.4.6 急转弯时的多边形重叠

通过前面介绍的方法我们可以比较简单地生成带状或管状的道路。但是该方法有个缺点，在急转弯时会发生多边形重叠的情况。

请参考图 10.24，可以看到左边的图像中曲线内侧的多边形变成了奇怪的形状。这是因为构成四边形的前后断面发生了交叉，导致多边形部分重叠。如果中心线的折角比较大，或者道路太宽，都容易导致这种情况的出现。

因篇幅有限，这里我们暂时不讨论这个问题的解决方法。

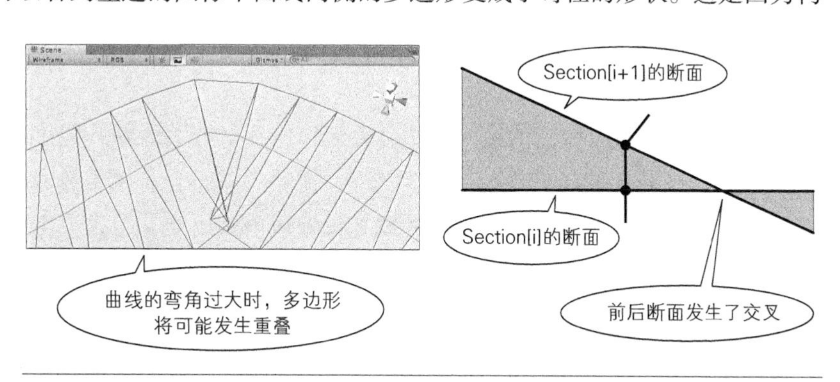

⇧ 图 10.24 多边形的重叠

请读者先记住该方法存在这种缺陷。至于其解决方法，我们以后再通过别的机会讨论。

❖ 10.4.7 用于测试多边形生成的项目

开发《迷踪》的时候，我们也创建了一个用于测试多边形生成功能的小项目（图 10.25）。因为使用了可用于碰撞检测的网格而非显示用的网格，所以小球能够在上面滚动。

用鼠标画出曲线后，按下 create 按钮，程序将沿着曲线生成跑道。

虽然这只是一个用于试验的简单项目，但是读者看到这个东西后也许会产生什么新的灵感。

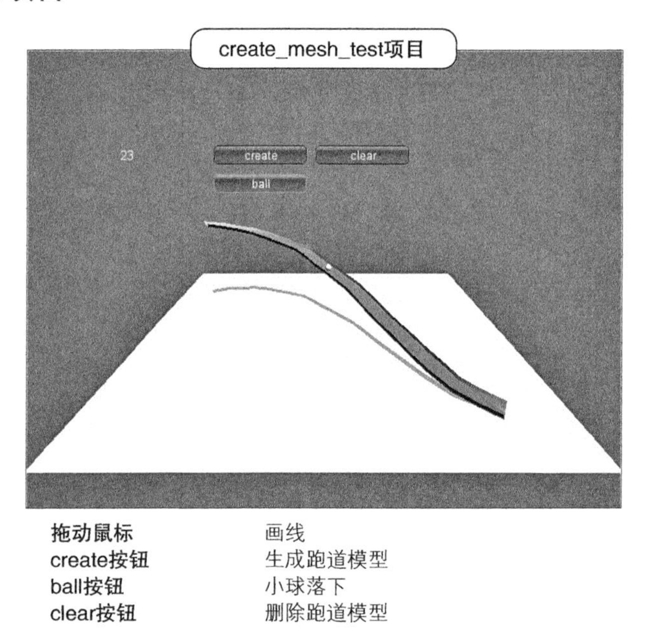

⇧ 图 10.25 用于测试的项目

❖ 10.4.8 小结

多边形的自动生成步骤中，相比各个顶点的坐标位置的计算，“顶点索引的排列方法”稍微麻烦些。这种情况下，建议读者画张图对照着分析，这样比单纯在大脑中思考代码更容易编写出程序。

10.5 模型的变形 *Tips*

❖ 10.5.1 关联文件

- TunnelCreator.cs

❖ 10.5.2 概要

如果游戏中只有跑道的话，虽然也可以作为一个赛车游戏，但是总觉得缺了些什么。看一下市场上出售的各种赛车游戏，就会发现在道路的周边会有树木或者建筑等许多对象。很多游戏都能把现实中的赛车场以及周围的风光很好地再现出来。另外，在跑道的两边放置一些物体还能起到增强游戏的速度感的效果。

下面我们将创建隧道来丰富游戏的场景。

和道路的网格不同，隧道的形状比较复杂，从零开始制作会比较困难。因此，这里通过将 3D 建模工具创建好的模型沿着道路曲线弯曲变形来生成隧道（图 10.26）。

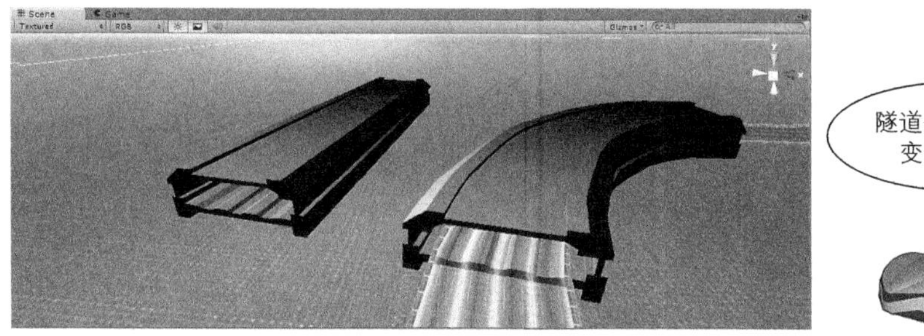

⇧ 图 10.26　隧道的生成方法

❖ 10.5.3　变形后顶点的位置坐标

首先来考虑一下将模型变形所需的处理。回顾一下上一节的内容，我们知道模型是由下列几部分构成的。

- 顶点数据
- 每个三角形多边形的顶点数组
- 纹理和 shader 等呈现的质感

使模型变形时，不需要添加或删除多边形，可以直接使用三角形的顶点索引。

这里我们采用图 10.27 的隧道模型来讲解。它比游戏中使用的模型更简单，但是变形的方法是一样的。从线框图中观察它的形状，可以看到模型朝里方向被分割为了很多个面。

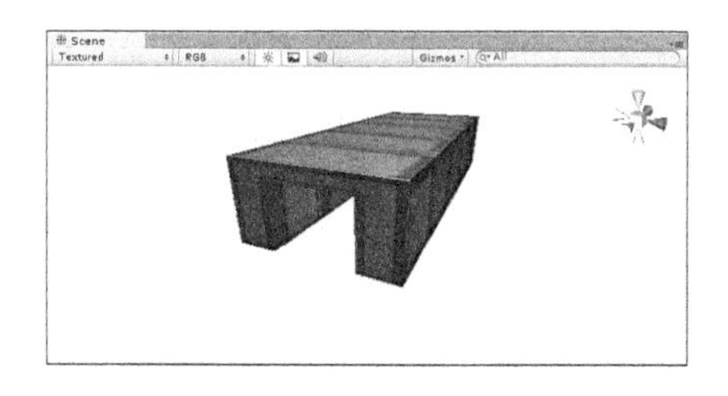
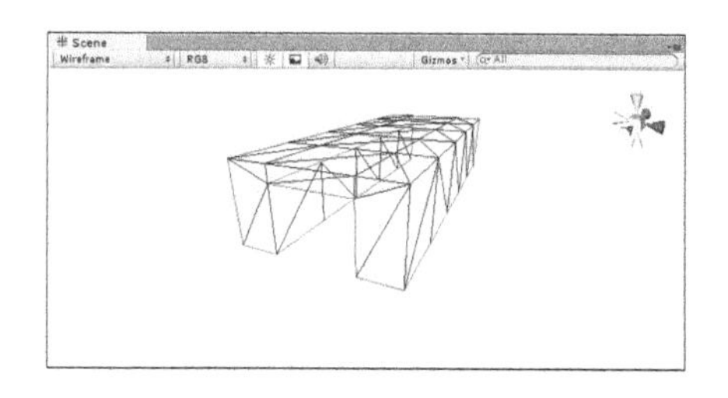

⇧ 图 10.27　隧道模型（试验用）

一般的模型中，为了减轻处理的计算负荷，这种情况下都会尽可能地把多个面合并到一个多边形中。不过在使模型变形时，多边形被分割的地方能起到关节的作用，没有顶点的话模型将无法弯曲。正因为如此，我们才把笔直的隧道切割为细小的断面。当然分割得越细，变形后的曲线就越逼真。

对模型进行变形的方法通常有对人体角色采用的按骨骼拼接变形的蒙皮（skining）法以及对两个模型进行补间的扭曲变形（morphing）法。因为这里我们并不需要多么复杂的变形，所以只做一个简单的弯曲即可。和其他方法相比，采用这样的方法虽然变化能力有限，但是数据的生成会比较简单。

图 10.28 中左侧是变形前的模型，右侧是变形后的模型。可以看到隧道沿着道路弯曲了。

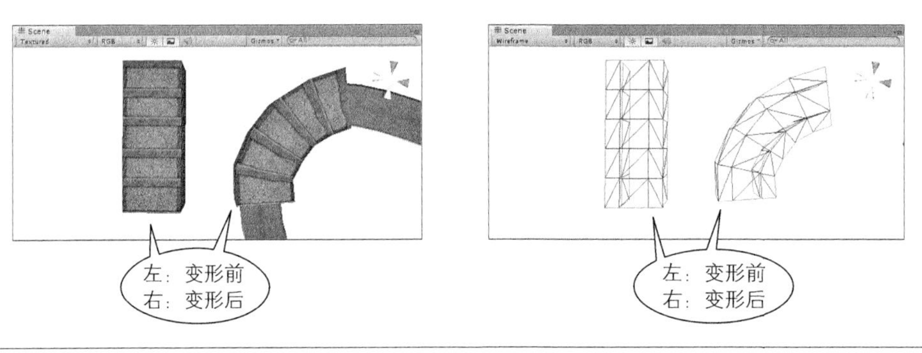

⇧ 图 10.28　变形前和变形后的模型

首先说一下制作用于变形的模型时的注意点。其实并不复杂，只需要把模型从原点开始朝画面内侧，也就是 Z 轴的正方向制作即可。

请参考图 10.29 左侧的图像。原点位于模型的最前方，表示 Z 轴的箭头指向隧道的深处。右图是俯视看到的情况。

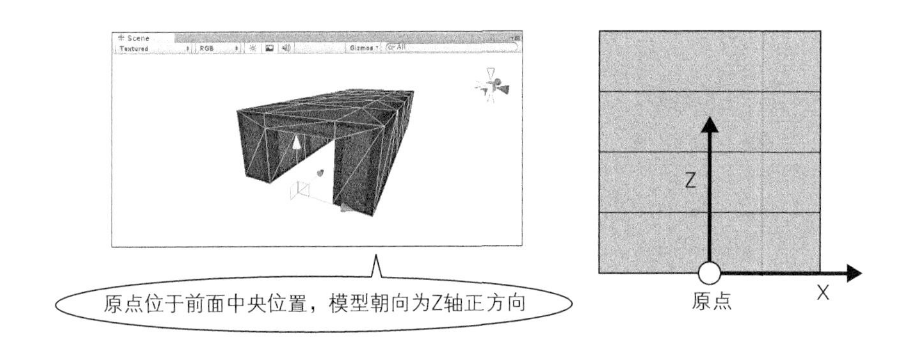

⇧ 图 10.29　用于变形的模型的朝向

根据所使用的 3D 建模软件的不同，有可能画面朝内的方向是 Z 轴负方向，在导出数据时请留意这一点。

之所以要这样准备数据，和模型变形所使用的算法有很大的关系。简单来说，我们通过“使模型的 Z 轴沿着道路中心线逐渐弯曲”来完成变形（图 10.30）。

下面我们对变形的算法进行具体说明。

说起模型变形，可能有些读者会以为这是一个非常复杂的流程，但实际上只是执行了一些顶点坐标的替换而已。首先我们只关注一个顶点，看看如何进行位置坐标的变换。我们以 XZ 坐标等于（1.5, 2.3）的顶点为例进行说明。为了描述起来比较简单，我们将中心线上的控制点的间隔设置为 1.0（图 10.31）。

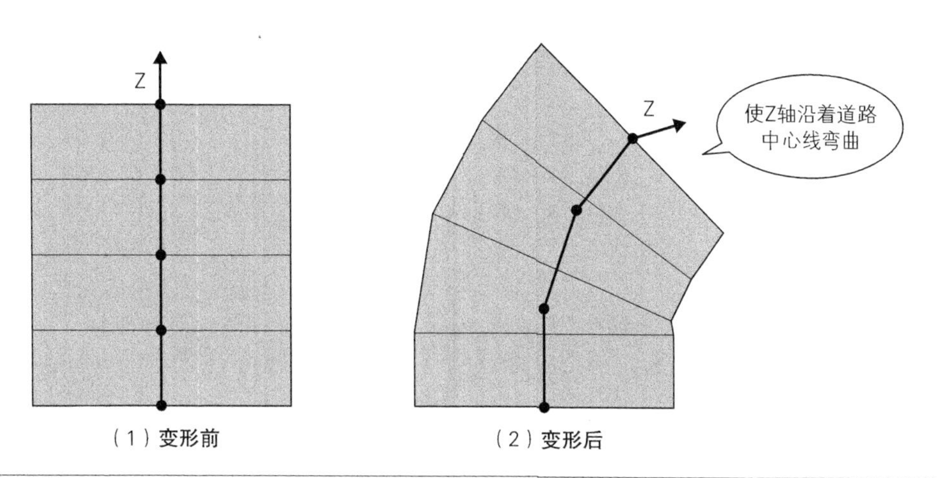

⇧ 图 10.30 模型的变形

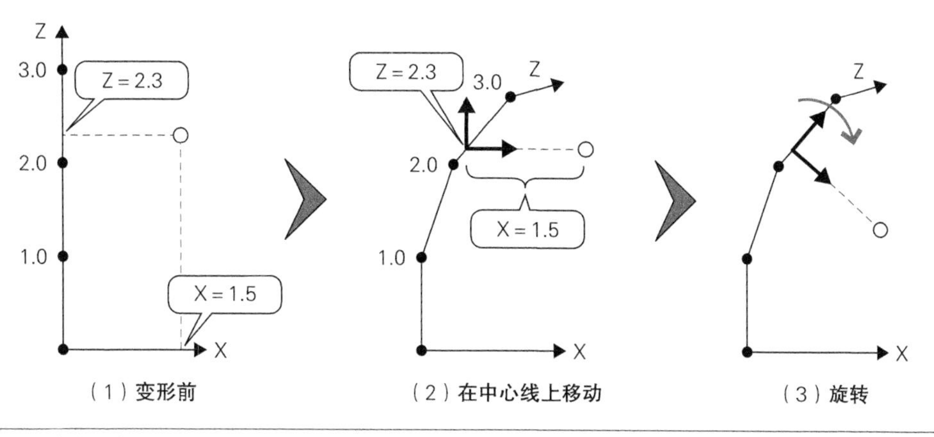

⇧ 图 10.31 变换顶点（x, z）=（1.5, 2.3）的情况

变形后的顶点沿着中心线移动经过的距离等于变形前的 Z 坐标。中心线上第一个控制点和第二个控制点的距离是 1.0，同样第二个控制点和第三个控制点的距离也是 1.0。可以算出，从第一个控制点到第三个控制点，在中心线上经过的距离是 2.0。这就是数学上所谓的“路径距离”，注意不要和“直线距离”混淆。可以看到，图 10.31（1）中表示 Z 轴直线距离的 Z 坐标 2.3，在图 10.31（2）中就是沿着中心线的路径距离。

现在将要发生变形的 Z 坐标为 2.3 的顶点，位于第二和第三个控制点之间，确切地说是位于从第二个控制点到第三个控制点之间的距离的 0.3 倍位置处。0.3 是变形前的 Z 坐标的小数部分。

把 Z 坐标变换到中心线上后，旋转 XYZ 轴使得 Z 轴和中心轴保持同一方向。由于在道路没有起伏的情况下中心轴处于 XZ 平面上，因此旋转过程中 Y 轴不会发生变化。读者现在只需搞清楚 X 轴的变化结果。

这样就完成了一个顶点坐标的变换，后续的操作不过是对所有顶点循环执行同样的过程。

那么我们来看看代码。

TunnelCreator.modifyShape 方法（摘要）

```
public void modifyShape()
{
    Mesh mesh = this.instance.GetComponent<MeshFilter>().mesh;
    Vector3[] vertices = mesh.vertices;

    for(int i = 0; i < vertices.Length; i++) {
        vertices[i] = this.vertices_org[i];

        float z = this.place;                          ——（a）隧道模型的原点在道路中心线上的位置

        z += vertices[i].z / RoadCreator.PolygonSize.z;   ——（b）将 Z 坐标变换为中心线上的位置

        int   place_i = (int)z;                        ——整数部分：控制点的索引

        float place_f = z - (float)place_i;            ——小数部分：和控制点间距的比率

        RoadCreator.Section section_prev =
            this.road_creator.sections[place_i];
        RoadCreator.Section section_next =
            this.road_creator.sections[place_i + 1];

        （c）使 Z 轴旋转至和中心线为同一方向
        vertices[i].z = 0.0f;
        vertices[i] = Quaternion.LookRotation(
            section_prev.direction, section_prev.up) * vertices[i];

        （d）用小数部分对前后控制点进行补间
        vertices[i] += Vector3.Lerp(
            section_prev.center, section_next.center, place_f);
    }
}
```

（a）将隧道曲线上的位置存入 this.place。确切地说是“自起始处开始，隧道模型的原点沿着道路中心线偏移的距离”。

图 10.31 中，中心线的控制点是 0，也就是从曲线的起点开始的。不过在实际的游戏中，隧道可以设置在曲线上的任意位置，因此这里使用“隧道模型的原点位于中心线

上的位置”对“变换后位于中心线上的位置”进行初始化。

（b）将 Z 坐标变换到中心线上的位置。在前面的例子中，控制点的间距为 1，而实际上控制点的间距为：

```
RoadCreator.PolygonSize.z
```

为了求出中心线上的位置，必须将 Z 坐标除以该值。

该值的整数部分是控制点的索引，小数部分表示该位置与前一控制点的距离占该区间长度的比率。比如：

- 变形前的 Z 坐标——20.0
- RoadCreator.PolygonSize.z——8.0
- 变形前的 Z 坐标 /RoadCreator.PolygonSize.z——20.0/8.0 = 2.5

可以算出，该点位于中心线上第二和第三个控制点之间，比率为 0.5 的位置。

（c）为了像图 10.31（3）那样对 X 轴进行旋转，必须将 Z 设为 0。并且这一步将早于图 10.31（2）所示的中心线上的移动操作执行。

（d）求出中心线上的位置坐标。这可以通过使用小数部分对前后两个控制点进行补间来计算得出。

❖ 10.5.4 小结

乍一听“模型变形”好像很高深，事实上还是挺简单的。在机器配置允许的条件下，这种方法能够运行得很好。那些“希望模拟柔软的物体运动”的读者，可以把该方法运用到游戏中，应该是非常有趣的。

10.6 点缀实例 *Tips*

❖ 10.6.1 关联文件

- ForestCreator.cs

❖ 10.6.2 概要

游戏的背景除了起伏的地面以外，还包括建筑物和树木、岩石等自然物体。这些物体有时整齐排列，有时随机分散。在现实世界中，每个建筑物和树木都是各不相同的，而在游戏制作中，一般则会制作几个种类，然后将它们的副本点缀到场景中。

通过分散摆放树木来创建树林的过程，可以分为“创建模型”和“使用该模型的副本进行点缀”两步。自动生成树模型有些难度，因此本节中我们使用预先做好的模型来大规模地点缀场景。

在角色能够自由移动的游戏中往往需要广阔的树林。但是，在像《迷踪》这样的赛车游戏中，那些距离赛道太远的地方不会被显示在画面上。因此如果从“丰富场景”的效果来考虑的话，在跑道的两侧创建些树木就足够了（图 10.32）。

⇧ 图 10.32　**赛道两侧的树木**

❖ 10.6.3　生成基准线

首先我们在道路左右两侧画出用于摆放树木的线条。这个线称为**基准线**（图 10.33）。

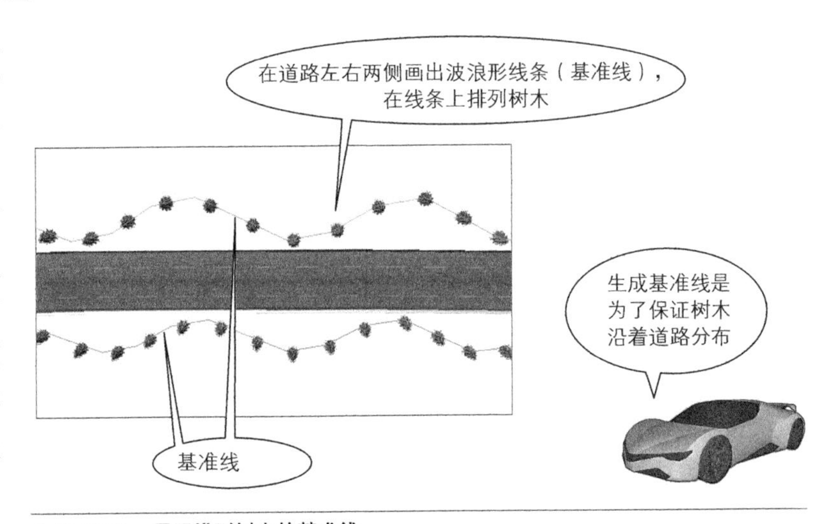

⇧ 图 10.33　**用于排列树木的基准线**

所谓的“点缀”，可以分解为“改变位置坐标”和“创建模型的副本”两个步骤。生成副本相对比较简单，重要的是“如何决定副本生成的模型的位置坐标”。

在探讨确定副本的

位置坐标的方法之前，请读者先回忆一下树木的点缀方法，即“沿着道路分布”。在对点缀范围进行限制的情况下，如何通过算法将各坐标很好地收纳在该范围内是关键，而生成基准线的目的就在于此。

如果基准线和道路基本保持平行的话，就会显得太单调，因此我们对其添加正弦波动。这里先说明一下程序中会用到的一些参数的意义。请参考图 10.34。

（1）base_offset 表示从道路多边形的中心到正弦曲线的中心的距离。

（2）fluc_amplitude 表示正弦曲线的振幅。请注意如果该值过大，就可能导致道路和基准线发生交叉。

（3）fluc_cycle 表示波动周期。周期太短会显得不自然，太长又会使曲线变化不明显，导致点缀的效果不理想。

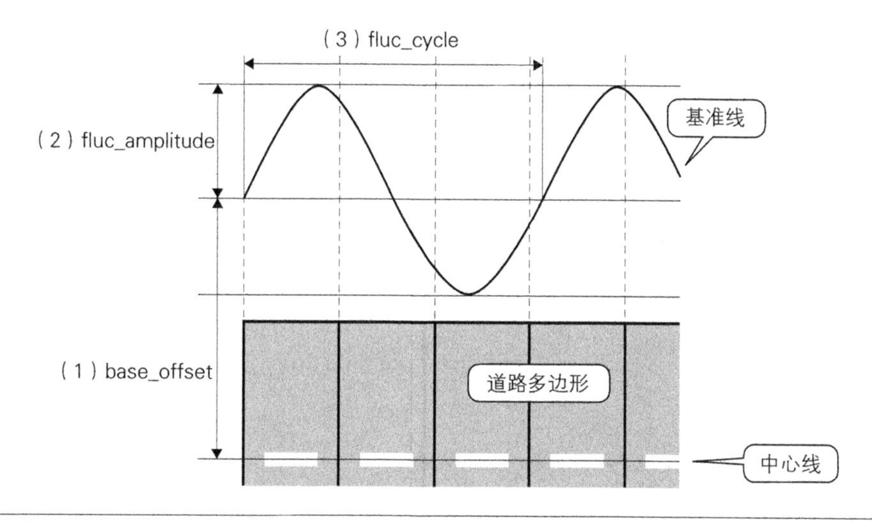

介 图 10.34 基准线的参数

程序中处理的基准线是由“正弦曲线”和“断面向量的延长线”的各个交点连接而成的折线，这和道路中心线的生成方法相同。这里也把“基准线上的顶点”称为“控制点”。我们可以用这些控制点连成的折线来模拟正弦曲线（图 10.35）。

正弦曲线的取样间隔和中心线的控制点间隔成一定比例。本例中的取样间隔比较长，因此折线和原始的正弦曲线不太像。因为该曲线是用于排列树木的，所以并没有必要采用完美的正弦曲线路径，多少有些不规则的曲线反而更接近自然的分布方式。如果要得到数学上精确的曲线，缩短采样的间隔就好。

道路转弯处的基准线的作法也是一样。曲线在道路外侧沿前进方向延伸，在道路内侧则呈收缩状。

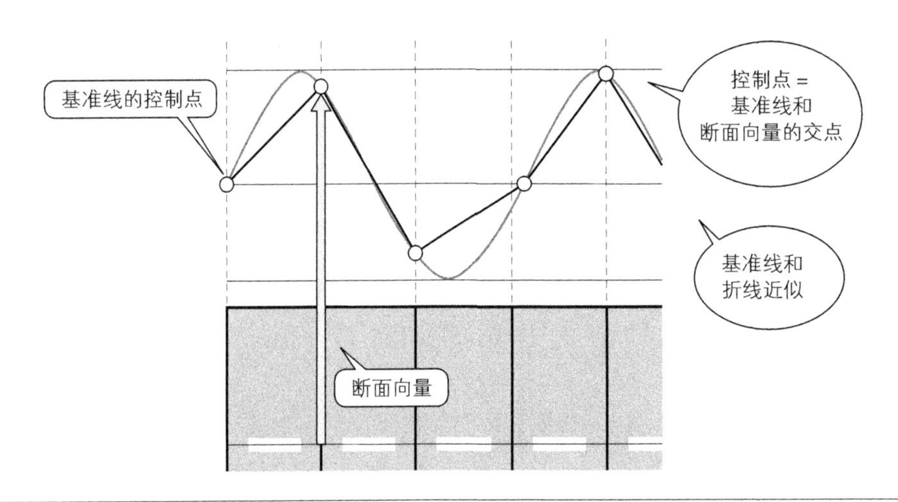

⇧ 图 10.35　基准线的控制点

图 10.36 中的例子虽然有些极端，不过表示出了转弯处的基准线画法。可以看到波动周期有长有短。

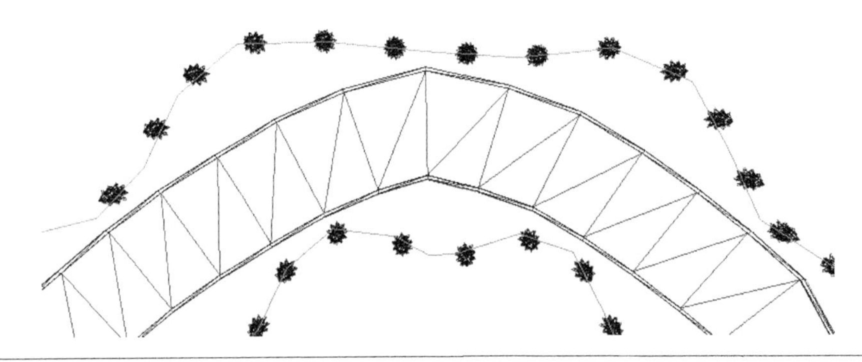

⇧ 图 10.36　转弯处的基准线

如果读者在意这种情况，也可以考虑不管道路形状如何都保持波动周期为固定值。不过，由于“波动周期 = 树木间距”并不成立，因此实际排列后未必能达到期望效果。如果将图 10.36 中为了方便解说而显示的基准线隐藏起来，会意外地发现其规律性并不明显。

下面我们来看看代码。

ForestCreator.create_base_line 方法

```
public void create_base_line(BaseLine base_line, int start, int end,
    float base_offset, float fluc_amp, float fluc_cycle)
{
    int    n = 0;
    float offset;
```

```
    // 道路中心线上的路径距离
    float center_distance = 0.0f;

    // 道路断面
    RoadCreator.Section[] sections = this.road_creator.sections;
    // 基准线上的路径距离
    base_line.total_distance = 0.0f;

    for(int i = start; i <= end; i++) {
        (a)更新"道路中心线上的路径距离"
        if(i > start) {
            center_distance +=
                (sections[i].center - sections[i - 1].center).magnitude;
        }

        // ------------------------------------------- //
        (b)求出道路中心到基准线的距离
        offset = base_offset; ———— 从道路中心到正弦曲线中心的距离

        float angle = Mathf.Repeat(center_distance, fluc_cycle) /
            fluc_cycle * Mathf.PI * 2.0f;
        offset += fluc_amp * Mathf.Sin(angle); ———— 添加正弦曲线

        // ------------------------------------------- //
        (c)计算基准线上的控制点的位置坐标
        Vector3 point         = sections[i].center;
        Vector3 offset_vector = sections[i].right; ———— 和中心线方向垂直的向量

        point += offset * offset_vector;
        base_line.points[n] = point;
        (d)更新基准线上的路径距离
        if(n > 0) {
            base_line.total_distance += Vector3.Distance(
                base_line.points[n], base_line.points[n - 1]);
        }
        n++;
    }
}
```

（a）更新当前处理的第 i 个控制点的路径距离。该值不是基准线上的路径距离，而是道路中心线上的路径距离。当添加正弦波动到基准线上时，该值将作为正弦函数的输入。

（b）求出道路中心到基准线的距离。可以通过把道路中心到正弦曲线中心的距离 base_offset 和“当前路径距离对应的正弦函数值”相加算出。

（c）计算基准线上的控制点的位置。和中心线垂直的向量也就是“断面向量”（图 10.37）已经被计算出，把它和（b）中求出的到基准线的距离相乘，然后再加上道路中心线上的位置，就可以求出基准线上的点。

（d）最后算出基准线上的路径距离。

这样基准线就生成了。

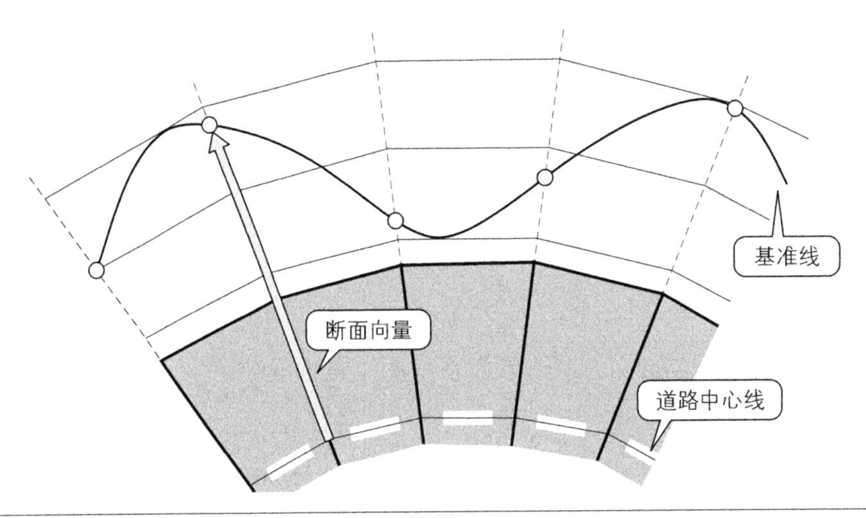

⇧ 图 10.37　断面向量

❖ 10.6.4　把树木设置到基准线上

生成基准线后，我们在它上面设置树木。下面我们把基准线上控制点之间的区域称为“区间”（图 10.38）。

请注意树木之间的间隔不是直线距离，而是沿着基准线的路径距离。当然按直线距离来计算树木间隔也并非不可，但是采用沿着基准线的路径距离来计算会更好处理。

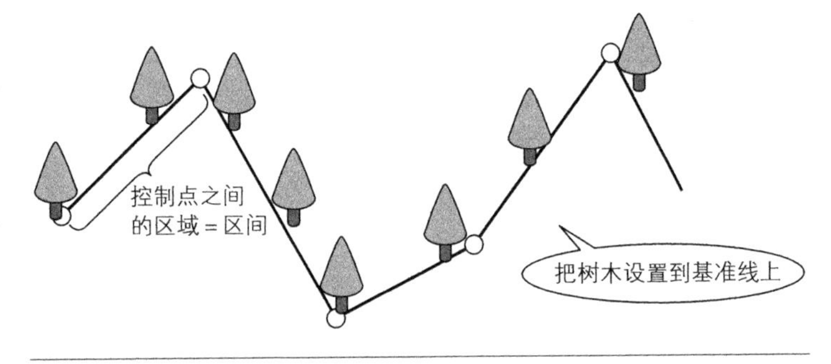

⇧ 图 10.38　控制点的区间

设置好一棵树之后，沿着区间直线前进一定的距离，这个距离等于树间距，也就是 pitch 值

（图 10.39）。由于区间长度（相邻控制点之间的间隔）的取值和树木的间隔并无关系，因此树木的设置位置不一定都在控制点上。剩余区间的距离小于 pitch 时，剩下的长度将延续到下一区间。

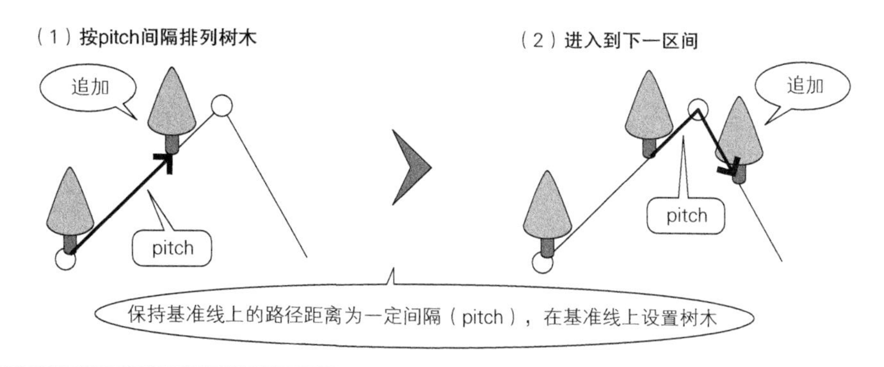

⇧ 图 10.39　按 pitch 间隔在基准线上设置树木

自然界的树林中会有"前方是树林"的标记，并不会突然出现一片茂密的树林。这里我们尝试让树木数量一点一点地增加。希望能使玩家在驾驶的过程中有"刚才还能看到海呢，不知不觉中就已经开始在林中穿梭了"的体验。

这实现起来并不困难。只需在基准线的开始部分将 pitch 从较大值向较小值进行补间，在结束部分则进行逆操作（图 10.40）。

pitch 根据 fade_length 定义的距离在最小值和最大值之间变化（图 10.41）。

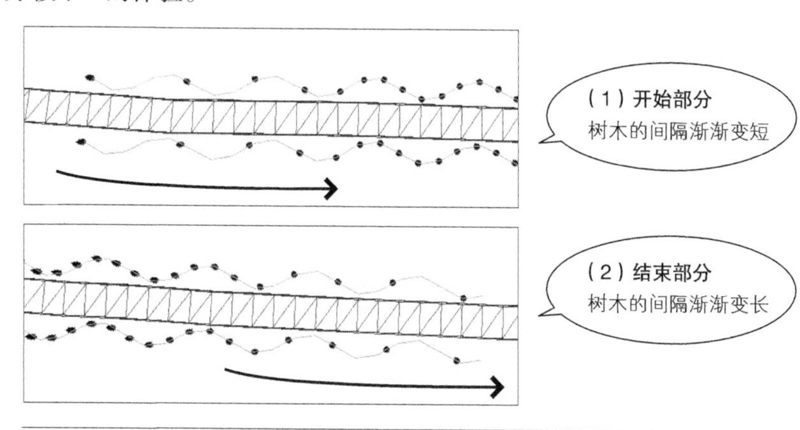

⇧ 图 10.40　开始部分和结束部分的树木间隔

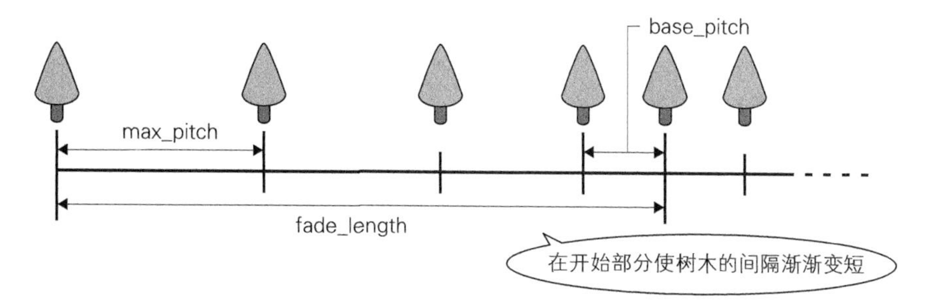

⇧ 图 10.41　开始部分的淡入处理

那么我们来看源代码。

ForestCreator.create_tree_on_line 方法（摘要）

```
public void create_tree_on_line(GameObject root, BaseLine base_line)
{
    float   rate;
    float   pitch = 0.0f;

    float   distance_local = 0.0f;
    Vector3 point_previous = base_line.points[0];
    float   current_distance = 0.0f;
    int     instance_count = 0;

    // 树的间隔（最大值）
    float   max_pitch = this.base_pitch * this.max_pitch_factor;

    // 将树木设置到基准线上
    foreach(Vector3 point in base_line.points) {
        Vector3 dir      = point - point_previous;  // 区间的方向
        float   distance = dir.magnitude;           // 区间的长度

        // 标准化失败（=大小为 0）时，值为 zero
        dir.Normalize();

        // 区间（控制点和控制点之间）内能够生成的实例的最大数
        //（防止因为 bug 导致无限循环）
        instance_num_max = Mathf.CeilToInt(distance / this.base_pitch) + 2;
        instance_count = 0;

        （a）排列树木的循环（一个区间内有可能出现两棵树以上，所以进行循环处理）
        while(true) {
            if(distance - distance_local < pitch) {   ——（b）如果到下一个控制点的距离小于 pitch，
                distance_local -= distance;               则不再排列（放到下一个区间里）
                break;
            }

            distance_local   += pitch;   ———— 现在区间内前进的路径距离
            current_distance += pitch;   ———— 从基准线起点开始前进的路径距离
            （c）生成树木实例
            GameObject tree =
                GameObject.Instantiate(this.TreePrefab) as GameObject;

            Vector3 position = point_previous + dir * distance_local;
            tree.transform.position = position;
```

```
            (d) 更新树木的间隔
            float fade_length = base_line.total_distance * FADE_LENGTH_SCALE;

            if(current_distance < fade_length) {
                // 从起点开始淡入
                rate = Mathf.InverseLerp(
                    0.0f, fade_length, current_distance);
                pitch = Mathf.Lerp(max_pitch, this.base_pitch, rate);

            } else if(base_line.total_distance - current_distance <
                    fade_length) {
                // 朝着终点淡出
                rate = Mathf.InverseLerp(
                    base_line.total_distance - fade_length,
                    base_line.total_distance, current_distance);
                pitch = Mathf.Lerp(this.base_pitch, max_pitch, rate);
            } else {
                // 保持一定间隔
                pitch = this.base_pitch;
            }

            (e) 用于防止出现无限循环的检测
            instance_count++;
            if(instance_count >= instance_num_max) {
                break;
            }
        }

        if(instance_count >= instance_num_max) {
            break;
        }

        //

        point_previous = point;
    }
}
```

（a）如果区间的长度大于树木的间隔，则一个区间内可能摆放两棵树以上，因此将摆放树木的处理包含在 while 循环中。

（b）distance_loacl 表示现在区间内前进的距离，每次设置一棵树后就加上 pitch。从表示区间长度的 distance 中减去 distance_loacl，得到的值就表示“现在区间内的剩余距离”。这个值如果小于 pitch，则当前区间的处理结束。

（c）生成树木的实例，并将其设置到基准线上。通过两个两个地取出基准线上的控制点，并对它们的位置进行补间，求出树木的坐标。这里我们称之为“区间”。point_previous 是当前所在区间的第一个控制点的位置，point 保存的是后一个控制点的位置，dir 表示区间的方向。

（d）算出到下一棵树的位置的间隔。在起点和终点附近进行逐渐改变间隔的淡入淡出处理。因为只是简单的比率计算，所以并不复杂。

（e）对 while 循环进行检测，防止出现死循环。当然我们这个处理中 pitch 的值不会为 0，不可能出现无限循环的情况。但是为了便于发现 bug，还是进行了这样的设置。

本例中，区间内树木的数量能够比较容易地预测出。如果程序运行正常，所设置的树木的数量就不可能超过该值。如果出现了树木的数量大于该最大值的情况，则意味着程序出现了 bug。

❖ 10.6.5 小结

《迷踪》游戏中，我们通过比较简单的方法实现了实例点缀。虽然从正上方的镜头俯视能看出树木呈规则排列，但实际在赛车奔跑的过程中是看不出来的。

对基准线的生成方法稍做修改就能够实现很多其他功能。请读者尝试使用岩石和建筑物等物体来点缀游戏场景。

后记

读完这本书，你脑海中应该会浮现出一两个游戏的灵感吧！

当你感到“虽然有创作的灵感但却不知该如何实现”时，请再次阅读本书。即使是完全不同的游戏，也许也会有相似的例子。运气好的话，说不定可以直接参考书中的做法。

如果无法在书中找到相关的资料，笔者只能先说声抱歉了，请再努力思考思考。如果你尝试着做了，但是结果却不尽人意，希望我们还能通过别的机会再度交流。

笔者在从事游戏开发工作的过程中，偶尔会收到“好厉害！就好像会魔法一样！”的赞叹，那时虽然嘴上回答着“哪里哪里”，内心却兴奋无比，同时也不由得感慨努力就会有所收获。

其实，不仅仅是程序员，插画师、音乐演奏者、作家、厨师、裁缝、木匠……可以说所有的创作者都会“魔法”，任何人都可以拥有“魔法”。

能够把自己的想法实现出来，这是多么精彩的事啊！难道不是吗？

本书的游戏实例都是笔者在业余时间完成的，这个在前言中已经提到过。结束了一天的游戏开发工作，晚上回家后，或者在休息日还要继续制作游戏，这听起来可能会让人觉得不可思议。但是，因为享受着游戏开发，所以也不觉得累。非常希望读者朋友们也能体会到这种乐趣。

还记得在夏天休假时，酷暑中埋头编码创作本书的情景，这些都成了美好的回忆，而现在天气已经渐渐转凉。等到这本书和读者见面时，恐怕已是梅花落尽樱花烂漫的时节了吧。

在这里，笔者真心希望那些游戏开发专业的学生、游戏公司的职员，以及那些以游戏开发为乐的人们，都能够享受到游戏开发带来的乐趣！就此搁笔。

版权声明

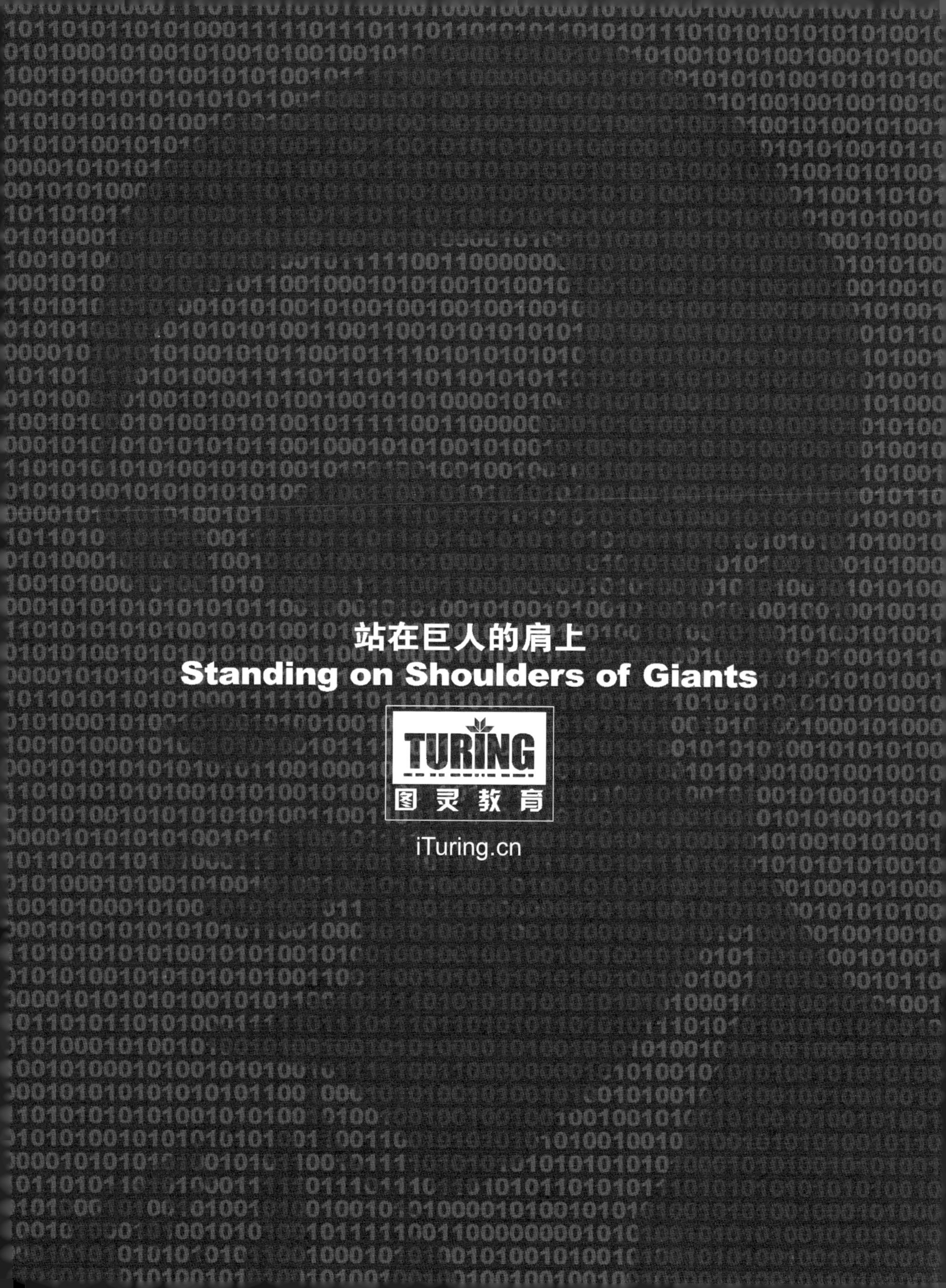
站在巨人的肩上
Standing on Shoulders of Giants
TURING
图灵教育
iTuring.cn

站在巨人的肩上
Standing on Shoulders of Giants
TURING
图灵教育
iTuring.cn